U0590927

·中国现代养殖技术与经营丛书·

专家与成功养殖者共谈 ——
现代高效蛋鸡养殖实战方案

ZHUANJIA YU CHENGGONG YANGZHIZHE GONGTAN
XIANDAI GAOXIAO DANJI YANGZHI SHIZHAN FANGAN

丛书组编 中国畜牧业协会　　本书主编 佟建明

金盾出版社

内 容 提 要

本书为《中国现代养殖技术与经营丛书》中的一册。由中国农业科学院北京畜牧兽医研究所佟建明研究员主编。全书以现代蛋鸡养殖理念为出发点，用较多的"实战方案"为案例，采取"专家与成功养殖者共谈"的独特形式，从可持续发展的蛋鸡产业、蛋鸡场舍建设与工艺设备、选养优良品种、营养需要与饲料配制、现代蛋鸡饲养技术、蛋鸡养殖生物安全体系建设与疫病预防、鸡蛋加工与工艺设备、鸡粪处理与利用、现代蛋鸡企业经营管理等九个方面进行了系统介绍。

本书的突出特点是，汇集了我国蛋鸡产业一流的研究团队与企业多年的研究成果和经验，注重贯彻国家颁发的新标准，力推体系研究的新成果，理论与典型案例相结合、权威性、创新性、实用性和操作性强，既可供蛋鸡养殖者决策参考，又适合蛋鸡场各级管理者和技术人员阅读，还能为相关院校师生了解现代蛋鸡养殖生产理念、技术和方法提供有价值的参考资料。

图书在版编目(CIP)数据

专家与成功养殖者共谈——现代高效蛋鸡养殖实战方案/佟建明主编 . —北京：金盾出版社,2015.11
（中国现代养殖技术与经营丛书）
ISBN 978-7-5082-9950-1

Ⅰ.①专… Ⅱ.①佟… Ⅲ.①卵用鸡—饲养管理 Ⅳ.①S831.4

中国版本图书馆 CIP 数据核字（2015）第 011596 号

金盾出版社出版、总发行
北京太平路 5 号（地铁万寿路站往南）
邮政编码：100036　电话：68214039　83219215
传真：68276683　网址：www.jdcbs.cn
中画美凯印刷有限公司印刷、装订
各地新华书店经销
开本：787×1092 1/16　印张：26.75　彩页：16　字数：462 千字
2015 年 11 月第 1 版第 1 次印刷
印数：1～1 500 册　定价：160.00 元
（凡购买金盾出版社的图书，如有缺页、
倒页、脱页者，本社发行部负责调换）

中国畜牧業协会
CHINA ANIMAL AGRICULTURE ASSOCIATION

丛 书 组 编 简 介

　　中国畜牧业协会（China Animal Agriculture Association, CAAA）是由从事畜牧业及相关行业的企业、事业单位和个人组成的全国性行业联合组织，是具有独立法人资格的非营利性的国家5A级社会组织。业务主管为农业部，登记管理为民政部。下设猪、禽、牛、羊、兔、鹿、骆驼、草、驴、工程、犬等专业分会，内设综合部、会员部、财务部、国际部、培训部、宣传部、会展部、信息部。协会以整合行业资源、规范行业行为、维护行业利益、开展行业互动、交流行业信息、推动行业发展为宗旨，秉承服务会员、服务行业、服务政府、服务社会的核心理念。主要业务范围包括行业管理、国际合作、展览展示、业务培训、产品推荐、质量认证、信息交流、咨询服务等，在行业中发挥服务、协调、咨询等作用，协助政府进行行业管理，维护会员和行业的合法权益，推动我国畜牧业健康发展。

　　中国畜牧业协会自2001年12月9日成立以来，在农业部、民政部及相关部门的领导和广大会员的积极参与下，始终围绕行业热点、难点、焦点问题和国家畜牧业中心工作，创新服务模式、强化服务手段、扩大服务范围、增加服务内容、提升服务质量，以会员为依托，以市场为导向，以信息化服务、搭建行业交流合作平台等为手段，想会员之所想，急行业之所急，努力反映行业诉求、维护行业利益，开展卓有成效的工作，有效地推动了我国畜牧业健康可持续发展。先后多次被评为国家先进民间组织和社会组织，2009年6月被民政部评估为"全国5A级社会组织"，2010年2月被民政部评为"社会组织深入学习实践科学发展观活动先进单位"。

出席第十三届（2015）中国畜牧业博览会领导同志在中国畜牧业协会展台留影

左四为于康震（农业部副部长），左三为王智才（农业部总畜牧师），右五为刘强（重庆市人民政府副市长），左一为王宗礼（中国动物卫生与流行病学中心党组书记、副主任），右四为李希荣（全国畜牧总站站长、中国畜牧业协会常务副会长），右三为何新天（全国畜牧总站党委书记、中国畜牧业协会副会长兼秘书长），右一为殷成文（中国畜牧业协会常务副秘书长），右二为宫桂芬（中国畜牧业协会副秘书长），左二为于洁（中国畜牧业协会秘书长助理）

领导进入展馆参观第十三届（2015）中国畜牧业博览会

中为 于康震（农业部副部长）

右为 刘　强（重庆市人民政府副市长）

左为 于　洁（中国畜牧业协会秘书长助理）

本 书 主 编 简 介

　　佟建明，男，北京人，1960年出生。博士，研究员。现任国家蛋鸡产业技术体系岗位科学家和营养与饲料研究室主任。兼任国家饲料评审委员会委员、国家饲料标准委员会委员、全国饲料工业标准化技术委员会微生物及酶制剂工作组组长、绿色食品专家咨询委员会委员、中国畜牧兽医学会动物营养学分会副秘书长。曾荣获国家科技攻关先进个人称号、省部级科技进步奖4项，被农业部授予有突出贡献中青年专家。

　　主要从事蛋鸡营养与饲料科学研究，并致力于免疫营养学的方法学、基础理论和蛋鸡健康养殖实用技术研究，曾主持完成多项国家有关科研项目。1985年至1990年，主要开展了维生素和微量元素的代谢疾病研究；1991年至2000年，主要开展饲用抗生素研究，提出了饲用抗生素免疫屏障促生长机制和肠道健康的三元平衡理论；2000年至现在，主要开展饲用抗生素替代技术和蛋鸡健康养殖技术研究，成功开发了苜草素、高效微生物饲料添加剂新产品和蛋鸡健康养殖配套技术。

本书编委会

主 编

佟建明

编委会（以姓氏拼音为序）

迟玉杰　高玉鹏　黄仁录　计 成　李保明　廖新俤　林 海　马美湖　齐广海　佟建明
武现军　郑长山　赵来兵　詹 凯　邹晓庭

编著者（以姓氏拼音为序）、单位、职称、职务

鲍志杰	东北农业大学	助教
迟玉杰	东北农业大学	教授
陈立功	河北农业大学动物医学院	讲师
陈 辉	河北农业大学	讲师
董晓芳	中国农业科学院北京畜牧兽医研究所	副研究员
董信阳	浙江大学	讲师
高玉鹏	西北农林科技大学	教授 院长
黄仁录	河北农业大学	教授
计 成	中国农业大学动物科技学院	教授
靳国锋	华中农业大学	副教授
焦洪超	山东农业大学	副教授
李保明	中国农业大学农业部设施农业工程重点实验室	教授 主任
廖新俤	华南农业大学	教授
林 海	山东农业大学	教授
李俊营	安徽省农业科学院畜牧兽医研究所	助理研究员
李 茜	河北省畜牧兽医研究所	高级兽医师
李入行	石家庄修远牧业有限公司	董事长
马美湖	华中农业大学教授	副院长
马秋刚	中国农业大学动物科技学院	副教授
闫育娜	西北农林科技大学	副教授
齐广海	中国农业科学院饲料研究所	研究员 所长

鸡场选址与布局

大规模鸡场 一

大规模鸡场 二

大规模鸡场 三

家庭鸡场

鸡舍外貌与类型

简陋鸡舍 一

简陋鸡舍 二

简陋鸡舍 三

简陋鸡舍 四

清洁鸡舍 一

清洁鸡舍 二

清洁鸡舍 三

清洁鸡舍 四

鸡舍内部环境

监控室

清洁鸡舍

叠层笼养

简陋鸡舍 一

简陋鸡舍 二

饲料加工与输送

现代饲料加工厂（小图为饲料加工控制系统）　　　　　简陋饲料加工厂

饲料厂的玉米筒仓　　　　　　　　　　　饲料封闭运输系统

饲料车送料 一　　　　　　　　　　　饲料车送料 二

集蛋方式及筛选

鸡蛋输送带（左图）
自动集蛋系统（右图）

鸡蛋输送线（左图）
人工捡蛋（右图）

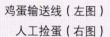

鲜蛋内部检查

鲜蛋外部检查

鲜蛋分级

鲜蛋包装车间

鸡蛋加工设备

白煮蛋加工设备

白煮蛋加工流水线   白煮蛋包装单元

蛋粉加工设备

打蛋分离机   立式喷粉塔

液蛋加工设备

微波灭菌系统

液蛋加工流水线   液蛋加工灌装线

消毒防疫与鸡粪处理

饲料车入生产区前自动消毒

人员消毒通道

自动清粪通道

鸡粪发酵车间

生产沼气

鸡粪烘干系统

生产有机肥

丛书序言

改革开放以来，中国养殖业从传统的家庭副业逐步发展成为我国农业经济的支柱产业，为保障城乡居民菜篮子供应，为农村稳定、农业发展、农民增收发挥了重要作用。当前，我国养殖业已经进入重要的战略机遇期和关键转型期，面临着转变生产方式、保证质量安全、缓解资源约束和保护生态环境等诸多挑战。如何站在新的起点上引领养殖业新常态、谋求新的发展，既是全行业迫切解决的重大理论问题，也是贯彻落实党和国家关于强农惠农富农政策，推动农业农村经济持续发展必须认真解决的重大现实问题。

这套由中国畜牧业协会和国家现代农业产业技术体系相关研究中心联合组织编写的《中国现代养殖技术与经营丛书》，正是适应当前我国养殖业发展的新形势新任务新要求而编写的。丛书以提高生产经营效益为宗旨，以转变生产方式为契入点，以科技创新为主线，以科学实用为目标，以实战方案为体例，采取专家与成功养殖者共谈的形式，按照各专业生产流程，把国家现代农业产业技术体系研究的新成果、新技术、新标准和总结的新经验融汇到各个生产环节，并穿插大量图表和典型案例，回答了当前养殖生产中遇到的许多热点、难点问题，是一套理论与实践紧密结合，经营与技术相融合，内容全面系统，图文并茂，通俗易懂，实用性很强的好书。知识是通向成功的阶梯，相信这套丛书的出版，必将有助于广大养殖工作者（包括各级政府主管部门、相关企业的领导、管理人员、养殖专业户及相关院校的师生），更加深刻地认识和把握当代养殖业的发展趋势，更加有效地掌握和运用现代养殖模式和技术，从而获得更大的效益，推进我国养殖业持续健康地向前发展。

中国畜牧业协会作为联系广大养殖工作者的桥梁和纽带，与相关专家学者和基层工作者有着广泛的接触和联系，拥有得天独厚的资源优势；国家现代农业产业技术体系的相关研究中心，承担着养殖产业技术体系的研究、集成与示范职能，不仅拥有强大的研究力量，而且握有许多最新的研究成果；金盾出版社在出版"三农"图书方面享有响亮的品牌。由他们联合编写出版这套丛书，其权威性、创新性、前瞻性和指导性，不言而喻。同时，希望这套丛书的出版，能够吸引更多的专家学者，对中国养殖业的发展给予更多的关注和研究，为我国养殖业的发展提出更多的意见和建议，并做出自己新的贡献。

农业部总畜牧师　王智才

我国蛋鸡产业起始于20世纪70年代中期，当时为了提高产量、保障供给，在各地大城市附近相继建立了大型的国营机械化蛋鸡养殖场，同时引进国外蛋鸡品种进行试养。随着我国经济体制改革的不断深入，蛋鸡养殖从原来的国营为主，逐渐发展成为集体、个人、股份公司等多种形式并存，极大地促进了我国蛋鸡产业的发展，从数量上解决了过去"吃鸡蛋难"的问题。到了20世纪末，我国的鸡蛋需求得到了基本保障，千家万户式的养殖方式也直接显著提高了广大农民的经济收入。进入21世纪以来，我国历史发展形成的"小规模、大群体"的蛋鸡产业模式与当代全球经济一体化、生产经营系统化和全产业链整合发展的趋势发生强烈碰撞，加之动物福利、环境保护等现代意识的不断增强，我国蛋鸡产业进入到了一个关键的转型期。为使我国蛋鸡产业发展平稳转型，迈上一个新台阶，并逐渐发展成为世界蛋鸡产业强国，从政府到地方、从科研到生产、从科学家到企业家、从公司到农户，都在积极地探索、思考并实践适合我国蛋鸡产业发展的新道路。

规范化养殖和适度规模化养殖是今后蛋鸡产业发展的主流。然而，在我国发展规范化和规模化的蛋鸡产业，将面临经济基础、土地资源、环境保护、饲料资源、疫病防控和经营管理等多种复杂因素的制约。更为严峻的是，WTO保护期已经结束，国内市场亦即国际市场，国外蛋鸡养殖技术发达的国家将加大在我国蛋鸡产业中的竞争力度，除了鸡种、工艺设施、饲料原料和管理技术等大量涌入外，在生产观念和消费理念上也将不断扩大影响。在这一背景下，我国的蛋鸡产业技术发展需要全面的升级转型，特别是与产业发展紧密相关的品种选择与培育、鸡场布局与鸡舍建设、蛋鸡营养与饲料配制、蛋鸡场生物安全与疫病防控、鸡蛋加工与功能成分开发、鸡粪处理与资源化利用、养殖档案与信息化管理等现代蛋鸡养殖技术的需求更加迫切。

随着人们对食品安全、环境保护和动物福利意识的不断增强，今后蛋鸡产业发展将更加重视生产技术的改善和对鸡蛋产品质量的控制，以适应国际竞争的需要。农业部和财政部高瞻远瞩，及时启动了"蛋鸡产业技术体系建设"，汇集了国内一流的蛋鸡研究团队和企业，经过近七年的探索与实践，基本实现了体系建设的既定目标，为我国蛋鸡产业发展起到了"主心骨"的作用。本书以指导实际生产为目标，以"读得懂、学得会、用得上"为撰写原则，集成了蛋鸡体系的各岗位科学家和优秀企业家的智慧，对我国蛋鸡产业发展现状进行了客观分析，指明了今后蛋鸡产业发展的主流方向，沿着蛋鸡养殖、鸡蛋加工和鸡粪处理这三个与蛋鸡相关的产业链方向，为生产者提供了符合现代蛋鸡产业发展要求的具体技术方案。

这本书的编辑出版历时两年多，得到了农业部畜牧业司、中国畜牧业协会有关领导和国家蛋鸡产业技术体系科学家与站长们的高度重视。在撰写过程中，除了署名的作者外，还有其他岗位科学家和综合试验站站长为本书撰写提供了颇有价值的资料和案例，也为本书出版做出了重要贡献，在此对他们的指导、帮助和无私贡献表示衷心感谢。

我们希望通过本书给广大读者带来一定的帮助，同时也希望以此对我国今后蛋鸡产业的健康发展贡献绵薄之力。然而，本书中不当和错误之处在所难免，恳请同行专家和广大读者不吝指正。

佟建明

2015 年 9 月于北京

目　录

第一章
我国蛋鸡产业发展与现状

阅读提示：

  蛋鸡产业是我国畜牧生产中最先实现集约化和市场化的产业，是一个成熟的大产业，也是一个正在发生转型升级的产业。我国现代蛋鸡产业从20世纪70年代开始发展至今，在国内外优秀品种和先进饲养技术的支撑下，已经发展成为世界鸡蛋产量最大的国家，也是我国农业经济中的支柱产业之一。然而，目前的蛋鸡产业中仍然存在许多有待克服的问题，比如养殖环境简陋、疫病风险加剧、粪污恶臭污染、轻视蛋鸡福利等。本章将围绕我国蛋鸡产业发展历程、当前存在的问题及发展趋势给读者提供一定的参考。

第一节 我国蛋鸡产业的发展历程

一、蛋鸡产业在政府推动下快速发展

我国集约化养鸡起步于 20 世纪 70 年代末，当时政府为了提高人民的生活水平，稳定市场供应，提出了"菜篮子工程"，主要在生猪生产和蛋鸡饲养等项目上给予政策、资金等方面的支持，并在大中城市郊区有计划地建立起了规模化的大型蛋鸡场，鸡场规模从几万只到几十万只不等。到 80 年代后期，随着农村家庭联产承包责任制的实施，粮食产量大幅度提高。而农村剩余劳动力不断增加，于是在国营工厂化养鸡的示范和带动下，农村涌现出了大量的小规模养鸡专业户，在此基础上发展起了养鸡专业村，并形成了连片的蛋鸡生产基地，逐渐成为我国蛋鸡养殖的主力军，国营大规模蛋鸡养殖场逐步退出了蛋鸡产业。

蛋鸡养殖是我国畜牧生产中最先实现集约化、市场化的产业，存栏数与总产量长期排名世界第一，近 30 年来一直保持较快增长趋势。目前，我国祖代蛋鸡的存栏数在 40 多万套，年可供父母代雏鸡的能力接近 2 000 万套，商品蛋鸡存栏约 15 亿只，其中产蛋鸡饲养量 12 亿只左右，鸡蛋产量已突破 2 000 万吨。纵观我国蛋鸡产业的发展，在不到 20 年的时间内，可以明显发现其从计划经济到市场经济变化的过程，并自然形成了几个优势养殖区。

我国蛋鸡养殖主要集中于具有优势的养殖区，表现为从大城市向粮食产区、气候适宜区和交通干线附近转移。30 年前，鸡蛋是我国菜篮子工程的重点产品之一，当时商品鸡蛋生产主要集中于北京和上海等大城市的国有大型养殖场。后来随着农民养殖户的崛起，国营饲养场纷纷退出，蛋鸡产业发生大转移。处于粮食产区、气候较适宜、交通便利的山东和河北等省份逐渐成为蛋鸡的主产区，鸡蛋产量份额位居全国前列。目前，我国蛋鸡生产地主要集中在河北、河南、山东、辽宁、江苏、四川、湖北和安徽 8 个省，这 8 个省份的禽蛋年产量都在 100 万吨以上，且禽蛋产量之和占全国的比重逐年增大，目前占全国产量的 60% 以上。8 个主产省中，河北、山东、河南 3 省产量最大，且增长速度最快，成为全国蛋鸡的重要商品基地和最重要的禽蛋产区、商品蛋的生产集中区，影响着全国特别是大城市的蛋鸡供应和市场价格。我国蛋鸡产业的区域集中度很高，上述省份在我国粮食生产上占有重要地位，体现了蛋鸡产业集中于粮食优势产区的特征。分析表明，我国禽蛋的生产布局呈现出向华北玉米带（山东、河南、河北）集中的趋势，种植业和畜牧业比较优势是影响蛋鸡产业布局的重要因素。

玉米是北方的主要农作物，也是饲料的主要来源。因此，在饲料资源的引导下，蛋鸡养殖优势区域主要分布在北方。另外，南方气候炎热，也不适于规模化蛋鸡养殖。然而，近年来，新兴的蛋鸡企业开始向南方和靠近消费城市的区域发展。发生这些变化的主要原因有4个方面：一是鸡舍环境控制技术的提高。以前，不管是一万只以下小规模养殖还是数万只以上的大规模养殖，所用鸡舍全部是半开放式鸡舍。舍内环境温度受外界的影响较大，在炎热季节舍内温度较高、饲养密度大时，鸡群容易出现大面积死亡，因此以前人们都有南方不宜养鸡的概念。全封闭鸡舍、湿帘降温和机械通风系统的应用，使鸡舍内环境能够不受外界影响而相对稳定。比如一栋长约100米、宽约15米、高约8米的鸡舍，可在−20℃～40℃的范围内保持鸡舍温度27℃左右。这样的技术几乎可以保障企业在全国任何地方饲养蛋鸡。二是运输能力增加。在国内，铁路运输、海上运输、航空运输和公路运输比以往明显改善，某地的饲料原料可以很方便地运送到全国的任何地方，因此地区间饲料原料的优势逐渐减弱，比如东北的玉米可以在几天之内运到海南岛，从北方到南方可以使用相同的饲料原料，特别是在大批量运输的情况下，价格差别也几乎被消除。三是进口饲料原料的比例显著增加。我国人多地少，仅靠国内玉米和大豆产量根本不能支撑现有畜牧生产的需要，因此需要大量进口国外的玉米和大豆。进口运输方式主要是海上运输，而港口主要分布在沿海，特别是南方主要城市，比如广州市。这样一来，原来北方原料南运的局面被打破，反而南方却成了主要原料基地，比如广州是目前豆粕生产最多的城市。四是消费者对鸡蛋新鲜度的要求不断提高。在鸡蛋紧缺、供不应求的时期，人们对鸡蛋的新鲜度几乎没有要求。然而，随着鸡蛋供应日趋充足，消费者对鸡蛋质量的要求也不断提高，鸡蛋的新鲜度是首要指标。很显然，产地与消费地的距离越近，新鲜度就越能保障。

二、蛋鸡品种逐步实现国产化

我国规模化蛋鸡养殖起步于20世纪70年代，在此之前的鸡蛋主要来源是家庭式散养，也没有专门的蛋用品种，更谈不上蛋鸡品种的培育了。20世纪70年代末部分高校、科研院所和企业才开始开展蛋鸡育种工作。相比之下，国外在家禽育种方面早已开展了大量工作，并培育出了多个专业化品种，比如来航蛋鸡、罗曼蛋鸡、海兰蛋鸡等。在我国蛋鸡产业发展初期，为了满足当时"井喷"式的社会需求，只能通过引进国外的先进品种和饲养技术。直到20世末,我国市场上的蛋鸡品种几乎全部是国外进口品种。

我国的蛋鸡育种工作实行了边引进、边消化、边创新的策略,取得了显著成效,特别是近几年来,国产品种在市场上的所占份额不断增加,比如知名度较高的有京红系列蛋鸡、农大 3 号蛋鸡、大午京白 939 蛋鸡等多个品种。相应地我国引进国外祖代蛋种鸡的套数逐年下降,2008 年引进 36.28 万套,2009 年引进 29.25 万套,2010 年引进 20 万套。今后国产祖代蛋种鸡将继续扩大国内种鸡市场的占据份额。对于蛋鸡产业发展来说,蛋鸡品种的国产化具有许多优势,不仅体现在经济上,更主要地体现在巩固蛋鸡产业发展基础和疫病防控上。由于源头在国内,所有相关因素全部在自己掌握之下,比如疾病净化、品种改良等,从而使我国蛋鸡产业发展的基础更牢固,设计发展目标更具主动性。

品种对产业的贡献率超过 50%,利用先进的现代生物技术手段,培育和改良适用于特定养殖环境及方式的成活率高、产蛋率高、饲料报酬高和抗病能力强的优良蛋鸡品种,使养殖品种与养殖环境、养殖方式相配套,是我国蛋鸡产业必须实现的技术突破。中华人民共和国农业部 2012 年出台了《全国蛋鸡遗传改良计划》,计划从 2013 年开始,直到 2020 年,核心主要有两个方面:一是新品种培育能力的建设,认定一批国家级的核心育种场,并加大国家层面的资金、技术投入,加快和全面提升蛋鸡育种的进展;二是认定在良种繁育体系中,承担引种、繁殖、推广角色的企业,国家也在此层面予以支持。这样,育种与繁育推广企业相联结,构成我国蛋鸡良种培育与繁殖推广体系,可望对我国现代蛋鸡产业技术发展起到重大支撑作用。据不完全统计,我国目前有祖代鸡场 19 家,年可供父母代超过 2 000 万套;父母代鸡场 1 000 家左右,场均规模 2 万套,年可供商品代蛋鸡 20 亿只,商品代蛋鸡约 15 亿只。我国目前蛋鸡品种较多,按蛋壳颜色来划分,主要有褐壳(68%)、粉壳(20%)、白壳(7%)、绿壳(5%)4 大类。

三、蛋鸡养殖规模化快速发展

我国蛋鸡养殖模式正经历着转型期,过去 20 多年,我国蛋鸡行业以小规模养殖方式为主,"小规模,大群体"是我国当时蛋鸡养殖的主要特征。20 世纪 80～90 年代,小规模养殖模式为促进我国蛋鸡产业发展、增加鸡蛋产量及提高农民收入起到了极大的推动作用。但是小规模养殖模式存在一些问题:如饲养技术、管理方式等相对落后,因缺乏足够的资金和技术,存在诸多生物安全隐患,疫病防控能力较差,难以保证产品质量。进入 21 世纪,在产业自身发展需求和政府政策扶持的推动下,我国蛋鸡养殖规模有所提高,500 只以下小规模养殖户几乎消失。目前，我国蛋鸡养殖继续由"小规模、非专业模式"向"大规模、专业化模式"转型，从业者的专业能力和素质明显提高。在蛋种鸡场方面，峪口禽业等大规模品牌蛋种鸡企业的市场份额和规模双双扩大；在商品鸡场方面，10万只及20万只以上的规模养殖场、品牌鸡蛋生产厂会越来越多地挤占非专业养殖场的市场份额，如四川圣迪乐、北京德清源、大连韩伟、辽宁新风及安徽荣达等大型品牌鸡蛋生产基地会持续扩张，形成200万～300万只养殖规模的巨型养殖企业，足以弥补小规模养殖户退出所减少的养殖数量。此外，蛋鸡养殖合作社和养殖小区的出现，还进一步促进蛋鸡小规模养殖模式的收缩。蛋鸡养殖模式的转型意味着我国蛋鸡养殖专业化水平的逐步提高，产业理性发展的趋势日渐明显。

与规模化发展相适应的是饲养过程的机械化，目前在国内不同规模和不同地区的蛋鸡养殖企业（户或个人）都基本实现了给料、供水、清粪的机械化，既大大降低了劳动强度，又提高了生产效率。

四、市场竞争不断加剧，企业应对措施多种多样

新中国成立后的前30年期间，我国实行的是计划经济体制。在这一体制下，条块划分、产销脱节、政出多门是明显的弊端，严重束缚了畜牧生产的自然发展。市场中"买难"和"卖难"的现象时常交替出现。1980年国务院发出了"关于推动经济联合的指示"，为牧工商联合企业的产生提供了有利条件。随后，多种体制和经济方式的企业不断出现，比如，1982年国营体制的中国牧工商联合总公司成立，1983年民办股份制的希望集团成立。新机制的形成，打破了长期以来所形成的部门分割、产销脱节的经营体制，极大地促进了畜牧生产的发展，使我国畜牧业从家庭副业开始向大农业中一个独立产业的地位转变。在20世纪80年代，正值鸡蛋紧缺之际，鸡蛋生产者丝毫不用考虑市场竞争问题，就像"皇帝女儿不愁嫁"。

随着蛋鸡养殖数量的不断增加，市场竞争开始出现，鸡蛋难销的现象也开始出现，到了90年代，原来"难买"和"难卖"交替出现的局面转变成了只有"难卖"的现象不断发生。1992年6月17日上海《文汇报》二版头条写道："鲜鸡蛋过剩，鸡场难办"。上海的现象可以说是全国的一个缩影，代表了当时上海之外的北京、广州等一些大城市的鸡蛋生产销售状况，一些中小城市或不同地区还存在明显的差别。随后，蛋鸡产业开始了经常不断的市场竞争。最开始以竞争领地为主，从地方差价中获取利润。随后以竞争成本为主，从降低生产成本中获取利润。这一时期大型的蛋鸡场纷纷倒闭，取而代之的是千家万户

的简陋鸡舍和廉价的蛋鸡饲料。为了降低饲料成本,一些皮革粉、药渣、食品行业下脚料等多种不良原料不断被用于蛋鸡饲料原料。饲料质量的下降导致鸡群疾病时常发生。加之有的农户养殖缺乏科学规划,有的只顾眼前利益。因此,在生产中出现了"有钱买药、无钱买料"的现象。鸡蛋质量每况愈下,原来人们每日期盼的优质鸡蛋食品变成了每日烦恼的"臭鸡蛋"。这一时期,鸡蛋的市场竞争主要是供求矛盾的平衡过程。到了20世纪末,人们的经济收入不断增多,全社会的环保意识不断增强,对食品安全和优良品质的追求不断提高。特别是我国加入世界贸易组织(WTO)之后,全世界的新思潮和新理念不断涌入国内,使人们的消费需求不断更新,对鸡蛋品质更加关注,这些社会需求的变化对蛋鸡产业的发展提出了新的更高的要求。一时间,有的地区虽然产量很高,但鸡蛋难销、效益低下,甚至亏损。

进入21世纪以来,总体上说,我国鸡蛋市场从原来的供不应求转变为供大于求的状态,市场竞争更加剧烈。然而,当前的蛋鸡企业与以往相比,变得更加成熟,开始冷静地观察市场变化,深入研究市场发展规律,并采取多种多样的方式开拓市场或迎合市场。企业利用自身鸡种优势和资金优势,树立龙头形象;通过整合、联合、合作等多种形式,增强实力;通过发展全产业链经营模式,拓宽经营范围;通过主动全国布网或开拓国外市场,疏通和扩展产品销售渠道。比如峪口禽业,通过十多年的发展,在国内绝大部分地区建有分公司,鸡苗销往全国各地,同时跟进饲料销售;为了能够更好地获得用户的信任,还创造性地建立了蛋鸡养殖技术超市;通过推广产权模式吸纳农户、农业合作社参与父母代蛋种鸡养殖,拓展了蛋种鸡养殖产业链,扩大了蛋种鸡养殖规模,迅速扩大了京红、京粉品种在我国蛋种鸡市场的占有率。再比如以商品蛋鸡养殖为主的圣迪乐村集团,通过"产业新村+产业村民+产业龙头"的新型现代农业发展模式,吸纳农户构建资源共有、利益共享、风险共担的产业价值链,抓住饲料和鸡种两个核心,建成了完整的蛋鸡养殖、蛋品销售,再到种鸡繁育、蛋鸡料生产的产业链条,大大增强了市场竞争力。

目前,我国小规模养殖模式仍占主导地位,规模在2 000~50 000只的养殖户占84.51%,其存栏量所占比例达到88.28%。从小而散向规模化、集团化转变是市场竞争的自然结果,也是企业发展的必经之路。随着市场竞争的不断加剧,我国蛋鸡产业发展正在经历着蛋鸡行业巨头形成和涌现的过程。

五、蛋鸡养殖企业开始关注品牌建设

多年来,我国消费者吃的鸡蛋基本上是在自由市场的大堆上挑拣,没有品牌。随着产品时代向品牌时代的转换，现代社会消费发生了变化。鸡蛋进入超市，需要有品牌，如果没有品牌，不但少有人问津，而且价格还低。目前，很多地区或大的龙头企业已经注册了自己的鸡蛋商标，但是很多中小养殖户还没有意识到品牌和商标的重要性，这对产业的发展十分不利。随着蛋鸡产业市场竞争的加剧，社会消费群体对食品安全和质量要求的提高，消费者会较注重品牌，放心购买有品牌、注册了商标的蛋或蛋制品。所以，企业在市场竞争中必须创立自己的品牌，实施品牌战略，丰富禽蛋产品的技术内涵，如建立快速物流通道，出售新鲜鸡蛋。以维护品牌形象为动力，开发先进技术，丰富产品类型，改善鸡蛋内在质量。

第二节　我国蛋鸡产业发展所面临的主要问题

一、养殖方式简陋

"小规模、大群体"是我国目前蛋鸡生产的基本结构，造成这种结构的原因有很多。首先，以大量农户为基本经营单位的我国农业生产模式，以及我国农村经济欠发达，导致了我国农户在资本投资方面存在缺陷，从而决定了我国蛋鸡产业以小规模生产模式为特征的客观资本基础。其次，我国农村大量剩余劳动力的存在，是蛋鸡产业形成以"大群体"为特征的客观人力基础。人多地少的矛盾以及种植业机械化的推进，使农村产生了大量的剩余劳动力，受工业化发展进程的限制和其他原因的影响，这部分剩余劳动力还无法得到有效的转移，从而形成了蛋鸡产业"大群体"的客观人力基础。再次，蛋鸡产业投资可多可少，技术相对简单，基本不存在进入门槛，使我国广大农户以小规模投资于蛋鸡产业成为可能，绝大多数养殖户属于兼职办养殖。

我国蛋鸡产业发展进入到了增长缓慢的"平台期"，小规模、大群体结构的缺陷以及由此而带来的市场主体的"行为缺陷或障碍"也越来越明显地显现出来。主要表现：一是小规模、大群体的产业结构是价格大幅波动的主要原因之一，蛋鸡产业处于完全竞争的状态，蛋鸡生产的周期性生物学特点及鸡蛋的需求弹性小于供给弹性的经济学特点，是典型的"蛛网不稳定"条件，使价格与产量波动越来越大，离开均衡点越来越远，结果导致价格的大起大落。二是小规模、大群体的产业结构降低了资源的有效配置和利用效率，无法使社会资源、自然资源得到有效的配置。三是小规模、大群体的产业结构难以实现以技术密集型为特征的现代化生产方式。四是小规模、大群体的蛋鸡产业结构，在技术转化、推广方面尚有障碍，因此更谈不上技术创新。五是小规模生产不利于产品的深加工。总而言之，小规模、大群体的饲养方式是一种落后的饲养方式。从产业发展角度来讲，这一方式不利于技术升级改造；从养殖者角度出发，这一方式也是不理想的，只是由于资金限制，勉强维持。

我国小规模、大群体的生产方式是由经济落后的历史原因造成的，另外，我国目前农业生产方式仍然是小农经济模式，广大农民以农户为单位耕种有限的土地。仅靠耕种土地的收入，根本不能满足维持生活的经济需求，更谈不上改善生活了。为了增加经济收入，农民自发地开展多种经营，在自家后院或农田中建立起简陋的鸡舍，在农闲时开展蛋鸡养殖。随着鸡蛋市场的不断扩大，这种家庭副业式的蛋鸡养殖给农民带来了可观的经济收入。得到甜头的农民，自发地扩大规模，积少成多逐渐形成了蛋鸡村、蛋鸡乡，甚至蛋鸡县。虽然在规模上有了明显发展，但在经营方式上并未发生改变，即养殖户仍然没有脱离土地，蛋鸡养殖者仍属于业余"兼职"饲养员，不计劳动报酬。这种生产方式虽然可以给农民带来一定的经济收入，但是生产条件简陋，饲养员的工作和生活环境脏乱差，增加经济收入与改善生活质量不对应。这种养殖方式的抗风险能力较差，受市场波动和疫病流行的影响，有时几年的收益积累可能被市场的价格低迷或一次疫病暴发所吞没。因此，农民没有充足的资金改善生产条件，另外，也没有信心开展有计划的蛋鸡养殖，只能顾及眼前利益。

从生产技术、经营方式和市场需求分析，这种小规模、大群体的生产方式是一种落后的生产方式。就我国而言，目前大农业产业结构和土地经营方式，是这种生产方式存在的条件，也是今后转型的制约因素。无论从改善农民生活质量角度，还是从产业发展角度，都需要改变这种落后的生产方式。一方面通过改变外在条件，比如调整大农业产业结构和土地经营方式，使农民走上职业化饲养员的道路，从而提高饲养员的职业素质；另一方面，给农民宣传普及专业知识和经营理念，改变农民的传统观念，使他们不把蛋鸡养殖场当成业余兼职的场所，而是把蛋鸡养殖当成工厂来管理，学会如何计算成本和如何满足市场需求。

二、疫病风险加剧

我国蛋鸡产业中疫病风险呈上升趋势，疫病问题已成为制约蛋鸡业发展的瓶颈。目前我国蛋鸡场普遍缺乏防疫卫生设施，尤其是农村养殖户，饲养密集、品种繁杂、引种分散，而且鸡龄大小不一，导致频繁发病、交叉感染、难以控制。在技术层面上，由于对鸡群免疫效果缺乏有效监测，所采用的免疫程序并不适合鸡群的情况，免疫效果不佳，引起发病鸡群死亡率较高。针对禽流感、新城疫等重大疫病的防控存在认识误区，认为"手中有苗，心中不慌"。多年的生产实践证明，依赖疫苗的防控策略，并不能完全消除禽流感和新城疫的威胁。

近些年来，鸡病的发生表现出了以下一些新的流行特点：①鸡病种类越来越多，其中传染性疾病危害最大。在人工大密度饲养的条件下，由于自然选择的原因，很容易出现新的病毒种或变异毒株，从而使人们对传染病防不胜防，如禽流感病毒变异株的出现。②疫病传播速度加快。规模化养鸡最显著的特点是生产规模大、鸡只数量多。易感鸡群的增加，导致疫病在鸡群中传播流行的速度增快。③免疫压力下引起疾病的非典型流行形式。由于蛋鸡机体免疫功能低下，尤其是群体免疫水平不一致，使原有的老病常以不典型症状和不典型病变出现，即非典型化。有时甚至以新的面貌出现，如非典型新城疫。④免疫抑制性疾病普遍存在。免疫抑制病越来越多，成为笼罩我国蛋鸡养殖业的阴影。常见的免疫抑制性疾病有鸡传染性法氏囊病、鸡马立克氏病、网状内皮组织增殖症、禽流感、禽病毒性关节炎、鸡传染性贫血等。⑤主要传染病的临床症状多样化。鸡群中病原体的变异和进化出现新的毒力型、新的致病型或新的变异型，进而引发同一疾病临床症状呈现多种类型同时并存，且各临床症状间相关性很小，自然康复后的交叉保护率很低。如传染性支气管炎有经典的呼吸型、肾型、腺胃型、生殖型、肠型及胸型等；马立克氏病有神经型、皮肤型、内脏型、眼型等。既有缓和的亚临床感染导致免疫抑制，又有造成巨大损失的超强毒株引起的疾病等。⑥致病因子协同作用，混合感染增多。在畜禽疫病流行过程中，经诊断约有50%以上的疾病都是混合感染或继发感染。比如蛋鸡呼吸道疾病的病因包括传染性病因和非传染性病因，前者包括大肠杆菌、支原体和免疫抑制型病毒感染。非传染性病因有拥挤、温度忽高忽低、湿度过大或过小、通风不够等应激因素。⑦细菌中的耐药细菌数量越来越多。抗生素的长期使用和滥用等原因引起细菌的耐药性越来越严重，对鸡细菌性疾病的防治越来越困难。⑧症状相似需要鉴别诊断的疾病越来越多。同一临床症状可能有多种病因，由于病原血清型的改变和新毒株的产生，造成感染组织范围不断扩大，临床症状也出现多样化，结果使同一病因的症状更加复杂。比如腺胃肿大可能是马立克氏病，也可能是腺胃型传染性支气管炎。神经症状可能是高致病性禽流感、新城疫、马立克氏病，也可能是鸡传染性脑脊髓炎、脑炎型大肠杆菌病。由于以上既多种多样又复杂多变的原因，导致疾病的诊断困难，治疗效果往往不理想，结果使蛋鸡养殖过程中的疫病风险加剧。

三、蛋鸡养殖场对周边环境污染严重

我国畜牧养殖企业重数量轻质量的陈旧观念还比较普遍，盲目扩大规模、不顾养殖污染的落后饲养方式还占有较大比例。蛋鸡饲养场缺乏对鸡粪处理的设施条件，比较好的地方，周边农民能够及时将鸡粪拉走。更多的鸡场只是露天存放，粪水横流，臭气漫天，对鸡场本身和周边环境都是严重的污染源。

我国畜牧养殖业是在十分落后的基础上发展起来的，20 世纪 70～80 年代，在一些人口密度较大，而且规模化养殖业发展较快的地区，已经发现了畜禽粪便污染环境问题。应该承认，这是盲目追求经济效益而忽视生态效益的后果。在传统农业中，畜禽粪肥一直被视为"庄稼宝"，也是中国几千年来传统生态农业的宝贵经验，但是，由于规模化养殖业的畸形发展，首先是恶臭扰民，继而养殖场周边水体富营养化。目前，我国是世界上有机废弃物产出量最大的国家，每年大约 40 亿吨，其中畜禽粪便排放量为 26 亿吨。由于我国缺乏对养殖规模的限制，畜禽粪便已成为严重污染生态环境的污染源。污染主要表现：一是臭气浓度高，几千米以外就可以闻到臭味，周围居民无法正常生活。比如对上海市的调查结果显示，全市有 729 家规模化畜禽场，其中只有 57 家的周围环境良好，河流水质达到 2～3 级，有鱼类生存，其余 672 家周围河流水质已变黑发臭，鱼类濒临灭绝。二是重金属、药残和病原危害。比如在年出栏 1 万头的猪场，粪便每年排出砷元素 150 千克，折合五氧化二砷为 230 千克；铜元素 450 千克，折合硫酸铜 1 130～1 583 千克。全国每年饲用抗生素用量约为 20 万吨。另外，各畜牧场均用火碱消毒，排出废水的 pH 值高达 9～10。这些污染物随同粪便对环境造成了严重破坏。三是水资源污染加剧。畜禽粪便进入水体的比率为 25％～30％，化学需氧量（COD）排放总量为 9 660 万吨，生化耗氧量（BOD）排放总量为 8 150 万吨。1988 年我国七大水系及太湖、滇池和巢湖中，只有 36％ 的河段达到或优于地面水环境质量的三级标准，63％ 的河段水质为五级或五级以下，75％ 以上湖泊富营养化。粪便携带细菌、病毒对环境造成污染。

第三节　蛋鸡养殖是一个可持续发展的产业

一、蛋鸡养殖数量仍有增长空间

我国蛋鸡产业经过几十年的发展，取得了显著成就，今后仍是一个可持续发展的产业，蛋鸡养殖数量仍有增长空间。根据我国统计数据分析，目前蛋鸡存栏量约 15 亿只，人均年占有鸡蛋数量约为 20 千克，以枚计算，每人每年消费鸡蛋约 320 枚。如果将来以平均每人每天消费 2 枚鸡蛋计算，每年人均消费鸡蛋 730 枚，是现在数量的 2.3 倍。业界对我国蛋鸡产业今后在数量上的发展前景说法不一，甚至表示怀疑，这其中的主要原因是近些年来鸡蛋市场持续低迷和价格波动。从市场现象直接分析，我国的鸡蛋产量已经达到供需平衡或者是供大于求状况。然而，深入分析我国的鸡蛋消费形式后可以得出蛋鸡养殖还有增加可能的判断。目前，我国城市居民与农村居民之间的经济状况差距较大，贫富差距悬殊，就不同人群和地区而言，在鸡蛋消费上还存在显著差异，鸡蛋消费市场主要在城市这一事实毋庸置疑。另外，我国的鸡蛋消费方式比较单一。根据 2013 年有关部门统计，我国鸡蛋加工比例仅有 3%～5%，从这一数据不难看出，我国的鸡蛋消费主要是鲜蛋。这种消费方式是一种传统的消费形式，每天只有早餐或炒菜时才可能食用鸡蛋，因此人均消费鲜鸡蛋的数量是有限的。近几年来，鸡蛋市场的持续低迷和价格浮动与人们消费鸡蛋的方式不无关系。事实上，鸡蛋的食用方式远不止鲜食一种方式，可以作为加工食品的材料用于食品加工，以改善食品风味结构，提高食品的营养价值。在医药领域，通过分离鸡蛋的特殊成分，比如溶菌酶、卵黄抗体等，使其成为药物成分治疗人类疾病的重要原料。鸡蛋还可以作为功能食品原料，强化日常食品和婴幼儿食品，以增强人体的抵抗力，比如免疫球蛋白、蛋黄油、卵磷脂、蛋清肽等多种成分。经过分离提取后的鸡蛋产品在医药和功能食品上具有巨大的市场前景。

　　总之，目前鸡蛋市场波动和价格持续低迷的原因并不是供需平衡的结果，而是我国鸡蛋消费方式还不全面，市场潜力有待全面开发。今后鸡蛋的潜在市场主要在农村和鸡蛋深加工，从这点出发，从事蛋鸡养殖的企业应开始考虑鲜食鸡蛋和原料鸡蛋的生产技术问题，以及配套的经营管理问题。

二、科学消费鸡蛋有利身体健康

　　20 世纪 70 年代，人们曾怀疑鸡蛋作为食品能否长期经常食用，其主要起因是心血管疾病日益增多，而且发现这一疾病的发生与血液中高胆固醇有关。早期人们认为食物中的胆固醇摄入体内后会自动转化为血液中胆固醇，过多的胆固醇沉积在血管壁上，从而会引起心血管疾病。鸡蛋是日常饮食胆固醇的主要来源，这些胆固醇是饮食胆固醇短期不良影响的主要作用者。1972 年美国膳食研究委员会借鉴了前人大量的研究结果，建议每人每天摄入的胆固醇应少于 300 毫克。由于鸡蛋胆固醇含量高（平均 213 毫克/枚），为遵循这一建议，推荐鸡蛋的食用量为每人每周不宜超过 3 枚。这一建议一经出台，促使公众认为膳食胆固醇过高会引起动脉粥样硬化，鸡蛋消费开始显著下降。直到 20 世纪末，受美国的影响，所有发达国家的鸡蛋消费量下降了 16%～25%。1999 年，美国哈佛公共健康学院，依据超过 14 年随访的 80 082 位女性结果，超过 8 年随访的 38 000 位男性结果，发现鸡蛋和心血管疾病无明显相关关系。随后还研究发现糖尿病患者摄入过多的鸡蛋，会增加心血管疾病的风险。多年来，人们一直没有停止研究膳食胆固醇与心血管疾病的关系问题。总体来讲，膳食胆固醇、血清胆固醇和心血管疾病的关系基本已被认识清楚，即膳食胆固醇摄入越多，血清胆固醇水平相应升高，长此以往患心血管疾病的风险增高。但是当人们将鸡蛋作为外源胆固醇摄入时，流行病学调查结果却不尽相同。原因可能有以下几点：一是不同人群对鸡蛋胆固醇的敏感度不同。有些人摄入鸡蛋胆固醇后，血清胆固醇水平迅速增高，有些人不会明显改变，而有些人甚至出现血清胆固醇降低。二是胆固醇广泛存在于肉类、海产品和动物内脏中。早期的研究没有校正食物（除鸡蛋以外）的胆固醇含量。三是流行病学调查数据分析方式不同。早期研究只考虑了鸡蛋的消费量，并没有消除饮食中的能值、饱和脂肪酸以及不饱和脂肪酸对血清胆固醇的影响。

胆固醇是一种固醇类化合物，它在体内的生物功能很广泛，既是细胞生物膜的构成成分，又是体内固醇类激素、胆汁酸及维生素 D 的前体物质。全身各组织中都含有胆固醇，其中在脑及神经组织中分布最多，占脑组织总重量的 2% 左右，约占体内总量的 1/4。肝、肾及肠等内脏以及皮肤、脂肪组织也含较多的胆固醇，含量为 0.2%～0.5%。肾上腺和卵巢组织胆固醇含量高达 1%～5%，这与其生物功能有关。胆固醇的主要来源是体内自身合成，食物中的胆固醇是次要补充。如一个 70 千克体重的成年人，体内大约有胆固醇 140 克，每日大约更新 1 克，其中 4/5 在体内代谢产生，只有 1/5 需从食物中补充。一般情况下，胆固醇的吸收率只有 30%，随着食物胆固醇含量的增加，吸收率还要下降。对于维持机体健康来说，保证胆固醇的供给，维持其代谢平衡是十分重要的。2015 年 2 月，美国膳食指南咨询委员会（DGAC）发布了新版健康饮食建议《美国民众膳食指南》，其中最明显的修改内容是不再把胆固醇视为"过度摄入需要注意的营养成分"，并将不再限制美国人的胆固醇摄入量。

鸡蛋的营养成分很全面，正如人们常说的一枚鸡蛋意味着一个完整的生命。对于人类来讲，鸡蛋包含了生命活动所需的全部营养元素，是人类食谱中最理想的营养品。鸡蛋中蛋白质含量约为 13%，组成其蛋白质的氨基酸比例与人体需要的比例最接近，因此被吸收利用的比率最高，是人类最佳的食物蛋白质来源。鸡蛋中脂肪酸含量约为 11%，其中含有丰富的卵磷脂和胆固醇，是维持大脑正常思维、记忆、感觉的必需营养素。另外，鸡蛋中还含有丰富的维生素、微量元素等多种生命元素，故也成为病人、产妇、孕妇、婴幼儿的理想营养品。

三、养殖技术需要多样化

在养殖技术方面，发达国家经历了规模化发展之后，越来越注重动物的福利和环保。尤其在欧美地区，以欧洲为代表的多数国家，近十多年来在动物福利方面的呼声愈来愈高，并于 1999 年通过制定法律禁止蛋鸡笼养；2003 年 1 月规定每只鸡生活空间至少 500 厘米^2；尝试禁止强制换羽；人性化处理公雏问题；自从 2012 年以后全面禁止笼养蛋鸡。美国加州也开始逐步取消笼养蛋鸡，从而提高动物福利，改善动物生存环境。尽管对欧盟和美国加州的相关政策还存在争议，然而不可否认的是，这些新出台的法律法规已经开始影响蛋鸡产业的发展，并促进相关企业的技术发生改变。

我国现代蛋鸡产业的主要技术是通过引进和跟踪国外技术发展而来的，国外技术对我国蛋鸡产业发展起到了重要作用，很显然国外技术的改变自然会对我国今后技术的发展产生重要的影响。但是由于国外的蛋鸡养殖技术正在发生明显改变，而且是在争议中发展。另外，我国的蛋鸡养殖总量已经是世界第一位，蛋鸡产业已经成熟，因此，今后如何发展需要我们冷静思考，因地制宜，避免盲目跟踪。我国现在的饲养模式与发达国家相比主要的差别在于养殖方式多样化，技术水平参差不齐。我国的饲养模式大致可以分成 4 类：一是大规模集约化养殖；二是"公司＋农户"；三是农民蛋鸡养殖合作社；四是传统的农户散养。这四种模式各有所长，也各有所短。比如，大规模集约化养殖的生产效率较高，但管理成本也高，在激烈的市场竞争中需要开创自己的品牌市场，否则没有竞争力。

我国是一个资源短缺的国家，同时又是一个经济不断发展的国家。随着今后经济的发展，我国将同时面临人口增长与资源短缺的矛盾和经济增长与环境保护的矛盾。要保证我国经济稳定发展并逐渐走向繁荣，必须科学处理上述矛盾。在养殖技术上，将从简单追求大规模养殖逐渐转变为根据区域环境条件、考虑动物福利、鸡蛋的安全质量和节约资源的前提下进行适度规模养殖。以前，我国广大地区采用林牧结合的方式提高林地的经济效益和发展畜牧生产。然而，由于以前在林地中以饲养牛和山羊等动物为主，这些动物对灌木和山林常会造成破坏，因此林牧结合变成了林牧矛盾。为了保护林地，不得不采取限制在林地放牧的措施，这种措施的实行又导致了林地资源的浪费。目前，在国内大部分地区已经有养殖户自发地开展林地养鸡生产，如果能通过林地养鸡重新寻找到一种新的林牧结合方式，将有利于林地资源的开发利用。今后应加强林地及冬闲地饲养蛋鸡的配套技术研究，实现这些非量化资源的高效利用，丰富蛋鸡的饲养模式，促进蛋鸡产业进一步扩大发展。

我国正在推行健康养殖技术，这是保障蛋品安全的基本条件和基础，健康养殖涵盖了方方面面的配套技术，我国蛋鸡产业要实现可持续发展，必须在此方面有技术突破。主要包括：①通过研究与实践结合尽快推出我国主体发展的养殖模式及其配套工艺技术。②健康养殖环境控制已成为我国蛋鸡产业发展的重要瓶颈。要着力于健康养殖过程中各关键控制环节的监测指标与标准，建立水源、气源、蛋鸡粪便污染物快速检测技术。③实现鸡舍温度、湿度、通风系统的自动化控制，喂料系统、饮水系统的精准计量，光照系统的智能化控制以及蛋鸡粪便的自动化清理与收集系统，建立基于远程视频监控的蛋鸡健康养殖监测系统和报警系统。④以营养与免疫为主线，研究影响饲料安全性关键因素，建立饲料原料的质量安全控制体系和检测技术；提出新型饲料原料、饲料添加剂安全性关键评价指标与检测技术；研究破坏或抑制饲料中的抗营养因子、有毒有害组分或有害微生物的关键技术，提高饲料的利用率和消化率；研制并生产益生菌、酶制剂、生物肽等营养型饲料添加剂及其对蛋鸡产蛋性能和鸡蛋品质的影响。⑤加强对蛋鸡饲料、所选兽药以及工业消毒剂的规范使用管理，并建立相应的规范监督管理体制；严禁使用国家规定的违禁药物，并制定合理的休药期；研制无残留或残留期较短的中草药等安全药物，以确保蛋鸡及其最终蛋品质量安全；建立严格的风险评估体系，加强饲料、兽药中有害因子的快速检测技术。

四、国际上食品安全管理技术有新发展

1999 年 9 月，为了保护生态环境和人体健康免受某些危险化学品和农药的伤害，在荷兰鹿特丹，由联合国环境规划署和联合国粮农组织召开会议，通过了《关于在国际贸易中某些危险化学品和农药采用事先知情同意程序的鹿特丹公约》，已有 76 个国家代表正式签约，我国也是签约国。为解决养殖污染问题，从技术角度世界各国已经开始进行对维护区域生态平衡，适度发展养殖规模的研究。这种发展方式主要发生在发达国家，如美国、加拿大、澳大利亚和西欧国家。例如，美国首先在 20 世纪 90 年代提出了"畜禽饲养单位"的概念，通过研究消化每个饲养单位所排出的粪便和废弃物所需土壤面积，计算某个区域环境中最大可容纳的饲养单位数，以此为依据制定某个地区或农场应该饲养的牲畜数量，从而实现区域内的生态平衡，进而保证大生态平衡。这种发展方式

虽然在短时间内制约了养殖业的大规模发展，但能够起到保护生态环境的作用。另外，通过研究开发无公害饲料添加剂产品，以替代饲用抗生素，减少或防止细菌抗药性的发生。在欧盟，主要通过控制养殖环境和推广无公害饲料添加剂发展健康养殖。一方面，通过立法，严格限制饲用抗生素的使用；另一方面，鼓励在饲料中使用酶制剂、微生态制剂和植物提取物添加剂，以减少畜禽养殖对生态环境的污染；再一方面，通过立法推广带有动物福利性质的饲养技术，比如，从 2004 年 1 月 1 日起，凡是在欧盟境内从事蛋鸡养殖的鸡场必须将原来每个笼中饲养 5 只蛋鸡改为饲养 4 只。所有上述技术措施的建立和各种管理规章制度的实施都是为了建立有利于畜牧生产可持续发展的环境条件。

民以食为天，食以安为先，食品的安全与否是当今世界食品生产和流通中最受重视的问题。近年来，世界各国对食品安全的关注与日俱增，主要原因有3 个方面：一是人类科技与文明进步的必然趋势。二是以前未被认识的食品危害突然暴发。三是许多国家发生的"食源性疾病"危害。英国的"疯牛病"、比利时的"二噁英"、法国的"李氏杆菌"污染等恶性事件对消费者的心理造成严重冲击，甚至影响了该国政府的形象和政局的稳定。不仅经济损失严重，由此引发的信誉危机使该国商品信誉下降，在国际贸易中处于不利地位。发展中国家由于经济落后等原因，食品安全问题造成的危害更为严重，如饮用水源污染引发的大规模疾病流行、食物中毒等。美国"9·11"事件以来，因"炭疽病"引发了西方一些国家的"生物恐怖"，促进了人们对建立食品安全保障体系的认识。进入 21 世纪以来，随着经济全球化步伐的加快，食品和原料流通速度和范围以前所未有的程度扩张，食品安全日益成为全球性问题。因此，制定和实施以食品安全为核心的质量保证体系已经成为各国政府、企业界和学术界关注的焦点。目前，国际上已形成许多管理技术体系，比如 TQC（全面质量管理）、GMP（良好生产规范）、ISO9000 系列标准（质量管理国际标准）、ISO14000（环境管理国际标准）、SSOP（卫生标准操作程序）、HACCP（危害分析与关键控制点）、SPS（WTO 卫生与植物卫生措施实施协议）等。其中，起源于美国的"危害分析与关键控制点"受到许多国家的重视和采纳。

随着经济全球化，特别是我国加入 WTO 之后，世界各国的新理念、新思潮不断涌入我国，直接影响着我国人民的消费理念。我国政府及有关管理部门也及时不断地主动吸纳国外的先进理念和技术，并形成我国的相关管理标准。在食品安全和环境保护方面，我国已经完全与国际接轨，这对蛋鸡产业发展提出了更高要求，也将成为蛋鸡产业发展的动力。

五、我国蛋鸡产业正在发生转型升级

总体来讲，我国蛋鸡产业已经成为一个国民经济发展的支柱产业，特别是考虑到今后显著增加我国广大农民的经济收入和改善其生活质量时，蛋鸡产业更是一个需要保持可持续发展的重要产业。前面已经有所叙述，我国目前蛋鸡养殖总量约为15亿只，其中，70％是小规模大群体饲养，每只蛋鸡的养殖设备投入为20～30元，是目前大部分蛋鸡养殖户所采用的养殖条件，对这种生产条件的简陋和落后的事实已成为共识。这些落后的生产方式逐渐被新技术所取代是今后发展的必然结果。如果采用新的养殖技术，每只蛋鸡的设备投入需要150～200元，这就需要大量的资金投入。近些年来，一些投资者已经开始关注我国蛋鸡产业的发展，并积极投资建立超大规模蛋鸡养殖场，这些新生力量为我国蛋鸡产业的转型升级提供了极大的动力。

鸡蛋质量的提高是我国蛋鸡产业发展的目标，实现这一目标离不开饲料技术的发展。今后的蛋鸡饲料技术发展主要表现在如何精准评价饲料营养价值、如何减少或替代饲用抗生素、如何通过饲料有效改善鸡蛋品质等方面。在精准评价饲料营养价值的技术方面，如何对蛋鸡饲料的营养价值、安全品质进行快速检测与评价是技术需求热点，也是研究的热点。比如，标准回肠末端可消化养分的测定备受关注，由于这一营养价值数据的可加性更强，更能通过饲料配方计算实际饲料产品的营养价值，因此可能是今后饲料数据库常规原料营养参数建设的重要内容；另外，机器人技术应用于消化程序的自动控制，这一技术的应用使操作变得更加简便和规范；还有，对饲料营养价值变异影响因子的积累逐年增加，这有利于建立饲料有效养分的动态数据库，从而能更准确评价成品饲料的营养价值。在饲用抗生素的替代技术方面，国际上首先提出禁止饲用抗生素的是欧盟。美国从2014年开始，计划用3年时间全面禁止预防用抗生素。欧盟的实践结果表明，仅通过法令并不能取得理想效果，因此世界各国都普遍认识到研究有效的替代产品或技术才是根本出路。目前，着力研究开发的替代技术包括植物提取物、微生物饲料添加剂和酶制剂等。另外，针对如何科学合理评价新一代饲料添加剂的功效是现在研究讨论的热点之一。普遍认为，对肠道微生物菌群、抗病能力方面的功效是替代技术研究开发的直接目标，而对动物免疫指标的评价还需要进一步研究明确，因为这类指标比较宽泛，也不直接。在对蛋鸡的营养调控研究方面，国际上主要关注蛋壳品质的形成机理及调控技术研究。采用核磁共振、X光衍射等技术解析蛋壳微观结构的相关研究逐渐流行；除蛋壳品质之外，蛋黄品质、蛋清品质、鸡蛋活性物质和鸡蛋风味的研究也较为活跃；研究不同贮存时间和贮存条件下鸡蛋耐氧化性及货架期的变化，以达到延长鸡蛋保质期的效果，相关的科研工作已有较多的报道。目前，针对新型植物来源的抗氧化物质筛选研究备受青睐，其目的是全部或部分替代化学合成抗氧化剂，这对提高鸡蛋深加工产品的安全质量意义重大。

第二章

场舍建设与工艺设备

阅读提示：

　　场舍建设是为一个鸡场提供适宜养殖环境的基本前提。从养殖工艺选择、养殖规模确定，到鸡舍设计和场区规划布局，均需要根据当地自然气候条件、地形地貌条件等进行科学合理设计。尤其要根据当地的主导风向和水流特点，从生物安全角度进行工程防疫设计。从饲养工艺、生产工艺和工程工艺角度进行合理的工程技术配套。本章内容介绍了目前常用的蛋鸡高效饲养和生产工艺特点、鸡场的建设与布局、鸡舍的建设以及现代蛋鸡高效养殖主要设备与选用等。供业内读者对现代蛋鸡养殖场建设时参考。

第一节　现代蛋鸡高效养殖工艺

蛋鸡（包括种鸡）高效养殖工艺，一般采用两段式和三段式两种生产工艺，采用地面垫料（或网上）散养、不同形式的笼养或者新型的栖架散养模式。采用哪种工艺模式，鸡群如何分群，蛋鸡利用 1 个或 2 个产蛋周期和周期长短，以及种鸡淘汰日龄等，在鸡场设计时必须明确，以便确定各类鸡舍的栋数和面积。本节首先对蛋鸡养殖的工艺模式进行介绍。

对于蛋鸡的养殖，一般按照周龄将整个饲养过程进行阶段划分，通常 0～6 周龄为育雏期，饲养的鸡称为雏鸡；7～20 周龄为育成期，饲养的鸡称育成鸡；21 周龄直至淘汰为产蛋期，饲养的鸡称为成鸡。也有的单纯以周龄为界限开始转向以体重或体形指标为依据来划分。如黄金褐胫长达 83 厘米、依莎褐体重达 850 克时为育成期；黄金褐体重达到 1 450 克、伊莎褐体重达 1 570 克为产蛋期。过去，大部分鸡场的成年鸡达 72 周龄（即 504 日龄）即全部淘汰。近些年，由于饲养管理水平不断提高，鸡的高产期维持较长，许多鸡场已将成年鸡的淘汰时间推延至 74～80 周龄（即 518～560 日龄）。为了延长蛋鸡的生产周期，部分鸡场也会采用强制换羽的方式延长蛋鸡的经济寿命。这种方式可以使鸡群在很短时间内集中停产、换羽、休息，然后再恢复生产功能，从而提高产蛋量和蛋的质量。

不同饲养阶段所采用的饲养工艺有所区别，现代蛋鸡养殖一般将育雏育成合为一个阶段进行，产蛋期为第二个饲养阶段。

一、雏鸡生产工艺模式

雏鸡饲养可采用笼养育雏、地面平养育雏和网上平养育雏 3 种方式，选择哪种育雏方式，根据养殖场的具体情况而定，不同的育雏方式、鸡只所占空间大小及位置，其管理方法与技术也不同。

（一）立体笼养育雏

立体笼养育雏就是把雏鸡关在多层笼的笼内饲养。笼养育雏分为一段制和二段制。一段制育雏是将 1 日龄雏鸡一直饲养到 17～18 周龄育成结束；二段制是 0～8 周龄和 9～17（或 18）周龄。笼养可提高饲养密度，改善饲养员工作条件，改善卫生条件，减少疾病发生。
但其一次性投资多，育雏笼上、下
笼层温度上高下低，需要配备全舍
加温设备。常用的有气暖加热和水
暖加热，对于叠层育雏育成笼而言，
两种加热方式都可选取。如采用水
暖加热时，需要在地面铺设加热管
道；采用气暖加热时，必须在笼内
设置风管，用热风炉等加热新风然
后通过风管送入笼内达到加温的效
果。叠层育雏育成笼虽说是一段式
育雏育成，但雏鸡进舍时首先饲养
在二、三层，然后在 60～90 日龄期
间也需要进行一次分群，将鸡群均
匀分散到上、下层，如图 2-1 所示。
这种育雏方式一般适用于大型蛋鸡
场或专业育雏场。

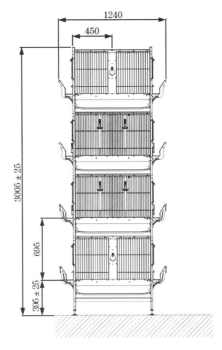

图 2-1　四叠层育雏育成笼　（单位：毫米）

（二）地面平养

地面平养就是把雏鸡放到铺有垫料的地面上饲养。地面根据鸡舍的不同，
有水泥地面、砖地面、灰沙土地面。垫料地面育雏有更换垫料和厚垫料两种方
式。前者垫料厚 3～5 厘米，垫料需经常更换；后者进雏前铺设垫料，整个育雏
期不更换垫料，垫料厚度夏季 5～6 厘米，冬季 8～10 厘米。采用地面育雏需要
在地面放置料槽、水槽或饮水器及保温设备，加温方式有地下烟道加温、煤炉
加温、电热或煤气保温伞加温、红外线灯或红外线板（棒）加温等。总体而言，
该方式节省劳力，投资少，但占地面积大，管理不方便，且由于雏鸡直接与地
面垫料、粪便接触，不易控制球虫病与白痢，育雏成活率、饲料转化率均不如
笼育，一般仅适于小规模的蛋鸡场。图 2-2 为地面平养育雏。

（三）网上平养

网上平养也是平养方式的一种，它是用网床代替地面。网床一般离地 50～
60 厘米。可采用直径 3 毫米冷拔钢丝焊接并镀锌的网床，孔眼规格为 200 毫
米×80 毫米；也可采用塑料育雏网（图 2-3），网孔直径约为 12 毫米。现多用
拉丝工艺将网床支撑在横向的支架上面，这样的搭建方式同样也能承受饲养人

员在上面走动，便于饲养操作。网上平养可省去垫料，同时饲养密度是平养中最大的；最大的优点是雏鸡与粪便接触机会少，发生球虫病、白痢的机会就少；有利于舍内清洁卫生和带鸡消毒。但这种管理方式的投资较地面平养大，网床工艺必须过关，且舍内供水系统必须完善。供暖设施要安装在地网两侧的靠墙壁处，或者是在网面上方加设电热育雏伞等局部加热设备。

图 2-2　地面平养育雏　　　　　　图 2-3　网上平养育雏

二、成鸡生产工艺模式

　　成鸡或产蛋鸡的饲养一般采用笼养或者散养的方式。笼养包括阶梯笼养和叠层笼养两种，散养包括舍内地面（或网上）散养、栖架立体散养和户外散养。不同的养殖模式对蛋鸡的行为有很大的影响。1999 年欧盟颁布的保护蛋鸡养殖最低标准的 1999/74/EC 号指令（又称"欧盟指令"），将蛋鸡养殖分为 3 种类型：大笼养殖、笼养替代系统养殖和富集型鸡笼养殖。传统笼养包括阶梯笼养和普通叠层笼养，因其限制了鸡的栖息、展翅、沙浴等行为，所以从 2012 年开始在欧盟被禁止使用。取而代之的是富集型鸡笼养殖、大笼养殖等福利养殖模式，这些养殖模式为鸡提供了更多活动空间，并能充分进行行为表达。对于蛋鸡而言，产蛋行为是蛋鸡的主要行为之一，其表达程度也是作为衡量蛋鸡福利的指标之一，所以笼养替代系统和富集型鸡笼系统中对产蛋箱的设置有相应的规定。另外，为鸡提供栖息的场所，在笼内或者舍内设置栖杆，主要供鸡舒适地栖息。

（一）阶梯笼养

　　阶梯笼养一般为 3～4 层，上下层鸡笼在垂直方向部分重叠排列，重叠量占笼子深度的 1/3～1/2。完全不重叠的称之为全阶梯笼养，因为占地面积大、饲养密度小，目前使用较少。为防止上层鸡粪落到下层鸡身上，重叠部分的下层鸡笼后上角做成倾斜的，可以挂自流式承粪板。半阶梯式笼养的特点是：光照充足，便于饲养员操作，饲养密度高于全阶梯式；省去了鸡笼层间的清粪装置，通风效果比叠层笼养好。其全机械化的配套包括自动喂料机，乳头式饮水器，地面（或粪沟）清粪设备，集蛋设备，通风设备，喷雾消毒、降温设备等。在使用时，根据当地的气候条件选择上述所需的配套设备。需注意的是，半阶梯式蛋鸡笼养设备与全阶梯式相比，饲养密度提高 $1/4 \sim 1/3$，因此对通风、消毒、降温等环境控制设备的要求较高，其中喂料、饮水、消毒、清粪等饲养过程可以部分由人工代替。在人工成本较低的国家和地区，采用该种模式具有良好的经济效益。图 2-4 为全阶梯和半阶梯笼养。

A   B

图 2-4 阶梯笼养

A. 全阶梯笼养   B. 半阶梯笼养

（二）叠层笼养

蛋鸡的叠层笼养是在阶梯笼养的基础上发展起来的，采用该种饲养方式，具有鸡舍建筑投资省、占地少，劳动效率高，传送带清粪干净及时、环境污染少的特点；同时，能将饲养密度提高到 50 只/米^2 以上，并且能有效保证成鸡的成活率和产蛋率。叠层笼养模式要求其他配套设备的自动化程度也与之配套，包括给料、集蛋、清粪、通风降温等，所以初期的设备投入费用会比传统阶梯笼养多。并且对于叠层笼养而言，通风效果不如其他饲养方式，因为鸡笼完全重叠，层与层空间小，不利于空气对流。尤其是八叠层笼养，为了保证舍内气体环境，通常会加设笼内送风管道，保证笼内的气体质量，从而满足生产环境要求。由于叠层笼养的生产效率远远高于阶梯笼养，所以除欧盟外的蛋鸡生产发达国家，大多采用此模式进行蛋鸡生产，我国当前的蛋鸡生产也有一定比例的生产商采用 4～8 层的叠层笼养模式。图 2-5 为四叠层笼养。

（三）可开放大笼饲养

可开放大笼是一种类似传统叠层笼养的大笼，笼内配置有栖架、台阶、休

图 2-5 四叠层笼养

息巢等供鸡只休息，鸡只可在笼内上下层自由走动；每天产完蛋后部分鸡可从底层笼走出，在舍内两列笼之间的地面活动。地面设有垫料，因此舍内粉尘浓度较高，空气质量较差。有研究表明，可开放大笼饲养同棚架式饲养一样有利于提高蛋鸡的骨骼强度，因此可以作为传统笼养蛋鸡的替代模式来改善蛋鸡的福利。目前，欧盟国家较广泛地采用这种饲养方式来代替普通笼养。图 2-6 为可开放大笼饲养。

图 2-6 可开放大笼饲养

（四）栖架散养

栖架散养方式是在舍内提供分层的栖架，就像鸡笼一样排列，以供蛋鸡栖息和活动，其中栖架材料的选择和结构的设计是这种饲养方式的设计要点。栖架的布置也要考究，因为栖杆之间的角度、距离等都会影响到蛋鸡对栖杆的使用情况。在栖架饲养系统中，还应安装产蛋箱供蛋鸡产蛋。蛋鸡因为可以在栖架之间自由活动，所以蛋鸡的活动面积要远大于笼养方式，同时也符合鸡喜欢栖息的自然天性。图 2-7，图 2-8 为栖架散养。

图 2-7　栖架散养舍内情况和栖架单元构造

图 2-8　栖架散养

（五）户外散养

户外散养是最近几年兴起的一种饲养模式，主要是生产有机鸡蛋，以满足人们对高品质鸡蛋的需求。一般选择林地或植被比较好的山坡地进行放养，通过修建简易的房舍，使蛋鸡能够晚上回舍休息、避风雨和产蛋。图 2-9 为国外户外散养场景，一般要求舍内面积每平方米 10 只鸡，舍外面积每只鸡 3～4 米²。

高产蛋鸡放养时，应选择产蛋性能好、容易管理的鸡种，产蛋少的土鸡和飞翔能力强的高产蛋鸡不宜放养。放养时间，在华北地区选择 10 月份育雏，翌年 3 月份春暖花开时在鸡产蛋前放养，这时鸡的各种免疫都已经接种，环境中可食动植物也逐渐多起来。放养 9～10 个月后，天气变冷，鸡群可以选择淘汰，也可以选择继续饲养，但是要求有较好的保温措施，放鸡的时间也主要集中在上午 10 时至下午 3 时。高产蛋鸡放养，需要提供补料、饮水和补光措施，同时

图 2-9　户外散养

要注意对寄生虫病的预防。我国一般采用林下放养，而在地广人稀的国家，这种户外散养模式应用较为广泛。

目前，我国使用较为普遍的产蛋鸡生产模式主要还是笼养和地面散养。阶梯式笼养和叠层笼养应用都较为广泛，但是随着设备和技术的更新，阶梯式笼养会逐步被叠层取代，同时更有益于蛋鸡福利的养殖模式也会逐渐应用到生产中。

[案例 2-1]　蛋种鸡全进全出一段式高床平养模式

一、高床平养模式的特点

第一，符合蛋鸡自然习性，自由运动、机体健康、精神洒脱、种鸡有福利。

第二，种鸡与粪便分离，避免了鸡只与粪便经常接触所带来的交叉感染。

第三，公鸡有病不交配和母鸡有病拒绝交配，从而保证了种蛋的高品质和雏鸡的净化。

第四，自然交配、优胜劣汰，有利于种群的优良性状遗传给后代，使鸡苗强壮。

第五，不足之处主要是饲养密度低、公鸡比例高、窝外蛋较多、啄癖比例高、鸡群易受惊。

二、高床结构

选择铁管（或其他支撑物）作支撑物，建造一个牢固的、离地面1.8米高的支撑架（图2-10）。上面

图 2-10　支撑架

铺满厚约 0.5 厘米、间隙约 2.5 厘米的竹制排网（图 2-11）。注意排网要平展，表面不能有竹刺，以免刺伤蛋鸡（图 2-12）。

图 2-11　从底部看竹制排网

图 2-12　从上面看竹制排网

在鸡舍两端山墙上分别安装湿帘（图 2-13）和风机（图 2-14），湿帘大小和风机的型号视鸡舍而定。侧墙安装采光窗和横向通风小翻窗（图 2-15）。

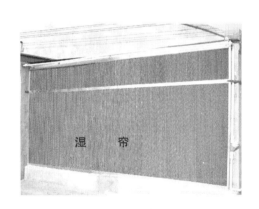

图 2-13　湿　帘

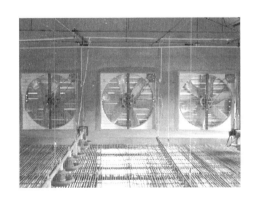

图 2-14　风　机

图 2-15　横向通风小翻窗

图 2-16　雏鸡均匀分布

三、饲养密度

每平方米平均饲养蛋鸡8.5只，其中公鸡占 11%（图 2-16 至图 2-18）。

图 2-17　公鸡比例占11%

图 2-18　产蛋鸡均匀分布

（案例提供者　魏晓明）

第二节　鸡场的建设与布局

一、鸡场场址选择

鸡场场地直接关系到蛋鸡的生产规模、鸡群的健康状况以及鸡场的经营状况。鸡场场址选择应遵循无公害、环境良好和可持续发展原则以及便于防疫原则，从地形地势、土壤、交通、电力、物质供应及与周围环境的配置关系等多方面综合考虑。

（一）自然条件

1. 地形地势　鸡场场址应选在地势较高、干燥平坦的地方，还要容易排水、排污和向阳通风。养鸡场要远离沼泽地区，因为沼泽地区常是鸡只体内外寄生虫生存聚集的场所。鸡场所处位置一般高出地面 0.5 米。若在山坡、丘陵上建场，要建在南坡，因为南坡比北坡温度相对高，湿度低。养鸡场的地面要平坦而稍有坡度，以便排水，防止积水和泥泞，坡度不要过大，一般不超过 25%。坡度过大，建筑施工不便，也会因雨水常年冲刷而使场区坎坷不平。养鸡场的位置要向阳，以保持场区小气候温热状况的相对稳定，减少冬、春季节风雪的侵袭，特别是避开西北方向的山口和长形谷地。有条件的还应对其地形进行勘察，断层、滑坡和塌方的地段不宜建场，还要躲开坡底，以免受山洪和暴风的袭击。

2. 土壤　适合于建立鸡场的土壤应该是沙壤土或壤土。这种土壤兼具沙土和黏土的优点，既克服了沙土导热性强、热容量小的缺点，又弥补了黏土透气性差、吸湿性能强的不足。沙壤土疏松多孔，透气透水性能良好，有利于畜禽健康、防疫卫生和饲养管理工作。沙土地和黏土地不能建场，沙土地往往气多水少，虽然透气透水性能较好，但因容水量和吸湿性小、不易保持水分而比较干燥；另外，沙土地导热性强，既易升温也易降温，昼夜温差大，季节性变化也比较明显。黏土地透气和透水性能弱，容水量大，吸湿性大，因此自净能力弱，易于潮湿，雨后泥泞。

3. 水源与水质　鸡场选址时不但要求水源水量充足，而且要求水质良好。如果鸡场水量不足，就不能满足人的生活用水和鸡群的生产用水；如果水质不好，就会造成一些传染性疾病以及中毒性疾病的发生和流行。因此，建场时必须对水质和水量进行调查分析。

（1）水源选择　水源选择要遵循以下原则：

第一，水量充足。水量不仅要满足当前鸡场人员生活需要和鸡的生产需要，而且要考虑到扩大再生产需要以及季节变化要求和防火等方面的需要。

第二，水质良好。水源水质经普通净化和消毒后能达到国家生活饮用水水质卫生标准的要求。但除了以集中式供水作为水源外，一般就地选择的水源很难达到规定的标准。因此，还必须经过净化消毒达到《生活饮用水质标准》后才能使用。

第三，便于卫生防护。取水点的环境要便于卫生防护，卫生条件良好，以防止水源遭到污染。

第四，技术经济上合理。即取用方便，净化消毒设备简易，基建及管理费用最节省等。在地下水丰富的地区，应优先选择地下水源，特别是深层地下水。从经济角度来考虑，在地面水丰富的地区，也可选用水质较好的地面水作为饮用水源。

（2）水质要求　蛋鸡场对饮用水源水质的基本要求是：

第一，经净化处理后的水源水，感官形状和一般化学指标应符合生活饮用水水质标准。

第二，饮用水源水不含有毒有害物质，其毒理学指标应符合生活饮用水水质标准的要求。

第三，对经过净化和加氯消毒处理后供作生活饮用水的水源，必须符合《无公害食品　畜禽饮用水水质的标准》（表2-1）。

表 2-1　鸡饮用水质量基本要求

项目		标准值
感官性状及一般化学指标	色度	不超过 30°
	浑浊度	不超过 20°
	臭和味	不得有异臭、异味
	肉眼可见物	不得含有
	总硬度（以 $CaCO_3$ 计）　毫克/升	≤1 500
	pH 值	6.4～8.0
	溶解性总固体　毫克/升	≤2 000
	氯化物（以 Cl^- 计）　毫克/升	≤250
	硫酸盐　毫克/升	≤250
细菌学指标	总大肠菌群　个/100 毫升	≤1
毒理学指标	氟化物（以 F^- 计）　毫克/升	≤2.0
	氰化物　毫克/升	≤0.05
	总砷　毫克/升	≤0.2
	总汞　毫克/升	≤0.001
	铅　毫克/升	≤0.1
	铬（六价）　毫克/升	≤0.05
	镉　毫克/升	≤0.01
	硝酸盐（以 N 计）　毫克/升	≤30

续表 2-1

项　　　目			标　准　值
饮用水中农药限量指标	马拉硫磷	毫克/升	≤0.25
	内吸磷	毫克/升	≤0.03
	甲基对硫磷	毫克/升	≤0.02
	对硫磷	毫克/升	≤0.003
	乐果	毫克/升	≤0.08
	林丹	毫克/升	≤0.004
	百菌清	毫克/升	≤0.01
	甲萘威	毫克/升	≤0.05
	2，4-D	毫克/升	≤0.1

（二）社会条件

1. 远离居民区和工业区　鸡场场址的选择，必须遵守社会公共卫生准则，使鸡场不致成为周围社会环境的污染源，同时也要注意不受周围环境的污染。因此，鸡场的位置应选在居民点的下风处，地势低于居民点，但要离开居民点污水排出口，不要选在化工厂、屠宰场、制革厂等容易造成环境污染企业的下风处或附近。鸡场与居民点之间的距离应保持在 1 000 米以上，鸡场相互间距离应在 2 000 米以上。

2. 交通要便利，防疫要做好　鸡场投产后经常有大量的饲料、产品及废弃物等需要运进或运出，其中鸡蛋、雏鸡等在运输途中还不能颠簸，因此要求场址交通便利、道路平整。为了防疫卫生及减少噪声，鸡场离主要公路的距离至少在 2 000 米以上，同时修建专用道路与主要公路相连。

3. 电力保证　选择场址时，还应重视供电条件，必须具备可靠的电力供应，最好靠近输电线路，尽量缩短新线敷设距离，同时要求电力安装方便及电力能保证 24 小时供应。必要时必须自备发电机来保证电力供应。

4. 有发展空间　场地要合理规划，要有利于农、林、牧、渔循环综合利用。

［案例 2-2］　蛋鸡场选址综合评价技术

从事蛋鸡养殖的头等大事是选择正确的鸡场地址，本案例介绍了一项蛋鸡场的选址技术。根据蛋鸡场的生产技术要求及其经营特点，在综合了选址过程中众多应考虑的因素的基础上，首先归类形成 5 个主要项目，然后再分别根据各因素的重要性或者潜在的成本贡献率，对每个项目分别设定了 3～4 个评分档次，并分配了具体分值，总分为100分。

一般情况下，应首选确定备选地址2个以上。备选地址确定后，再选择评审员。对评审员的要求是：工作认真负责，具有较丰富的实践经验。评审员应进行现场考察和打分，建议一次由3名以上评审员同时进行，可以多次重复。打分过程可以讨论，也可以各自打分。各项分值相加后，求平均值。评审员之间的平均值出现明显差异时，应及时讨论分析，最终应明确造成差异的具体原因。平均值低于60分的地址，应考虑淘汰。至于评价系统中各评审项目的权重，可根据企业自身的侧重点或特殊要求做相应调整。具体评价项目内容及权重见表2-2。

表2-2　蛋鸡场选址评价表

项　目	档　次	描　述	分值（权重）
一、生物安全			20
1. 距村庄的距离	1	≤1千米	3
	2	1～2千米	7
	3	≥2千米	10
2. 周边地区蛋鸡场密度	1	没有	5
	2	较少（个别小规模场）	3
	3	较多（散养量大）	1
	4	很多（有规模鸡场）	0
3. 疫病流行情况	1	没有	5
	2	较少	3
	3	多而复杂	0
二、土地状况			20
1. 土地类别	1	山坡地	5
	2	荒地	4
	3	林地	3
	4	耕地	1
2. 地貌特征	1	高、多样、易规划	5
	2	平地	3
	3	低洼地	1

续表 2-2

项 目	档 次	描 述	分值（权重）
3. 可利用面积	1	满足需要且有发展潜力	5
	2	满足需要	2
	3	稍紧张	1
4. 朝向	1	坐北朝南	5
	2	稍偏	3
	3	不确定	1
三、现有条件			20
1. 水	1	有深水井、出水量≥50 米^3/小时	5
	2	无井，地下水位＜100 米	3
	3	无井，地下水位＞100 米	2
2. 电	1	有变压器、需增容	3
	2	距电源≤1 千米	2
	3	距电源＞1 千米	1
3. 需新修道路（场区至主干道）	1	≤500 米	5
	2	500～1000 米	3
	3	≥1000 米	1
4. 电话/有线电视/手机信号	1	有	2
	2	无，但易接通	1
	3	无，接通困难	0
5. 土方工程量	1	投资小于土建投资总额的 1%	5
	2	2%～3%	3
	3	≥3%	1
四、运输			15
1. 距市场或周转库房的运输距离	1	≤50 千米	10
	2	50～100 千米	7
	3	≥100 千米	3

续表 2-2

项 目	档 次	描 述	分值（权重）
2. 与主要饲料原料产地的距离	1	≤50 千米	5
	2	50～100 千米	4
	3	≥100 千米	2
五、投资环境			25
1. 租用土地价格（饲养场）	1	≤3000 元/公顷·年	7
	2	3000～6000 元/公顷·年	4
	3	≥6000 元/公顷·年	1
2. 征用土地价格（办公、科研）	1	≤45 万元/公顷	5
	2	45 万～90 万元/公顷	3
	3	≥90 万元/公顷	2
3. 地方支持力度	1	积极支持（有征地优惠政策）	5
	2	一般	3
	3	不确定	1
4. 治安情况（与经济发展相关）	1	好	3
	2	一般	2
	3	差	1
5. 土地租赁情况	1	已租出，有部分投入	1
	2	已租出，无投入	3
	3	待开发	5
合 计			100
针对地址的其他特别说明			

（案例提供者 佟建明）

二、鸡场布局原则

（一）利于生产

鸡场的总体布局首先要满足生产工业流程的要求，按照生产过程的顺序性和连续性来规划和布置建筑物，达到有利于生产，便于科学管理，从而提高劳动生产效率的目的。

（二）利于防疫

规模化养鸡场鸡群的规模较大，饲养密度高，鸡的疾病容易发生和流行，要想保持稳产高产，除了做好卫生防疫工作以外，还应在场房建设初期考虑好总体的布局。布局一方面应着重考虑鸡场的性质，鸡体本身的抵抗力，地形条件、主导风向、暴发过何种传染病等方面的问题，合理布置建筑物，满足其防疫距离的要求；另一方面还要采取一些行之有效的防疫措施。具体要求如下。

1. 生产区与行政管理区和生活区分开　因为行政管理区人员与外来人员接触的机会比较多，一旦外来人员带有烈性传染病，管理人员就会成为传递者，将病原菌带进生产区；从人的健康方面考虑，也应将行政管理区设在生产区的上风向，地势高于生产区，将生活区设在行政管理区的上风向。

2. 净道与污道分开　净道是饲养员从料库到鸡舍运输饲料的道路，污道是鸡场通向化粪池的道路。污道不能与净道混在一起，否则易暴发传染病。

3. 孵化室与鸡舍分开　孵化室与场外联系较多，宜建在靠近场前区的入口一侧。孵化室要求空气清新、无病菌，若鸡舍周围空气污染，加之孵化室与鸡舍相距太近，在孵化室通风换气时，有可能将病菌带进孵化室，造成孵化器及胚胎、雏鸡的污染。

（三）利于运输

规模化生态养鸡场日常的蛋、鸡、饲料、粪便以及生产和生活用品的运输任务非常繁忙，在建筑物和道路布局上还应考虑生产流程的内部联系和对外联系的连续性，尽量使运输路线方便、简洁、不重复、不迂回。管线、供电线路的长短，设计是否合理，直接影响建筑物的排列和投资，而这些道路的设计和管道的安装又直接影响建筑物的排列和布局。各建筑物之间的距离要尽量缩短，建筑物的排列要紧凑，以缩短建筑道路、管线的距离，节省建筑材料，以减少投资。

（四）利于生产管理，减小劳动强度

规模化生态养鸡场在总体布局上应使生产区和生活区做到既分割又联系，位置要适中，环境要安静，不受鸡场的空气污染和噪声干扰，为职工创造一个舒适的环境，同时又便于生活、管理。在进行鸡场各建筑物的布局时，需将各种鸡舍排列整齐，使饲料、粪便、产品、供水及其他运输呈直线往返，减少转弯拐角。一般来说，行政区、生活区与场外道路相通，位于生产区的一侧，并有围墙相隔，在生产区的进口处设有消毒间、更衣室和消毒池。饲料间的位置，应在饲料耗用比较多的鸡群鸡舍附近，并靠近场外通道。锅炉房靠近育雏区，保证供暖。

三、鸡场的布局

鸡场的设计主要是分区和布局。总体布局要科学、合理、实用，并根据地形、地势和当地风向确定各种房舍和设施的相对位置，既要考虑卫生防疫条件，又要照顾到相互之间的联系，做到有利于生产，有利于管理，有利于生活。否则，容易导致鸡群疫病不断，影响生产和效益。通常，鸡场分为 3 个功能区，即管理区、生产区和病禽隔离区。

（一）管 理 区

管理区也称场前区，是牧场从事经营管理活动的功能区，与社会环境具有极为密切的联系，包括行政和技术办公室、饲料加工车间及料库、车库、杂品库、配电库、水塔、宿舍和食堂等。此区位置的确定，除了考虑风向、地势外，还应考虑将其设在与外界联系方便的位置。

为了防疫安全，又便于外面车辆将饲料运入和饲料成品运往生产区，应将饲料加工车间和料库设在该区和生产区隔墙处。但对于兼营饲料加工销售的综合型大场，则应在保证防疫安全和与生产区保持方便联系的前提下，独立组成饲料生产小区。此外，由于负责场外运输的车辆严禁进入生产区，其车棚、车库应设在管理区。

（二）生 产 区

生产区是鸡场的核心区。生产区内鸡舍的位置应根据常年主导风向，按孵化室（种鸡场）、育雏舍和成鸡舍分区设置原则，宜按区全进全出。并按照主导风向尽可能错开布置鸡场建筑物，以减少鸡群疾病交叉感染的机会，利于鸡群的转群。鸡场生产区内，按规模大小、饲养批次不同分成几个小区，区与区之间的距离不低于 50 米。应避免非生产人员随便进入该区而引起疫病传染。

（三）隔 离 区

隔离区包括病、死鸡隔离，剖检、化验、处理等房舍和设施，粪便污水处理及贮存设施。隔离区应设在场区的最下风向和地势较低处，并与鸡舍保持

300米以上的卫生间距，该区应尽可能与外界隔绝，四周应有隔离屏障，并设单独的通道和出入口。此外，处理病、死鸡尸体的尸坑或焚尸炉应严密防护和隔离，以防止病原体的扩散和传播。

四、鸡舍的设计和布局

（一）鸡舍的设计

1. 鸡舍的设计原则

第一，应根据当地气候特点和生产要求选择鸡舍类型和构造方案。

第二，应尽可能地采用科学合理的生产工艺，并注意节约用地。

第三，在满足生产要求的情况下，注意降低生产成本。

在设计鸡舍时，一方面要反对追求形式、华而不实的铺张浪费现象，另一方面也要反对片面强调因陋就简的错误认识。因为将鸡舍建造得过于简陋，起不到保温和隔热的作用，直接影响鸡的生产性能，造成无形的浪费。

2. 鸡舍的建筑要求

（1）保温隔热　生态养鸡鸡舍建在野外，鸡舍内温度和通风情况随着外界气候的变化而变化，受外界环境气候的影响直接而迅速。尤其是育雏舍，鸡个体较小，新陈代谢功能旺盛，体温也比一般家畜高。因此，鸡舍的温度要适宜，不可骤变。另外，当鸡舍温度太低时，鸡的饲料消耗增加，产蛋率下降。因此，考虑到保温，鸡舍建筑应选用保温性能好的材料，即使在舍外温度较低的情况下，依靠鸡体的自发热量，也可维持鸡舍的温度，节约采暖开支。

（2）通风换气　鸡舍内的通风效果与气流的均匀性、通风的大小有关，但主要看进入舍内的风向角度有多大。若风向角度为90°，则进入舍内的风为"穿堂风"，舍内有滞留区存在，不利于排除污浊气体，在夏季不利于通风降温；若风向角度为0°，即风向与鸡舍的长轴平行，风不能进入鸡舍，通风量等于零，通风效果最差；只有风向角度为45°时，通风效果最好。

（3）光照充足　光照分为自然光照和人工光照，自然光照主要对开放式鸡舍而言。舍内的自然光照依赖阳光，舍内的温度在一定程度上受太阳辐射的影响。特别是在冬季，充足的阳光照射可使鸡舍温暖、干燥，有利于消灭病原微生物。因此，利用自然采光的鸡舍，首先要选择好鸡舍的方位。鸡舍朝南，冬季日光斜射，可以充分利用太阳辐射的温热效应与射入舍内的阳光，有利于鸡舍的保温取暖。其次，窗户的面积大小也要恰当，种鸡鸡舍窗户与地面面积之比以1：5为好，商品鸡舍可以相对小一些。

（4）合理利用空间，布列均匀　新建鸡舍，在动工前要考虑采取何种饲养方式，是散养还是多层笼养，还是散养和笼养相结合。确定好饲养方式后，根据养鸡设备、鸡笼笼架规格等计算好鸡舍占地范围，以便充分利用场地。另外，如果饲养规模大而棚舍较少，或放养地面积大而棚舍集中在一角，容易造成超载和过度放牧，影响植被正常生长，造成植被破坏，并易促成传染病的暴发。因此，应根据养殖规模和放养场地的面积确定搭建棚舍的数量，多棚舍要布列均匀，间隔 150～200 米。

（5）便于卫生防疫和消毒　为了防疫需要，鸡舍内地面要比舍外地面高出 30～50 厘米，鸡舍周围 30 米内不能有积水，以防舍内潮湿滋生病菌；棚舍内地面要铺垫 5 厘米厚的沙土，并且根据污染情况定期更换；鸡舍的人口处应设消毒池；通向鸡舍的道路要分净道和污道，净道为运料专用道，污道为清粪和处理病死鸡专用道；有窗鸡舍的窗户要安装铁丝网，以防止飞鸟、野兽进入鸡舍，避免引起鸡群应激和传播疾病。

（二）鸡舍的布局

1. 鸡舍的排列　鸡舍通常设计为东西成排、南北成列，尽量做到整齐、美观、紧凑。生产区内鸡舍的布列，应根据场地形状、鸡舍数量和长度，从场区防疫和净化角度考虑，以布置为单列为宜。

2. 鸡舍的朝向　鸡舍朝向是指用于通风和采光的棚舍门窗的指向。鸡舍朝向的选择与鸡舍采光、保温、通风等因素有关，目的是利用太阳的光、热及自然主导风向。舍内的自然光依赖阳光，舍内的温度在一定程度上受太阳辐射的影响，自然通风时舍内通风换气受主导风向的影响。因此，鸡舍朝向应根据本地区的实际情况，合理选择，一般多以坐北朝南或偏东、西为主。

3. 鸡舍间距　鸡舍间距指鸡舍与鸡舍之间的距离，是鸡场总的平面布置的一项重要内容，它关系着鸡场的防疫、防火、排污和占地面积，直接影响到鸡场的经济效益，因此应给予足够的重视。

（1）从防疫角度考虑　一般鸡舍的间距是鸡舍高度的 3～5 倍时，即能满足要求。试验表明，背风面漩涡区的长度与鸡舍高度之比是 5∶1，因此，一般开放型鸡舍的间距是高度的 5 倍。当主导风向入射角为 30°～60°时，漩涡长度缩小为鸡舍高度的 3 倍左右，这时的间距对鸡舍的防疫和通风更为有利。对于密闭式鸡舍，由于采用人工通风和换气，鸡舍间距达到 3 倍高度即可满足防疫要求。

（2）从防火角度考虑　为了消除火灾隐患，防止发生事故，按照国家的规定，民用建筑采用 15 米的间距，鸡舍多为砖混结构，故不用最大的防火间距，采用 10 米左右即能满足防疫和防火间距的要求。

（3）排污间距　一般鸡舍间距为鸡舍高度的 2 倍。按民用建筑的日照间距要求，鸡舍间距应为鸡舍高度的 1.5～2 倍。鸡场的排污需要借助自然风，当鸡舍长轴与主导风向夹角为 30°～60°时，用 1.3～1.5 倍的鸡舍间距也可以满足排污的要求。综合几种因素的要求，可以利用主导风向和鸡舍长轴所形成的夹角，适当缩小鸡舍的间距，从而节约占地。

（4）节约占地　我国的土地资源并不十分丰富，尤其是在农区和城郊，节约用地非常重要。进行养鸡场的总体布局时，需要根据当地的土地资源及其利用情况而定。一般按民用建筑的日照间距为鸡舍高度的 2 倍建场，采取鸡舍高度的 2～3 倍作为鸡舍间距，可以满足各方面的要求。

第三节　鸡舍的建设

随着蛋鸡养殖规模化集约化的不断扩大，环境和疾病问题已成为制约蛋鸡高效安全生产的关键瓶颈。我国现阶段的养鸡存在着鸡场环境条件差，鸡群抗病力差，疾病复杂，死淘率高，生产性能低，收益低等问题。为了保证蛋鸡高效安全生产，鸡舍要密闭、保温、内环境可以自动控制。另外，死鸡和粪污要做到无害化处理。

受气候影响，我国鸡舍建筑类型具有形式多样的特点。不同类型的鸡舍建筑对蛋鸡生产和管理的影响都不尽相同，同时，不同类型鸡舍建筑对鸡舍的保温隔热性能有着重要的影响。鸡舍的外围护结构主要包括墙体和屋顶。国内鸡舍的墙体多采用砖墙结构，极少数采用复合板作为墙体维护材料。而对于屋顶构造，目前我国鸡舍屋顶建筑以彩钢瓦结构比较普遍，钢层中间夹聚苯板保温层，聚苯板厚度可根据各地气候条件进行调节。

对于蛋鸡舍的建设，首先要确定养殖规模，蛋鸡舍养殖规模不同，其建设方案也不同。本节介绍 4 种规模化蛋鸡舍建设方案，包括 5 000 只规模的栖架养殖蛋鸡舍建设方案，10 000 只规模的四层小阶梯笼养蛋鸡舍建设方案，30 000 只规模的四叠层笼养鸡舍建设方案和 100 000 只规模的八叠层笼养鸡舍建设方案。

一、5 000 只栖架养殖蛋鸡舍建设方案

传统小规模蛋鸡笼养因其生产效率低、产品档次不高、饲养户的收益率得不到保证等问题，已基本从农户养殖中退出。近年来，各种散养和福利养殖模式的兴起和市场对散养和福利养殖产品的不断需求，使小规模养殖又有了一定

的存在空间，尤其是地方品种鸡的饲养得到推崇。小规模饲养鸡蛋产量有限，适宜采用新型福利养殖模式，提高产品质量，以保证良好的经济效益。以栋舍规模5 000只为例，适宜采用新型栖架式立体养殖模式，实现福利养殖，其具体建设方案如下。

（一）工程工艺设计

养殖规模：5 000只。

笼具模式：栖架式立体养殖模式。

建筑型式：全封闭式。

通风方式：湿帘风机纵向通风系统（东北地区、西北地区无须配湿帘），山墙一端布置轴流风机，另一端山墙布置湿帘。

清粪方式："纵向输送式＋尾端横向输送式"自动清粪系统。

笼具选择：采用三层栖架福利散养笼。笼具规格：宽3米、长2米，按660厘米²/只计算，可饲养200只。

舍内布置形式：采用二列三走道布置。

料槽：每组鸡笼每层设2个料槽，料槽总长度12米。

栖木：分A、B、C 3种型号，其中A类主要用于栖息，按15～20厘米/只配置，B、C主要起辅助和支撑作用，不考虑栖息用途。栖木配置见表2-3。

表2-3　5 000只规模栖架养殖模式蛋鸡舍栖木配置

型　号	长度（厘米）	数量（根）	总长（厘米）
A	200	23	4600
B	80	4	320
C	120	2	240

（二）鸡舍设计

朝向：坐北朝南偏东或偏西15°左右（具体依建设地点气候条件而定）。

跨度：符合建筑模数要求，根据笼架规格、走道宽度、墙厚，鸡舍跨度为9米。

长度：5 000只规模需要笼架25组，二列三走道布置，每列13组，共26组。同时，考虑首架、尾架长度及操作间、工作通道，鸡舍长度为36米。

鸡舍高度：墙高3.9米，舍内外高差0.3米。

建筑材料：双坡式屋顶结构，屋顶密封不设窗，顶层加保温隔热层，三七墙体加保温隔热板层，墙体表面内外均有水泥、白灰抹面。

通风系统设计：按夏季1～2米/分、冬季0.3米/分风速设计。冬季通风量取夏季通风量的10%，春、秋两季以夏季的2/3计算。

5 000只规模栖架养殖模式蛋鸡舍建筑参数和设备参数分别见表2-4、表2-5。鸡舍剖面见图2-19。

表2-4　5 000只规模栖架养殖模式蛋鸡舍建筑主要参数

鸡舍长度	36米	舍内外高差	0.3米	前过道宽度	4.35米
鸡舍宽度	9米	通风小窗规格	0.67米×0.23米	后过道宽度	1.27米
屋顶形式	双坡	通风小窗间距	3米	中间过道宽度	1.1米
檐高	3.9米	湿帘宽度	9米	两边过道宽度	0.93米

表2-5　5 000只规模栖架养殖模式蛋鸡舍内部设备主要参数

鸡笼组数	26组	风机台数	4台	湿帘面积	16米²
鸡笼长度	2.0米	风机规格	0.9米×0.9米	清粪	传送带清粪
鸡笼宽度	3.6米	灯泡	36个	喂料	自动喂料
鸡笼高度	3.6米	灯泡布置间距	3米	通风控制系统	AC 2000

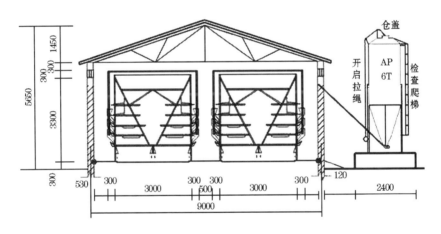

图2-19　5 000只规模栖架养殖模式蛋鸡舍剖面图　（单位：厘米）

二、10 000只四层小阶梯笼养蛋鸡舍建设方案

（一）工程工艺设计

养殖规模：10 000只。

笼具模式：四层小阶梯笼养。

建筑型式：全封闭式。

通风方式：湿帘风机纵向通风系统（东北地区、西北地区无须配湿帘），山墙一端布置轴流风机，另一端山墙布置湿帘。

清粪方式："纵向输送式＋尾端横向输送式"自动清粪系统。

笼具选择：四层小阶梯式蛋鸡笼。

（二）鸡舍设计

朝向：坐北朝南偏东或偏西 15°左右（具体依建设地点气候条件而定）。

跨度：符合建筑模数要求，根据笼架规格、走道宽度、墙厚，鸡舍跨度为 12 米。

长度：10 000 只规模蛋鸡舍需要笼架 63 组，三列四走道布置，每列 21 组，共 63 组。同时，考虑首架、尾架长度及操作间、工作通道，鸡舍长度为 48 米。

鸡舍高度：墙高 3.3 米，舍内外高差 0.3 米。

建筑材料：双坡式屋顶结构，屋顶密封不设窗，顶层加保温隔热层，三七墙体加保温隔热板层，墙体表面内外均有水泥、白灰抹面。

通风系统设计：按夏季 1～2 米/分、冬季 0.3 米/分风速设计。冬季通风量取夏季通风量的 10%，春、秋两季以夏季的 2/3 计算。

10 000 只规模小阶梯笼养蛋鸡舍建筑参数和设备参数分别见表 2-6、表 2-7。鸡舍剖面见图 2-20。

表 2-6　10 000 只规模四层小阶梯笼养蛋鸡舍建筑主要参数

鸡舍长度	48 米	舍内外高差	0.3 米	进风端过道	3.92 米
鸡舍宽度	12 米	通风小窗规格	0.67 米×0.23 米	排风端过道	1.27 米
屋顶形式	双坡	通风小窗间距	3 米	纵向中间过道	0.91 米
檐高	3.3 米	湿帘间宽度	1.2 米	纵向两侧过道	1.15 米

表 2-7　10 000 只规模四层小阶梯笼养蛋鸡舍内部设备主要参数

鸡笼组数	63 组	风机台数	4 台	湿帘面积	30 米²
鸡笼长度	1.83 米	风机规格	1.4 米×1.4 米	清粪	推粪＋传送带
鸡笼宽度	2.55 米	节能灯	64 个	喂料	自动喂料
鸡笼高度	2.74 米	灯泡布置间距	3 米	通风控制系统	AC 2000

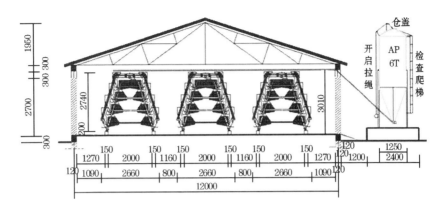

图 2-20　10 000 只规模四层小阶梯笼养蛋鸡舍剖面图　（单位：厘米）

三、30 000 只四叠层笼养蛋鸡舍建设方案

（一）工程工艺设计

养殖规模：30 000 只。

笼具模式：四叠层笼养。

建筑型式：全封闭式。

通风方式：湿帘风机纵向通风系统（东北地区、西北地区无须配湿帘），一端山墙布置轴流风机，另一端山墙及侧墙布置湿帘。

清粪方式："纵向输送式＋尾端横向输送式"自动清粪系统。

笼具选择：四叠层蛋鸡笼。

舍内布置形式：四列五走道布置。

（二）鸡舍设计

朝向：坐北朝南偏东或偏西 15°左右（具体依建设地点气候条件而定）。

跨度：符合建筑模数要求，根据笼架规格、走道宽度、墙厚，鸡舍跨度为 12 米。

长度：30 000 只规模蛋鸡舍采用 4240 型笼具，至少需要 125 组，以四列五走道布置，每列 32 组，共 128 组。同时，考虑首架、尾架长度及操作间、工作通道，鸡舍长度为 84 米。

高度：墙高 3.6 米，舍内外高差 0.3 米。

建筑材料：双坡式屋顶结构，屋顶密封不设窗，顶层加保温隔热层，三七墙体加保温隔热板层，墙体表面内外均有水泥、白灰抹面。

　　湿帘降温通风系统设计：按夏季 1～2 米/分、冬季 0.3 米/分风速设计。冬季通风量取夏季通风量的 10%，春、秋两季以夏季的 2/3 计算。

　　30 000 只规模叠层笼养蛋鸡舍建筑参数和设备参数分别见表 2-8、表 2-9。鸡舍剖面见图 2-21。

表 2-8　30 000 只规模四叠层笼养蛋鸡舍建筑主要参数

鸡舍长度	84 米	舍内外高差	0.3 米	前过道	3.97 米
鸡舍宽度	12 米	通风小窗规格	0.67 米×0.23 米	后过道	1.27 米
屋顶形式	双坡	通风小窗间距	3 米	中间过道	1.1 米
檐高	3.6 米	湿帘间宽度	1.2 米	两边过道	0.96 米

表 2-9　30 000 只规模四叠层笼养蛋鸡舍内部设备主要参数

鸡笼组数	128 组	风机台数	10 台	湿帘面积	48 米²
鸡笼长度	2.28 米	风机规格	1.4 米×1.4 米	清粪	传送带清粪
鸡笼宽度	1.71 米	节能灯	140 个	喂料	自动喂料
鸡笼高度	3.05 米	灯泡布置间距	3 米	通风控制系统	AC 2000

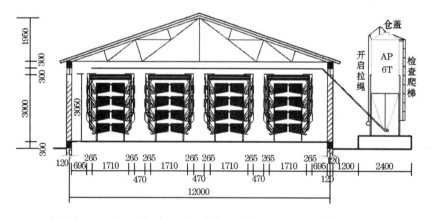

图 2-21　30 000 只规模四叠层笼养蛋鸡舍剖面图　（单位：厘米）

四、100 000 只八叠层笼养蛋鸡舍建设方案

（一）工程工艺设计

养殖规模：100 000 只。

笼具模式：八叠层笼养。

建筑型式：全封闭式。

通风方式：湿帘风机纵向通风系统（东北地区、西北地区无须配湿帘），一端山墙布置轴流风机，另一端布置湿帘。采用顶棚送风方式，建议同时安装笼架内通风管道正压通风系统，以保证送风均匀。

清粪方式："纵向输送式＋尾端横向输送式"自动清粪系统。

笼具选择：八叠层蛋鸡笼。

舍内布置形式：双层四列五走道布置。

（二）鸡舍设计

朝向：坐北朝南偏东或偏西15°左右（具体依建设地点气候条件而定）。

跨度：符合建筑模数要求，根据笼架规格、走道宽度、墙厚，鸡舍跨度为13.6 米。

长度：100 000 只规模蛋鸡舍共安装 168 组笼具，每组笼具规格为 2 400 毫米×2 030 毫米×6 600 毫米，饲养 604 只产蛋鸡，四列五走道布置，每列 42 组。同时，考虑首架、尾架长度及操作间、工作通道，鸡舍长度为 110 米。

高度：墙高 7.5 米，室内外高差 0.3 米。

建筑材料：双坡式屋顶结构，屋顶密封不设窗，顶层加保温隔热层，三七墙体加保温隔热板层，墙体表面内外均有水泥、白灰抹面。

通风系统设计：按夏季 1～2 米/分、冬季 0.3 米/分风速设计。冬季通风量取夏季通风量的 10％，春、秋两季以夏季的 2/3 计算。

100 000 只规模叠层笼养蛋鸡舍建筑参数和设备参数分别见表 2-10、表 2-11。鸡舍剖面见图 2-22。

表 2-10　100 000 只规模八叠层笼养蛋鸡舍建筑主要参数

鸡舍长度	110 米	舍内外高差	0.3 米	前过道	2.60 米
鸡舍宽度	13.6 米	通风口规格	100 米×0.1 米	后过道	2.10 米
屋顶形式	双坡	通风口间距	3 米	中间过道	0.95 米
檐高	7.5 米	湿帘间宽度	1.2 米	两边过道	0.96 米

表 2-11　100 000 只规模八叠层笼养蛋鸡舍内部设备主要参数

鸡笼组数	168 组	风机台数	24 台	湿帘面积	156 米²
鸡笼长度	2.40 米	风机规格	1.56 米×1.56 米	清粪	传送带清粪
鸡笼宽度	2.03 米	节能灯	300 个	喂料	自动喂料
鸡笼高度	6.6 米	灯泡布置间距	3 米	通风控制系统	AC 2000

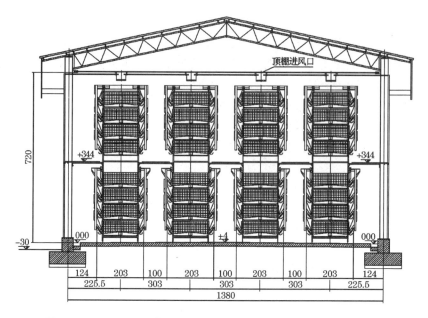

图 2-22 100 000 只规模八叠层笼养蛋鸡舍剖面图   （单位：厘米）

第四节　现代蛋鸡高效养殖主要设备及其选用

现代蛋鸡的高效养殖依赖于设施设备的合理配套，其主要设备包括：笼具、饲喂设备、饮水设备、清粪设备、通风降温设备、光照设备、消毒免疫设备、集蛋设备以及加温设备等。针对不同养殖工艺模式，在进行设备选型时要综合考虑其对操作管理、健康高效生产、经济因素等多方面的影响。

一、笼　具

（一）育雏育成笼

育雏阶段是鸡饲养过程中最为关键的一个时期。这个阶段雏鸡对环境的要求较高，特别是对温度要求十分严格，否则极易造成较高的死亡率，所以在育雏舍应该配备相应的加温设备。育雏可分为笼养育雏和平养育雏两种，而在进行笼养育雏时，通常会将育雏育成合为一段式进行饲养。所用设备大多为层叠式育雏育成笼，三层、四层或者更多。育雏阶段的进鸡初期，先将雏鸡放置于中间层，待鸡长至育成期再逐渐将鸡分散到上、下层。

育雏育成笼的设备（图2-23）配置包括：笼具本身、首架、尾架、自动喂料系统、自动清粪系统、乳头饮水系统。采用层叠式育雏育成笼进行饲养，舍饲密度高、占地面积小、节约土地（比阶梯式节约用地70％左右）、集约化程度高、经济效益好；并且育雏育成阶段在同一舍内进行，减少了鸡只由于转群而出现的应激。

图2-23　层叠式自动化育雏育成设备

（二）成　鸡　笼

笼具是现代化养鸡的主体设备，不同笼养设备适用于不同的鸡群。它的配置形式和结构参数决定了饲养密度，也决定了对清粪、饮水、喂料等设备的选用要求和对环境控制设备的要求。现代蛋鸡养殖（包括种鸡）主要使用半阶梯式鸡笼和叠层式鸡笼。

图2-24　半阶梯式鸡笼

1. 半阶梯式鸡笼　将鸡笼的上、下层之间部分重叠，便形成了半阶梯式鸡笼（图2-24）。为避免上层鸡的粪便落在下层鸡身上，上、下层重叠部分有挡粪板，按一定角度安装，粪便滑入粪坑。其舍饲密度（15～17只/米²）较全阶梯式高，一般可提高30％，但是比层叠式低。与全阶梯式鸡笼相比，由于挡粪板的阻碍，通风效果稍差，但操作更加方便，容易观察鸡群状态。目前，采用的半阶梯式鸡笼多为4层，也有3层或5层的。随着层数增多，笼子的高度也增加，一般须配合机械给料、自动清粪和集蛋。

2. 层叠式鸡笼　将半阶梯式鸡笼上、下层完全重叠便形成了层叠式鸡笼

图 2-25　四叠层笼养

（图 2-25），层与层之间由输送带将鸡粪清走。其优点是舍饲密度高，鸡场占地面积大大降低，提高了饲养人员的生产效率；但是对鸡舍建筑、通风设备和清粪设备的要求较高。发达国家的集约化蛋鸡场多采用 4～12 层的层叠鸡笼，且开发了与层叠鸡笼配套的给料、给水、集蛋、清粪、通风、降温等设备，可使饲养密度达 50～80 只/米²，甚至更高，

全部实现了机械化、自动化，极大地改善了鸡舍环境，为鸡群健康生长提供了一切必要条件。当前国内新建的大型蛋鸡场大多也采用叠层式鸡笼进行蛋鸡饲养，并且在进行种鸡饲养时，叠层式本交笼的使用也在不断发展。图 2-26 为三层平养自然交配"H"形本交笼，单笼饲养量为 40 只，公、母比例为 1：9，能保证良好的受精率。

图 2-26　三叠层本交笼

3. 福利式鸡笼　受蛋鸡福利养殖的影响，除了传统的笼养笼具之外，欧美等地更多采用的蛋鸡饲养方式为大笼饲养、富集型鸡笼饲养和栖架散养，如图 2-27 所示。相比传统鸡笼的蛋鸡养殖，这些福利蛋鸡养殖方式能更好地满足蛋鸡日常行为的表达，并且环境的丰富度也为鸡只提供了更多机会表达其天性。

A

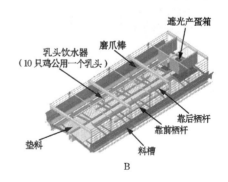

B

图 2-27　蛋鸡福利养殖系统

A. 大笼饲养　B. 富集型鸡笼

二、饲喂设备

在鸡的饲养管理中，喂料耗用的劳动量较大，因此大型机械化鸡场为提高劳动效率，采用机械喂料系统。喂料系统包括贮料塔、输料机、喂料机和料槽4个部分。贮料塔放在鸡舍的一端或侧面，用来贮存该鸡舍鸡的饲料。贮料塔是用厚1.5毫米的镀锌钢板冲压而成。其上部为圆柱形，下部为圆锥形，圆锥与水平面的夹角应大于60°，以利于排料。塔盖的侧面开了一定数量的通气孔，以排出饲料在存放过程中产生的各种气体和热量。贮料塔一般直径较小，塔身较高，当饲料含水量超过13%时，存放时间超过2天后，贮料塔内的饲料会出现"结拱"现象，使饲料架空，不易排出。因此贮料塔内需要安装防止"结拱"的装置。贮料塔多用于大型机械化鸡场。贮料塔使用散装饲料车从塔顶向塔内装料，或者由饲养加工车间直接通过输料线将料打到料塔里（图2-28）。喂料时，开启上料开关，饲料通过输料机被送往鸡舍的喂料行车，再由喂料行车将饲料均匀散布料槽，供鸡采食（图2-29）。

图 2-28　饲料加工车间、输料线和贮料塔

图 2-29　舍内输料线、喂料行车

三、饮水设备

饮水设备分为以下5种：乳头式、吊塔式、真空式、杯式和水槽式。雏鸡开始阶段和散养鸡多用真空式、吊塔式和水槽式饮水器，笼养鸡现在趋向使用乳头饮水器。乳头饮水器（图2-30）不易传播疾病，耗水量少，可免除刷洗工作，提高工作效率，已逐渐代替常流水水槽；但制造精度要求较高，否则容易漏水。杯式饮水器供水可靠，不易漏水，耗水量少，不易传播疾病；但是鸡在饮水时经常将饲料残渣带进杯内，需要经常清洗。

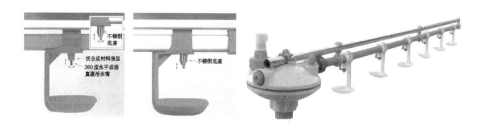

图2-30　乳头饮水器及其布置

饮水系统还包括前端的水源连接装置（图2-31），常用的水源连接装置包括：①过滤单元，用以防止乳头阻塞；②水压表，鉴别水过滤单元的污染程度；③水龙头，可以单独取水，方便日常的用水需求；④水表，精确控制耗水量；⑤加药器，通常与分流装置连接，用于日常饮水给药。各种饮水系统性能及优缺点见表2-12。

图2-31　鸡舍水源连接装置

表 2-12　各饮水系统的主要部件和性能

名　称	主要部件及性能	优缺点
水　槽	①常流水式，由进水龙头、水槽、溢流水塞和下水管组成。当供水超过溢流水塞时，水即由下水管流进下水道。②控制水面式，由水槽、水箱和浮阀等组成。③适用短鸡舍的笼养和平养	结构简单。但耗水量大，疾病传播机会多，刷洗工作量大。安装要求精度大，长鸡舍很难水平，供水不匀，易溢水
真空饮水器	由聚乙烯塑料筒和水盘组成。筒倒装在盘上，水通过筒壁小孔流入饮水盘，当水将小孔盖住时即停止流出，保持一定水面。适用于雏鸡和平养鸡	自动供水，无溢水现象，供水均衡，使用方便。不适于饮水量较大时使用，每天清洗工作量大
吊塔式饮水器	由钟形体、滤网、大小弹簧、饮水盘、阀门体等组成。水从阀门体流出，通过钟形体上的水孔流入饮水盘，保持一定水面。适用于大群平养	灵敏度高，利于防疫、性能稳定、自动化程度高。但洗刷费力
乳头式饮水器	由饮水乳头、水管、减压阀或水箱组成，还可以配置加药器。乳头由阀体、阀芯和阀座等组成。阀座和阀芯由不锈钢制成，装在阀体中并保持一定间隙，利用毛细管作用使阀芯底端经常保持一个水滴，鸡啄水滴时即顶开阀座使水流出。平养和笼养都可以使用。雏鸡可配各种水杯	节省用水、清洁卫生，只需定期清洗过滤器和水箱，节省劳力。经久耐用，不需更换。对材料和制造精度要求较高。质量低劣的乳头饮水器容易漏水

　　带滴水杯的乳头式饮水器，其底座有不锈钢和塑料之分，水嘴目前有 360°旋转和只能上下活动两种，用户可以根据需求自行选择。比如雏鸡和小母鸡，选用可以 360°活动的水嘴，方便鸡只使用；而对于产蛋鸡，为了避免溅洒造成的浪费，可以选取只能垂直上下的弹簧型乳头式饮水器。

四 、 光 照 设 备

　　光照对鸡采食、饮水、产蛋、交配等都有直接影响，还可通过不同的生理途径影响鸡的繁殖和生长。目前，大部分鸡场普遍采用人工控制光照，主要包括光照时间和光照度两个方面。鸡场光照原则：①光照时间宜短，不可逐渐延长。②不管采取何种光照制度，光照不可忽照忽停，光照时间不可忽长忽短，光照强度不可忽强忽弱。③尽可能保持舍内光照分布均匀。

（一）光照时间

育雏期间，光照时间应逐渐减少。一般在前 3 天采用 24 小时光照，使雏鸡有充分时间适应环境，有利于雏鸡饮水和采食。以后以递减的方式使其在进入育成期时光照时长达到稳定的 12 小时。临近开产前，又要逐渐延长光照时间，促使其达到产蛋高峰，但光照时间不能突然增加，以免造成部分母鸡的子宫外翻；进入产蛋高峰后，光照时间要保持稳定，一般保证每天 16 小时的光照；进入产蛋后期可以逐步增加光照时长到 17 小时，一直到产蛋结束。

（二）光照强度

1～2 周龄的幼雏，由于生理发育尚不完善，视力较差，为了保证其饮水和采食，提高其活动能力，光照强度应适当增强，为 10～30 勒。进入 3 周龄开始，就应慢慢降低光照强度，这样既可省电，鸡群也比较安静，同时还能有效地防止和减少啄羽、啄肛、啄趾等恶癖。实际生产中光照强度为 10 勒左右。但有时为方便人工操作，光照强度会适当提高。对于多层笼养的情况，为了保证光照强度的均匀性，进行光源的布置时，除了采用梅花式的错位布置之外，同列光源还应进行错落布置，目的是保证下层笼养鸡能有足够光照强度用以寻找料槽和饮水器。

（三）照明设备

常用的人工光源有普通白炽灯、荧光灯、紫外线灯、节能灯等，当前也有鸡场使用 LED 光源（图 2-32）。LED 灯泡相对于普通白炽灯和节能灯而言，更节能环保，并且使用寿命长，可以在高速状态下工作，即便频繁开关也不会影响其使用寿命。

A   B   C

图 2-32　常用照明设备
A. LED 灯泡　B. 节能灯　C. 现场布置图

五、通风设备

通风设备的作用是将鸡舍内的污浊空气、湿气和多余的热量排出，同时补充新鲜空气。蛋鸡舍的通风设备主要包括两类：进风设备和排风设备。一般鸡舍采用负压通风方式，以风机作为排风口，由风机将舍内空气强制排出，这样舍内就呈低于舍外空气压力的负压状态，外部新鲜空气由进风口吸入。对于密闭性较好的鸡舍，采用负压通风易于实现大风量的通风，并且换气效率也高。排风设备一般采用大直径、低转速的轴流风机，安装在一侧山墙。排风风扇可选择带或不带锥筒及遮光罩。带锥筒的风扇特别适用于负压达到－80帕的高背压房舍，或者仅有很小的空间用于安装风扇的房舍（图2-33）。这种风扇可显著提高排风量，因此非常适于笼养禽舍的纵向通风。

图2-33　带锥筒排风

鸡舍进风口分两种：纵向进风口和侧墙进风口。纵向进风口即为湿帘进风口，在下面的降温设备中会进行介绍。侧墙进风口为侧墙进风窗（图2-34），安装在鸡舍两侧墙上。根据墙体结构可选用不同形式的侧墙进风窗类型，对于带保温层的铝板材质等较薄的墙体结构可以采用法兰式进风窗；而对于普通砖混结构墙体，则可采用通用型侧墙进风窗。

这种类型的进风窗是由可回收、防震、不变形的抗老化塑料制成，可使用高压水枪轻松对其进行清洗；隔热性能良好的进风窗挡板通过不锈钢弹簧被拉紧，当保持在关闭位置时，可以确保鸡舍的密闭性；进风挡板能够通过装置调节进风口的大小，以符合不同季节和天气所需的进风量。

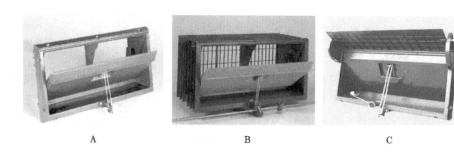

图 2-34 侧墙进风窗

A. 法兰式进风窗　B. 通用型侧墙进风窗　C. 上方带挡板的通用型侧墙进风窗

六、降温设备

目前，国内外用于鸡舍降温的是湿垫风机降温系统（图 2-35）。夏季空气通过湿垫进入鸡舍，可以降低进入鸡舍空气的温度，起到降温的效果。湿垫风机降温系统由纸质波纹多孔湿垫、湿垫冷风机、水循环系统及控制装置组成。整套系统都安装在湿帘间（图 2-36），通过湿帘的冷风可通过设置在舍内进风口的幕帘来调节其流向。为了避免阳光直射到湿帘上，可以在鸡舍基础上扩建一个走道，在走道外侧装配遮阳板，既可防风也可防尘。湿垫风机系统有良好的降温效果，在北方干燥地区，夏季空气经过湿垫进入鸡舍，可降低舍内温度 7℃～10℃。

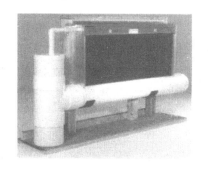

图 2-35 湿垫风机降温系统

遮阳板

幕帘

图 2-36 湿帘间

七、供暖设备

给雏鸡舍加热是为了营造理想的舍内温度，保证鸡只的健康和生产性能。按燃料不同可以分为燃煤、燃气和燃油加热系统，按加热介质不同可分为气暖或水暖加热系统。

一种适用于在一段时间内对局部区域强加热的燃气散热器（图 2-37），多用于地面平养小母鸡的育雏阶段。

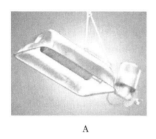

A   B   C

图 2-37 用于局部加热的燃气散热器
A. M8 型燃气散热器 B. G12 型燃气散热器 C. SOL11600 型燃气散热器

对于一般的雏鸡舍，多采用地面管道加热的方式，这种加热系统包括冬季供暖使用的燃煤或燃气锅炉和舍内管翼式暖气管道（图 2-38）。锅炉运行方式：锅炉的出水温度是根据鸡舍最小日龄的雏鸡来进行适当升温的，每栋鸡舍可根据本鸡舍的雏鸡日龄来适当调整暖气管道阀门，这样在满足最小日龄雏鸡的生长温度的同时又不会对日龄较大的雏鸡带来高温的影响。

图 2-38 育雏舍加热锅炉和舍内加温管道

热风炉供暖系统也是加热系统的一种，该系统由热风炉、轴流风机、有孔塑料管和调节风门等设备组成，以空气为介质，煤为燃料，为鸡舍提供无污染的洁净热空气。该设备结构简单，热效率高，送热快，成本低。

八、清粪设备

现代蛋鸡生产的舍内清粪方式都为机械清粪，机械清粪常用设备有刮板式清粪机（图 2-39）和传送带式清粪机（图 2-40）。刮粪板式清粪机多用于阶梯式笼养和网上平养；传送带式清粪机多用于叠层式笼养，现在阶梯式笼养的鸡舍也有采用该种清粪系统的。

图 2-39　刮板式清粪机	图 2-40　传送带式清粪系统

（一）刮板式清粪机

通常使用的刮板式清粪机分全行程式和步进式两种，两种清粪机的工作原理一致。刮板式清粪机由牵引机（电动机、减速器、绳轮），钢丝绳，转角滑轮，刮粪板及电控装置组成。工作时电动机驱动绞盘，钢丝绳牵引刮粪器。向前牵引时刮粪器的刮粪板呈垂直状态，紧贴地面刮粪，到达终点时刮粪器前面的撞块碰到行程开关，使电动机反转，刮粪器也随之返回。此时刮粪器受背后钢丝绳牵引，将刮粪板抬起越过鸡粪，因而后退不刮粪。刮粪器往复行走一次即完成一次清粪工作。刮板式清粪机一般用于双列鸡笼，一台刮粪时，另一台处于返回行程不刮粪，使鸡粪都被刮到鸡舍同一端，再由横向螺旋式清粪机送出舍外。

刮板式清粪机是利用摩擦力及拉力使刮板自行起落，结构简单。但钢丝绳和刮粪板的耐用性和工作可靠性较差，采用这种方式清粪时，粪便都是落地之后再进行处理，这样的清粪方式存在严重的生物安全隐患。如果刮板与粪沟之间的贴合度不好往往导致清粪不全，刮板上的残粪也需人工清除，否则影响机具的使用寿命。

（二）传送带式清粪系统

传送带式清粪系统由控制器、电机、履带等组成，一般用于叠层式笼养的清粪，部分阶梯式笼养也采用这种清粪方式。对于叠层而言，每层鸡笼正下方铺设传送带，宽度与鸡笼同宽，长度方向略长于整列笼具长度，多层配合使用，直接将鸡粪输送到运粪车上。使用传送带式清粪系统时，首先要考虑到传送带的材质，一般选用尼龙帆布或橡胶制品，要求有一定的强度与韧度，不吸水、不变形；另外，传送带在安装的过程中要防止其运行跑偏。在传送带末端固定一块刮板，将积粪刮落到横向传送带上传到舍外，然后用清粪车将粪便运出场区或者集中进行堆放。

相比刮板式清粪机而言，传送带式清粪系统能保证粪不落地，并且清粪完全，运行效率高。而采用架散养等方式时，使用传送带式清粪系统，每列笼架正下方的传送带两列并排拼接而成。其他配件、安装和运行方式都与叠层式笼养的传送带清粪系统相同。

传送带式清粪系统是现代蛋鸡养殖产业中比较先进的大型设施。采用传送带式清粪方式的清粪效果较好，但是庞大的设备对电能依赖性强。对于没有发电设备，或经常停电的地方都无法采用该设备，且设备前期投入与后期维护都需要较多资金。

九、空气净化设备与消毒药

对于密闭式笼养鸡舍，鸡舍空气质量的好坏对鸡群的健康和生产水平有着重要的影响，如果舍内环境控制不当，会使舍内产生大量的有毒有害气体、粉尘和微生物。其中通风是最为主要的方式，而冬季为了维持舍内温度会大大减少通风量，这样就使得舍内污染物的浓度严重超标，所以进行空气净化就十分有必要。

现在普遍用于鸡舍空气净化的是喷雾消毒（图2-41）。鸡舍喷雾消毒是指在鸡舍进鸡后至出舍整个期间，按一定操作规程使用有效消毒剂定时定量地对鸡体和环境喷洒一定直径的雾粒，杀灭鸡体和设备表面以及空气中的

图2-41　平养雏鸡舍喷雾效果

病原微生物，以达到防止疾病发生的目的。带鸡喷雾消毒是现代集约化养鸡场综合防疫工作的重要组成部分，是控制鸡舍内环境污染和疫病传播的有效手段。一般以育雏期每周消毒 2 次、育成期每周 1 次、成年期每周 3 次为宜，疫情期间应每天消毒 1 次。喷雾系统一般由控制系统、过滤装置、高压泵、管路和喷嘴组成，然后配以合适的消毒剂，也可直接喷清水降温。雾粒大小应控制在 80～120 微米，雾粒太小易被鸡吸入呼吸道，引起肺水肿，甚至诱发呼吸道疾病；而雾粒过大则易造成喷雾不均匀和禽舍太潮湿，在空中下降速度太快，与空气中的病原微生物、尘埃接触不充分，起不到消毒空气的作用。喷雾时喷头切忌直对鸡头，喷头距鸡体不小于约 60 厘米，喷雾量以地面和鸡体表面微湿的程度为宜，喷雾结束后应及时通风。

常用于鸡舍空气净化的消毒剂有拜洁和癸甲溴铵（百毒杀），通常交叉使用。由中国农业大学首次提出的微酸性电解水，对鸡舍消毒具有良好的应用效果，可用于人员消毒和鸡舍日常消毒，且无药物残留和副作用。图 2-42 为制备微酸性电解水的电解水机。

图 2-42　电解水机

鸡场常用消毒药物的使用方法及注意事项见表 2-13。

表 2-13　鸡场常用消毒药物使用方法及注意事项

消毒药物名称	用法用量
复合酚	喷雾消毒用于鸡舍、器具、排泄物、车辆，预防时 1∶300 倍稀释，疫病发生和流行时 1∶100～200 倍稀释，要求水温不低于 8℃，禁与碱性和其他消毒药物混合使用

续表 2-13

消毒药物名称	用法用量
甲醛	每立方米空间按甲醛溶液 20 毫升、高锰酸钾 10 克、水 10 毫升计算用量，方法是先将高锰酸钾放入较深容器中，再把规定量甲醛（加适量水稀释，以增加环境中的湿度）慢慢加入其中，此时混合液自动沸腾，从而使甲醛气化；注意消毒后要及时通风换气，以释放鸡舍内的甲醛气体
氢氧化钠	2％的浓度用于病毒和一般细菌的消毒，或 2％氢氧化钠和 5％石灰乳混合使用。注意不要与酸性消毒药物混用，消毒后及时清洗，防止消毒药腐蚀物品
氢氧化钙（石灰）	应用生石灰配成 10％～20％石灰乳涂刷墙壁、地面；门前消毒池可用 20％石灰乳浸泡的草垫对鞋底和进场的交通工具消毒。该消毒药应现配现用，门前的消毒池内消毒液应每天一换
漂白粉（氯石灰）	1％～5％消毒液可用于沙门氏菌、大肠杆菌的消毒
二氯异氰尿酸钠	0.5％～1％用于杀灭细菌和病毒，5％～10％用于杀灭产芽孢的细菌，宜现配现用
二氧化氯	0.01％～0.02％可用于细菌和病毒的消毒，0.025％～0.05％可用于产芽孢细菌，0.0002％可用于饮水、喷雾、浸泡消毒。应注意水温和水的 pH 值，温度在 25℃以下，温度越高，消毒效果越好
过氧乙酸	0.5％用于地面、墙壁的消毒；1％用于体温表的消毒；用于空气喷雾消毒时，每立方米空间用 2％的溶液 8 毫升即可。过氧乙酸对金属类具有腐蚀性，遇热和光照易氧化分解，高热则引起爆炸，故应放置阴凉处保存，使用时宜新鲜配制
癸甲溴铵（百毒杀）	饮水用量 0.0025％～0.005％，喷雾用量 0.015％～0.05％，用时根据消毒液含量自己调配
季铵盐	0.0004％～0.066％用于鸡舍喷雾消毒，0.003％～0.005％用于器具、种蛋，0.0025％～0.005％用于带蛋消毒，0.00255％用于饮水消毒

第三章
选养优良品种

阅读提示：

　　现代商品蛋鸡品种包括高产蛋鸡品种、特色杂交配套蛋鸡品种，以及部分蛋肉兼用型地方鸡品种，生产多元化商品鸡蛋和鸡肉产品，满足不同消费者的需求。本章重点从商品蛋鸡的分类（蛋壳颜色、特色需求等）介绍现代蛋鸡主要品种特性；从蛋鸡良种繁育体系的构成、良种繁育主要模式、关键技术（伴性遗传、种鸡本交笼养、专门化品系选育及仿土特色蛋鸡配套生产技术）等方面介绍现代蛋鸡品种的高效繁育技术；结合我国目前蛋鸡父母代及商品代的外貌特征与生产性能，介绍了褐壳（京红1号等）、粉壳（农大3号等）、白壳及绿壳（新杨绿壳等）蛋鸡主导品种，以及部分地方特色蛋鸡品种；从蛋鸡市场需求、养殖模式及生产条件3个方面介绍蛋鸡良种的选养方案。

第一节   现代蛋鸡品种特性

现代商品蛋鸡品种都是在标准品种的基础上，通过培育专门化品系进行配套系杂交而形成的杂交鸡。现代蛋鸡具有体型较小、产蛋量高、鸡蛋品质均一、饲料转化率高等特点。

一、商品蛋鸡生产性能显著提高

自20世纪50年代至21世纪初，蛋鸡年产蛋量的遗传进展2.2枚，蛋鸡的产蛋性能也基本接近了蛋鸡的生理极限，2000年时72周龄入舍鸡的产蛋数达到300枚以上，2006年产蛋数达到320枚，高峰期产蛋率大于95%，年产蛋总重20千克以上，料蛋比可达到2.2∶1。现代商业蛋鸡品种按其所产蛋壳颜色一般分为褐壳蛋鸡、白壳蛋鸡、粉壳蛋鸡和绿壳蛋鸡4种类型，其中褐壳蛋鸡占70%以上，粉壳蛋鸡占15%以上。白壳蛋鸡和绿壳蛋鸡的饲养量较少，市场份额不大，这主要是受消费习惯影响的结果。

（一）褐壳蛋鸡

现代褐壳蛋鸡多为洛岛红鸡、洛岛白鸡、海赛克斯鸡等兼用型鸡或合成系之间的配套品系杂交鸡。最主要的配套模式是以标准品种洛岛红鸡为父系、洛岛白鸡或白洛克鸡等带伴性银色基因的品种为母系，利用伴性羽色基因来实现雏鸡自别雌雄。褐壳蛋鸡体型较大、耗料较多，平均蛋重62克以上，母鸡成年体重2～2.2千克，料蛋比2.3～2.5∶1。褐壳蛋鸡母系均带有银色显性伴性基因，父系带有金色隐性伴性基因，两者杂交后商品代公鸡为银白色，母鸡为金黄色，初生即可根据羽毛颜色自别雌雄。

（二）白壳蛋鸡

现代白壳蛋鸡全部来源于单冠白来航品种的变种。通过培育不同的纯系来生产两系、三系或四系杂交的商品蛋鸡。一般利用伴性快慢羽基因在商品代实现雏鸡自别雌雄。白壳蛋鸡体型清秀、性成熟早、产蛋多、饲料效率高。在标准的饲养管理条件下，20周龄产蛋率5%，22～23周龄产蛋率50%，26～27周龄进入产蛋高峰，产蛋率90%以上，72周龄产蛋量达280～290枚，平均蛋重 60 克以上，母鸡成年体重 1.5～1.8 千克，料蛋比 2.2～2.4∶1。白壳蛋鸡体型小，占地面积少，单位面积饲养量多。

（三）粉壳蛋鸡（或浅褐壳）

粉壳蛋鸡是利用轻型白来航鸡与中型褐壳蛋鸡杂交产生的鸡种。目前，主要采用的是以洛岛红鸡作为父系，与白来航鸡母系杂交，并利用伴性快慢羽基因，通过快慢羽自别雌雄。其蛋壳颜色介于褐壳蛋和白壳蛋之间，呈浅褐色，国内称为粉壳蛋。其羽色以白色为背景，有黄、黑、灰等杂色羽斑。其主要特点是产蛋量多和饲料转化率高。

（四）绿壳蛋鸡

绿壳蛋鸡是我国特有禽种，被农业部列为"全国特种资源保护项目"。该鸡种抗病力强，适应性广。绿壳蛋鸡体型较小，结实紧凑，行动敏捷，匀称秀丽，性成熟较早，产蛋量较高。成年公鸡体重 1.5～1.8 千克，母鸡体重 1.1～1.4 千克，500 日龄产蛋量 150～230 枚。

二、蛋鸡品种多元化

随着消费者和政府对食品安全的关注度越来越高，蛋鸡生产企业建立自身的鸡蛋品牌，使鸡蛋从初级农产品变为具有完整商品属性的产品，使鸡蛋有了"身份证"，保证了鸡蛋产品的质量。同时，受我国农村一家一户散养地方土鸡生产和消费土鸡蛋的传统习俗的影响，粉壳鸡蛋一直在我国鸡蛋消费者心中占有重要位置，将粉壳鸡蛋进行品牌化经营的效益更高，使得用于生产粉壳鸡蛋的各种地方鸡品种，以及利用白来航作母本杂交选育的粉壳蛋鸡配套系（又称仿土蛋鸡）的数量逐渐增多，成为生产粉壳鸡蛋的主要鸡种。鸡蛋消费市场由单一褐壳鸡蛋消费向利用粉壳蛋鸡配套系和地方鸡品种分别生产仿土鸡蛋和土鸡蛋的方向快速发展。

三、充分利用伴性性状

所谓伴性性状是指染色体上的性连锁基因所决定的性状，性连锁基因均可表现出伴性遗传，包括金银羽色基因、羽速基因、矮小基因等，在现代蛋鸡生产中均得到广泛应用。高产蛋鸡商品代均可通过金银羽色、快慢羽等进行雌雄鉴定。中国农业大学利用矮小基因的优良性状，在种鸡和商品代蛋鸡中导入节粮型矮小基因，培育出饲料转化率很突出的农大 3 号褐壳和粉壳节粮小型蛋鸡。

四、鸡蛋鱼腥味基因被剔除

新鲜的鸡蛋中有时会出现类似臭鱼味的难闻味道，被称为"鱼腥味综合征"。研究表明，鱼腥味综合征的产生是由于含黄素单氧化酶（FMO$_3$）基因发生突变导致机体不能正常分解食物中的三甲胺形成的。三甲胺（TMA）是引起鸡蛋鱼腥味的主要物质，主要蓄积在蛋黄中。若饲料原料中含有鱼粉、油菜籽粕或过量的氯化胆碱时，某些蛋鸡体内的三甲胺就不能正常代谢，从而导致三甲胺逐渐积累，并沉积于卵泡中，形成鱼腥味鸡蛋，严重影响鸡蛋的品质和口感。当鸡蛋组织匀浆中三甲胺浓度达到 1～1.5 微克/克（蛋黄 4 微克/克）时，人们便可以通过嗅觉闻到鸡蛋的鱼腥味。鱼腥味综合征主要存在于褐壳蛋中，在白壳蛋和绿壳蛋中鲜有发现。生产实践表明，饲粮中仅添加 3% 的普通菜籽饼（粕）就能导致鸡蛋产生鱼腥味。而双低菜籽粕不产鱼腥味蛋的最大添加量为 4%～7%。一般在采食含菜籽饼（粕）饲粮后 5 天内，便可检到鱼腥味鸡蛋。从饲粮中去除菜籽饼（粕）后，蛋鸡不再产鱼腥味鸡蛋。易感型蛋鸡对菜籽饼（粕）比相同胆碱含量的氯化胆碱更为敏感。

在现代蛋鸡育种过程中，可以利用分子标记辅助选择的方法，在育种群体中筛查产生鱼腥味的个体，并加以淘汰，从而去除产生鱼腥味鸡蛋的遗传基础，改进鸡蛋品质。采用 PCR-RFLP 方法对我国 11 个地方鸡种（北京油鸡、河北柴鸡、固始鸡、溧阳鸡、如皋鸡、太湖鸡、淮南麻黄鸡、丝羽乌骨鸡、东乡绿壳蛋鸡、文昌鸡、藏鸡）的 FMO$_3$ 基因及基因型频率进行检测，结果表明，东乡绿壳蛋鸡全部表现为 TT 基因型，不表现鱼腥味综合征，具有较好的蛋品质；而其他 10 个地方鸡种中均有 SS 基因型的鱼腥味综合征易感个体，其中北京油鸡 SS 基因型频率最高，为 8.8%，藏鸡的 SS 基因型频率最低，为 0.7%。在海赛克斯、伊莎褐 2 个品种中 TT 型频率较高，分别为 8.3% 和 10.5%。因此，在蛋种鸡选育过程中，可以通过 PCR-RFLP 的方法予以剔除。2004 年，T329S 突变位点已被德国罗曼公司作为遗传标记应用于对鱼腥味综合征性状的选择。

五、蛋鸡品种与特色鸡蛋相接合

土鸡蛋包括传统意义的土鸡蛋和仿土鸡蛋两大类，按蛋壳颜色可分为粉壳蛋和绿壳蛋。由于不同区域的市场需求差异，粉壳蛋颜色可从粉褐到粉白；绿壳蛋在全国的市场要求一样，均以青绿色为宜。就其蛋的内在特性看，土鸡蛋与仿土鸡蛋和高产蛋鸡鸡蛋相比，蛋黄颜色深，蛋黄比例大，蛋白浓稠，蛋白质含量高，口感香鲜。此外，由于丝羽乌骨鸡、贵妃鸡的药用和观赏特性，加上其蛋品质特色，作为土鸡蛋一类产品也日益受到消费者青睐。

（一）土种蛋鸡与土鸡蛋

土种蛋鸡通常是指分布于我国各地的用于蛋用或蛋肉兼用的地方鸡种（遗传资源），或它们之间的杂交配套组合及外来的特色鸡种（如贵妃鸡）等，统称为土种蛋鸡。土种蛋鸡在农户零散饲养或利用自然生态条件规范化放养，自由觅食加补饲原粮或部分配合饲料的情况下所生产的鸡蛋统称为土鸡蛋。大部分土种鸡（草鸡、柴鸡、笨鸡和地方鸡种等）的产蛋性能不高，年产蛋一般在150枚左右，平均蛋重45～53克。产蛋期料蛋比3.2～4.2：1。产蛋数量最高的地方品种是浙江的仙居鸡、江西的白耳鸡和海南的文昌鸡，在良好的饲养条件下，年产蛋量在180枚左右。

土鸡蛋在消费者心中是优质鸡蛋的代名词，它包含了"由土种鸡生产的鸡蛋"、"在放牧条件下饲养"、"蛋品的口感和风味俱佳"等品质要求。随着土种鸡蛋市场价格的提高，仿土鸡蛋的生产也随之而生。

（二）仿土蛋鸡和仿土鸡蛋

仿土蛋鸡是指地方品种（遗传资源）通过导入高产蛋鸡血缘选育出的新品种（系）以及它们之间与高产品系的杂交配套组合。其产蛋性能高，蛋品质较好，蛋形、蛋壳颜色等与土鸡蛋相似。若仿土蛋鸡的体型外貌与土种蛋鸡相似则更为理想。此外，国内外培育的高产粉壳蛋鸡品种在产蛋前期也常作为仿土蛋鸡来用。

1. 仿土蛋鸡选育配套系的特点　仿土蛋鸡的选育配套系可以突出地方遗传资源的特色和优势，在追求优质、高效的前提下，兼顾产蛋量。仿土蛋鸡商品鸡抗逆性好，适应性强，具有土种蛋鸡典型外貌特征、特性和特色。母鸡成年体重1.65千克以下，65周龄产蛋数量220枚以上；料蛋比2.7：1；40周龄蛋重小于50克，蛋形指数大于1.32；蛋壳为粉色或绿色，蛋黄色深，比例大；配套系要尽可能地实现羽色、胫色或羽速自别雌雄。

2. 仿土蛋鸡的选育　在仿土蛋鸡生产中所用的鸡种主要有两类：一是将现有品种或品系直接配套生产，如利用贵妃鸡作为父（母）本与国外高产配套系杂交生产具有特殊外观性状的仿土蛋鸡，农大3号等商业品种在产蛋期部分阶段也多用于仿土蛋鸡生产等；二是选育符合土种蛋鸡要求的新品系，再配套生产仿土蛋鸡。前者制种方法简单、成本低、生产性能好，但后期蛋重大，体型外貌达不到土种蛋鸡要求，淘汰母鸡价值低。后者育种成本高、周期长，但能较好地满足市场对土鸡蛋的要求，兼顾商品鸡的体型外貌，淘汰母鸡价值高。因此，在选择仿土蛋鸡的亲本或育种素材时应把握以下四点：一是体型外貌上尽可能使商品代母鸡的羽色符合优质鸡市场的需要，配套系尽可能地实现羽色、胫色或羽速自别雌雄；二是蛋壳颜色、蛋形符合目标市场需要，产蛋数多，蛋重偏小而适中，体型相对较小，可以充分利用矮小（dw）基因在降低耗料量和蛋重方面的有利遗传效应；三是育种素材的血统来源清晰；四是育种素材无白血病等垂直传播疾病。利用贵妃鸡公鸡与褐壳蛋鸡母鸡杂交生产一代商品鸡，鸡蛋蛋壳颜色接近地方鸡品种所产鸡蛋。

3. 仿土蛋鸡的特征　仿土蛋鸡在舍饲或半舍饲环境下，饲喂有利于提高蛋白浓稠度、改善蛋壳蛋黄色泽和蛋品口感风味的配合饲料所生产的鸡蛋称为仿土鸡蛋。通过杂交配套生产的仿土鸡蛋应具备以下特征：①蛋壳颜色粉色，蛋形稍长，蛋形指数不低于1.3；②开产日龄（50%产蛋率）20周以内，66周龄产蛋210枚以上，平均（或43周龄）蛋重46～54克；产蛋期料蛋比2.6：1以内；③配套系母鸡成年平均体重1.75千克以下，体型外貌与土种鸡相似。近年来，国内外培育的粉壳蛋鸡品种，在产蛋前期所产鸡蛋的蛋重符合土鸡蛋标准要求，也常作为仿土鸡蛋销售。

（三）绿壳蛋鸡和绿壳鸡蛋

绿壳蛋鸡是我国家禽育种专家利用收集到的产绿壳蛋的个体进行纯繁选育，培育出的专门化品系或种群；利用培育出的纯种绿壳蛋鸡与黑羽乌鸡配套生产出五黑黑羽绿壳蛋鸡；利用培育出的纯种绿壳蛋鸡与褐壳商品蛋鸡杂交配套生产出高产的绿壳蛋鸡。

绿壳蛋集天然黑色食品和绿色食品为一体，1996年10月被国家绿色食品发展中心批准为绿色食品，1997年被国家卫生部批准为保健食品。绿壳鸡蛋蛋壳比褐壳、白壳、粉壳鸡蛋的要薄，绿壳鸡蛋的蛋壳更加致密。绿壳、白壳、粉壳、褐壳鸡蛋的蛋黄比例不同，其中绿壳鸡蛋的最高，其次是白壳鸡蛋，再次是粉壳鸡蛋，最小的是褐壳鸡蛋。蛋黄与鸡蛋风味有关，蛋黄比例越大，鸡蛋越香。

六、种鸡垂直传播性疾病不断净化

现代商品蛋鸡要求发育均匀度、生产性能整齐一致，生活力强，一般育成期成活率和产蛋期存活率均达94%～96%；鸡群健康，要求没有禽白血病、鸡白痢和网状内皮增生等垂直传播种源性疾病的发生。因此，在种鸡生产过程中，需要对禽白血病、鸡白痢和网状内皮增生等垂直传播疾病进行净化。比如禽白血病病毒（ALV），可以引起禽类多种肿瘤和免疫抑制性疾病，在我国不同地区的鸡群均有发生，感染禽白血病的鸡群均普遍存在生长缓慢、生产性能下降、疫苗免疫效果不好、发病率和死淘率增高等现象，因此对养禽业的发展构成很大威胁。目前，国内外对禽白血病尚无有效的防治措施，既无可用的疫苗预防，也无药物治疗，各国主要通过定期对高代次种鸡群进行检疫，淘汰阳性鸡，从而培育出无禽白血病的商品鸡群。我国在借鉴国外经验的基础上，结合国内的实际情况，选取地方品系农大 3 号鸡作为净化对象，通过建立无白血病的鸡群，并对鸡群实施三轮淘汰和严格控制环境卫生等措施后，其 ALV 的感染率显著下降，已取得了明显的净化效果。

第二节 现代蛋鸡品种的高效繁育技术

一、我国蛋鸡良种繁育体系

蛋鸡良种繁育体系是将纯系选育、配合力测定以及种鸡扩繁等环节有机结合起来形成的整体。在蛋鸡良种繁育体系中，育种工作和杂交扩繁任务由相对独立而又密切配合的育种场和各级繁殖场来完成。杂交配套方式由最早的二元杂交，逐步发展到了三元杂交和四元杂交。在现代养鸡生产中已经形成了由育种体系、制种体系和随机抽样性能测定体系组成的层次分明的良种繁育体系，即由曾祖代、祖代、父母代种鸡场和商品鸡场相结合的蛋鸡良种繁育体系。

（一）育种体系

育种体系包括品种资源场、育种场和配合力测定站 3 部分。品种资源场的任务是收集、保存各种蛋鸡品种品系，包括优良地方品种和引入品种，进行纯种繁育，评估它们的特性及遗传状况，发掘可能利用的经济性状，为育种场提供选育和合成新品种品系的素材。育种场的任务是利用品种资源场提供的素材，采用现代化育种方法，选育或合成具有一定特点的专门化高产品系；还可以根据育种进程的需要，开展系间配合力测定工作，筛选杂种优势强大的杂交组合，供生产上使用，是现代养鸡业繁育体系的核心。配合力测定站的任务是了解育种场培育的纯系是否可以用来生产高产的商品代杂交鸡；确定各系在配套生产中的制种位置，保证饲养管理条件一致，对可能的杂交组合进行对比试验。

（二）制种体系

制种体系包括原种场和繁殖场，繁殖场又可分为一级繁殖场和二级繁殖场，即制种体系为原种场（曾祖代场）、一级繁殖场（祖代场）、二级繁殖场（父母代场）。

（三）随机抽样性能测定体系

随机抽样性能测定是在美国和加拿大率先开展起来的。我国随机抽样性能测定体系分为两级，即地方随机抽样性能测定站和中央随机抽样性能测定中心。目前，全国共有 20 多个蛋鸡祖代场和 1 500 余个父母代场，常年存栏祖代蛋种鸡 50 余万套，良种供应能力不断提高。在北京和江苏建立了农业部家禽品质监督检验测试中心，为客观评价蛋鸡品种质量提供了保障。在良种繁育体系的推动下，目前我国蛋鸡生产中的良种率已达到 95％以上。

二、蛋鸡良种繁育模式

蛋鸡或特色蛋鸡杂交繁育体系根据参与杂交配套的纯系数目分为两系杂交、三系杂交和四系杂交甚至五系杂交等，其中以三系杂交和四系杂交最为普遍。国家畜禽遗传资源委员会自 2015 年起开始受理三系杂交配套模式家禽新配套系的审定。

（一）两系杂交

两系杂交是最简单的杂交配套模式。两系配套体系从纯系育种群到商品代的距离短，因而遗传进展传递快。不足之处是不能在父母代利用杂种优势来提高繁殖性能，扩繁层次简单，从育种群到商品代的扩容数量少，从育种公司的经济利润上讲是不利的，因此大型育种公司已经基本不提供两系杂交的配套组合。

（二）三系杂交

三系杂交从本质上讲是最普遍的（图 3-1），三系配套时父母代母本是二元杂种，其繁殖性能可获得一定杂种优势，再与父系杂交仍可在商品代产生杂种优势，因此从提高商品代生产性能上讲是有利的。在供种数量上，母本经祖代和父母代二级扩繁，供种量大幅增加，而父系虽然只有一级扩繁，由于公鸡需要量少，所以完全可满足需要。因此，三系杂交是相对较好的一种配套模式，既能达到大规模扩繁、较大程度利用杂种优势，又能达到节约纯系选育和饲养量的目的。

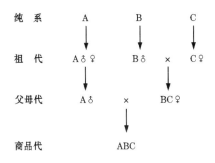

图 3-1　三系杂交示意图

（三）四系杂交

商品鸡生产中的四系杂交繁育体系仿照了玉米自交系双杂交模式（图3-2），从商业育种角度考虑，四系配套有利于控制种源、保证供种的连续性。

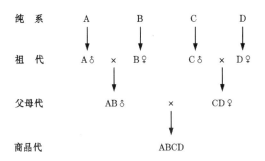

图 3-2　四系杂交示意图

三、蛋鸡良种繁育关键技术

（一）制定合理的育种目标

合理的育种目标将为整个育种工作起着导航作用。确定育种目标时，通常要考虑三大要素：一是市场需求，要了解市场需求并预测未来市场需求。衡量育种工作成效的标准，关键要看遗传进展满足市场需求的程度。二是现有鸡群的状况和潜力，包括各个纯系的性状均值、遗传参数、群体大小和结构近交程度等，通过对这些信息的综合分析，判断哪些系有潜力去满足市场需求；在确定了育种素材之后，再根据群体的遗传特点和性状间的遗传关系，预测可能获得的遗传进展大小，使选育目标建立在可靠的基础之上。三是国内与国际上的研究水平，必须对其产品性能和发展趋势做及时、全面、准确的了解，在主要生产性能上不能明显落后于先进水平，在有差距的性状上力争更大的遗传进展。

（二）充分利用基因的加性和非加性效应

在性状的表型值中，基因的加性效应值是可以真实遗传的，选育计划的中心任务就是通过选择来提高性状的加性效应。蛋鸡育种的长期实践证明，以人工选择来充分利用基因的加性遗传效应，是使现代鸡种主要生产性能持续提高的主要手段。在表型变异中，还有两个重要的非加性遗传效应，即显性效应和上位效应。鸡的部分数量性状具有很显著的非加性遗传效应，如产蛋量的显性方差占表型方差的比例可达 15%～18%，而遗传力为 0.12～0.30。显性效应是构成杂种优势的主要因素。由于产蛋量等性状的非加性效应显著，可以获得显著的杂种优势，因此，通过杂交生产商品鸡已成为现代育种的基本特征，育种工作不仅应重视提高纯系性能（加性遗传效应），而且应最大限度地利用杂种优势（非加性遗传效应）。

（三）伴性遗传的应用

1. 利用伴性遗传进行性别鉴定　伴性遗传主要用于雏鸡早期雌雄鉴别和培育自别雌雄品种，一般模式是利用携带有纯隐性伴性基因的公鸡与携带有显性基因的母鸡交配时，则子代可根据表型自别雌雄，公鸡表现显性性状，母鸡表现隐性性状。

羽毛的生长速度受一对伴性基因控制，慢羽基因对快羽基因为显性，当纯合的快羽公鸡与慢羽母鸡杂交时，后代慢羽者为雄性，快羽者为雌性。在现代鸡的商品生产中，很多育种公司都将快慢羽基因引入配套系，如白来航鸡等。在我国地方品种中，泰和鸡、仙居鸡为快羽型，固始鸡、萧山鸡、油鸡为慢羽型，狼山鸡（N 系）为快慢羽型。这些鸡种按快慢羽伴性遗传配套杂交，F1 代均能自别雌雄。在今后的育种工作中，可根据育种方向，对纯合羽速品种在羽速伴性配套系中加以应用。

雏鸡的银白色和金黄色羽毛也受一对伴性基因控制，其中银白色（S）对金黄色（s）为显性。当纯合的金黄色公鸡与银白色母鸡杂交时，其后代雏鸡呈银白色者为雄性，呈金黄色者为雌性。此外，芦花羽毛、肤色等质量性状也存在伴性遗传，也可以用来进行雌雄鉴别。

2. 利用伴性遗传提高产蛋量　产蛋数、初产日龄和就巢性在某种程度上与伴性基因有关。例如，用产蛋数多、成熟早的品种作父本，比用产蛋量低、成熟晚的品种作父本所生后代的产蛋量高、成熟早。当进行品种间杂交时，若两亲本的产蛋性能有差异，用产蛋量高的作父本和用产蛋量低的作父本，前者后代的产蛋量要高。

3. 利用伴性遗传提高生产效率　研究表明，矮小型鸡受 dw 基因支配，正常体型的鸡受 DW 基因支配。dw 基因对鸡的影响是多方面的，主要表现在以下几个方面：①矮小型基因（dw）对雏鸡出壳体重不减，即含 dw 与 DW 基因重量相同的种蛋，雏鸡出壳时体重也相同。②成年母鸡较正常体重减少 30％，公鸡减少 40％。③dw 对生长期鸡体躯各部分的减少并不一致，而是对长骨的长度，特别是跖骨，减少较多，因而矮小型显得腿较短。与正常体型的鸡相比，矮小型鸡的产蛋率、孵化率和受精率没有变化，甚至还有提高。矮小型蛋鸡的优点主要体现在：①矮小型种鸡生活力比正常型鸡的强；②矮小型母鸡所产蛋中畸形蛋和破蛋的比例低，每只种母鸡可多生产 4％的健雏；③矮小型母鸡可减少 40％的饲养面积；④矮小型蛋鸡（如矮小型来航鸡），有较强的抗热性，较低的死亡率，可能有抗马立克氏病的性能，对生产廉价鸡蛋可能更为经济；⑤矮小型种母鸡对饲料的消耗量在生长和产蛋阶段都较正常鸡减少 20％～30％。因此，在蛋鸡育种中，科学合理地利用 dw 基因，培育矮小型蛋鸡配套系，能够有效提高生产效率，获得较好的经济效益。与正常体型的鸡相比，矮小型蛋鸡也有不足之处：首先，dw 基因对蛋的绝对重有所减少，可减少 2％～5％；其次，矮小型种母鸡对饲料粗蛋白质含量要求较高。

（四）种鸡的选择

1. 根据外貌体质选择　在 6～8 周龄时进行初选，选留羽毛生长迅速、体重不过大者，淘汰所有生长缓慢、外貌和生理有缺陷的雏鸡；在 20～22 周龄时再选择，选留体型结构、外貌特征符合品种要求，身体健康，生长发育健全的育成鸡，淘汰发育不全和体重较轻的个体。

2. 根据记录成绩选择　为了能准确地选优去劣，应依据生产性能记录进行选择。对于雏鸡和育成鸡，可进行系谱鉴定；对于成年鸡，遗传力高的性状，可进行个体表型选择；对于种公鸡，可采用同胞选择或半同胞选择；要证实种鸡能否把优良品质真实稳定地传给下一代，可进行后裔鉴定。

3. 多性状同时选择　在鸡育种实践中，需要对多性状进行选择，以使得蛋鸡主要生产性能全面提高，可采用的方法有：

（1）顺序选择法　这种方法对某一性状来说，遗传进展相当快，但要提高多个性状，则要花很长时间，尤其是未考虑到性状间的相关，违背了平衡育种的原则，很可能顾此失彼。若能改进为在空间上分别选择，即在不同纯系内重点选择不同的性状，然后通过杂交把各系的遗传进展综合起来，则更为合理。

（2）独立淘汰法　在蛋鸡育种中，独立淘汰法有较强的实用价值，通常对一些不是最重要的，但必须加以改进的性状采用这种方法。比如对受精率、孵化率及成活率等性状的选择，根据选育目标和纯系的特点制定一个基本的标准，达不到此标准的家系在其他性状选择之前就彻底淘汰。利用这种方法可有效地克服自然选择对人工选择的抵抗，保持这些性状基本稳定或略有改进。

（3）综合选择指数法　蛋鸡某些经济性状间呈负遗传相关，如产蛋数量和蛋重。为使杂交配套的商品代获得良好的经济性能，需对各专门化品系开展综合选择，实现平衡育种。现代蛋鸡育种需要对各品系产蛋数、蛋重、淘汰鸡体重、浓蛋白和蛋黄比例等多个经济性状进行育种值估计、加权制定成综合选择指数。选择指数法对采用不同选择方案下选择反应的预估和优化等方面均具有重要价值，但由于遗传参数估计的误差、性状分布偏态、近交程度增加等原因，在实际应用上会有一定的障碍。如能采用先进的统计方法来估计遗传参数及近交效应，利用系统分析方法建立整个杂交繁育体系下各个纯系的选择指数，将会使这种方法更加完善。

（五）种鸡的选配

选配是选种的继续，可分为同质选配和异质选配。同质选配可以增加纯合基因型频率，当为了固定某一优良性状时采用。异质选配可以增加杂合基因型的频率。当为了重组双亲的优点或获取杂种优势时，采用不同用途的鸡群，配种方式也不同，在繁殖种鸡场可采用大群配种方式，在育种场常采用小间配种方式。为了使一只优秀的公鸡能与更多的母鸡交配，可采用同雄异雌轮配法，也可以采用人工授精技术提高优秀公鸡的利用率。

1. 人工授精技术　鸡的人工授精是用人工方法将公鸡精液采出，经处理后，再用输精器将精液送入母鸡输卵管内，使母鸡卵子受精的过程。目前，种鸡养殖场（户）普遍采用这项技术，取得了较为满意的受精率。

2. 本交笼养生产技术　近年来，随着人工劳动成本的逐年上升和动物福利受到关注，种鸡本交笼养模式再次得到了人们的重视。种鸡本交笼养模式是采用专业化笼具将父母代公、母鸡混养，用自然交配来代替人工授精的养殖模式。选用适宜的本交笼具饲养种鸡，可以免去人工采精、人工授精、精液贮藏管理等人工劳动成本；同时，减轻鸡只应激、泄殖腔的损伤、感染和疫病传播危害，增大鸡只活动空间，具有良好的福利性。目前，我国本交笼养模式的应用还处在起步阶段，其技术参数和笼具的生产技术主要参考国外。本交笼养时需注意以下几点：①本交笼养设备大都采用重叠式，除了基本的自动化设备外，还需配备鸡蛋缓冲装置、栖息装置等。②从育成笼转入到本交笼时，尽量保证原来饲养在一起的母鸡转入同一本交笼，可以减少因领地意识引发的啄斗行为。同理，同一个本交笼中公鸡也要同时放入，否则后放入的公鸡会被先放入的公鸡驱逐。③为了保证受精率，饲养过程中，需要饲养员及时清出笼中身体状况欠佳的公鸡，更换为身体状况良好的公鸡。饲养员应选择在夜间放入公鸡以避免鸡群内的啄斗。

与人工授精模式相比，本交笼养模式具有开产早、死淘率低的优点，缺点是产蛋中后期种蛋受精率较低。与人工授精的笼养模式相比，相同的机械水平和养殖规模下，养殖户采用本交笼养模式需要额外增加的投入主要包括：①鸡舍的土建成本。由于本交笼养的养殖密度较低，所以需要建设更多的鸡舍。②饲养种公鸡的成本。人工授精公、母比例为1：30～40，本交笼养使用的公、母比例为1：10，所以本交笼养需要更多的公鸡，种公鸡的购买、饲养成本增多。

养殖户采用本交笼养模式可以增加收入：一是饲养员的数量减少。因为本交笼养无须人工授精，人工劳动仅限于集蛋、饲喂及日常的打扫清理，饲养员的数量至少可以减少一半。二是淘汰种公鸡的销售获利。由于本交笼养模式饲养种公鸡数量较多，所以种公鸡淘汰时养殖户可以获得更多收益。蛋种鸡养殖户可以根据鸡舍所在地的地域特点、养殖设备机械化水平、劳动力价格和素质、饲料价格和储运成本、淘汰鸡价格等多方面因素，综合考虑本交笼养在经济效益上的优势。

（六）蛋鸡品系培育

品系是品种内的亚结构，是具有突出特点的类群。品系繁育可加速现有品种的改良，促进新品种的育成，还可为杂种优势利用选育亲本。在鸡的育种实践中，品系培育比品种培育更具优越性：一是品系比品种培育更容易，投入少，时间短；二是品系更容易提纯；三是品系的同质性更大，配合力测定更为准确。在蛋鸡育种上，品系培育的具体方法主要有以下几种。

1. 近交系培育法 首先根据蛋鸡群某些特征性能分组，组内个体间最好有亲缘关系；然后闭锁继代繁育，采用高度近交，使近交系数达到0.5以上，严格选择符合要求的个体留种；经过四五个世代的选育，就可以得到高度纯合的近交系，以后可以进行低度近交以巩固近交系的特性。

2. 正反交反复选择法 这是一种纯系育种与杂交组合试验相结合的选育方法。这种方法是先从基础鸡群中依性状特点和育种目的选出两个种群，进行正反交；根据正反杂交后代的生产性能选留亲本，进行纯繁，纯繁后代再进行正反杂交，这样"杂交-选种-纯繁"循环反复进行。在对两个品系选优提纯的同时，也使两个品系间的特殊配合力不断提高。

3. 家系育种法 这是现代蛋鸡育种十分重要的方法，家系繁育每世代必须经过初鉴、复鉴和新家系世代的重建3个步骤。开始时，根据系谱记录估计育种值，组建若干新家系，所有家系后代饲养在相同的环境条件下，严格做好生长发育、开产日龄、开产体重、产蛋量、蛋重、蛋料比等记录。在40周龄以前，根据个体综合指数计算出各家系平均值，依优劣进行选择与淘汰，并初步确定家系排列顺序，此为初鉴；60周龄时，根据全程产蛋记录，进行家系复鉴；在初鉴和复鉴成绩均优秀的15～20个家系的后裔中选留种公鸡，与配母鸡先在优秀家系内选，不足时可以在其他家系内选择优秀者，按1：8～15配比重建30～100个新的家系。如此经4～5年，即可形成几个性能特点突出的优良品系。

（七）仿土蛋鸡配套繁育技术

1. 仿土粉壳蛋鸡配套生产技术 将白壳蛋鸡与褐壳蛋鸡品种杂交配套可生产粉壳蛋。目前，常见的配套模式有：①利用土种蛋鸡或其选育系与高产粉壳蛋鸡正、反交，其F1代母鸡留种生产仿土粉壳鸡蛋。该配套组合的产蛋性能好，但存在着体型、外貌不符合土种鸡要求、蛋重增大快等问题。②利用土种蛋鸡或其选育系与高产粉壳蛋鸡杂交，其F1代母鸡留种，再用地方品种作父本进行三系配套生产仿土粉壳蛋。此配套组合的产蛋性能低于第一个类型，但体型、外貌大多符合土种鸡要求，蛋重及蛋壳颜色合格率也高。③用贵妃鸡与高产褐壳蛋鸡父母代或商品代鸡配套生产仿土粉壳蛋鸡，此方法是目前华东地区仿土蛋鸡的主要繁育模式。贵妃鸡作为国外引进的珍禽品种，因其独特的外貌特征深受消费者的喜爱。贵妃鸡是一种非常优秀的配套系育种素材，可对其进行进一步的选育提高，利用其培育优良的蛋鸡配套系。35周龄贵妃鸡蛋品质性状测定结果显示：贵妃鸡鸡蛋重约43.5克，属于小型蛋，蛋壳强度为4千克/厘米^2，具有较高的强度，运输过程破损率低，蛋黄颜色为8.1，色泽较深，比较适用于优质鸡蛋生产，大部分性状变异系数都小于10％。

2. 仿土绿壳蛋鸡配套生产技术

第一，利用绿壳基因的显性遗传效应，可与高产白壳或粉壳蛋鸡杂交配套生产仿土绿壳蛋鸡。研究表明，用绿壳和白壳蛋鸡杂交的后代产蛋性能最好，但蛋较大、产蛋鸡羽毛为白色。

第二，利用纯种绿壳蛋鸡与高产粉壳蛋鸡杂交，选留其 F1 代产绿壳蛋的母鸡留种，再用另一个绿壳系作父本进行三系配套生产仿土绿壳蛋。这一配套组合的生产性能不如前一个组合，但其体型、外貌基本符合土种鸡要求，蛋重和蛋壳颜色合格率高。

第三节　现代优良蛋鸡品种

一、褐壳蛋鸡品种

（一）海兰褐壳蛋鸡

海兰褐壳蛋鸡是美国海兰国际公司培育的四系配套优良中型高产蛋鸡品种，是褐壳蛋鸡中饲养较多的品种之一。目前，在国内有多个祖代或父母代种鸡场。

1. 外貌特征

（1）父母代外貌特征　公鸡体躯中等，背部长而平，单冠，耳叶红色，全身羽毛深红色，尾羽黑色带有光泽，皮肤、喙和胫的颜色均为黄色。母鸡体躯中等，红色单冠，耳叶红色，全身羽毛白色，皮肤、喙和胫的颜色均为黄色。

（2）商品代外貌特征　母雏全身红色，少数个体在背部带有深褐色条纹；公雏全身白色。成年母鸡体质结实，基本呈元宝形，全身羽毛基本（整体上）红色，尾部上端大都带有少许白色，头部清秀，单冠，耳叶红色，有的也带有部分白色，皮肤、喙和胫黄色。

2. 生产性能

（1）父母代蛋鸡生产性能　公、母鸡 0～18 周龄成活率分别是 97％和 96％，18 周龄公、母鸡平均体重分别是 2 200 克和 1 440 克；19～65 周龄成活率分别是 91％和 90％，65 周龄公、母鸡平均体重分别是 2 800 克和 1 880 克。50％产蛋率日龄 145 天，高峰产蛋率 92％；65 周龄入舍母鸡产蛋数 249 枚；25～65 周龄合格种蛋数 215 枚，合格母雏数 85 只，平均每周产母雏数 2.1 只，平均孵化率 79％。1～18 周入舍鸡只耗料量（公母合计）累计约为 6.65 千克，19～65 周每只鸡日均耗料量 108 克。

（2）商品代蛋鸡生产性能　0～17 周龄成活率和饲料消耗分别是 97％和 5.62 千克，18 周龄体重 1 470 克。高峰期产蛋率 94％～96％，60 周龄饲养日产蛋数249～257枚，80周龄饲养日产蛋数358～368枚；产蛋期成活率（至60周龄）97％；50％产蛋率日龄142天；32周龄平均蛋重61.6克/枚；饲养日产蛋总量（18～80周龄）22.3千克；平均每只鸡日耗料量107克；20～60周龄料蛋比2.02∶1；70周龄体重1.98千克。

（二）京红1号蛋鸡配套系

京红1号褐壳蛋鸡配套系是北京市华都峪口禽业有限责任公司自主选育的高产褐壳蛋鸡新品种。2008年通过国家畜禽遗传资源委员会审定。采用三系配套。

1. 外貌特征

（1）父母代外貌特征　公鸡体躯中等，单冠，耳叶红色，全身羽毛深红色，尾羽黑色带有光泽，皮肤、喙和胫的颜色均为黄色。母鸡单冠、直立，耳叶红色，全身羽毛白色，皮肤、喙和胫的颜色均为黄色。

（2）商品代外貌特征　母雏全身红色，少数个体背部有深褐色条纹；公雏全身白色，可羽色自别雌雄。成年母鸡，体型中等结实，呈元宝形，全身羽毛基本为红褐色，头部及被毛紧凑，单冠，皮肤、喙和胫黄色。

2. 生产性能

（1）父母代生产性能　公、母鸡0～18周龄成活率分别是95％～97％和96％～98％，19～68周龄成活率分别是92％～94％和92％～95％；18周龄公鸡体重2 030～2 130克，母鸡体重1 440～1 540克。50％产蛋率日龄143～145天，高峰期产蛋率95％；68周龄产蛋数289～299枚，饲养日合格种蛋数255～265枚；种蛋受精率93％～96％，受精蛋孵化率93％～96％；健康母雏数109～113只。68周龄公鸡体重2 800～2 900克，母鸡体重1 870～1 970克。

（2）商品代生产性能　18周龄平均体重1 510克，0～18周龄累计饲料消耗6.671千克。50％产蛋率日龄142天，高峰产蛋率95％；32周龄平均蛋重62克/枚；72周龄成活率96.6％；72周龄平均产蛋数311枚，产蛋总重19.5千克，产蛋期料蛋比2.2∶1，平均每只鸡日耗料量114克；72周龄体重2.08千克。

（三）新杨褐壳蛋鸡配套系

新杨褐壳蛋鸡配套系是由上海家禽育种有限公司、中国农业大学以及国家家禽工程技术研究中心共同培育出的高产褐壳蛋鸡新品种。2000年通过国家畜禽遗传资源委员会审定。新杨褐壳蛋鸡配套系为四系配套，父母代羽速自别，商品代羽色自别。

1. 外貌特征　商品代母雏喙上缘有褐色绒毛；成年母鸡红色单冠，褐羽，喙、腿黄色。

2. 生产性能

（1）父母代蛋鸡生产性能 0～18 周龄存活率 95％～98％，18 周龄平均体重 1.45 千克。50％产蛋率日龄 147～150 天，高峰期产蛋率 91％～93％；68 周龄入舍母鸡产蛋数 254～268 枚，入舍母鸡 68 周龄种蛋数 225～238 枚，种蛋孵化率 81％～84％。

（2）商品代蛋鸡生产性能 0～18 周龄存活率 96％～98％，18 周龄平均体重 1.48 千克。50％产蛋率日龄 140～152 天，高峰期产蛋率 92％～98％；72 周龄入舍母鸡产蛋数 280～310 枚，入舍母鸡 72 周龄产蛋重 17～20 千克，全期平均蛋重 61.5～64.5 克，20～68 周龄平均料蛋比 2.05～2.25：1，淘汰鸡平均体重 2 千克。

（四）农大 3 号小型蛋鸡配套系

农大 3 号小型蛋鸡是中国农业大学的育种专家历经十多年培育的优良蛋用品种，2003 年通过国家畜禽遗传资源委员会审定。农大 3 号节粮小型蛋鸡分农大 3 号褐和农大 3 号粉两个配套系，充分利用了 dw 基因的优点，能够提高蛋鸡的综合经济效益。3 号褐父母代公鸡为矮小型褐壳蛋公鸡，母鸡为普通洛岛白蛋鸡褐壳蛋种母鸡。

1. 外貌特征

（1）父母代外貌特征 公鸡矮小型，快羽，浅褐色羽毛，成年体重 1800 克左右。母鸡普通体型，单冠，白来航型，成年体重 1 750 克左右。

（2）商品代外貌特征 矮小型，单冠，羽毛颜色以白色为主，部分鸡有少量褐色羽毛，体型紧凑，成年平均体重 1 550 克。

2. 生产性能

（1）父母代生产性能 公鸡 120 日龄平均体重 1.5 千克，母鸡 120 日龄平均体重 1.45 千克。公鸡成年体重 1.7～1.8 千克，母鸡成年体重 1.9 千克。1～120 日龄成活率 96％，产蛋期成活率 93％。高峰期产蛋率大于 94％，68 周龄入舍母鸡产蛋数 276 枚，合格种蛋数 230～240 枚，健康母雏数 80～87 只。1～120 日龄耗料量约 6.5 千克，产蛋期日均耗料量 110 克。

（2）商品代生产性能 120 日龄体重 1.18 千克，成年体重 1.55 千克。1～120 日龄成活率大于 96％，产蛋期成活率大于 95％。50％产蛋率日龄 146～156 天，高峰期产蛋率大于 95％；72 周龄入舍母鸡产蛋数 291 枚，蛋重 54～58 克，后期平均蛋重 61.5 克，产蛋总重 16.0～16.8 千克。1～120 日龄耗料量约 5.7 千克，产蛋期平均日耗料 90 克，产蛋高峰期平均日耗料 95 克，料蛋比 2.01～

2.08∶1。

（五）罗曼褐壳蛋鸡

罗曼褐壳蛋鸡是德国罗曼总公司动物饲养有限公司育成的高产鸡种。为四系配套杂交鸡。

1. 外貌特征 父本为褐色，母本为白色。商品代雏鸡可用羽色自别雌雄：公雏白羽，母雏褐羽。

2. 生产性能

（1）父母代生产性能 公鸡 20 周龄体重 2.0～2.2 千克，68 周龄体重3.0～3.3 千克；母鸡 20 周龄体重 1.5～1.7 千克，68 周龄体重 2.0～2.2 千克。1～20 周龄饲料消耗（公母合计）约 8 千克，21～68 周龄约 40 千克。0～20 周龄存活率 96%～98%，产蛋期存活率 94%～96%。50%产蛋率日龄 147～154天，68 周龄入舍母鸡产蛋数 265～275 枚，合格种蛋数 240～245 枚，健康母雏数 95～100 只，孵化率 78%～82%。

（2）商品代生产性能 母鸡 20 周龄体重 1.6～1.7 千克，产蛋期末 1.9～2.0 千克。1～20 周龄饲料消耗 7.4～7.8 千克，产蛋期日耗料量 110～120 克，料蛋比 2.0～2.2∶1。50%产蛋率日龄 140～150 天，高峰期产蛋率 94%；72 周龄入舍母鸡产蛋数 315～320 枚，产蛋总重 19.5～20.5 千克，72 周龄平均蛋重63.5～64.5 克。

（六）巴布考克-B380 蛋鸡

1. 外貌特征 巴布考克-B380 蛋鸡最显著的外观特点是具有黑色尾羽，其中 40%～50%的商品代鸡体上着生黑色羽毛。

2. 生产性能

（1）父母代生产性能 0～18 周龄成活率 96%，18 周龄公、母鸡平均体重分别是 2 060 克和 1 470 克；65 周龄公、母鸡平均体重分别是 2 730 克和 1 950克。68 周龄成活率 91%。50%产蛋率日龄 150 天，高峰期产蛋率 92.5%；68周龄入舍母鸡产蛋数约 272 枚，种蛋数约 239 枚，母雏孵化率 33.5%，入舍母雏数 96 只。0～18 周入舍鸡只耗料量（公母合计）累计约 6.9 千克，产蛋期日均采食量 120 克。

（2）商品代生产性能 0～18 周龄累计饲料消耗约 6.6 千克，18 周龄体重1 650克，18～68 周龄存活率 96%。50%产蛋率日龄 140～147 天，高峰期产蛋率 95%；72 周龄入舍母鸡产蛋数约 318 枚，产蛋总重约 20.1 千克，料蛋比2.13∶1，平均蛋重 65.4 克，日均采食量 115 克。72 周龄体重约 1 990 克。

（七）海赛克斯褐壳蛋鸡

1. 外貌特征　父母代公鸡羽毛红褐色，母鸡白色羽。商品代公雏白色，母雏褐色。商品代母鸡全身棕色的占90％（全身棕色为主，但背部有白色条纹者8％），其他的为全身白色，头部红色或棕色。公鸡颜色多为全身黄色。

2. 生产性能

（1）父母代生产性能　0～18周龄存活率96％，18周龄公、母鸡平均体重分别是2 060克和1 470克；68周龄成活率90％，68周龄公、母鸡平均体重分别是2 745克和1 960克。50％产蛋率日龄147～154天，高峰产蛋率93％；68周龄入舍母鸡产蛋数约271枚，种蛋数约237枚，母雏孵化率33％，入舍健康母雏数约94只。0～18周入舍鸡只耗料量（公母合计）累计约为6.9千克，产蛋期日均采食量118克。

（2）商品代生产性能　1周龄平均体重67.5克，6周龄485克，16周龄1 380克，18周龄1 550克，72周龄1 980克。18～68周龄存活率95％。1～18周龄累计饲料消耗约6.6千克。50％产蛋率日龄140～147天，高峰期产蛋率95％；72周龄入舍母鸡产蛋数约315枚，产蛋总重约19.6千克，料蛋比2.14∶1，平均蛋重65克，日均采食量112克。

二、粉壳蛋鸡品种

粉壳蛋鸡是由洛岛红品种与白来航品种的品系间正交或反交所产生的杂种鸡。从蛋壳颜色上看，介于褐壳蛋与白壳蛋之间，呈浅褐色，俗称粉壳蛋。粉壳蛋鸡羽色以白色为主，有黄、黑、灰等杂色羽斑。粉壳蛋鸡适应性好，生活力强，成年鸡的体重介于褐羽鸡与白羽鸡之间，一般不超过2千克。

（一）海兰灰蛋鸡

海兰灰蛋鸡是美国海兰国际公司培育的四系配套优良中型高产蛋鸡品种。商品代鸡通过羽速或羽色进行雌雄鉴别。

1. 外貌特征　海兰灰蛋鸡的父本与海兰褐父本为同一父本（父本外貌特征见海兰褐父本）。母本白来航，单冠，耳叶白色，全身羽毛白色，皮肤、喙和胫的颜色均为黄色，体型轻小清秀。海兰灰的商品代初生雏鸡全身绒毛为鹅黄色，有小黑点呈点状分布全身，可以通过羽速鉴别雌雄，成年鸡背部羽毛成灰浅红色，翅间、腿部和尾部成白色，皮肤、喙和胫的颜色均为黄色。

2. 生产性能

（1）父母代生产性能 公、母鸡0～18周龄存活率均为96%，母鸡19～65周龄存活率为96%，公鸡为90%。18周龄公、母鸡平均体重分别为2.2千克和1.2千克。0～18周龄入舍鸡只耗料量约5.85千克。50%产蛋率平均日龄143天，高峰期产蛋率91%；65周龄饲养日产蛋数约268枚，合格种蛋数约228枚，合格母雏数约97只，平均每周产母雏数2.4只，平均孵化率85%。65周龄公、母鸡体重分别是2.8千克和1.59千克。19～65周龄入舍鸡只日平均耗料量为100克。

（2）商品代生产性能 0～17周龄存活率97%～98%，饲料消耗约5.77千克，17周龄平均体重1.37千克。50%产蛋率日龄150天，高峰期产蛋率94%；80周龄饲养日产蛋数约335枚，产蛋期成活率94%；32周龄平均蛋重61.6克，70周龄平均蛋重66.4克；72周龄平均体重2.01千克；80周龄饲养日产蛋总重约21.2千克，每只鸡平均日饲料消耗110克；21～74周龄料蛋比2.06∶1。

（二）京粉系列粉壳蛋鸡

1. 京粉1号蛋鸡配套系 京粉1号蛋鸡配套系，是北京市华都峪口禽业有限责任公司于2008年通过国家畜禽遗传资源委员会审定的粉壳蛋鸡配套系。与国外进口品种相比较，该配套系具有以下特点：①耐粗饲，有较强的适应能力，适合国内粗放的饲养环境；②成活率高，育成鸡达98%，蛋鸡达93%，与国外品种相比分别高出3个百分点和2个百分点；③产蛋高峰长，商品代产蛋率90%以上的都能达到180天以上。

（1）外貌特征

①父母代外貌特征 公鸡单冠，耳叶红色；全身羽毛深红色，尾羽黑色带有光泽；皮肤、喙和胫的颜色均为黄色；体躯中等，背部长而平是该鸡外形的最大特点。母鸡单冠，耳叶白色，全身羽毛白色，皮肤、喙和胫的颜色均为黄色，体型轻小清秀。

②商品代外貌特征 商品代雏鸡全身绒毛为鹅黄色，有小黑点呈点状分布全身，可通过羽速鉴别雌雄，公雏为慢羽，母雏为快羽。成年母鸡背部、胸腹部羽毛成灰浅红色，翅间、腿部和尾部呈白色，皮肤、喙和胫的颜色均为黄色，体型轻小清秀，蛋壳颜色为浅褐色。

（2）生产性能

①父母代生产性能 0～18周龄公鸡存活率94%～96%，母鸡存活率95%～97%；18周龄公鸡体重2 030～2 130克，母鸡体重1 210～1 310克。19～68周龄公鸡成活率92%～94%，母鸡存活率92%～95%。50%产蛋率日

龄 138～146 天，68 周龄入舍母鸡产蛋数 283～293 枚，饲养日产蛋数 291～301 枚，饲养日合格种蛋数 269～279 枚，种蛋受精率 95％～98％，受精蛋孵化率 94％～96％，健康母雏数 116～120 只。68 周龄公鸡体重为 2 800～2 900 克，母鸡体重为 1 570～1 670 克。

②商品代生产性能　50％产蛋率日龄 134～140 天，高峰期产蛋率 96％。19～72 周龄饲养日产蛋数约 327 枚，存活率 96.6％，平均蛋重 61.2 克，日均耗料 112.6 克，72 周龄平均体重 1.8 千克，产蛋期料蛋比 2.2∶1。

2. 京粉 2 号蛋鸡配套系　京粉 2 号蛋鸡配套系，是北京市华都峪口禽业有限责任公司于 2013 年通过国家畜禽遗传资源委员会审定的粉壳蛋鸡配套系。采用三系配套模式，商品代快慢羽鉴别雌雄。京粉 2 号高产蛋鸡配套系个体适中，淘汰鸡体重大，蛋重大，蛋壳颜色为浅褐色，耐高温高湿气候，可全国范围饲养，更适合南方市场以及对蛋壳颜色和淘汰鸡体重有需求的市场。

（1）外貌特征

①父母代外貌特征　公鸡单冠，耳叶白色，全身羽毛白色；皮肤、喙和胫的颜色均为黄色；尾羽长而且上翘，这是该鸡外貌的最大特点；体型轻小清秀。母鸡单冠，直立，耳叶红色，全身羽毛白色，皮肤、喙和胫的颜色均为黄色，体躯中等。

②商品代外貌特征　商品代公、母雏全身白色，可羽速自别雌雄，公雏为慢羽，母雏为快羽。成年母鸡全身羽毛为白色，头部及被毛紧凑，单冠，直立，皮肤、喙和胫黄色，耳叶白色，性情温驯，性成熟早，体型中等结实，蛋壳颜色为浅褐色。

（2）生产性能

①父母代生产性能　0～18 周龄公鸡存活率 94％～97％，母鸡存活率 96％～98％；18 周龄公鸡体重 2 030～2 130 克，母鸡体重 1 480～1 580 克。19～68 周龄公鸡成活率 92％～94％，母鸡存活率 94％～96％。50％产蛋率日龄 139～148 天，68 周龄入舍母鸡产蛋数 270～285 枚，饲养日产蛋数 285～295 枚，饲养日合格种蛋数 248～258 枚，种蛋受精率 92％～94％，受精蛋孵化率 93％～96％，健康母雏数为 104～108 只。68 周龄公鸡体重为 2 800～2 900 克，母鸡体重为 1 960～2 020 克。

②商品代生产性能　50％产蛋率日龄 140～147 天，高峰期产蛋率 95％。19～72 周龄饲养日产蛋数约 322 枚，存活率 93.1％，平均蛋重 62.1 克，日均耗料 112.8 克，72 周龄平均体重 1.93 千克，产蛋期料蛋比 2.2∶1。

3. 农大 3 号粉壳小型蛋鸡配套系

（1）外貌特征

①父母代外貌特征　公鸡为矮小型，快羽，浅褐色羽毛。母鸡普通体型，单冠，白来航型。

商品代外貌特征：矮小型，单冠，羽毛颜色以白色为主，部分鸡有少量褐色羽毛，体型紧凑。

（2）生产性能

①父母代生产性能　公鸡 120 日龄平均体重 1.5 千克，母鸡 120 日龄平均体重 1.2 千克；成年公鸡体重 1.7～1.8 千克，成年母鸡平均体重 1.65 千克。1～120 日龄成活率 95％，产蛋期成活率 92％。高峰期产蛋率大于 95％，68 周龄入舍母鸡产蛋数约 280 枚，合格种蛋数 230～240 枚，健康母雏数 85～90 只。1～120 日龄耗料量约 6 千克，产蛋期日均耗料量 108 克。

②商品代生产性能　120 日龄体重 1.12 千克，成年平均体重 1.5 千克。1～120 日龄成活率大于 96％，产蛋期成活率大于 94％。50％产蛋率日龄 145～155 天，高峰产蛋率大于 94％；72 周龄入舍母鸡产蛋数约 292 枚，平均蛋重 54～58 克，后期平均蛋重 61 克，产蛋总重 16.1～16.8 千克。1～120 日龄耗料量约 5.5 千克，产蛋期平均日耗料 89 克，产蛋高峰期日耗料约 94 克，料蛋比 1.92～2.04：1。

4. 大午粉 1 号蛋鸡配套系

"大午粉 1 号"蛋鸡配套系是河北大午种禽有限公司和中国农业大学合作，利用"京白 939"和国外引进的优良蛋鸡罗曼配套系为育种素材，成功培育的蛋鸡配套系。该配套系采用三系配套，开产日龄适中，蛋重、体重适中，总产蛋量较高。广泛适应于我国大部分地区，适合笼养及平养。

（1）外貌特征

①父母代外貌特征　公鸡为白羽快羽，母鸡为白羽慢羽，喙、胫、皮肤为黄色，体态丰满，中等体型，单冠直立，冠大而鲜红。

②商品代外貌特征　成年鸡体型适中，全身白羽，单冠倒向一侧，冠大而鲜红，肉垂椭圆而鲜红，体型丰满，喙为褐黄色，胫、皮肤为黄色。

（2）生产性能

①父母代生产性能　0～18 周龄存活率 93％～97％，18 周龄母鸡体重 1 420～1 460 克。50％产蛋率日龄 145～150 天，68 周龄入舍母鸡产蛋数 270～280 枚，合格种蛋数 230～240 枚，种蛋受精率 94％～97％，入孵蛋孵化率 88％～91％。产蛋期存活率 92％～94％，68 周龄母鸡体重 1 900～2 000 克。

②商品代生产性能　0～18 周龄存活率 92.8％～95.3％，18 周龄体重

1 380～1 432 克。50％产蛋率日龄 144～147 天，72 周龄入舍母鸡产蛋数 290～301 枚，饲养日产蛋数 305～317 枚，产蛋总重 18.5～19.5 千克，蛋重 60～61.5 克。产蛋期存活率 90.0％～92.9％，产蛋期料蛋比 2.2～2.3：1。72 周龄体重 1 880～1 980 克。

5. 尼克珊瑚粉壳蛋鸡 德国罗曼家禽育种公司所属尼克公司最新培育的粉壳蛋鸡配套系。种鸡独特四系配套，商品代雏鸡羽速自别雌雄。

（1）**外貌特征** 尼克珊瑚粉壳蛋鸡成鸡白色羽。

（2）**生产性能**

①父母代生产性能 0～20 周龄存活率 96％～98％，21～70 周龄存活率 92％～96％。20 周龄公鸡平均体重 1 700 克，母鸡体重 1 500～1 700 克。0～20 周龄饲料消耗量约为 7.8 千克。50％产蛋率日龄 145～155 天，70 周龄入舍母鸡产蛋数 260～270 枚，合格种蛋数 235～245 枚，健康母雏数 90～95 只，孵化率 81％～86％。70 周龄公鸡平均体重 2 300 克，母鸡体重 1 850～2 050 克。21～70 周龄饲料消耗量约为 40 千克。

②商品代生产性能 0～18 周龄存活率 96％～98％，饲料消耗量约 6.44 千克，18 周龄平均体重 1 420 克。18～90 周龄存活率 90％～95％。50％产蛋率日龄 140～150 天，高峰产蛋率 96％～98％，产蛋率超过 90％持续 30 周，90 周龄入舍母鸡产蛋数 408～413 枚，产蛋总重 26.34 千克。日均饲料消耗量 105～115 克/只，料蛋比 20.8～2.12：1。蛋重 64～65 克。90 周龄平均体重 2 千克。

6. 罗曼粉壳蛋鸡 德国罗曼总公司动物饲养有限公司育成的高产鸡种。为四系配套杂交鸡。

（1）**外貌特征** 商品代为白色羽毛。

（2）**生产性能**

①父母代生产性能 公鸡 20 周龄体重 1.6～1.8 千克，68 周龄体重 2.2～2.4 千克；母鸡 20 周龄体重 1.5～1.7 千克，68 周龄体重 2.0～2.2 千克。1～20 周龄饲料消耗（公母合计）约 8 千克，21～68 周龄约 40 千克。0～20 周龄存活率 96％～98％，产蛋期存活率 94％～96％。50％产蛋率日龄 147～154 天，68 周龄入舍母鸡产蛋数 265～275 枚，合格种蛋数 240～245 枚，健康母雏数 95～100 只，孵化率 79％～82％。

②商品代生产性能 母鸡 20 周龄体重 1.4～1.5 千克，产蛋期末 1.8～1.9 千克。0～20 周龄饲料消耗 7.2～7.6 千克，产蛋期日耗料量 110～120 克，料蛋比 2.0～2.2：1。50％产蛋率日龄 140～150 天，高峰产蛋率 94％。72 周龄入舍母鸡产蛋数 300～310 枚，产蛋总重 18.7～19.7 千克，72 周龄蛋重 62.5～63.5 克。

7. 宝万斯粉壳蛋鸡 荷兰汉德克家禽育种有限公司培育的粉壳蛋鸡配套系。

（1）**外貌特征** 父母代公鸡红褐色羽毛，母鸡白色羽毛。商品代白羽。

（2）**生产性能**

①父母代生产性能 父母代种鸡20周龄体重1350～1400克，0～20周龄耗料7.1～7.6千克，成活率95％～96％。50％产蛋率日龄140～150天，高峰期产蛋率93％；68周龄入舍母鸡产蛋255～265枚，合格种蛋数225～235枚，健康母雏90～95只，体重1700～1800克；21～68周龄日耗料112～117克/只，成活率93％～94％。

②商品代生产性能 20周龄体重1400～1500克，0～20周龄耗料6.8～7.5千克，成活率96％～98％。50％产蛋率日龄140～147天，高峰产蛋率96％；80周龄入舍母鸡产蛋324～336枚，平均蛋重62克，体重1850～2000克；21～80周龄日耗料107～113克，料蛋比2.15～2.25：1，成活率93％～95％。

8. 京白939蛋鸡 京白939是我国自主培育的优秀高产粉壳蛋鸡配套系。2004年大午集团种禽有限公司将京白939原种鸡更名为大午京白939。大午京白939是农业部重点扶持和推广的优秀品种，具有抗逆性强、耗料少、产蛋多、蛋重适中、蛋壳色泽明快等优点，特别适合在我国气候和地域条件下饲养。

（1）**外貌特征**

①父母代外貌特征 公鸡：雏鸡全身羽毛为红褐色，喙、胫与皮肤的颜色均为褐黄色；成年鸡颈羽、主翼羽、背羽、腹羽、鞍羽均为深红色，尾羽近黑色，喙、胫、皮肤均为褐黄色。体态丰满，中等体型。单冠，冠齿6～7个，冠大而鲜红，肉髯椭圆形、鲜红色，耳叶为鲜红色，虹彩为红色。母鸡：雏鸡全身羽毛为浅黄色，慢羽，喙、胫、皮肤均为黄色；成年鸡颈羽、主翼羽、背羽、腹羽、鞍羽、尾羽均为白色，喙、胫、皮肤为黄色，体型清秀，单冠，冠齿6～7个，冠大而鲜红，耳叶为白色，肉髯椭圆形、中等大小、鲜红色。

②商品代外貌特征 雏鸡全身为花羽，主要为白羽，但有一种在头部、背部或腹部有几片黑羽，另一种在头部、背部或腹部有片状红羽（占30％）。母鸡为快羽，公鸡为慢羽，属于羽速自别雌雄。成年鸡全身为花羽，一种是白羽与黑羽相间，另一种在头部、颈部、背部或腹部相杂红羽。单冠，冠大而鲜红，冠齿5～7个，肉垂椭圆而鲜红，体型丰满，耳叶为白色，喙为褐黄色，胫、皮肤为黄色。

（2）**生产性能**

①父母代生产性能 0～18周龄存活率95％～96％，18周龄平均体重

1 270克，20周龄体重1 400克，0～18周龄饲料消耗5.9～6.1千克。50％产蛋率日龄145～150天，高峰产蛋率95％；72周龄入舍母鸡产蛋数332～337枚，合格种蛋数290～300枚，种蛋受精率95％～98％，孵化率90％～95％，蛋重60.3～63.5克，每只鸡日均耗料量105～110克。19～72周龄存活率92％～94％，料蛋比2.15∶1。淘汰鸡体重1.8～1.9千克。

②商品代生产性能　0～18周龄存活率96％～98％，18周龄体重1 340～1 400克，20周龄体重1 500～1 550克，0～18周龄饲料消耗量6.0～6.4千克。50％产蛋率日龄140～150天，高峰产蛋率97％。19～72周龄存活率95％～97％，蛋重61～63克，每只鸡日均耗料量100～110克，料蛋比2.15∶1。72周龄饲养日产蛋数332～339枚，入舍母鸡产蛋总重20.3～21.4千克。淘汰鸡体重1.8～1.9千克。

三、白壳蛋鸡品种

（一）新杨白壳蛋鸡配套系

新杨白壳蛋鸡配套系是由上海家禽育种有限公司、中国农业大学以及国家家禽工程技术研究中心等单位联合培育而成的高产白壳蛋鸡。该配套系于2010年通过国家畜禽遗传资源委员会审定。

1. 外貌特征

（1）父母代外貌特征　公鸡体型轻小清秀，全身羽毛白色而紧贴，冠大，皮肤、喙和胫均为黄色，耳叶白色。母鸡全身羽毛白色，单冠，冠和髯为红色，耳叶白色，皮肤、胫和喙呈黄色，体型结实紧凑。

（2）商品代外貌特征　全身羽毛白色，单冠，冠和髯为红色，耳叶白色，皮肤、胫和喙呈黄色，体型结实紧凑。

2. 生产性能

（1）父母代生产性能　0～18周龄存活率95％～98％，18周龄体重为1 250～1 320克。50％产蛋率日龄为145～150天，高峰期产蛋率90％。72周龄入舍母鸡产蛋数295～298枚，72周龄入舍母鸡种蛋数250～254枚，入孵蛋孵化率82％～84％。

（2）商品代生产性能　0～18周龄存活率96％～98％，18周龄体重为1 280～1 350克，0～18周龄饲料消耗5.8～6.4千克。50％产蛋率日龄145～152天，高峰产蛋率92％～94％。72周龄入舍母鸡产蛋数290～310枚，72周龄入舍母鸡产蛋量17.5～20千克。全期平均蛋重62.5～64.5克，料蛋比2.05～

2.25：1。

（二）海兰白壳蛋鸡

美国海兰国际公司育成的配套杂交鸡。

1. 外貌特征 海兰白壳蛋鸡成年鸡白色羽。

2. 生产性能

①父母代生产性能。0～18周存活率97%～98%，18周龄平均体重1.28千克。50%产蛋率日龄157天，高峰产蛋率94%。80周龄入舍母鸡产蛋数323～332枚，80周龄存活率95%，80周龄料蛋比2.03：1。70周龄平均蛋重63克。

②商品代生产性能。0～17周龄存活率97%～98%，17周龄平均体重1.24千克，0～17周龄饲料消耗约为5.21千克。50%产蛋率日龄151天，高峰产蛋率94%～95%。80周龄入舍母鸡产蛋数339～347枚，80周龄产蛋期存活率95%，18～80周龄产蛋总重约为21.1千克。70周龄平均蛋重63.4克，70周龄平均体重1.55千克。21～80周龄料蛋比1.86：1。

（三）海赛克斯白壳蛋鸡

荷兰优利布里德公司育成的四系配套杂交鸡。以产蛋强度高、蛋重大而著称，被认为是当代最高产的白壳蛋鸡之一。

1. 外貌特征 海赛克斯白壳蛋鸡成年鸡白色羽。

2. 生产性能

（1）父母代生产性能 0～18周龄存活率95%，18周龄公、母鸡平均体重分别为1582克和1264克，0～18周龄饲料消耗约6.58千克。50%产蛋率日龄为147～154天，高峰产蛋率92%。68周龄入舍母鸡产蛋数约270枚，合格种蛋数约220枚，健康母雏数约96只，存活率92%。68周龄公、母鸡平均体重分别为2355克和1786克。

（2）商品代生产性能 18周龄平均体重1290克。50%产蛋率日龄143天，18～90周存活率94%，高峰产蛋率96%，平均蛋重62.4克，90周龄入舍母鸡产蛋数约410枚，产蛋总重约42.6千克，每只鸡日均耗料107克左右，料蛋比2.08：1，90周龄平均体重1720克。

四、绿壳蛋鸡品种

（一）新杨绿壳蛋鸡配套系

新杨绿壳蛋鸡配套系是由上海家禽育种有限公司、中国农业大学以及国家家禽工程技术研究中心三家联合，根据我国蛋鸡生产需要，以我国地方绿壳蛋鸡品种资源以及从国外引进的高产蛋鸡品系为育种素材，运用配套系育种技术培育成的高效绿壳蛋鸡配套系。该配套系于2010年通过国家畜禽遗传资源委员会审定。

1. 外貌特征

（1）父母代外貌特征　公鸡全身羽毛黑麻或黄麻色，单冠，冠和髯为红色，耳叶为红色，胫和喙呈淡青色，身体紧凑。母鸡全身羽毛白色，单冠，冠和髯为红色，耳叶白色，皮肤、胫和喙呈黄色，体型结实紧凑。

（2）商品代外貌特征　全身羽毛颜色为灰白色带有黑斑，单冠，冠和髯为红色，耳叶白色，皮肤、胫和喙呈淡青色，体型结实紧凑。

2. 生产性能

（1）父母代生产性能　0～18周龄存活率95％～98％，18周龄体重1 250～1 320克。50％产蛋率日龄145～150天，高峰产蛋率90％；72周龄入舍母鸡产蛋数295～298枚，72周龄入舍母鸡种蛋数250～254枚；入孵蛋孵化率82％～84％。

（2）商品代生产性能　0～18周龄存活率96％～98％，18周龄体重1 212～1 280克，0～18周龄饲料消耗5.1～5.9千克。50％产蛋率日龄148～153天，高峰产蛋率86％～89％，72周龄入舍母鸡产蛋数245～256枚，72周龄入舍母鸡总蛋重13.1～14.5千克，全期平均蛋重45～50克，平均料蛋比2.4～2.6：1。绿壳率90％～100％。

（二）苏禽绿壳蛋鸡

苏禽绿壳蛋鸡配套系是由江苏省家禽科学研究所、中国农业大学、扬州翔龙禽业发展有限公司联合培育而成。由二系配套组成，父系为经过选育的绿壳蛋鸡纯系，母系为经过选育的浅褐壳地方鸡品系。2013年通过国家畜禽遗传资源委员会审定。

1. 外貌特征

（1）父母代外貌特征　公鸡体型较小，呈楔形，结构紧凑，清秀，活泼好动；全身羽毛浅红色，尾羽黑色；头小；单冠直立，较大，冠齿4～6个；眼大有神，虹膜黄褐色；冠和髯红色，耳叶白色为主、少数肉色；皮肤、胫和喙黄色；胫高而细，四趾，无胫羽；雏鸡羽毛淡黄色。母鸡体型中等，呈楔形，结构紧凑；全身羽毛黄色，少数个体颈羽、翼羽、尾羽尖端夹有黑色；头小、前伸明显、形似蛇头；单冠直立，中等大小，冠齿4～6个，冠色鲜红；喙黄色、稍弯曲，中等长；虹膜黄褐色；肉垂鲜红色，呈半椭圆形；耳叶红色为主、少数白色；皮肤黄色；胫细，呈黄色，四趾，无胫羽；雏鸡羽毛淡黄色。

（2）商品代外貌特征　体型较小呈船形，结构紧凑，全身羽毛黄红色，头小；单冠直立，中等大小，冠齿4～7个；眼大有神；冠和髯红色；皮肤、胫和喙黄色；胫高而细，四趾，无胫羽；快羽；雏鸡羽毛淡黄色。

2. 生产性能

（1）父母代生产性能　0～18周龄存活率94％～96％，18周龄体重1 250～1 320克。50％产蛋率日龄145～150天，高峰产蛋率85％～88％，66周龄入舍母鸡产蛋数195～200枚，合格种蛋数180～185枚，入孵蛋孵化率83％～87％。

（2）商品代生产性能　0～18周龄存活率95％～96％，18周龄体重1 050～1 180克，0～18周龄耗料量5.0～5.5千克，19～72周龄存活率92％～95％。50％产蛋率日龄145～154天，高峰产蛋率83％～85％，72周龄入舍母鸡产蛋数210～220枚，产蛋总重约10.1千克，全期平均蛋重43～48克，绿壳蛋率100％。19～72周龄料蛋比3.4～3.5∶1。72周龄体重1 400～1 500克。

（三）东乡绿壳蛋鸡

东乡绿壳蛋鸡是一个宝贵的地方品种资源，由江西省东乡县畜牧科学研究所经过20多年的选育，其体型外貌基本一致，主要经济性状明显提高，遗传性能更加稳定。

1. 外貌特征　体型呈棱形，羽毛黑色，有少数个体羽色为白色、麻色或黄色，单冠直立，喙、趾均为黑色。公鸡冠呈暗紫色，冠齿7～8个，肉髯长而薄。母鸡头清秀，羽毛紧凑，单冠直立，冠齿5～6个。

2. 生产性能　东乡绿壳蛋鸡公、母鸡平均体重：初生重33克左右，30日龄128克，60日龄394克，90日龄562克。成年母鸡平均体重1 350克，成年公鸡平均体重1 719克。绿壳蛋比率为100％。东乡绿壳蛋鸡开产日龄170～180天。500日龄入舍母鸡产蛋数约152枚，平均蛋重48克。种蛋受精率90％，受精蛋孵化率83％。母鸡就巢率约5％。

（四）长顺绿壳蛋鸡

长顺绿壳蛋鸡是在贵州特定自然生态环境下，经长期自然选择和人工选择而形成的一个地方鸡品种，具有耐粗饲、抗病力强、觅食能力强等特点。2009年通过国家畜禽遗传资源委员会审定。

1. 外貌特征　长顺绿壳蛋鸡体型紧凑，结构匀称，羽毛紧密，背部平直。喙呈黄褐色或黑色；虹彩橘黄色；耳叶红色或黑色；胫、爪黑色。单冠，冠齿

5～7 个，肉髯呈鲜红色。公鸡颈羽、鞍羽呈红色，背羽、腹羽红黄相间，主翼羽为橘红色并有光泽。黑羽公鸡全身羽毛黑色，少数个体背羽、腹羽红黑相间。母鸡羽毛以麻黄色居多，有少量黑麻和白羽。初生雏绒羽以全黑色为主，有部分黄色、褐色，或黄、褐背上有条状黑色绒毛带。

2. 生产性能　长顺绿壳蛋鸡初生重 33 克左右，4 周龄平均体重 149.4 克，8 周龄平均体重 694.2 克。在农户散养条件下，开产日龄 165～195 天，年产蛋 120～150 枚，平均蛋重 51.8 克。蛋呈椭圆形，蛋形指数 1.37，蛋黄比率 32.29％。长顺绿壳蛋鸡就巢性强，每年 2～4 次，每次持续 20～30 天，农户均采用自然孵化。种蛋受精率 90％～95％，受精蛋孵化率 86％～94％，育雏期、育成期存活率均在 90％以上。

五、地方特色蛋鸡品种

我国各地自然生态条件的差异以及社会、经济和文化的发展程度不同，人们对鸡的选择和利用目的也不相同，逐渐形成了体型外貌、用途各异的鸡遗传资源。我国共有鸡品种（配套系）116 个，其中地方鸡品种 107 个。地方品种与配套系相比，地方品种鸡存在开产晚、产蛋率低、蛋重小等特点，但是因其通常采用散养或者放养等养殖模式，形成了具有较高价值的鸡蛋，在市场上占有非常重要的地位，构成当前特色蛋鸡生产的重要组成部分。

（一）仙居鸡

仙居鸡主要分布于浙江省仙居、临海和天台等地，属于蛋用型地方品种。

1. 外貌特征　仙居鸡体型紧凑，羽色以黄色最多见。黄羽鸡羽毛紧密，背平直，骨骼细致。头大小适中，喙黄色或青色。单冠，冠齿 5～7 个。肉髯薄，中等大小。眼睑薄，虹彩多呈橘黄色，也有金黄、褐、灰黑等色。皮肤呈白色或浅黄色。胫以黄色为主，少数为青色，仅少数有胫羽。公鸡冠直立，高 3～4 厘米；羽毛主要呈黄红色，颈羽、鞍羽、梳羽、蓑羽羽色较浅、有光泽，主翼羽为红夹黑色，镰羽、尾羽呈黑色。母鸡羽色较杂，但以黄色为主，颈羽颜色较深，少数个体夹杂斑点状黑灰色羽毛，主翼羽羽片半黄半黑，尾羽呈黑色；有少数鸡为黑色羽和白色羽。雏鸡绒毛多为浅黄色。

2. 生产性能　仙居鸡成年母鸡平均体重 1 298 克，成年公鸡平均体重 1 770 克。平均开产日龄为 145 天，66 周龄平均产蛋数 172 枚，平均蛋重 44 克，种蛋受精率 91.4％，受精蛋孵化率 92.5％。母鸡就巢性弱。

（二）狼山鸡

狼山鸡原产地为江苏省南通市如东县，主要分布于掘港、拼茶、丰利、双甸及通州市石港等地。该品种具有较好的产蛋性能。

1. 外貌特征 狼山鸡体型较大，头昂尾翘，背部较凹，呈"U"形。头部短圆。羽毛多呈黑色，少数呈白色，偶见黄色，尖端稍淡。单冠，冠齿5～6个。冠、肉髯、耳叶均为红色。虹彩以黄色为主，间有黄褐色。皮肤呈白色，胫呈黑色。公鸡全身羽毛为黑色，并有墨绿色光泽。母鸡偶见第9～10根主翼羽呈白色。雏鸡绒毛呈黑色，头部间有白色，腹部、翼尖部及下颌等处绒毛呈淡黄色。

2. 生产性能 狼山鸡初生重约为35.6克，4周龄平均体重262克，7周龄平均体重570克，成年公鸡平均体重2 670克，成年母鸡平均体重2 030克。平均开产日龄为155天，500日龄饲养日平均产蛋数185枚，平均蛋重50克。种蛋受精率92.7%，受精蛋孵化率90.1%。母鸡就巢率约为16%。

（三）白耳黄鸡

白耳黄鸡原产地为江西省广丰县，主要分布于江西省广丰县及周边市、县和浙江省江山市等地。该品种是我国优良的蛋鸡育种素材。

1. 外貌特征 白耳黄鸡体型较小、匀称，后驱宽大。全身羽毛为黄色，大镰羽不发达，呈黑色并有绿色光泽，小镰羽呈橘红色。喙略弯，呈黄色或灰黄色，部分上喙端部呈褐色。单冠直立，冠齿4～6个，呈红色。肉髯呈红色。耳叶呈银白色，耳垂大，似白桃花瓣。虹彩呈金黄色。胫、皮肤均呈黄色，无胫羽。其典型特征为"三黄一白"，即黄羽、黄喙、黄脚、白耳。成年公鸡体躯呈船形，肉髯软、薄而长，虹彩呈金黄色；头部羽毛短呈橘黄色，颈羽深红色，大镰羽不发达，呈墨绿色，小镰羽呈橘黄色。成年母鸡体躯呈三角形，结构紧凑；肉髯角较短，眼大有神，虹彩呈橘黄色；全身羽毛呈黄色。雏鸡绒毛呈黄色。

2. 生产性能 白耳黄鸡初生重约为32.9克，4周龄平均体重144克，8周龄平均体重382.5克。成年公鸡平均体重1 420克，成年母鸡平均体重1 170克。平均开产日龄为152天，500日龄平均产蛋数197枚，300日龄平均蛋重54克。公、母鸡配比为1∶12～15，种蛋受精率93%，受精蛋孵化率89%。母鸡就巢率约为15.4%。

（四）如皋黄鸡

如皋黄鸡原产地及中心产区为江苏省如皋市，主要分布于南通市的如东、海安、通州、泰州、盐城等地。该品种具有耐粗饲，适应性、抗病性强，肉质鲜嫩、味美等特点。2009 年通过国家畜禽遗传资源委员会审定。

1. 外貌特征 如皋黄鸡体型中等，具有"三黄"特征。喙呈黄色，稍弯曲。单冠直立，冠齿 5～7 个，呈红色。肉髯呈红色。虹彩呈黄褐色。皮肤呈黄色或白色。胫呈黄色。公鸡全身羽毛呈金黄色，富有光泽、颈羽、尾羽和主翼羽尖端夹有少量黑羽。母鸡全身羽毛呈浅黄色，颈羽、翼羽和尾羽尖端有黑羽。雏鸡绒毛呈浅黄色。

2. 生产性能 在舍饲条件下，如皋黄鸡 84 日龄平均体重 1 400 克，料蛋比为 2.8～2.9：1。成年公鸡平均体重 1 950 克，成年母鸡平均体重 1 540 克。开产日龄 135～145 天，72 周龄饲养日平均产蛋数 191 枚，开产蛋重 40～46 克，300 日龄蛋重 48～52 克。种蛋受精率 94%，受精蛋孵化率 93%。母鸡就巢率约为 4%。

（五）崇仁麻鸡

崇仁麻鸡原产地为江西省崇仁县，主要分布于崇仁县及其周边的宜黄、丰城、乐安等市（县），福建、江苏、安徽和湖南等省也有分布。该品种具有体型小、觅食能量强、抗病力强、耐粗饲、产蛋多等特点。2002 年通过国家畜禽遗传资源委员会审定。

1. 外貌特征 崇仁麻鸡体型呈菱形。喙呈黑色。单冠直立，冠齿 6～7 个。肉髯长而薄，冠、肉髯均呈红色。虹彩呈橘黄色。皮肤呈白色。胫呈黑色。公鸡羽毛呈棕红色，颈羽呈金黄色，尾羽呈墨绿色，胸、腹部羽毛红中带黑，主翼羽呈黑色。母鸡分黄麻羽和黑麻羽两种类型。雏鸡绒毛呈褐色，脊背绒毛呈灰褐色，部分个体有灰、白相间的斑纹。

2. 生产性能 崇仁麻鸡初生重约为 33.8 克，成年公鸡平均体重 1 630 克，成年母鸡平均体重 1 140 克。开产日龄 154～161 天，500 日龄产蛋数 202 枚，300 日龄平均蛋重 43 克。种蛋受精率 93%～94%，受精蛋孵化率 91%～92%。母鸡就巢率为 10%～15%。

（六）济宁百日鸡

济宁百日鸡原产地为山东省济宁市郊，中心产区为任城区，主要分布于任城、泗水、嘉祥、汶上、曲阜、金乡、兖州、邹城等市（县）。该品种具有体型小、抗病力强、觅食能力强、开产早等优良特性。

1. 外貌特征 济宁百日鸡体型小，体躯略长，头尾上翘。喙以黑色较多，尖端为浅白色，少数呈白色、黑色或栗色。单冠直立，冠、肉髯呈红色。虹彩呈橘黄色或浅黄色。皮肤多呈白色。胫呈铁青色或灰色，少数个体胫、趾有羽。公鸡体型略大，以红羽个体居多，黄羽次之；红羽公鸡尾羽呈黑色，有绿色光泽。母鸡有麻、黄、花等羽色，以麻羽居多；麻羽母鸡头、颈部羽毛呈麻花色，其羽面边缘呈金黄色，中间有灰色或黑色条斑，肩部羽毛和翼羽多为深浅不同的麻色，主、副翼羽末端及尾羽多呈黑色或淡黑色。雏鸡绒毛呈黄色，部分背部有黑色绒毛带。

2. 生产性能　济宁百日鸡成年公鸡平均体重1 440克，成年母鸡平均体重1 400克。开产日龄100～120天，开产平均体重1 125克，年产蛋数180～190枚，平均蛋重42克。公、母鸡配种比例一般为1∶10～15。种蛋受精率93％，受精蛋孵化率96％。母鸡就巢率为5％～8％。

（七）汶上芦花鸡

汶上芦花鸡原产地和中心产区为山东省汶上县，主要分布于汶上县及相邻的梁山、任城、嘉祥、兖州等市（县）。2002年10月汶上芦花鸡被列为山东省优良地方家禽重点保护品种。

1. 外貌特征　汶上芦花鸡体型中等，颈部挺立，尾部高翘，背长、宽而平直，体型呈元宝状。全身羽毛呈黑白相间、宽窄一致的条纹状。头型多为平头，少数为凤头。喙基部呈黑色，边缘及尖端呈白色。冠型以单冠为主，少数为复冠，呈红色。肉髯呈红色。耳叶呈灰白色。虹彩呈橘红色或橘黄色。皮肤白色。胫较长，胫、爪以白色为主，花、青等杂色次之。公鸡羽毛鲜艳，颈羽和鞍羽黑白相间，花色较深，尾羽高翘，镰羽黑色中带有绿色光泽，其他部分的羽毛呈黑边相间的花色。母鸡全身为黑白相间的斑羽，头部和颈部羽毛边缘色泽较深。雏鸡除头顶有白色斑块外，全身被以黑色绒毛，喙、爪呈粉青色。

2. 生产性能　汶上芦花鸡成年公鸡平均体重1 400克，成年母鸡平均体重1 100克。平均开产日龄150天，开产体重1 320克，年产蛋数170～175枚，平均蛋重43克。公、母鸡配种比例一般为1∶10～15。种蛋受精率96％，受精蛋孵化率94.5％。母鸡就巢率为3％～5％。

第四节　蛋鸡良种选养方案

影响蛋鸡品种选择的因素很多，首先应依据市场消费进行科学选择，其次是养殖模式、投资规模、技术水平等。因此，在实际生产中，选择蛋鸡品种主要考虑以下几个方面。

一、根据市场需求选养品种

蛋鸡养殖场（户）在进行养殖之前，应进行市场调查，根据市场需求选养蛋鸡品种。比如，消费者喜爱白壳鸡蛋、褐壳鸡蛋还是粉壳鸡蛋？鸡蛋是否异地销售？消费者喜欢大鸡蛋还是小鸡蛋？体重、羽色等是否影响淘汰鸡的销售？鸡蛋产品定位是中高端市场还是低端市场？等等。

由于消费习惯不同（比如我国江南地区偏爱褐壳蛋和粉壳蛋，而北方地区对白壳蛋不太挑剔），导致价格和销售量的差异，各地蛋鸡养殖场（户）应根据本地消费习惯来选择不同类型的品种。如果本地饲养蛋鸡数量较多，蛋品外销，选择褐壳或者粉壳蛋鸡品种较好，因为褐壳鸡蛋或者粉壳鸡蛋的蛋壳质量好，适宜运输。小鸡蛋受欢迎的地区或鸡蛋以枚计价销售的地区，选择体型小、蛋重小的鸡种；以重量计价或喜欢大鸡蛋的地区，选择蛋重大的鸡种。淘汰鸡价格高或喜欢大型淘汰鸡的地区，选择褐壳蛋鸡更有效益。

鸡蛋产品定位也是影响蛋鸡品种选择的重要因素。调研发现，鸡蛋产品的新鲜度、营养和价格是消费者购买鸡蛋产品关注的 3 个核心因素，而鸡蛋品牌对消费者购买鸡蛋产品的影响力度则不大。因此，不同的蛋鸡养殖场（户）应根据企业发展规划寻找适合自身企业发展的产品并定位，确定消费者对企业鸡蛋产品的需求点，实现鸡蛋产品卖点与消费者买点的精准对接，最大限度降低市场风险，获得较好的经济效益。

二、根据养殖模式选养品种

我国蛋鸡养殖场（户）数量众多，鸡场布局规划、鸡舍建筑设施条件、养殖场地等硬件设施千差万别，不同的蛋鸡品种的适应性和抗病力也不相同，因此蛋鸡养殖场（户）也要根据养殖模式来选养蛋鸡品种。

在鸡场规划、布局科学，隔离条件好，鸡舍设计合理，环境控制能力强的条件下，如密闭式或有窗式鸡舍，则可以选择产蛋性状特别突出的品种，因为良好稳定的环境可以保证高产鸡的性能发挥。也可以饲养白壳蛋鸡，不仅能高产，而且能节约饲料消耗。如果养殖场环境不安静，噪声大，应激因素较多，就应选择褐壳蛋鸡品种，因为褐壳蛋鸡性情温驯，适应力强，对应激敏感性低。

散养或者放养时，一般选择适应性强、抗病力强、觅食能力强、耐粗饲的地方良种鸡（如芦花鸡、仙居鸡等）或含有地方土鸡血缘的配套系杂交鸡种，同时要考虑市场需求，选择适销对路的品种。根据放养场地不同，果园以矮小型鸡为宜；麦收、秋收后的田间，地势平坦的丘陵山地、山坡林地等以仿土蛋鸡为宜，但要注意所选放养品种最好含有不低于 25％的地方鸡血缘；长有灌木、荆棘、阔叶林、草丛较高的场地以土种蛋鸡或仿土蛋鸡为宜，但仿土蛋鸡品种最好含有不低于 50％的地方鸡血缘。

三、根据生产条件选养品种

饲料原料缺乏或饲料价格高的地区，宜饲养体重小而产蛋性能好、饲料转化率较高的鸡种。饲料原料质量不理想或饲料配制技术水平低的场（户）宜选择褐壳蛋鸡品种。

我国种鸡场数量众多，规模大小不一，管理水平参差不齐。无论选购什么样的品种，都必须到规模大、技术力量强、有种禽种蛋生产经营许可证、管理规范、信誉良好的种鸡场购买雏鸡。选择祖代和父母代种鸡净化的种鸡场时，要重视种鸡疾病净化力度，避免蛋鸡垂直传播疾病造成重大损失。一般要求鸡白痢阳性率祖代 0.1％以下，父母代 0.3％以下；禽白血病阳性率祖代 0.1％以下。

我国地域辽阔，各地气候条件不同。每一个品种由于适应性的差异，其生产性能在不同的地区有不同的表现，有的品种在某个地区表现优良，在另一个地区可能表现不佳。在具体选择品种时，既要了解品种的生产性能，又要观察其实际表现，不要盲目选择新品种。各个养殖场（户）的鸡舍建筑条件、设施设备、饲养管理水平、生物安全措施等均不相同，只有选择适合其养殖条件的蛋鸡品种，才能获得最佳的经济效益。

第四章
营养需要与饲料配制

阅读提示：

　　饲料是养殖过程中成本比例最高的投入品，生产优质的饲料是养殖成功与否的关键。要生产优质的饲料需要系统掌握营养学、饲料学、饲料工艺学等多种知识，是一个复杂的系统工程。本章系统介绍了饲料主要营养成分、蛋鸡需要的主要营养素及其评价、蛋鸡的营养需要、饲料配制的关键技术和影响饲料安全质量的主要因素。

第一节　饲料的主要营养成分

　　动植物体都是由多种化学元素所组成，并以含氧元素最高，其次为碳、氢。养分是由某一种化学元素所构成或由若干种化学元素相互结合所组成，具有维持动植物生命的营养作用，存在于任何饲料之中的主要营养成分可概括为以下6大类（图4-1）。

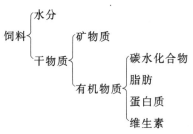

图 4-1　饲料中的主要营养成分

一、水

　　水分是畜禽体内的重要组成成分，其含量一般可达体重的1/2。动物如脱水5％，则食欲减退，脱水10％则生理失常，脱水20％即可死亡。各种饲料均含有水分，其含量差异很大，多者可达95％，少者只含5％。一般来说，饲用植物幼嫩时含水量较多，成熟后水分较少；枝叶中水分较多，茎秆中水分较少；谷类籽实、糠麸等含水量少，而酒糟、糖渣及粉渣等含水量较多。

二、矿 物 质

　　对动物具有营养作用的元素有26种，其中碳、氢、氧、氮属非矿物质元素，其余22种都是矿物质元素。其中，有7种是常量元素，包括钾、钠、钙、镁、硫、磷、氯，含量较多；铁、铜、锰、锌、碘、硒、钴、镍、钒、氟、钼、锡、砷、硅、铬等15种元素属于微量矿物质元素。

三、碳 水 化 合 物

　　碳水化合物是由碳、氢和氧3种元素组成，由于其分子中氢和氧的比例与水相同（即 $2:1$），故得名碳水化合物，其分子通式是（CH_2O）$_n$。也有例外，比如，甲醛（蚁醛）的分子式为 CH_2O，醋酸分子式为（CH_2O）$_2$，脱氧核糖的分子式为 $C_5H_{10}O_4$，鼠李糖的分子式为 $C_6H_{12}O_5$，虽然这些分子中氢与氧的比例不符合 $2:1$，但也属于碳水化合物。碳水化合物根据分子结构可分为单糖、双糖和多糖。植物性饲料中分布最广的糖是单糖类和双糖类。碳水化合物是动物体内最主要的能量来源。

四、脂　肪

脂肪由碳、氢、氧 3 种元素所组成，根据脂肪的结构，可分为真脂肪与类脂肪两大类。真脂肪由脂肪酸与甘油结合而成，类脂肪由脂肪酸、甘油及其他含氮物质等结合而成。饲料中的能量水平主要取决于其脂肪含量的高低，含脂肪越多则能值越高。饲料中脂肪含量差异较大，植物因部位不同含脂量也不一样，一般以籽实中含脂较高，茎叶中次之，根部含量最少。脂肪的能值约为碳水化合物的 2 倍以上。

五、蛋　白　质

对饲料常规营养成分进行分析时，常用粗蛋白质含量表示。粗蛋白质实际上是饲料中含氮物质的总称，包含真蛋白质和非蛋白质含氮化合物。

（一）真蛋白质

真蛋白质是由氨基酸组成的。氨基酸数量、种类和排列顺序的变化组成各种不同的蛋白质。因此，蛋白质的营养实际上是氨基酸的营养。氨基酸有 L 型和 D 型两种异构体。动物体内的酶系统只能促进 L 型氨基酸的代谢。动植物体蛋白质水解产生的氨基酸都是 L 型的。大多数 D 型氨基酸不能被动物利用或利用率很低，例如，D 型色氨酸对于猪的效价仅为 L 型色氨酸的 60% 左右。D 型或 DL 型的蛋氨酸，对猪、禽来说，其效价与 L 型的近似。氨基酸分子含有羧基和氨基两种官能团，因而它属于酸、碱两性化合物，其羧基能与碱生成盐，而氨基又能与酸生成盐，氨基酸分子内的羧基和氨基还能相互作用生成内盐，固态氨基酸主要以内盐结构形式而存在。

（二）非蛋白质含氮化合物

植物性饲料中的非蛋白质含氮化合物很多，迅速生长的牧草、嫩干草的含量约占总氮的 1/3。非蛋白质含氮化合物是指非蛋白质的和不具有氨基酸肽键结构的其他含氮化合物，主要有氨基酸、肽、酰胺类、尿酸、硝酸盐和生物碱等。

氨基酸经脱羧基，可产生二氧化碳和相应的胺，如组氨酸相应的胺为组胺、酪氨酸相应的胺为酪胺、色氨酸相应的胺为色胺。有些胺具有特殊的生理作用，如组胺具有扩张血管、降低血压、促进胃液分泌的作用，色胺和酪胺是神经系统的递素。由于胺类的生理作用，故当这种物质在机体内聚积一定量时，会引起中毒。植物组织中的某些物质也有可能在体内转变为胺类物质，例如甜菜碱可以转变为具有鱼腥味的三甲胺蓄积到鸡蛋中。

天门科酰胺与谷酰胺分别是天门冬氨酸和谷氨酸的衍生物，也可将其列入氨基酸类，它们在物质传递反应中具有重要作用。尿素也属酰胺类物质，是哺乳动物氮代谢的主要终产物，禽类氮代谢的主要终产物是尿酸。许多植物性饲料中均含有尿素，如大豆、马铃薯、甘蓝等。

处于生长期的植物硝酸盐含量较高，其本身无毒，但在一定条件下可被还原为对动物极具毒性的亚硝酸盐，因此动物采食硝酸盐含量较高的饲料容易引起中毒。

生物碱仅存于特定植物组织中，许多生物碱都具有毒性，如马铃薯中的龙葵精（茄碱），含量超过 0.02％即可引起中毒。另外，蓖麻籽上含有蓖麻碱，茄属植物茎叶中含有颠茄碱。

（三）粗蛋白质

蛋白质是一类含氮化合物，平均含氮量为 16％，即平均每一个蛋白质链包含约 16％的氮，因此饲料或胴体中的蛋白质含量可以通过含氮量乘以 6.25 计算蛋白质的含量。然而，饲料中不是所有的含氮化合物都是蛋白，例如，游离氨基酸、肽、硝酸盐、铵盐、酰胺、生物碱、有机碱、含氮糖苷、氨及尿素等，这些物质中的含氮量均为 16％。因此，在饲料营养价值评定时，常把含氮量乘以 6.25 所得到的蛋白质称为粗蛋白质。

六、维 生 素

维生素是一类动物代谢所必需的低分子有机化合物。体细胞一般不能合成维生素（维生素 C、烟酸例外），必须由日粮提供或提供其前体物。消化道的微生物能合成各种维生素，但合成量有限，肠道合成的维生素被消化吸收的可能性很小。维生素不是机体的结构成分，也非能源物质，需要量微少，但生物学作用很大。它们主要以辅酶和催化剂的形式广泛参与体内代谢，从而保证机体组织器官的细胞结构功能的正常，调控物质代谢，以维持动物健康和各种生产活动。缺乏维生素可引起机体代谢紊乱，影响动物健康和生产性能。目前已确定的维生素有 14 种，另有类似维生素物质 10 余种。按其溶解性，把维生素分为水溶性和脂溶性两大类。脂溶性维生素包括维生素 A、维生素 D、维生素 E和维生素 K。它们可以从脂溶性的食物中提取，只含有碳、氢、氧 3 种元素，在消化道随脂肪一同被吸收，吸收的机制与脂肪相同。摄入过量的脂溶性维生素可引起中毒，给代谢和生长带来障碍。脂溶性维生素的缺乏症一般可与它们的功能相联系。水溶性维生素包括整个 B 族维生素和维生素 C。水溶性维生素可从水溶性的食物中提取，除含碳、氢、氧等元素外，多数都含有氮，有的还含硫或钴。B 族维生素主要作为辅酶，催化碳水化合物、脂肪和蛋白质代谢中的各种反应。多数情况下，缺乏症无特异性，而且难与其生化功能直接相联系，食欲下降和生长受阻是共同的缺乏症状。

第二节　营养成分的主要功能及其评价

一、蛋　白　质

（一）蛋白质是建造机体组织的主要原料

动物体内除水分外，蛋白质是含量最高的物质，通常可占动物机体固形物质的 50％左右，若以脱脂干物质计，蛋白质含量约为 80％。动物的肌肉、神经、结缔组织、皮肤、血液等都是以蛋白质为其主要成分，起着传导、运输、支持、保护、运动等多种功能的作用。它是乳、蛋、毛的主要成分。除反刍动物以外，饲料中的蛋白质是形成动物机体蛋白质的唯一来源。成年动物体内的蛋白质含量虽然是基本稳定的，但这种稳定是处于动态平衡状态的。机体在新陈代谢过程中，组织蛋白质始终处于一种不断的分解、合成过程，除更新组织外，还需要修补损伤组织。

（二）蛋白质是机体内功能物质的主要成分

在动物机体内存在众多调节生命和代谢活动的物质，这些物质的主要成分几乎都是蛋白质。比如起催化作用的酶、起调节作用的激素、具有免疫和防御功能的抗体、运输脂溶性维生素和其他脂肪代谢产物的脂蛋白、运载氧的血红蛋白、遗传信息的传递物质、维持机体内环境酸碱平衡的缓冲物质等。因此，蛋白质是实现生命现象的基础，蛋白质缺乏时动物健康将受到威胁。

（三）蛋白质可供能也可转化为糖和脂

在机体营养不足时，蛋白质也可分解供能，维持机体的代谢活动。当摄入蛋白质过多时，也可能转化为糖和脂储存在体内或分解产热供机体利用。日粮中氨基酸不平衡时，常常会出现多余的氨基酸不能被利用这一现象。在动物营养学中，通过蛋白质提供机体热能被认为是一个浪费的现象，应尽量通过调整饲料配方避免或减少这一过程的发生。

（四）氨基酸营养

蛋白质的营养实质上是氨基酸的营养。在实际生产中，常用饲料原料的蛋白质中必需氨基酸含量和比例与动物需要相比，大多不够理想，有的还相差很远。因此，如何平衡饲粮氨基酸是一个重要的问题，它直接涉及日粮蛋白质的质量和利用率。

从各种生物体内发现的氨基酸已有 180 多种，但组成自然界中所存在的蛋白质的氨基酸只有 20 种，这些氨基酸也称为蛋白质氨基酸（表 4-1）。从维持动物生命过程考虑，这些氨基酸都是必需的。然而，从营养学角度考虑，这些氨基酸可分为必需氨基酸、非必需氨基酸和限制性氨基酸。凡是动物体内不能合成，或者合成的数量少，合成速度慢，不能满足动物营养需要，必须由饲料中提供的氨基酸称为必需氨基酸；那些可以在动物组织内合成，无须靠饲料直接

表 4-1　常见的 20 种蛋白质氨基酸及其营养学分类

必需氨基酸	非必需氨基酸
赖氨酸 Lysine	蛋氨酸 Methionine
色氨酸 Tryptophan	苏氨酸 Threonine
缬氨酸 Valine	组氨酸 Histidine
苯丙氨酸 Phenylalanine	异亮氨酸 Isoleucine
亮氨酸 Lencine	精氨酸 Arginine
甘氨酸 glycine	丙氨酸 alanine
丝氨酸 serine	谷氨酸 glulamicacid
天冬氨酸 asparticacid	天门冬酰胺 asparagine
脯氨酸 proline	谷氨酰胺 glutamine
半胱氨酸 cysteine	酪氨酸 tyrsine

提供即可满足需要的氨基酸则称之为非必需氨基酸；因某种氨基酸缺乏而降低其他氨基酸的生物学利用率时，这种氨基酸被称为限制性氨基酸。饲料中常见的限制性氨基酸有赖氨酸、蛋氨酸、色氨酸和苏氨酸。

二、能　量

（一）能量定义及衡量

能量即做功的能力，它以热能、光能、机械能、电能和化学能等不同形式表现出来。化学能是物质在化学反应中吸收或释放出的能量。对动物来讲，只有储存于饲料营养物质分子化学键中的化学能是动物可以利用的唯一能量形式。营养物质释放出的化学能只有一部分用于细胞做功，这部分能量称之为自由能，主要以三磷酸腺苷（ATP）形式供能。

能量是用热量来衡量的，早期使用的单位有卡（cal）、千卡（kcal）和兆卡（Mcal）。1卡是指在标准大气压下1克水从14.5℃升温到15.5℃所需要的热量。后来，人们认为用"卡"来衡量能量在某些方面不够确切，国际营养科学协会及国际生理科学协会的命名委员会建议用焦耳，简称"焦"，用符号J来表示。我国法定计量单位规定的能量（功，热）单位也是焦耳，并作为营养代谢和生理研究中的能量单位。1焦等于1牛的力使物体沿力的方向上移动1米的位移所做的功，即1牛·米。在营养研究中用1焦作单位度量太小，常采用千焦和兆焦。1卡＝4.184焦。

测定营养物质在化学反应中释放的能量，十分复杂。根据热力学第一定律：如果体系跟外界同时发生做功和热传递过程，那么，体系所做的功（W）加上体系从外界吸收的热量（Q）等于体系热力学能（过去称内能）的变化（△U），即：W＋Q＝△U。从能量转化的观点来看，各种形式的能量可以经不同方式相互转化，转化结果是守恒的。因此，可根据此原理来测定营养物质中的化学能。营养学上采用燃烧法来测定物质释放的化学能，也称燃烧热或总能。测量热能的仪器是热量计，也叫测热器。根据物质在热量计中燃烧所提高了的温度，测出热量。体外燃烧和体内氧化分解供能放热相比，虽然环境条件不同，但是对某一营养物质来说只要终产物一样，那么它释放出的能量就相同。但是燃烧法测出的某些物质释放的化学能与其在体内氧化真正释放出的化学能是有差别的。主要是因为这些物质在体内氧化没有体外燃烧那么彻底，因而产生的终产物不一样。例如，动物食入蛋白质后，吸收的蛋白质在体内参加代谢后，以尿酸或尿素形式排出，其中含有能量，所以蛋白质在体内氧化产生的化学能要少于体外燃烧法测得的燃烧热。而对于碳水化合物和脂肪无论在体外燃烧还是在体内氧化，终产物都是二氧化碳和水，所以释放出的能量相同。

（二）能量代谢

饲料能量在动物体内代谢过程中，首先是不能被消化的饲料随粪便排出，从中丢失一部分能量，然后经由代谢从尿中排出一部分能量，剩余的能量则是动物可用以维持生命和生产的能量（图4-2）。

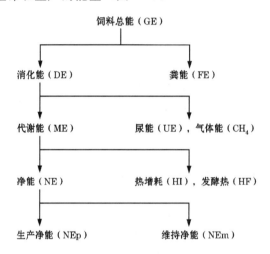

图4-2 饲料中的能量在体内的转化过程

（三）饲料中的能量术语

1. 总能（GE） 总能也叫粗能，是指饲料在弹式测热计中完全燃烧，彻底氧化后以热的形式释放出来的能量。饲料总能只表明饲料经完全燃烧后化学能转变成热能的多少，而不能说明被动物利用的有效程度。例如，低质的燕麦秸与作为动物优质能源的玉米有相同的总能值，但能量价值并不一样。由于总能值是评定饲料能量代谢过程中其他能值的基础，要想求出其他能量指标，必须首先测定饲料总能。

2. 消化能（DE） 饲料的总能不能完全被机体利用。动物采食饲料的总能减去未被消化的以粪形式排出的饲料粪能（FE），剩余的能量称为该饲料的消化能。由于动物粪便中混有微生物及其产物、肠道分泌物及脱落细胞，在计算消化能时，将它们都作为未被消化的饲料能量减去，这种方法测得的消化能又称为表观消化能（ADE）。真消化能（TDE）是指饲料总能减去粪中饲料来源未被消化部分，即扣除粪中非饲料来源的那部分能量（称代谢粪能，FmE）。

$$ADE = GE - FE$$
$$TDE = GE - (FE - FmE)$$

由此可以看出，真消化能值比表观消化能值要高。计算动物对饲料的消化能时，粪能丢失与消化能值成反比。粪能排出越多，消化能越低。

3. 代谢能（ME） 饲料的代谢能是指食入的饲料总能减去粪能、尿能及消化道气体的能量后的剩余能量，即食入饲料中能为动物吸收和利用的营养物质的能量，又称表观代谢能（AME）。

$$AME = GE - FE - UE - Eg$$

上式中 Eg 为消化道气体能。对于单胃动物，消化道产生的气体能较少，可以忽略不计。而对于反刍动物，除了粪能（FE）和尿能（UE）以外，还有从嗳气中排出的气体能。气体能是沼气（CH_4），它是由瘤胃微生物发酵过程中产生的，约占总能的 7%。

4. 净能（NE） 饲料净能（NE）指饲料中用于动物维持生命和生产产品的能量，是指饲料的代谢能减去饲料在体内的热增耗（HI）剩余的那部分能量。

$$NE = GE - FE - UE - HI$$

式中热增耗（HI）又叫体增热或特殊动力作用，是指绝食动物喂给饲粮后数小时或十几小时后的时间内，体内产热高于绝食代谢产热的那部分热能。产生热增耗（HI）的主要原因：①营养物质代谢产热。这是产生热增耗的主要原因。②饲料在胃肠道发酵产热。发酵热（HF）是饲料在消化道微生物发酵所产生的以热形式损失的能量。这部分能量对猪、禽单胃动物较少，但对反刍动物则很可观。③消化过程产热，如咀嚼饲料、营养物质的主动吸收、将饲料残余部分排出体外的产热。④由于营养物质代谢增加了不同器官肌肉活动所产生的热量。⑤肾脏排泄做功也产生热。热增耗在低温条件下可作为维持动物体温的热能来源。热增耗可用占饲料总能或代谢能的百分比或以绝对值表示。

净能分为维持净能（NEm）和生产净能（NEp）。维持净能指饲料中用于维持生命活动和逍遥运动所必需的能量，即机体器官必需的代谢能。如组织的修补、最少肌肉运动做功和在冷环境中维持体温恒定的那部分能量。这部分能量最终以热的形式散失掉。生产净能指的是饲料中用于合成产品或沉积到产品中的那部分能量，其中也包括用于劳役做功所需的那部分能量。

能量可以定义为做功的能力。动物的所有活动，如呼吸、心跳、血液循环、肌肉活动、神经活动、生长和生产产品等都需要能量。动物所需的能量主要是来自饲料三大养分中的化学能。在体内，化学能可以转化为热能（脂肪、葡萄糖或氨基酸氧化）或机械能（肌肉活动），也可以蓄积在体内。能量是饲料的重要组成部分，饲料能量浓度起着决定动物采食量的重要作用，动物的营养需要或营养供给均可以能量为基础表示。饲料中的能量不能完全被动物利用，其中，可被动物利用的能量称为有效能。饲料中的有效能含量即反映了饲料能量的营养价值。

饲料能量主要来源于碳水化合物、脂肪和蛋白质。在三大养分的化学键中储存着动物所需要的化学能。动物采食饲料后，三大养分经消化吸收进入体内，在糖酵解、三羧酸循环或氧化磷酸化过程中可释放能量，最终以三磷酸腺苷（ATP）的形式满足机体需要。在动物体内，能量转换和物质代谢密不可分。动物只有通过降解三大养分才能获得能量，并且只有利用这些能量才能实现物质合成。

哺乳动物和禽饲料能量的最主要来源是碳水化合物。因为，碳水化合物在常用植物性饲料中含量最高，来源丰富。脂肪的有效能值约为碳水化合物的2.25 倍。但在饲料中含量较少，不是主要的能量来源；蛋白质用作能源的利用率比较低，并且蛋白质在体内不能被完全氧化，氨基酸脱氨产生的氨过多，对动物机体有害，因而蛋白质不宜作为能源物质使用。此外，当动物处于绝食、饥饿、产蛋等状态时，也可依次动用体内储存的糖原、脂肪和蛋白质供能，以应一时之需。但是，这种由体组织合成后降解的功能方式，其效率低于直接用饲料功能的效率。饲料中的营养促进剂，也影响动物对饲料有效能的利用。

三、维生素

（一）维生素 A

维生素 A（VA）是动物机体的必需维生素，在动物体内具有极其重要的营养生理作用。自 1947 年首次人工合成以来，维生素 A 已经成为饲料行业中必不可少的原料。动物日粮中缺乏维生素 A 会引起骨骼发育异常，生长发育受阻。而动物摄入过量的维生素 A 也可导致生长速度下降，生产性能降低。

1. 性质　维生素 A 是一种重要的脂溶性维生素，是视黄醇及具有视黄醇生物活性化合物的统称。维生素 A 的来源主要是动物性食品，其中在动物的肝脏和鱼类的油脂中含量极为丰富。植物中的胡萝卜素具有与维生素 A 相似的结构，能够在体内转化为维生素 A，故称为维生素 A 原。豆科牧草、青绿饲料和胡萝卜中的胡萝卜素含量最多，幼嫩的植物比粗老的植物含量多。家禽本身维生素 A 的合成量很少，而各种类胡萝卜素在合成过程中的生物转化效率低，远远不能满足现代化养禽生产的需要，因此家禽所需的维生素 A 主要来自于饲料中直接添加。

食物中的维生素 A 大部分以视黄酯的形式存在。含维生素 A 的食物经胃内蛋白酶的消化作用后以视黄酯的形式被释放出来，并与其他的脂类物质聚合形成混合酯，在小肠中混合酯经胆汁酸盐和胰脂酶的消化作用被水解为视黄醇，随脂类一起被肠黏膜吸收，然后以视黄醇的形式与视黄醇结合蛋白结合，排入到乳糜微粒中，由于家禽的淋巴系统不发达，维生素 A 乳糜微粒可直接吸收入血，之后被肝脏、骨髓和脾脏吸收。摄入机体的维生素 A，在代谢和排泄中约有 20％的不被吸收，进入机体 2 天内会随粪便排出，被吸收的 80％中有 20％～50％被氧化后 1 周内被排出，其余的维生素 A 储存在肝脏内参与机体的代谢。所以，肝脏是维生素 A 的主要储存器官，营养良好时肝脏维生素 A 储存总量约为 90％，缺乏维生素 A 时动物肝脏储存维生素 A 的量会减少。肾脏中维生素 A 的储存量仅为肝脏的 1％。

2. 生理功能 维生素 A 具有维持正常的视觉，维持上皮结构的完整与健全、增强生殖能力，维持正常的免疫功能、抵抗力、生物氧化作用，维持胚胎正常发育等多种功能。维生素 A 对传染病的抵抗能力是通过保持细胞膜的强度，使病毒不能穿透细胞，从而避免病毒进入细胞利用细胞的繁殖机制来自我复制。此外，维生素 A 还会影响家禽的钙、磷代谢和凝血功能。

3. 评价 维生素 A 的需要量用国际单位（IU）表示，相应地在饲料及相关产品中的含量也用 IU 表示。1IU 的维生素 A 相当于 0.3 微克结晶视黄醇的活性。实际应用中有几种不同的维生素 A 产品，其活性也有所不同。常用几种维生素 A 的活性单位换算关系如下：

$$1IU \ 维生素 \ A = 0.3 \ 微克结晶视黄醇$$
$$= 0.344 \ 微克维生素 \ A \ 乙酸酯$$
$$= 0.55 \ 微克维生素 \ A \ 棕榈酸酯$$
$$= 0.358 \ 微克维生素 \ A \ 丙酸酯$$
$$= 1 \ 美国药典单位（USP）$$

雏鸡和初产蛋鸡易发生维生素 A 缺乏症，多由饲料中缺乏维生素 A 引起。常见症状是：患鸡精神不振，食欲减退或废绝，生长发育停滞，体重减轻，羽毛松乱，共济失调，往往以尾支地，爪趾蜷缩，冠髯苍白，母鸡产蛋率下降，公鸡精液品质退化。特征性症状是：眼中流出水样乃至奶样分泌物，上、下眼睑往往被分泌物粘在一起，严重时眼内积有干酪样分泌物，角膜发生软化和穿孔，最后造成失明。

维生素 A 过量也会引起中毒，表现为骨骼畸形、器官退化、生长缓慢、皮肤受损以及先天畸形。蛋鸡维生素 A 的中毒剂量是需要量的 4 倍以上。

维生素 A 作为维持机体生长发育、正常的生理功能的重要物质，也是蛋鸡所必需的营养物质。既不能完全按照 NRC 提出的推荐量添加到蛋鸡日粮中，也不能添加过量，应该根据当地的地理环境和饲养管理水平等来调节维生素 A 的添加量，这样才能保证蛋鸡的正常生长，提高生产性能和蛋品质水平，最终实现最佳的经济效益。

（二）维生素 D

维生素 D 是动物所必需的营养素，在促进动物钙、磷吸收，蛋壳形成以及骨骼发育等方面具有重要作用。

1. 性质 维生素 D 又称钙（或骨）化醇，系类固醇的衍生物，是骨正常钙化所必需的，还与肠黏膜的细胞分化有关。

自然界中维生素 D 以多种形式存在。在动物皮下的 7-脱氢胆固醇，经紫外光照射转化为维生素 D_3，在酵母或植物细胞中的麦角固醇，经紫外线光照射转化为维生素 D_2。维生素 D_2 又称麦角固醇、钙化固醇，外观呈白色至黄色的结晶粉末，无臭味；易溶于乙醇、乙醚、氯仿中；遇光、氧和酸迅速被破坏，故应保存于避光容器内，以氮气填充。维生素 D_3 又称胆钙化固醇，与维生素 D_2 的结构相似，无臭味，易溶于乙醇、氯仿等有机溶剂中，不溶于水。家禽对维生素 D_2 的利用率仅是维生素 D_3 的 1/40～1/30，因而对于家禽来说只能用维生素 D_3。

2. 生理功能 维生素 D 的主要生理功能是调节钙、磷代谢，特别是促进小肠对钙、磷的吸收；调节肾脏对钙、磷的排泄；控制骨骼中钙与磷的储存和血液中钙、磷的浓度等。

3. 评价 维生素 D 有多种存在形式，目前只有维生素 D_2 和维生素 D_3 两种化合物。早期研究者认为，维生素 D_1 也是一种活性固醇，但后来的研究发现它是一种主要由麦角钙化醇组成的混合物，而麦角钙化醇早已命名为维生素 D_2，因此维生素 D_1 的名字被取消。维生素 D 的需要量用国际单位（IU）表示，其含量也用 IU 表示。1IU 维生素 D 相当于 0.025 微克晶体胆钙化醇（维生素 D_3）活性。维生素 D_2 对哺乳动物具有活性，但对于蛋鸡来讲，只相当于 10％维生素 D_3 的活性。

维生素 D 对蛋鸡钙、磷代谢起调节作用，影响其对饲料中钙、磷的吸收。反过来，饲料中钙、磷含量及比例也会影响蛋鸡对维生素 D 的需要量，当含量较低时，会增加对维生素 D 的需要量。青草内含有丰富的麦角固醇，在晒干过程中部分可转化为维生素 D_2。霉菌毒素会干扰维生素 D 的吸收及活性。

维生素 D 缺乏时会导致蛋鸡产软蛋，蛋壳变薄，甚至停产。当维生素 D 摄入量过多时，早期表现为骨骼的钙化加速，后期则增大钙和磷在骨骼中的溶出量，使血钙、血磷的水平提高，骨骼变得疏松，容易变形，甚至畸形和断裂。容易导致血管、尿道和肾脏等多个组织钙化。

（三）维生素 E

1. 性质 维生素 E 又称为生育酚，是一组化学结构相似的酚类化合物。

自然界中已知的维生素 E 有 4 种，分别是 α-生育酚、β-生育酚、γ-生育酚和 δ-生育酚。按其分子结构中支链的饱和与否，每种生育酚又分为饱和维生素 E 和不饱和维生素 E 两类，因此也有人认为自然界存在的维生素 E 有 8 种。其中，以饱和的 α-生育酚的活性最强。α-生育酚是一种黄色油状物，不溶于水，易溶于油、脂肪、丙酮等有机溶剂，易被饲料中的矿物质和不饱和脂肪酸氧化破坏。

2. 生理功能 维生素 E 具有多种功能，包括生物抗氧化作用、影响生物膜的形成、提高机体免疫力和抵抗力、细胞色素还原酶的辅助因子、降低重金属和有毒元素的毒性等。维生素 E 可以缓解因接种疫苗引起的应激反应，尤其在蛋鸡开产至产蛋高峰前阶段。在鸡饲料中适量增加维生素 E 可以缓解高温对生产性能的不良影响，比如在蛋鸡饲料中添加 120 国际单位/千克维生素 E 能缓解高温（34℃）引起的蛋品质下降，增加蛋黄对维生素 E 的沉积能力，提高蛋鸡采食量和产蛋量。

3. 评价 维生素 E 制品及饲料中的含量采用国际单位（IU）表示，1 国际单位的维生素 E 相当于 1 毫克人工合成的外消旋 α-生育酚醋酸酯。

维生素 E 缺乏时，家禽表现为繁殖功能紊乱、胚胎退化、脑软化、红细胞溶血、血浆蛋白质减少、肾退化、渗出性素质病、脂肪组织褪色、肌肉营养障碍以及免疫力下降等。

维生素 E 几乎是无毒的，大多数动物能耐受 100 倍于需要量的剂量。若维生素 E 投喂过量时，会引起蛋鸡脂肪代谢障碍，导致过肥或中毒死亡。

（四）维生素 K

1. 性质 维生素 K 又称抗出血维生素，是具有叶绿醌生物活性的 α-甲基-1，4-萘醌衍生物的总称。天然存在的维生素 K 活性物质有叶绿醌（维生素 K_1）和甲基萘醌（维生素 K_2）。前者为黄色油状物，由植物合成；后者为淡黄色结晶，可由微生物和动物合成。维生素 K 耐热，但对碱、强酸、光和辐射不稳定。

2. 生理功能 维生素 K 主要参与凝血活动，是凝血酶原（因子Ⅱ）、斯图尔特因子（因子Ⅹ）、转变加速因子前体（因子Ⅶ）和血浆促凝血酶原激酶（因子Ⅸ）激活所必需的。由于人工合成的维生素 K_3 制剂效价高，又是水溶性结晶，性质较稳定，故饲用维生素 K 多是维生素 K_3 制剂，即维生素 K_3 盐。目前，饲用维生素 K_3 制剂有亚硫酸氢钠甲萘醌（MSB）、亚硫酸氢钠甲萘醌复合物（MSBC）和亚硫酸二甲基嘧啶甲萘（MPB）等。

青绿植物饲料是维生素 K 的丰富来源，其他植物饲料含量也较多。肝、蛋和鱼粉中含有较丰富的维生素 K_2。肠道微生物能合成维生素 K，因禽类消化道短，微生物合成有限，故需要饲料提供。

3. 评价　维生素 K 在常温下比较稳定，在阳光照射下将迅速被破坏。

蛋鸡维生素 K 缺乏症主要表现为凝血过程紊乱，从而皮下和肌肉间隙呈现出血现象。雏鸡摄食缺乏维生素 K 的饲料 2～3 周即可出现症状，在领、胸、翅、腹、腔等部位呈现大片出血斑点。成年鸡通常不会呈现这种病症，但所产的蛋和孵出的雏鸡含维生素 K 少，鸡的凝血时间延长。

维生素 K_1 和 K_2 几乎是无毒的。但大剂量的维生素 K_1 可引起溶血、正铁血红蛋白尿和卟啉尿症。

（五）维生素 B_1

1. 性质　维生素 B_1 又称硫胺素，抗神经炎素。维生素 B_1 有两种，一种是盐酸硫胺素，另一种是单硝酸硫胺素。外观呈白色结晶粉末，易溶于水，微溶于乙醇，不溶于乙醚、三氯甲烷、丙酮和苯等有机溶剂，在黑暗干燥条件下和在酸性溶液中稳定，在碱性溶液中易氧化失活。单硝酸硫胺素外观呈白色结晶或微黄色晶体粉末，微溶于乙醇和三氯甲烷，吸湿性较小，稳定性较好。

用于饲料工业的维生素 B_1 添加剂主要有两种：一种是盐酸硫胺，该产品为白色结晶或结晶性粉末，有微弱的臭味、味苦。干燥品在空气中迅速吸收约 4％的水分。另一种是硝酸硫胺，为白色或微黄色结晶或结晶性粉末，有微弱的臭味，无苦味，稳定性比盐酸硫胺好，但水溶性比盐酸硫胺差。维生素 B_1 添加剂的活性成分含量常以百分数表示，大多数产品的活性成分含量达到 96％。

2. 生理功能　硫胺素在动物体内以焦磷酸硫胺素的形式作为碳水化合物的代谢过程中 α-酮酸氧化脱羧酶系的辅酶，参与丙酮酸、α-酮戊二酸的脱羧反应。因此，维生素 B_1 与糖代谢有密切的关系，可维持糖的正常代谢，提供神经组织所需的能量，加强神经和心血管的紧张度，防止神经组织萎缩退化，维持神经组织和心肌的正常功能。

酵母是硫胺素最丰富的来源。谷物含量也较多，胚芽和种皮是硫胺素主要的存在部位。瘦肉、肝、肾和蛋等动物产品也是硫胺素的丰富来源。成熟的干草含量低，加工处理后比新鲜时少，优质绿色干草含量丰富。

3. 评价　蛋鸡缺乏维生素 B_1 时表现为食欲差、憔悴、消化不良、瘦弱，以及外周神经受损引起的症状，如多发性神经炎、角弓反张、强直和频繁的痉挛等，补充硫胺素能使之迅速恢复。

对于蛋鸡及大多数动物来讲，硫胺素的中毒剂量是需要量的数百倍，甚至上千倍，因此在实际生产中几乎不会发生维生素 B_1 的中毒现象。

（六）维生素 B_2

1. 性质　维生素 B_2 是一种含有核糖和异咯嗪的黄色物质，故又称核黄素。

外观呈橙黄色针状晶状或结晶性粉末；微臭，味微苦；溶于水和乙醇，在酸性溶液中稳定，在碱性溶液中或遇光时易变质；不溶于乙醚、丙酮和三氯甲烷等有机溶剂。耐热，储存在干燥、避光的环境中较稳定，同时避免与还原剂、稀有金属等接触。在 35℃的条件下储存 2 年基本上无损失。

核黄素由植物、酵母菌、真菌和其他微生物合成，但动物本身不能合成。绿色的叶片，尤其是苜蓿，核黄素的含量较丰富，鱼粉和饼粕类次之。酵母、乳清和酿酒残液以及动物的肝脏含核黄素很多。谷物及其副产物中核黄素含量少。玉米豆粕型日粮易产生核黄素缺乏症，需要添加。

2. 生理功能　在生物体内，维生素 B_2 以黄素单核苷酸（FMN）和黄素腺嘌呤二核苷酸（FAD）的形式存在，黄素单核苷酸和黄素腺嘌呤二核苷酸以辅基的形式与特定的酶蛋白结合形成多种黄素蛋白酶，这些酶与碳水化合物、脂肪和蛋白质的代谢密切相关，具有提高蛋白质在体内的沉积、促进畜禽正常生长发育的作用，也具有保护皮肤、毛囊黏膜及皮脂腺的功能。

3. 评价　蛋鸡核黄素缺乏的典型症状表现为足爪向内弯曲、用跗关节行走、腿麻痹、腹泻、产蛋量和孵化率下降等。

核黄素的中毒剂量是需要量的数十倍到数百倍，因此在实际生产中几乎不会发生维生素 B_2 的中毒现象。

（七）泛　酸

1. 性质　泛酸是 B 族维生素的一种，是由 β-丙氨酸借肽键与 α，γ-二羟-β，β-二甲基丁酸缩合而成的一种酸性物质。游离的泛酸是一种黏性的油状物，不稳定，易吸湿，也易被酸碱和热破坏。

2. 生理功能　泛酸是辅酶 A 的合成原料，并以辅酶 A 的形式发挥功能。辅酶 A 是体内酰化作用的辅酶，在糖、脂肪、蛋白质代谢中发挥主要作用。

3. 评价　泛酸广泛存在于植物性饲料和动物性饲料中，以酵母、青饲料、米糠、麸皮、花生饼含量最丰富。谷实类饲料都含有一定数量的泛酸，而玉米含量最低。动物性饲料中，鱼粉和血粉中泛酸含量也十分丰富。泛酸有 D 型和 DL 型，D 型是有效成分。实用产品也分为 D-泛酸钙和 DL-泛酸钙。一般 DL-泛酸钙中含有 50％左右的 D-泛酸钙。

雏鸡缺乏泛酸表现为生长受阻，羽毛粗糙，骨短粗症，随后出现皮炎，口角有局限性痂块样损害；眼睑边缘呈粒状痂块、常被黏液胶着，泄殖腔和脚趾出现痂皮以致行走困难。剖检可见胸腺萎缩，肌胃黏膜被腐蚀，胆囊肿大。胚胎多在孵化期最后两三天死亡，但无病变。

泛酸的毒性低，中毒剂量超过需要量的 100 倍，几乎不发生中毒现象。

（八）尼 克 酸

1. 性质 尼克酸又称烟酸、维生素 PP、维生素 B_3，白色、无味的针状结晶，在沸水和沸乙醇中溶解，在水中微溶，在丙酮和乙醚中几乎不溶。不易被酸、碱、光、氧、热所破坏。

2. 生理功能 尼克酸的主要功能是降低血脂和体脂。在体内转化为烟酰胺发挥作用。烟酰胺则以辅酶Ⅰ（NAD）和辅酶Ⅱ（NADP）的形式，发挥传递氢的作用。参与脂肪、蛋白质、碳水化合物的代谢。辅酶Ⅰ和辅酶Ⅱ也参与视紫红质的合成。

3. 评价 尼克酸广泛分布于饲料中，但谷物中的尼克酸利用率低。动物性产品、酒糟、发酵液以及油饼类含量丰富。谷物类的副产物、绿色的叶片，特别是青草中的含量较多。饲料中的色氨酸过量时，多余的色氨酸也可以转化为尼克酸。

蛋鸡缺乏尼克酸的最初表现为生产性能降低和饲料转化率变差，严重缺乏时，会导致骨骼畸形和糙皮病。糙皮病在脚部和头部比较明显，如眼圈周围、嘴角和脚部（这些地方的皮肤的损伤，会影响灵活性），舌和口腔发炎，羽毛（尤其是翅膀部的羽毛）蓬乱，种蛋孵化率降低。

尼克酸的中毒剂量为需要量的 100 倍，表现为血管舒张、皮肤炎症、血清转氨酶和碱性磷酸酶升高。一般情况下不会发生中毒现象。

（九）维生素 B_6

1. 性质 维生素 B_6 包括吡哆醛、吡哆胺和吡哆醇 3 种吡啶衍生物，其各种形式对热、酸和碱稳定，遇光，尤其是在中性或碱性溶液中易被破坏。强氧化剂很容易使吡哆醛变成无生物学活性的 4-吡哆酸。合成的吡哆醇呈白色结晶，易溶于水。

2. 生理功能 维生素 B_6 的主要功能是蛋白质代谢的酶系统相联系，也参与碳水化合物和脂肪的代谢，涉及体内 50 多种酶。

3. 评价 维生素 B_6 广泛分布于饲料中，酵母、肝、肌肉、乳清、谷物及其副产物和蔬菜都是维生素 B_6 的丰富来源，动物性饲料及块根、块茎中相对少一些。

由于来源广而丰富，而且天然存在的维生素 B_6 很容易被动物利用，所以生产中没有明显的缺乏症。饲料受碱、光线、紫外线照射会使维生素 B_6 被破坏。雏鸡维生素 B_6 缺乏后表现为食欲下降，生长不良，贫血及特征性的神经症状。病鸡双脚会发生神经性的颤动，多以强烈痉挛抽搐而死亡。有些雏鸡发生惊厥时会无目的地乱撞、翅膀扑击，倒向一侧或完全翻仰在地上，头和腿急剧摆动，这种强烈的活动使病鸡衰竭而死。另有些病鸡虽无神经症状，但会发生严重的骨短粗病。成年病鸡食欲减退，产蛋量和孵化率明显下降，由于体内氨基酸代谢障碍，蛋白质的沉积率降低，生长缓慢；甘氨酸和琥珀酰辅酶 A 缩合成卟啉基的作用受阻，对铁的吸收利用降低而发生贫血。死亡鸡只皮下水肿，内脏器官肿大，脊髓和外周神经变性，有些出现肝变性。

鸡在吡哆醇中毒时可引起共济失调，肌肉无力，当摄入量达到需要量的1 000倍时，不能保持平衡。一般情况下不会发生中毒现象。

（十）生 物 素

1. 性质 生物素是一种含硫元素的环状化合物，有多种异构体，但只有 d-生物素才有活性。合成的生物素是白色针状结晶，在常规条件下很稳定，酸败的脂和胆碱能使它失去活性，紫外线照射可使之缓慢破坏。

2. 生理功能 在动物体内，生物素以辅酶的形式广泛参与碳水化合物、脂肪和蛋白质的代谢，例如丙酮酸的羧化、氨基酸的脱氨基、嘌呤和必需脂肪酸的合成等。

3. 评价 生物素广泛分布于动植物组织中，食物和饲料中一般不缺乏。自然界存在的生物素，有游离的和结合的两种形式。结合形式的生物素常与赖氨酸或蛋白质结合。被结合的生物素不能被一些动物所利用。对于家禽来说，麦类原料中生物素的利用率很低，而玉米和豆粕中的生物素可以完全被利用。

家禽缺乏生物素时，脚爪、喙以及眼周围发生皮炎，类似泛酸缺乏症，胫骨粗短症是家禽缺乏生物素的典型症状。

生物素能够完全排出体外，几乎没有毒性。

（十一）叶 酸

1. 性质 叶酸由一个蝶啶环、对氨基苯甲酸和谷氨酸缩合而成，也叫蝶酰谷氨酸，为橙黄色结晶粉末，无臭无味，不易溶于水和乙醇，微溶于甲醇，易溶于酸性或碱性溶液。

2. 生理功能 叶酸在体内转化为四氢叶酸。四氢叶酸是一碳基团（如甲基、甲酰基）转移和利用系统中的辅酶，在组氨酸、丝氨酸、甘氨酸、蛋氨酸和嘌呤等代谢中传递一碳基团。叶酸对于维持免疫系统功能具有重要作用。

3. 评价 叶酸广泛分布于动植物产品中。青绿叶片和肉质器官、谷物、大豆以及其他豆类和多种动物产品中叶酸的含量都很丰富，而奶中的含量不多。瘤胃微生物可合成满足动物需要的叶酸，单胃动物肠道微生物也能合成，并可满足部分需要，唯一需要饲料提供叶酸的是家禽，因其肠道合成有限，同时利用率也低。

家禽比其他家畜对缺乏叶酸更敏感。叶酸缺乏会导致羽毛生长迟缓、生长减慢，出现贫血和胫骨短粗症。当贫血严重时，鸡冠颜色苍白、喙黏膜变白，产蛋鸡产蛋率、孵化率下降，胚胎畸形，出现胫骨弯曲，下颌缺损，趾爪出血。

禽类对叶酸有很高的耐受性，摄入量达到需要量的 5 000 倍需要量时才产生毒性，在这种条件下会出现肾脏肥大。一般情况下不会产生中毒现象。

（十二）维生素 B_{12}

1. 性质　维生素 B_{12} 是一个结构最复杂的、唯一含有金属元素（钴）的维生素，故又称钴胺素。它有多种生物活性形式，呈暗红色结晶，易吸湿，可被氧化剂、还原剂、醛类、抗坏血酸、二价铁盐等破坏。

2. 生理功能　维生素 B_{12} 在体内主要以二脱氧腺苷钴胺素和甲钴胺素两种辅酶的形式参与多种代谢活动，如嘌呤和嘧啶的合成、甲基的转移、某些氨基酸的合成以及碳水化合物和脂肪的代谢。

3. 评价　在自然界中，维生素 B_{12} 只在动物产品和微生物中被发现，植物性饲料基本不含这种维生素。单胃动物饲喂植物性饲料、含钴不足的饲料、胃肠道疾患以及由于先天性缺陷而不能产生内源因子等情况下，需要补给维生素 B_{12}。

维生素 B_{12} 是一种重要的生长因子，因而其缺乏症表现为：雏鸡饲料利用率降低、生长率下降；生长鸡增重和采食下降，羽毛生长迟缓和神经障碍。成年母鸡缺乏维生素 B_{12} 时，首先表现为蛋重减轻，然后产蛋率和孵化率下降。长时间缺乏维生素 B_{12}，可导致鸡只食欲下降和采食量下降，还会因红血球不能成熟而发生贫血。肌胃糜烂也被认为与缺乏维生素 B_{12} 有关。

维生素 B_{12} 添加至需要量的 100 倍后才会出现中毒，此时会出现低血钾、尿酸升高等症状。一般情况下不会发生中毒现象。

（十三）胆　碱

1. 性质　胆碱的实用产品主要是氯化胆碱，易吸潮。液体时为无色透明的黏性特体，有臭味。通常用麦麸作载体，制成 50% 或 60% 的流动性粉剂使用。

2. 生理功能　胆碱不同于其他 B 族维生素，它不是代谢催化剂，而是体组织所必需的一种结构成分。在代谢过程中发挥 3 种重要生物化学功能：一是以乙酰酯（即乙酰胆碱）的形式，发挥神经递质的作用；二是代谢生成磷脂酰胆碱（卵磷脂），作为磷脂的组成部分，参与生物膜和脂蛋白的形成，维持细胞正常结构和脂类代谢活动；三是氧化生成甜菜碱，在高半胱氨酸合成甲硫氨酸和胍基乙酸合成肌酸的过程中作为甲基供体。

3. 评价　胆碱可在肝脏中由蛋氨酸合成，因此这种维生素的外源添加与否或数量受饲料中蛋氨酸水平的影响。另外，玉米和豆粕中的胆碱含量分别为660毫克/千克和2 860毫克/千克，按照NRC（1994）配制的产蛋期玉米豆粕型日粮，饲料本身胆碱含量可达到1 045毫克/千克，不需要额外添加胆碱。而在实际蛋鸡养殖过程中，对蛋鸡饲料中是否添加胆碱，添加量多少缺乏统一认识，加之饲料原料的多样性和饲料配方的复杂性，饲料中胆碱背景值的差异，由此导致蛋鸡养殖户对添加胆碱的作用缺乏统一正确的观念，对胆碱添加或不添加都非常盲目，使用状况呈现两极化，有些养殖户纯粹为了节约成本不添加氯化胆碱，而另一些养殖户则认为添加总比不添加好，从而盲目添加氯化胆碱。

（十四）维生素C

1. 性质　维生素C又称L-抗坏血酸，是一种无色、结晶、可溶于水的化合物，具有酸性和很强的还原性。在酸性溶液中具有热稳定性，而在碱性溶液中易被分解。阳光直射会加速其破坏。

2. 生理功能　维生素C及其氧化物（脱氢抗坏血酸）在细胞的各种氧化还原反应中起重要作用。维生素C对体内铁离子的转运起重要作用，促使血浆中转铁蛋白上的铁离子转移到铁蛋白中。铁蛋白是骨髓、肝脏和脾脏内的铁储藏库。

3. 评价　蛋鸡及大多数动物体内可以合成维生素C，一般情况下，不需要外源补充。但在某些不良情况下，比如气温骤变，体内发生应激反应，瞬时需要维生素C增加，此时应适量补充维生素C。

四、微量元素

微量元素不仅直接影响动物免疫器官的发育，对机体内微生物的生长、繁殖、代谢及毒素的产生也具有十分重要的调控作用。当体内缺乏微量元素时，会出现免疫功能减弱、抗病力下降等一系列问题。大多数微量元素都存在着共同的特点：缺乏时出现异常，及时补充添加后异常现象消失；既有营养作用，又有毒害作用；每种微量元素在不同动物机体内缺乏时，表现的症状基本相似。

微量元素作为动物体所必需的营养元素之一，直接参与机体几乎所有的生理和生化活动，对动物的新陈代谢、生长发育及生产性能均起着极其重要的作用，所以在畜禽饲料配方中添加微量元素的方法与技术越来越受到人们的重视。

（一）镁

1. 功能　镁是动物所需的一种重要的阳离子，在动物机体内的功能主要包括以下几个方面：①参与骨骼和牙齿的组成；②作为酶的活化因子或直接参与酶的组成，如磷酸酶、氧化酶、激酶、肽酶和精氨酸酶等；③参与 DNA、RNA 和蛋白质合成；④调节神经肌肉兴奋性，保证神经肌肉的正常功能。

2. 评价 植物性饲料中镁的含量丰富，特别是麸皮、棉籽饼是镁的良好来源。动物饲料中一般不会缺乏镁，如需添加，饲料中添加的镁主要是硫酸镁。

家禽体内的镁约有 70% 与钙、磷共同构成骨骼，其余分布在体液中，与神经功能有密切关系。雏鸡缺镁生长缓慢，严重时呈昏睡状态，时而发生痉挛，可导致死亡。成年鸡缺镁时，产蛋率降低，蛋重减轻。

高镁不利于家禽生产，母鸡日粮中镁超过 0.7% 时排粪极稀，高于 1% 时影响产蛋。产蛋鸡日粮含镁量达 1.2% 时，产蛋稍有下降。总镁达到 1.96% 时影响较大，产蛋量急剧下降，沙壳蛋、软壳蛋百分率增加。

（二）铁

1. 功能 铁是机体必需的微量元素之一。其作为多种酶的辅助因子，参与氧气运输、电子传递、DNA 合成和细胞增殖等多种重要的生理过程。缺铁可引起机体发生缺铁性贫血，并影响细胞代谢；相反，机体摄入过量的铁时，可导致体内氧自由基的产生，引起组织的氧化损伤或铁质沉着。因此，铁的摄入需要有严密的调节机制，以确保机体的铁稳态，而维持机体铁稳态（包括铁的摄取、转运、释放及储存等）主要通过肠道铁吸收的精细调控实现。常用的铁源有硫酸亚铁、三氯化铁、碳酸亚铁等，在饲料生产中多选用硫酸亚铁。

各种动物体内铁的含量为 30～70 毫克/千克，平均为 40 毫克/千克，随动物种类、年龄、性别、健康状况和营养状况不同，体内铁的含量变化大。铁是构成血红蛋白、肌红蛋白、细胞色素和多种氧化酶的重要成分，在体内主要有 3 方面的营养生理功能：①参与载体组成、转运和储存营养素；②参与物质代谢；③生理防卫功能。

2. 评价 缺铁的典型症状是贫血，鸡的临床症状表现为生长慢、昏睡、可视黏膜变白、呼吸频率增加、抗病力弱，严重时死亡率高。鸡缺铁易发生低色素小红细胞性贫血。饲料中铁含量不足时，蛋鸡不仅产生严重的贫血，显著降低血红细胞压积，还会使红羽鸡的正常红色和黑色羽毛完全褪色。

鸡体内有灵敏的调节机制以防止铁的吸收。过量的铁与日粮中的无机磷酸盐类相结合，形成不溶解的磷酸盐，降低了磷的吸收，从而易使鸡产生佝偻病。过量的铁与日粮中的植酸、草酸、单宁酸和多酚类化合物结合后，在体内呈胶体悬浮，与维生素或无机微量元素结合，从而妨碍鸡对它们的吸收。

（三）铜

1. 功能 铜是生物必需的矿物质元素。铜以酶辅助因子的形式参与体内30多种酶的合成和活化，并且通过酶的活性中心对动物的生长消化、繁殖功能、免疫功能以及造血功能产生影响。铜还可以增强动物生长激素（GH）、胰岛素样生长因子（IGF）等激素的分泌。

动物体内含铜2～3毫克/千克，其中约一半在肌肉组织中，肝是体内铜的主要储存器官。铜的主要营养生理功能有3个方面：①作为金属酶组成部分直接参与体内代谢。这些酶包括细胞色素氧化酶、尿酸氧化酶、氨基酸氧化酶、酪氨酸酶、苄胺氧化酶、赖氨酰氧化酶、二胺氧化酶、过氧化物歧化酶和铜蓝蛋白质等；②维持铁的正常代谢，有利于血红蛋白和红细胞成熟；③参与骨骼的形成。铜是骨细胞、胶原和弹性蛋白形成不可缺少的元素。

2. 评价 自然情况下，缺铜与地区和动物种类有关，家禽基本不会出现，只有在纯合日粮或其他特定饲粮条件下才可能出现缺铜。蛋鸡体内缺铜，会造成贫血和铁吸收受阻，表现为生长障碍、骨畸形、毛色变淡、产蛋量下降。

当饲料中铜含量达300毫克/千克时会出现中毒现象，表现为生长受阻、贫血、肌肉营养不良等。另一方面，大量铜会被排出，通过粪尿污染环境和土壤。

（四）锰

1. 功能 锰是动物机体必需的微量元素，在家禽体内有重要的营养作用。它是精氨酸激酶、丙酮酸羧化酶的重要组成部分，还是部分激酶、水解酶、脱羧酶和转移酶等的激活剂。锰具有促进生长和免疫作用，参与家禽机体内氧化还原过程。组织呼吸、骨骼的形成与增长、繁殖、胚胎发育、血液的形成、蛋壳形成及内分泌器官的正常功能均离不开锰。此外，锰缺乏易引起骨形成障碍、骨短粗、滑腱症等营养缺乏病。

2. 评价 锰的来源较丰富，主要是靠外源性（饲料）摄取。糠麸类和叶粉类饲料含锰量高，饼粕类饲料居中，而玉米和动物性饲料含量较低。常用硫酸锰来提供锰的需要，另外还有蛋氨酸锰、氯化锰、碳酸锰、二氧化锰、氧化锰等不同形态的锰源。

与哺乳类家畜相比，家禽对锰的需要量较高，但其肠道对锰的吸收率却较低，且在家禽日粮中低锰饲料玉米的比例又很大，因此锰缺乏症更容易发生于家禽。但同时动物摄入过量锰也会引发疾病。因此，研究家禽对锰元素需求量对养禽业具有重要意义。

雏鸡和育成鸡很容易发生锰缺乏症，常见症状为滑腱症（或叫骨短粗症）

和软骨营养障碍。滑腱症的主要表现为：胫骨和跖骨之间的关节肿大畸形，胫骨扭向弯曲，长骨增厚缩短，腓肠肌滑出骨突，严重者不愿走动，不能站立，甚至死亡。软骨营养障碍的主要表现为：下颌骨缩短呈鹦鹉嘴状，鸡胚的腿、翅缩短变粗，死亡率高。雏鸡锰缺乏还产生神经症状，出现与维生素 B_1 缺乏类似的观星姿势。产蛋鸡表现为产蛋率下降，蛋壳变薄、易碎，无壳蛋发生率增加，而且锰的含量与产蛋鸡的蛋重有关。

锰过量可引起动物生长受阻、贫血和胃肠道损害，有时出现神经症状。家禽对锰的耐受力最强，可达 2 000 毫克/千克，一般情况下不会发生中毒现象。

（五）锌

1. 功能 禽类和其他多数哺乳动物体内含锌量在 $10\sim100$ 毫克/千克，平均 30 毫克/千克。作为必需微量元素，锌主要有以下营养生理作用：①参与体内酶的组成；②参与维持上皮细胞和皮毛的正常形态、生长和健康；③维持激素的正常作用；④维持生物膜的正常结构和功能，防止生物膜遭受氧化损害和结构变形，锌对膜中正常受体的功能有保护作用。锌是蛋鸡饲粮中不可缺少的微量元素，是机体内 300 多种酶的组成成分，参与机体内多种细胞的新陈代谢，促进金属硫蛋白的合成，去除机体内多余的自由基，与机体内维生素 E 协同阻碍机体氧化损伤，与铜、铁等微量元素产生竞争抑制机体内的脂质过氧化反应，维持机体正常的抗氧化状态。

2. 评价 锌在肉粉（含锌量约为 50 毫克/千克）和骨粉（含锌量 $150\sim200$ 毫克/千克）中的含量较高，米糠和麸皮中也含较高的锌，鸡一般不缺乏。电镀鸡笼和水槽也为鸡群提供相当数量的锌。饲料中常用的两种主要锌源为氧化锌和硫酸锌。生长鸡缺锌，会出现严重的皮炎，脚爪特别明显，而且生长缓慢，腿部骨骼短而粗，跗关节拉长，羽毛蓬乱，饲料转化率降低，食欲减退，严重时死亡；锌缺乏导致产蛋鸡产蛋率降低，而且其对种蛋孵化率和胚胎发育的影响更为明显；饲喂锌缺乏日粮的母鸡孵出的雏鸡虚弱，不能站立，不食或不饮、呼吸频率加速、呼吸困难。锌缺乏的胚胎表现为短肢畸形、脊骨弯曲、缩短的胸腔和腰椎椎骨结合；可见无爪、无腿或无翅。

日粮中锌含量高于 327.61 毫克/千克时，雏鸡和青年鸡增重下降，随着锌浓度的增加，蛋鸡产蛋性能呈下降趋势，免疫功能也显著下降。

（六）硒

1. 功能 硒是蛋鸡必需的微量元素，具有多种重要的生物学功能。动物体内含硒量为 $0.05\sim0.2$ 毫克/千克，一般与蛋白质结合而存在。硒最重要的营养生理作用是参与谷胱甘肽过氧化物酶的组成，对体内氢或脂质过氧化物有较强的还原作用，保护细胞膜结构完整和功能正常。硒对胰腺组成和功能也有重要影响，还能保证肠道脂肪酶的活性，促进乳糜微粒正常形成，从而促进脂类及其脂溶性物质的消化吸收。

2. 评价　硒常见于饲草、饲料中，硒的含量为 0.05～0.10 毫克/千克。禾本科谷类籽实、糠麸、块根块茎类饲料都是硒的良好来源，但饲草料中的硒含量因地区不同差异相当大。植物性饲料中硒主要以蛋氨酸硒形式存在，少部分以亚硒酸根和硒酸根离子形式存在；动物性饲料中硒主要以有机硒形式存在，少量以亚硒酸盐形式存在，含量比植物性饲料要高，如鱼粉含硒高，但利用率较低，而植物性饲料中的硒利用率高。

目前，饲料中的硒源大多为亚硒酸钠、硒酸钠等无机硒源，由于无机硒源存在吸收率低、毒性高、过氧化以及潜在的污染问题，因此其应用受到诸多限制。有机硒源具有毒性小、吸收率高、生物利用率高、对环境污染小等优点，但使用成本较高。

鸡缺硒主要表现渗出性素质和胰腺纤维变性。前者实际上是一种缺硒引起的水肿，因体液渗出毛细管积于皮下，特别是腹部皮下可见蓝绿色体液蓄积，患病鸡生长慢，死亡率高；后者是严重缺硒引起胰腺萎缩的病理表现，1 周龄仔鸡最易出现，病鸡胰腺分泌的消化液明显减少。

硒的毒性较强，各种动物长期摄入 5～10 毫克/千克可产生慢性毒性，表现为消瘦、贫血、关节强直、脱毛和影响繁殖性能；摄入 500～1 000 毫克/千克可出现急性或亚急性中毒，轻者盲目蹒跚，重者死亡。

（七）碘

1. 功能　动物体内平均含碘 0.2～0.3 毫克/千克，分布在全身组织细胞。作为必需微量元素，碘最主要功能是参与甲状腺组成，调节代谢和维持体内热平衡，对繁殖、生长、发育、红细胞生成和血液循环等起调控作用。体内一些特殊蛋白质（如皮毛角质蛋白质）的代谢和胡萝卜素转变成维生素 A 都离不开甲状腺素。

2. 评价　常用的碘源有碘化钾、碘化钠、碘酸钾等。饲料生产中常用碘化钾，为白色粉末，稳定性差，其游离碘对维生素有破坏作用，使用时应注意。

动物缺碘，因甲状腺细胞代偿性实质增生而表现肿大，生长受阻，繁殖力下降。甲状腺活力降低，以及通过硫脲嘧啶或硫脲来抑制甲状腺的功能，会导致蛋鸡产蛋停止，甲状腺肥大，并长出急性的具有花边的长羽毛。由碘缺乏日粮饲喂的种鸡所产的蛋，会出现孵化率降低以及卵黄囊吸收时间延长等现象。

不同动物对碘过量的耐受力不同，禽为 300 毫克/千克，超过耐受量可使鸡产蛋量下降。

五、氨基酸

（一）蛋氨酸

1. 性质　蛋氨酸又名甲硫氨酸，是唯一含硫的氨基酸。外观为白色片状结晶或粉末，有特殊气味，味微甜，溶于水、稀酸和稀碱，对热和空气稳定，对强酸不稳定。

2. 功能　蛋氨酸作为家禽的第一限制性氨基酸，能通过多种代谢途径影响家禽体内蛋白质、氨基酸、脂肪、矿物质等营养物质的有效利用，从而直接影响体组织生长、性腺发育和免疫功能。目前，国内外对蛋氨酸影响畜禽体组织生长的研究多以断奶仔猪、肉禽为研究对象，影响家禽产蛋性能的研究多集中在不同蛋氨酸水平对高峰期蛋禽产蛋性能的影响，且机理方面研究较少。

蛋氨酸属于非极性氨基酸，γ 位碳原子上连有一个甲硫基。在动物体内，以 L-Met 的形式参与机体蛋白质的合成，而 D-Met 可在 D-氨基酸氧化酶的作用下转变为 L-Met 再参与蛋白质合成，且很快转换为胱氨酸，满足动物需要；并为机体提供活性甲基，用来合成磷酸肌酸、肾上腺素、胆碱、角质素和核酸等一些甲基化合物。还可提供活性羟基基团，补充胆碱或维生素 B_{12} 的部分作用；促进细胞增殖和动物生长；其在体内代谢生成聚胺，聚胺对动物细胞增殖具有非常重要的促进作用；同时，还参与精胺、半精胺等及与细胞分裂有关的化合物的合成。

营养与免疫在动物生产中一直是人们研究的热点，随着氨基酸营养对机体免疫功能研究的深入，蛋氨酸对动物免疫反应的影响已被肯定。其对免疫功能的影响似乎有一个最佳水平。雏鸡饲粮中蛋氨酸缺乏时会降低其对绵羊红细胞的抗体反应，并延迟植物血红细胞凝集素（PHA）的变态反应（迟发型变态反应）；鸡为获得最大免疫反应所需要的蛋氨酸水平高于为取得最大生长所需要的蛋氨酸水平；虽然在一定条件下胆碱、半胱氨酸都可节约蛋氨酸对生长的需要量，却均不能节省免疫所需要的蛋氨酸量。

3. 评价　蛋氨酸是一种重要的必需氨基酸，它是家禽"玉米-豆粕"型日粮的第一限制性氨基酸，是构成蛋白质的基本单位之一，参与体内甲基的转移及磷的代谢和肾上腺素、胆碱和肌酸的合成，是合成蛋白质和胱氨酸的原料，是甲基供体。饲料中使用的蛋氨酸为混合型（DL）。我国允许生产使用的蛋氨酸添加剂产品主要有 DL-蛋氨酸和蛋氨酸羟基类似物（MHA）。

蛋氨酸在禽类配合饲料中是不可缺少的一种氨基酸，具有较高的营养价值和重要的生理功能，但其在饲料中的添加量并非越多越好。在家禽和大鼠研究中表明，蛋氨酸是合成蛋白质所需的 20 种氨基酸中毒性最强的一种，当饲粮中蛋氨酸含量过高（1.2%～2%）时，会明显抑制动物生长和造成组织损伤、血红蛋白水平下降、溶血性贫血等，甚至死亡。

产蛋率的上升与蛋氨酸含量的增加并不成正比关系，过多加入蛋氨酸，吸收进入肝脏的蛋氨酸量超过肝脏的分解、合成能力，正常分解、合成代谢即被破坏，导致各种有毒物质不能分解、排除，蓄积在肝脏、肾脏，引起肝、肾细胞变性肿大，从而引起蛋鸡代谢平衡紊乱，发生中毒。

（二）赖 氨 酸

1. 性质　赖氨酸又称溶氨酸，存在于蛋白质中的为 L-赖氨酸，无色晶体。易溶于水，微溶于乙醇，不溶于乙醚。

2. 功能　赖氨酸是畜禽极其重要的必需氨基酸，在"玉米-豆粕"型生长日粮中，它还是第二限制性氨基酸，所以赖氨酸被称之为"生长性氨基酸"。一直以来赖氨酸的营养研究备受研究者们的重视，是畜禽氨基酸营养研究的一个热点。

赖氨酸是动物体内必需氨基酸之一，它最重要的生理功能是参与体蛋白的合成，因此它与动物生长密切相关。赖氨酸在体内的功能有：①参与体蛋白如骨骼肌、酶和多肽激素的合成；②是生酮氨基酸之一，当缺乏可利用的碳水化合物时，它参与生成酮体和葡萄糖的代谢（在禁食情况下，它是重要的能量来源之一）；③维持体内酸碱平衡；④作为合成肉毒碱的前体物，参与脂肪代谢；⑤可以提高机体抵抗应激的能力。

3. 评价　赖氨酸在必需氨基酸中占有重要地位，在常用的饲料中，除了大豆及其饼粕外，赖氨酸是最缺乏的氨基酸。赖氨酸是家禽"玉米-豆粕"型日粮的第二限制性的必需氨基酸，可改善饲料中氨基酸的平衡性，加速生长，提高产蛋率和饲料利用率，增强免疫力。

常见赖氨酸饲料来源主要有植物性蛋白质饲料和动物性蛋白质饲料。植物性蛋白质饲料中，大豆饼粕赖氨酸含量最高，可达 2.5%～2.8%，大豆籽实含量为 2.3%，菜籽饼粕中赖氨酸含量在 1.5%～2.5%，葵花仁饼粕的赖氨酸含量较低，仅有 1.1%左右。动物性蛋白质饲料血粉赖氨酸含量高达 7%～8%，鱼粉中赖氨酸含量也十分丰富。

饲料中如缺乏赖氨酸，会造成蛋鸡胃液分泌不足而出现厌食、营养性贫血，致使中枢神经受阻、发育不良。

日粮赖氨酸水平过高会降低氨基酸的表观利用率，从而影响蛋鸡的生产性能。因此，在配制产蛋鸡的日粮过程中注意使赖氨酸的水平适宜，并非越高越好，同时也要注意赖氨酸与其他氨基酸的比例。日粮中赖氨酸过量，会引起肾脏的精氨酸酶活性升高，精氨酸降解增加，导致利用率降低，造成精氨酸的缺乏，进而影响家禽生产性能。

（三）色 氨 酸

1. 性质　色氨酸的化学名称是 α-氨基-β-吲哚丙酸，有 L 型和 D 型同分异构体，此外还有消旋体 DL-色氨酸。为白色或微黄色结晶或结晶性粉末，无臭，味微苦。水中微溶，在乙醇中极微溶解，在氯仿中不溶，在甲酸中易溶，在氢氧化钠试液或稀盐酸中溶解。

2. 功能　色氨酸是动物的必需氨基酸，参与动物体蛋白质合成和代谢调节，它也是 5-羟色胺、褪黑激素、色胺、烟酰胺腺嘌呤二核苷酸（NAD）、烟酰胺腺嘌呤二核苷酸磷酸（NADP）、烟酸等的前体物，这些代谢产物在动物体内具有广泛的生理作用。动物体色氨酸代谢池内的色氨酸有两个来源：一个是组织蛋白质分解的内源性氨基酸，约占 2/3；另外一个是从日粮中消化吸收的外源性氨基酸，约占 1/3。色氨酸代谢途径也有两个：一个是合成组织蛋白质，另一个是分解代谢。色氨酸的吸收半周期为 1.73 小时，清除半周期为 0.73～0.74 小时，其生物利用率约为 76%。

血清尿素氮水平是衡量猪、鸡色氨酸需要量的一个敏感指标。当日粮中色氨酸水平适宜时，血清尿素氮的水平最低。色氨酸通过血脑屏障不仅与血液中的色氨酸的浓度有关，还与其他支链氨基酸和芳香族氨基酸（亮氨酸、异亮氨酸、缬氨酸、苯丙氨酸和酪氨酸等中性氨基酸）的量有关。这些氨基酸与色氨酸发生竞争性吸收，影响色氨酸进入脑中的量及其代谢产物 5-羟色胺的量。

3. 评价　天然来源色氨酸通常是谷物类饲料的第二或第三限制性氨基酸，尤其在以高粱和玉米为基础的饲料中更为明显。相对饲料中蛋白质含量，色氨酸在各种饲料的含量以玉米较低，为 0.43%，其他谷物饲料中等，为 0.71%～0.98%。在蛋白质原料中，肉骨粉的色氨酸含量较低，为 0.29%～0.47%；血粉最高，为 1.39%。

色氨酸同赖氨酸和蛋氨酸一样也是日粮中容易缺乏的氨基酸。动物对色氨酸的需要量不但受品种类型、性别、生长阶段、饲养密度、环境温度、光照及饲料氨基酸平衡情况的影响，同时与日粮烟酸水平显著相关。色氨酸在代谢过程中与碳水化合物、蛋白质、脂肪、维生素和微量元素等各种营养素之间有十分密切的关系。

饲料中缺乏色氨酸，动物表现为采食量下降、生长迟缓、被毛粗糙、啄毛现象增加。

六、矿 物 质

（一）钙

钙是家禽机体灰分中的主要成分，也是体内含量最多的矿物质元素。钙的生理功能首先作为主要成分构成骨骼，并与肌肉一起完成运动的功能。钙还是形成蛋壳的主要物质。体液中分布的钙量少，但在维持机体正常生理功能中起着非常重要的作用。细胞外液的钙可降低神经、肌肉的兴奋性，降低毛细血管的通透性，维持正常的肌肉收缩和神经冲动的正常传导，参与正常的血液凝固。此外，钙还参与体内其他有关生理过程。禽蛋的主要成分是碳酸钙，一枚鸡蛋含钙量为 2.0～2.2 克。

家禽缺钙时，采食量下降，基础代谢率提高，生长受阻，产蛋鸡骨质疏松、姿势异常，内脏出血，蛋壳变薄、软壳或无壳，产蛋量下降、痉挛、抽搐。

（二）磷

磷是骨骼的结构物质，机体内 80％的磷存在于骨骼中，以羟基磷灰石的复合物形式与钙结合在一起。磷对体内各种代谢过程都起着重要的作用，磷是核酸的重要组成成分，参与遗传信息的传递，磷酸盐缓冲体系是机体维持体内生理生化反应稳态所必需的。磷还是生物膜和体液的成分，而且磷在机体能量供应中起着重要的作用。

磷缺乏的最初影响是血磷下降，随后是骨骼中的钙、磷含量减少。在通常情况下，蛋鸡表现为产蛋量下降、蛋重变小、孵化率降低、蛋壳变薄，并出现骨质疏松症状。

第三节　蛋鸡的营养需要

一、育雏期营养需要

育种公司推荐的商品蛋鸡育雏期营养需要，见表 4-2。

表 4-2　育种公司推荐的商品蛋鸡育雏期营养需要

数据来源		海兰公司			罗曼公司		峪口禽业（2011）				大午禽业（2013）		伊莎（2011）	尼克（2008）	
品系		海兰褐		海兰白	罗曼褐		京红		京粉		京白\大午粉		伊莎褐	尼克灰	
日龄阶段		0~3周	4~6周	0~6周	0~3周	4~8周	0~2周	3~6周	0~2周	3~6周	0~6周	7~8周	0~4周	0~2周	3~8周
代谢能	兆卡/千克	2.81~2.92	2.81~2.92	2.92~3.03	2.90	2.75~2.80	2.90	2.85	2.90	2.86	2.75~2.79	2.75~3.03	2.95~2.98	2.90	2.75~2.80
代谢能	兆焦/千克	11.77~12.23	11.77~12.23	13.25~13.75	12.0	11.4							12.30~12.40	12.00	11.40
亚油酸	%	1.00	1.00	1.00	1.40	1.40	1.00	1.00	1.00	1.00				1.40	1.40
粗蛋白质	%	20.00	18.25	20.00	21.00	18.50	20.00	19.50	20.20	19.70	19.00	16.00	20.50	21.00	18.50
赖氨酸	%	1.08	0.99	1.10	1.20	1.00	1.08	0.98	1.10	1.00	1.10	0.90	1.16	1.20	1.00
可利用赖氨酸	%	0.99	0.90		0.98	0.82								1.00	
蛋氨酸	%	0.48	0.45	0.48	0.48	0.38	0.46	0.42	0.47	0.43	0.45	0.40	0.52	0.48	0.38
可利用蛋氨酸	%	0.45	0.41		0.48								0.48		
含硫氨基酸	%	0.85	0.79	0.80	0.83	0.67	0.78	0.70	0.79	0.71	0.80	0.70	0.86	0.83	0.67
可利用含硫氨基酸	%	0.75	0.70		0.68	0.55								0.78	
苏氨酸	%	0.75	0.69	0.70	0.80	0.70								0.80	0.70
可利用苏氨酸	%	0.63	0.59										0.67		
色氨酸	%	0.21	0.20	0.20	0.23	0.21	0.21	0.19	0.21	0.19	0.20	0.18	0.22	0.23	0.21
可利用色氨酸	%	0.18	0.17										0.19		
钙	%	1.00	1.00	1.00	1.05	1.00	0.9	1.00	1.00	1.00	1.00	1.00	1.05~1.10	1.05	1.00
总磷	%				0.75	0.70	0.70	0.68	0.70	0.68	0.70	0.68			
非植酸磷	%	0.45	0.44	0.50	0.48	0.45	0.42	0.40	0.42	0.40	0.45	0.44	0.48	0.48	0.45
钠	%	0.18	0.17	0.19	0.18	0.17	0.17	0.17	0.17	0.17	0.18	0.18	0.15	0.18	0.17
氯	%	0.18	0.17	0.17	0.20	0.19	0.17	0.17	0.17	0.17	0.16	0.16	0.16	0.20	0.19

二、育成期营养需要

育种公司推荐的商品蛋鸡育成期营养需要，见表4-3。

表4-3 育种公司推荐的商品蛋鸡育成期营养需要

数据来源		海兰公司（2009）						罗曼公司		哈口禽业（2011）				大午禽业（2013）		伊莎（2011）			尼克（2008）	
品系		海兰褐			海兰白			罗曼褐		京红		京粉		京白\大午粉	大午粉	伊莎褐			尼克灰	
日龄阶段		7~12周	13~15周	16~17周	7~12周	13~15周	16周至开产	9~15周	16周至开产	7~14周	15周至5%产蛋	7~14周	15周至5%产蛋	8~15周	产蛋前	4~10周	11~16周	17周至开产	9~17周	18周至开产
代谢能	兆卡/千克	2.79~2.90	2.71~2.82	2.73~2.93	2.91~3.03	2.86~3.03	2.83~2.89	2.75~2.80	2.75~2.80	2.80	2.75	2.80	2.75	2.75~3.08	2.75~3.03	2.85~2.88	2.75	2.75	2.75~2.80	2.75~2.80
代谢能	兆焦/千克	11.77~12.23	11.68~12.14	11.44~12.28	13.25~13.75	13.00~13.75	12.85~13.15	11.40~11.70	11.40~11.70	11.70	11.40	11.70	11.40			11.90~12.00	11.50	11.50	11.40~11.70	11.40~11.70
亚油酸	%	1.00	1.00	1.00	1.00	1.00	1.00	1.00	1.00	1.00	1.00	1.00	1.00						1.00	1.00
粗蛋白质	%	17.50	16.00	16.50	18.00	16.00	15.50	14.50	17.50	15.50	16.50	15.70	16.70	15.00	14.50	19.00	16.00	16.80	14.50	17.50
赖氨酸	%	0.88	0.71	0.77	0.90	0.75	0.75	0.65	0.85	0.75	0.83	0.76	0.84	0.70	0.72	0.98	0.74	0.80	0.65	0.85
可利用赖氨酸	%	0.80	0.65	0.70	0.70			0.53	0.70							0.85	0.64	0.71		
蛋氨酸	%	0.40	0.33	0.37	0.44	0.39	0.36	0.33	0.36	0.35	0.40	0.36	0.41	0.35	0.35	0.45	0.33	0.40	0.33	0.36
可利用蛋氨酸	%	0.38	0.31	0.34												0.41	0.30	0.38		

续表 4-3

数据来源	海兰公司 (2009)						罗曼公司		哈口禽业 (2011)				大午禽业 (2013)		伊莎 (2011)			尼克 (2008)	
品系	海兰褐			海兰白			罗曼褐		京红		京粉		京白\大午粉		伊莎褐			尼克灰	
日龄阶段	7~12周	13~15周	16~17周	7~12周	13~15周	16周至开产	9~15周	16周至开产	7~14周	15周至5%产蛋	7~14周	15周至产蛋	8~15周	产蛋前	4~10周	11~16周	17周至开产	9~17周	18周至开产
含硫氨基酸 %	0.73	0.65	0.71	0.73	0.65	0.60	0.57	0.68	0.62	0.70	0.63	0.71	0.60	0.60	0.76	0.60	0.67	0.57	0.68
可利用含硫氨基酸 %	0.65	0.57	0.63	0.60			0.47	0.56							0.66	0.53	0.60		
苏氨酸 %	0.63	0.52	0.57	0.60	0.50	0.50	0.50	0.60							0.66	0.50	0.56	0.50	0.60
可利用苏氨酸 %	0.54	0.44	0.48												0.57	0.43	0.48		
色氨酸 %	0.20	0.17	0.18	0.18	0.16	0.15	0.16	0.20	0.15	0.16	0.15	0.16	0.15	0.15	0.19	0.17	0.18	0.16	0.20
可利用色氨酸 %	0.17	0.14	0.15	0.17											0.17	0.14	0.16		
钙 %	1.00	1.40	2.50	1.00	1.00	3.00	0.90	2.00	0.90	2.20	1.00	2.20	1.00	2.25	0.90~1.10	0.90~1.00	2.00~2.10	0.90	2.00
总磷 %	0.43	0.45	0.48	0.48	0.46	0.50	0.58	0.65	0.65	0.68	0.65	0.68	0.60	0.60					
可利用磷 %							0.37	0.45	0.38	0.40	0.38	0.40	0.40	0.40	0.42	0.36	0.42	0.37	0.45
钠 %	0.17	0.18	0.18	0.18	0.18	0.18	0.16	0.16	0.17	0.17	0.17	0.17	0.18	0.18	0.15	0.14	0.14	0.16	0.16
氯 %	0.17	0.18	0.18	0.17	0.17	0.17	0.16	0.16	0.17	0.17	0.17	0.17	0.16	0.16	0.16	0.15	0.15	0.18	0.18

三、产蛋期营养需要

(一)不同情况下蛋鸡对维生素需要量增加的比例

见表4-4。

表4-4 不同情况下蛋鸡对维生素需要量增加的比例

影响因素	受影响维生素种类	需要量增加的比例
产蛋高峰前后	维生素A、维生素D、维生素C	20%~30%
种产蛋鸡	补充平衡复合多维	40%~50%
强制换羽	补充平衡复合多维	50%~100%
强化蛋壳	维生素C、维生素D	20%~30%
高温应激	维生素C	50~100毫克/千克配合饲料
寒冷、气候变化	补充平衡复合多维	20%~30%
舍饲笼养、密集饲养	B族维生素、维生素K	40%~80%
接种疫苗	维生素A、维生素D、维生素E、维生素C	20%~30%
呼吸器官疾病	维生素A、维生素E、维生素K	50%~100%
脂肪肝症	维生素H	50%~100%
使用含有过氧化物的脂肪	维生素A、维生素D、维生素E、维生素K	100%或更高
使用亚麻籽粕	维生素B_6	50%~100%

（二）国外育种公司推荐的商品蛋鸡产蛋期营养需要

见表 4-5。

表 4-5　国外育种公司推荐的商品蛋鸡产蛋期营养需要

数据来源		海兰公司（2009）								罗曼公司				伊莎（2011）			尼克（2008）				
品系		海兰褐				海兰白								伊莎褐			尼克灰				
生产阶段		开产至32周	33～44周	45～58周	59周后	开产至32周	33～44周	45～58周	59周后	开产至28周	29～45周	46～65周	66周后	开产至28周	28～50周	51周后	产蛋率≥90%	产蛋率85%～89%	产蛋率80%～84%	产蛋率75%～79%	产蛋率70%～74%
预期采食量	克/天	103	110	110	109	95	100	100	104		110	110	110	110	110	110	110	110	110	110	110
代谢能	兆卡/千克	2.78～2.87	2.73～2.87	2.68～2.87	2.56～2.83	2.80～2.92	2.75～2.86	2.70～2.86	2.70～2.86	2.80	2.72	2.72	2.72	3.00	3.00	3.00	2.75	2.75	2.75	2.75	2.75
代谢能	兆焦/千克	11.6～12.0	11.4～12.0	11.2～12.0	10.7～11.9	11.7～12.2	11.5～12.0	11.3～12.0	11.3～12.0	11.6	11.4	11.4	11.4				11.4	11.4	11.4	11.4	11.4
亚油酸	%	0.97	0.91	0.91	0.92					2.00	1.80	1.45	1.10				1.82	1.77	1.71	1.66	1.61
粗蛋白质	%	16.50	15.20	14.60	14.20	17.35	16.00	15.50	14.40	18.00	17.80	16.70	16.20	17.70～18.20	16.90～17.40	16.90～17.40	17.80	17.30	16.80	16.30	15.80
赖氨酸	%	0.90	0.84	0.80	0.75	0.95	0.90	0.82	0.75	0.80	0.79	0.75	0.71	0.87	0.82	0.82	0.79	0.77	0.75	0.72	0.70
可利用赖氨酸	%	0.83	0.76	0.73	0.69	0.83	0.80	0.72	0.66	0.66	0.65	0.62	0.58	0.78	0.77	0.77	0.65	0.64	0.62	0.60	0.58
蛋氨酸	%	0.43	0.40	0.38	0.36	0.42	0.38	0.35	0.32	0.40	0.40	0.35	0.33	0.44	0.44	0.44	0.40	0.39	0.38	0.37	0.35
可利用蛋氨酸	%	0.40	0.37	0.36	0.34	0.39	0.35	0.33	0.29	0.40	0.35	0.33	0.29	0.42	0.41	0.41					

续表 4-5

数据来源		海兰公司 (2009)								罗曼公司				伊莎 (2011)			尼克 (2008)				
品系		海兰褐				海兰白								伊莎褐			尼克灰				
生产阶段	%	开产至32周	33~44周	45~58周	59周后	开产至32周	33~44周	45~58周	59周后	开产至28周	29~45周	46~65周	66周后	开产至28周	28~50周	51周后	产蛋率≥90%	产蛋率85%~89%	产蛋率80%~84%	产蛋率75%~79%	产蛋率70%~74%
含硫氨基酸	%	0.78	0.74	0.71	0.67	0.70	0.62	0.58	0.52	0.73	0.73	0.65	0.61	0.74	0.73	0.73	0.73	0.71	0.69	0.66	0.64
可利用含硫氨基酸	%	0.69	0.66	0.63	0.59	0.62	0.55	0.52	0.46	0.60	0.60	0.54	0.50	0.66	0.66	0.66	0.60	0.58	0.57	0.55	0.53
苏氨酸	%	0.68	0.63	0.60	0.57	0.64	0.58	0.55	0.50	0.59	0.58	0.53	0.50	0.63	0.62	0.62	0.58	0.57	0.55	0.53	0.52
可利用苏氨酸	%	0.58	0.53	0.51	0.48	0.53	0.48	0.46	0.42					0.54	0.53	0.53					
色氨酸	%	0.21	0.19	0.18	0.17	0.19	0.17	0.16	0.15	0.18	0.19	0.18	0.17	0.20	0.20	0.20	0.19	0.19	0.18	0.17	0.17
可利用色氨酸	%	0.17	0.16	0.15	0.14	0.16	0.15	0.14	0.13					0.17	0.17	0.17					
钙	%	3.88	4.00	4.27	4.50	4.30	4.25	4.40	4.35	3.50	3.75	3.90	4.00	3.50~3.70	3.70~3.90	3.90~4.20	3.73				
总磷	%									0.55	0.55	0.49	0.43								
可利用磷	%	0.43	0.36	0.33	0.32	0.52	0.47	0.43	0.35	0.40	0.38	0.34	0.30	0.36	0.34	0.31	0.38				
钠	%	0.17	0.16	0.16	0.17	0.19	0.18	0.18	0.17	0.15	0.15	0.15	0.15	0.16	0.16	0.16	0.15				
氯	%	0.17	0.16	0.16	0.17	0.17	0.17	0.18	0.15	0.15	0.15	0.15	0.15	0.15~0.24	0.15~0.24	0.15~0.24	0.17				

（三）国内育种公司推荐的商品蛋鸡产蛋期营养需要

见表 4-6。

表 4-6　国内育种公司推荐的商品蛋鸡产蛋期营养需要

数据来源		峪口禽业（2011）						大午禽业（2013）		
品系		京红 1 号			京粉 1 号			京白\大午粉		
生产阶段	单位	开产至 35 周	36~55 周	56 周后	开产至 35 周	36~55 周	56 周后	开产至 32 周	33~44 周	45 周后
预期采食量	克/天									
代谢能	兆卡/千克	2.70	2.67	2.65	2.72	2.69	2.66	2.80~2.95	2.80~2.95	2.66~2.77
代谢能	兆焦/千克	11.30	11.20	11.10	11.40	11.30	11.10			
亚油酸	%									
粗蛋白质	%	16.40	15.90	15.50	16.50	16.10	15.60	18.00	17.70	15.50
赖氨酸	%	0.79	0.77	0.74	0.81	0.79	0.76	0.93	0.90	0.86
可利用赖氨酸	%									
蛋氨酸	%	0.43	0.41	0.37	0.45	0.43	0.39	0.45	0.43	0.39
可利用蛋氨酸	%									
含硫氨基酸	%	0.79	0.78	0.75	0.81	0.80	0.77	0.80	0.78	0.69
可利用含硫氨基酸	%									
苏氨酸	%									
可利用苏氨酸	%									
色氨酸	%	0.16	0.15	0.14	0.17	0.16	0.15	0.19	0.18	0.16
可利用色氨酸	%									
钙	%	3.64	3.70	3.80	3.70	3.80	3.90	3.65	3.75	4.10
总磷	%	0.59	0.57	0.53	0.61	0.59	0.55	0.64	0.64	0.56
可利用磷	%									
钠	%	0.16	0.16	0.15	0.16	0.16	0.15	0.40	0.40	0.31
氯	%	0.16	0.16	0.15	0.16	0.16	0.15			

第四节　饲料配制技术

一、饲料配方设计思路

　　饲料配方设计就是以动物的营养需要量为依据，通过合理的搭配各种饲料原料，为蛋鸡提供在数量和比例上都能满足需要的各种营养素，保证其最佳的生产性能，同时这种饲料必须符合动物的消化生理特点和市场对饲料产品的要求。在畜牧业可持续发展的今天，理想的饲料配方不仅要满足上述条件，同时还必须保证畜产品的营养价值、风味和安全性，并将畜牧业给环境带来的污染降到最低限度。由于受营养需要量标准适用性、饲料真实营养价值准确性以及市场价格等因素的限制，实际上不存在"最好"的饲料配方。饲料配方设计已由单纯追求最高生产性能的全价饲料配方，发展到最低成本饲料配方、最低饲喂成本配方、最佳经济效益配方和环保配方等（表4-7）。

表4-7　饲料配方设计思路及其特点

配方名称	设计思路	特　点
最优全价饲料配方	充分满足最高生产性能时的各种养分需要	饲料品质高，采食量较低，动物生产性能最高，养殖效益通常较低，环境污染较大
最低饲料成本配方	追求饲料配方成本最低化	饲料原料较差，采食量较高，动物生产性能低，环境污染大，养殖效益通常较低
最低饲喂成本配方	追求生产单位畜产品的饲料成本最低化	饲料养分浓度与采食量、饲料成本之间达到较佳平衡，畜产品市场较差时使用，但最终经济效益不定
最佳经济效益配方	追求养殖经济效益的最大化	以畜产品的市场为主要依据，饲料养分浓度与采食量、饲料成本、生产性能之间达到最佳平衡，养殖效益较高
环保配方	追求养殖业环境污染的最小化	养分平衡且不过量，饲料选择严格，保证饲料的高利用率，但动物生产性能可能较低

　　可见，饲料配方设计是一个系统工作，饲料配方设计者应该具备以下基本知识：①能正确理解营养需要量标准和饲料原料营养价值的内涵，并可根据市

场和原料的变化合理调整营养需要量标准和饲料配方；②能够预测饲料混合、加工、贮藏、饲喂等环节对配合饲料真实营养价值的影响，充分把握饲料原料与配合饲料营养价值间的相对准确的数量关系；③能相对准确地通过配合饲料的营养价值预测动物的生产性能。

二、设计饲料配方时考虑的主要因素

（一）能量需要

鸡对能量的需要包括鸡体本身的代谢维持需要和生产需要，如初生雏最低热量为每克体重每小时 5.49 卡（或 23 焦）；成年母鸡每产 1 枚 58 克重的蛋，则需 128.01 千卡（或 536 千焦）的代谢能。鸡的生长和增重都需要能量，沉积 1 克脂肪需要 15.63 千卡（或 65.44 千焦）的代谢能；沉积 1 克蛋白质需要 7.74 千卡（或 32.41 千焦）的代谢能。当然，影响能量需要的因素很多，如温度影响，低的温度比高的温度所需能量就高；再如鸡的类型、品种、所处的不同生长阶段及生理状况不同，对能量的需求也有很大差异。

1. 维持能量需要 动物生产中，无论动物生产与否都需要进食饲料。各种家禽都必须消耗相当一部分饲料来提供维持所需。维持能量需要包括基础代谢能量需要和正常活动的能量需要。动物在不受饲料和环境温度的影响下，当任意活动受到限制时的能量消耗或产热称为基础代谢。基础代谢是随动物体型大小变化的。一般来说，随着体型增大，每单位体重的基础产热量随之下降。1 日龄雏鸡每小时每克活重的最小产热量约为 23 焦，而成年母鸡的这一数字却大约只为它的一半。动物活动所需能量变动很大，而一般估计这一能量占到基础代谢的 50% 左右，这可能是受鸡舍环境条件或家禽品种的影响。笼养鸡与在地上自由活动的平养鸡相比，其活动大大受到限制，因而其能量消耗较少，大约只占到基础代谢的 30%。

尽管体型较大的动物每单位体重用于维持所消耗的能量较少，但大动物的总能需要就比小动物多得多，体型越大需要维持的能量越多。因此，从生产效率出发，具有高生产力、产蛋大、存活率高、体型小是蛋鸡育种的方向。

因为家禽可以根据日粮的能量水平来调节采食量，以便摄入稳定的能量用于维持需要。所以，对家禽能量需要的规定不可能做到精准，通常是一个浮动范围，比如育雏鸡的饲料每千克日粮能量水平通常从 11 531 千焦变动到 12 456 千焦都可满足需要。

2. 产蛋能量需要 高产蛋鸡的净能包括基础代谢、活动和鸡蛋中储存的能量。一般估计为每千克体重基础代谢能需要 285 千焦，活动所增加的能量是基础代谢能的 50%。一枚 60～65 克重的大鸡蛋所含的能量约为 377 千焦。一只体重为 1.8 千克的蛋鸡在舒适的环境下每天产一枚鸡蛋，那么，它每天净能的需要量约为 1 046 千焦。代谢能在鸡体内的转化率大约为 75%，因此这只蛋鸡每天需要补充 1 381 千焦代谢能，也就是每天需要饲喂 0.109 千克饲料，且每千克饲料含 12 430 千焦的代谢能。当蛋鸡体重达到 1.6～1.8 千克进入产蛋高峰且条件适宜时，其每天代谢能消耗为 1 255 千焦。随着蛋鸡体重和蛋重的增加，每天消耗的代谢能会增加。另外，环境温度能显著改变鸡的能量摄入，温度低时需要摄入能量增加，温度高时需要摄入能量减少。目前，关于这些增加或减少的能量需要能否通过蛋鸡自身调节采食量而满足，还是必须通过调整饲料的能量水平来满足，仍是一个悬而未解的问题。

由于鸡可以根据日粮能量水平来调节采食量，产蛋鸡的能量需要就不能用一个固定的每千克日粮所含千卡代谢能来表达。然而，因为蛋鸡的采食量是有极限的，所以要保证产蛋鸡有高产蛋率，其每千克日粮的代谢能水平不能低于 110 711 千焦。若蛋鸡处于寒冷环境中，这一能量水平不能低于 11 531 千焦。

（二）满足蛋白质和氨基酸的需要

一枚 65 克左右的鸡蛋含有蛋白质约 6.7 克。通常情况下，蛋鸡用于产蛋时对饲料蛋白质的利用率为 35%。理论上讲，在保持高产蛋率条件下确保蛋鸡生产这样大的鸡蛋，就必须每天给蛋鸡饲喂 17 克左右的优质蛋白质。在实际生产中，饲料中的蛋白质很难达到优质的水平，因此在产蛋高峰期，饲料的粗蛋白质含量应在 16% 以上。尽管蛋鸡能够摄入足够的蛋白质，但是由于蛋白质的质量问题和其他多种因素的影响，鸡蛋的重量一般都在 60 克左右。要想产更大的蛋，就需要提高饲料蛋白质含量和补充氨基酸。

蛋氨酸、赖氨酸和苏氨酸是设计蛋鸡饲料配方时应重点考虑的氨基酸，其中，蛋氨酸通常是蛋鸡的第一限制性氨基酸。当日粮中的蛋氨酸低于需要时，产蛋率和蛋重会成比例下降，其中，蛋重的降低幅度较小，产蛋率降低的幅度较大。一般蛋重降至原蛋重的 90% 时将停止下降，但产蛋率仍会不断下降。人们有时通过添加人工合成的氨基酸，同时降低饲料中的粗蛋白质含量，来降低饲料的生产成本。这时应注意苏氨酸是否缺乏，特别是当出现单纯提高蛋氨酸水平还不能增加蛋重时，应分析日粮中是否缺乏了苏氨酸。

在饲料成分表中，有用可消化氨基酸含量表示饲料原料中氨基酸含量的。从理论上讲，可消化氨基酸含量比氨基酸含量更能反映饲料中氨基酸的营养价值。如果以可消化氨基酸作为判断指标配制饲料，所生产的饲料能更准确地满足蛋鸡对氨基酸的需要，从而更能保证较高的生产性能。赖氨酸和胱氨酸是最容易受加工处理而被破坏的两种氨基酸，因此以可消化性分析饲料原料中这两种氨基酸的含量很重要。比如，同样是豆粕，由于加工条件不同，其可消化赖氨酸和胱氨酸的含量可能发生显著变化，若能做到及时分析，就可以通过调整饲料配方，满足蛋鸡的需要，避免生产损失。

（三）维生素营养

维生素的最初定义是维持动物生命和正常生长发育所必需的微量有机化合物。随着研究的不断深入，发挥维生素作用的物质被一一研究，其结构和在体内的功能被确定。因此，现在再谈起维生素时，只一个定义是不够的，还应明确是哪种维生素。维生素不仅是机体的组成成分和产生能量的化合物，而且还是生化途径中的参与者和调节者。例如，许多 B 族维生素在酶体系中发挥辅助因子的作用，当缺乏时，酶的正常作用不能发挥，蛋鸡的营养代谢发生紊乱，机体健康水平下降甚至死亡。在蛋鸡饲料中添加维生素的必要性已经是一个众所周知的常识，然而，满足蛋鸡达到最佳健康状况和最佳生产水平时的维生素需要量仍未确定。通常，人们为了避免缺乏，在设计饲料配方时总是超量添加。另外，可通过权衡添加维生素的成本与蛋鸡是否发生缺乏症、能否表现最佳生产性能和能否抵抗疾病风险等，来确定实际生产中维生素的适宜添加量。

在了解蛋鸡营养需要量方面，人们常参考美国的相关标准，常用的是 NRC 标准。在这里需要说明的是，NRC 所规定的维生素需要量是指饲料原料中含量与添加维生素之和，此需要量仅是在理想的试验条件下，防止缺乏症的最低需要量，并不能保证实际生产条件下充分发挥生产潜力。实践证明，NRC 需要量标准只是一个理论标准，在实际生产中只要成本允许，应在其基础上适当提高添加量。

在实际生产中添加维生素时应考虑以下因素：①群体高密度养殖所造成的不良应激，比如空气质量、病原微生物等；②饲料原料中维生素含量变异很大，且利用率低，比如，玉米、小麦和高粱中的尼克酸几乎不能被蛋鸡所利用；③饲料加工和贮藏对维生素的破坏；④受不良应激影响，肠道微生物不能正常合成维生素；⑤霉菌毒素和颉颃物质阻碍维生素的正常吸收利用；⑥适当超量添加维生素可显著改善鸡蛋的内外质量。

随着研究的不断深入，维生素的应用已不仅局限于防止产生缺乏症。比如，补充维生素 C 可以增强鸡群的抗应激能力，补充维生素 A、维生素 E 和维生素 C 可以激发和强化免疫系统，从而有效预防集约化饲养下的传染病的暴发。另外，补充维生素还有改善鸡蛋品质，提高种蛋受精率、孵化率和健雏率的作用。

维生素作用的发挥以能量、蛋白质、氨基酸、矿物质等充分合理的供应为基础，同时维生素之间也存在一定的相互作用。饲养管理水平、观测指标、蛋鸡的年龄与体质、饲粮组成、环境条件等不同都会明显影响产蛋鸡的维生素需要量，也影响添加维生素的实际效果和效益。确定实际情况下产蛋鸡维生素的适宜需要量是一项长期而复杂的任务。维生素在整个饲粮中所占成本很低且无毒，因此生产中超量添加维生素是权宜之计，特别是对高温季节产蛋鸡来说尤为必要且有显著的经济回报率。

（四）微量元素营养

1. 自然含量、彼此颉颃和消化吸收 我国自然条件差异悬殊，不同地区、不同季节饲料原料组成、饲料中微量元素的含量迥异，特别是由于地质结构、土壤类型、地形地貌复杂多变，饲料中微量元素变异幅度可相差数十倍甚至上百倍。微量元素间存在协同和颉颃作用。协同作用大都为相互协同，而颉颃作用存在单向或双向之分，比如磷、镁、锌和铜在肠内的吸收都相互抑制，是双向颉颃作用。而在钾、锌、锰之间，钾对锌和锰的吸收具有抑制作用，反之没有抑制作用，是单向颉颃作用。微量元素之间的颉颃作用机制有很多，其中元素之间具有相同的化学性质被普遍认可。比如，日粮中锌与铜之间存在着颉颃作用，其原因是锌与铜化学性质有一定相似性，两者在肠黏膜或金属硫蛋白相互竞争结合部位，从而抑制吸收。摄入的锌过多，会干扰铁和铜的吸收和利用，诱发铁、铜缺乏症，造成锌中毒性贫血及缺铁性贫血。铁的利用中必须有铜的存在，而饲粮中存在硫酸亚铁时，会形成硫化铜（CuS）而降低铜的吸收，日粮铁过量，磷和铜的利用率降低。锰含量高时可引起体内铁储备下降。锰与铁、钴在家禽机体吸收动力学过程中，共同竞争其相同的结合部位，往往是一种金属对另一种金属的吸收起抑制作用。

微量元素与饲料中其他营养成分之间也存在合作关系，低蛋白质含量和高钙含量能够抑制锌的吸收。随着饲料蛋白质含量的增加，锌的吸收率呈线性增加。一般来说，增加日粮蛋白质会增加锌的摄食；日粮较低的蛋白质水平使锌吸收下降而内源损失增加。日粮蛋白质类型也影响锌的生物利用率，动物蛋白可以抵消日粮植酸对锌吸收的抑制性影响，有利于锌的吸收。饲粮中微量元素的颉颃物、抗生素、霉菌毒素和饲料酸碱平衡等也影响锰的吸收和利用。铜的利用与饲料中含钙量有关，含钙越高，对动物体内铜平衡越不利。饲料中含铁高时可减少磷在胃肠道内的吸收，含铁量超过 6.5％ 时，呈现明显的缺磷现象，维生素 A 在肝中沉积也下降。维生素 C 和谷胱甘肽等还原性物质的存在能促进铁吸收；饲粮蛋白质不足和棉酚、单宁、植酸、磷酸、草酸和鞣酸等抗营养因子降低铁的吸收；饲粮中钙、磷、铜过高对铁产生颉颃作用。

微量元素在消化道内的吸收方式因剂量不同而有显著差异。低剂量时，微量元素在肠道内的吸收是主动转运过程，而高剂量时则为被动扩散过程。由于蛋鸡体内对微量元素有库存和平衡机制，因此，其对微量元素的吸收并非一直与微量元素的含量呈直线关系，而是呈渐近线关系。一般情况下，同种形式微量元素含量越高，吸收率越低。日粮锌水平较低时，锌的吸收率较高，表现为吸收增加而内源排出减少；反之，内源排出升高。微量元素相对利用率随日粮添加量的增加而增加，当达到一定水平时，其相对利用率有降低趋势。在设计实用饲料配方时，饲料原料中的微量元素含量常被忽略，饲料中微量元素的含量也明显高于真实的需要量。蛋鸡不能完全利用饲料中的微量元素，剩余的微量元素通过排泄物污排出体外，既造成资源浪费又污染环境。目前，对如何在饲料中适量添加微量元素的问题还没有一致肯定的答案。

2. 添加形式　无机微量元素在被动物摄入后，需要借助辅酶的作用，与氨基酸或其他物质形成螯合物或络合物后，才能被机体吸收。有机微量元素在消化道中之所以更容易被吸收，研究者们认为它们是沿氨基酸和肽途径吸收的。因为有机微量元素被吸附到氨基酸、肽和其他化合物上后更容易进入生物系统。有机微量元素比无机微量元素有更高的生物学效价，这是由于：①稳定的有机微量元素可避免肠腔颉颃因子及其他影响因子（如植酸）对矿物元素的沉淀或吸附作用。②有机微量元素利用氨基酸和肽的吸收通道被吸收，从而避免利用同一通道吸收的无机矿物元素之间的竞争。③氨基酸络合物或螯合物是动物机体吸收和转运金属离子的主要形式，又是动物体合成蛋白过程的中间物质，不仅吸收快，而且可以减少许多生化过程，节约体能消耗。有机微量元素离子被封闭在螯合物的螯环内，性质较为稳定，极大地降低了对饲料中添加的维生素的氧化作用，对维生素的破坏作用明显小于无机矿物盐；螯合物保护了微量元素不被植酸夺走而排出，避免了消化道内大量二价钙离子与金属微量元素的颉颃作用，使金属微量元素顺利到达吸收部位，相对地改善了微量元素在机体内的存留和利用，而消化吸收和动员利用速度都大大提高。由于有机微量元素的特殊化学结构，具有比较稳定的化学性质，使其分子内电荷趋于中性，在体内 pH 值环境下，金属离子得到有效的保护，既防止磷酸、植酸等与金属离子结合形成难溶的化合物，又阻止不溶性胶体的吸附作用，使金属离子免受日粮中其他成分和胃肠道中胃酸等物质的不良作用，保护了金属离子，便于机体对金属离子的充分吸收和利用。

3. 添加剂量　与常量养分相比，人们对微量元素的研究很少，现有的相关标准较为陈旧，NRC（1994）家禽微量元素标准也是基于 1980 年以前的研究结果。目前生产中普遍做法是不考虑基础饲料中微量元素含量，直接按正常或高于 NRC 水平添加，因此可能导致饲料中微量元素总含量远远超过蛋鸡的需要量。生产中微量元素应用存在的主要问题是：①基础饲料中微量元素含量变化较大。②推荐微量元素需要量没有考虑微量元素的吸收利用效率，比如微量化元素间互作效应等。③确定微量元素添加量的判断指标不一致。一方面需要加强基础研究，另一方面养殖者可以根据具体情况调整微量元素的添加用量。

（五）酶制剂的应用

饲料中添加酶制剂，可促进饲料养分的消化吸收，降低料蛋比，提高动物生产性能。目前，市售酶制剂有单一酶类和复合酶类。选用酶制剂时应与饲粮类型、饲料加工工艺、动物种类及消化生理特点相适应。饲料加工、贮存及饲喂过程中应注意保持酶的活性。

目前，在蛋鸡饲料生产中常用的酶制剂有植酸酶、甘露聚糖酶、β-木聚糖酶和复合酶制剂等。其中，植酸酶的应用效果最明显，在实际生产中通过适量添加植酸酶可以降低磷酸氢钙用量 50% 以上。对于植酸酶能否全部替代外源磷的使用还有不同观点，另外，大量添加植酸酶后，还有可能对蛋鸡钙、磷代谢产生负面影响，因此建议用户应适量添加。其他酶制剂产品主要用途在于消除饲料中的抗营养因子和提高营养成分的消化率。

（六）功能性植物提取物

功能性植物提取物是指通过特定的提取工艺，从天然植物中提取的混合物或单体成分。这些成分对蛋鸡的营养代谢病具有一定的疗效。很早以前，人们就发现在天然植物中存在很多对动物健康有利的活性成分，我国传统中草药就是一个典型的案例。对于植物中有益于健康的成分有的已经研究清楚，比如，植物中的黄酮、皂苷、多糖、膳食纤维等，这些成分对动物机体的健康具有积极的作用。功能性植物提取物发挥其功效时不同于其他药物，比如通过多靶点作用实现对某一系统的整体调节。因此，这类产品在应用时难以立竿见影。然而，这类产品比较适合蛋鸡应用，原因主要有 3 点：一是蛋鸡的饲养周期较长，一般是 500 天。二是现代蛋鸡的生产旺盛，产蛋率平均为 85% 以上，因此体内营养代谢过程和系统需要不断维护。三是在笼养条件下，蛋鸡的运动强度降低，机体内分泌容易发生紊乱，营养代谢病的发生概率变高，比如脂肪肝就是目前蛋鸡普遍存在一种营养代谢病。

在使用功能性植物提取物时，应遵循以下几项原则：①用于提取的天然植物应明确来源，对植物本身应经过系统的安全性评价，并证明其没有明显的毒性；②产品主要成分应明确，并具有相应的检测方法；③对免疫系统具有增强作用；④对神经系统无刺激作用；⑤对鸡蛋不产生异味。

（七）饲用微生物

饲用微生物指的是直接饲喂给动物的活菌。使用饲用微生物的目的在于维持和恢复动物消化道的正常微生态平衡或是改善宿主消化道的营养环境，对于新生动物则旨在帮助其建立正常菌群。消化道内容物对于动物体而言其实属于外部环境，是一个流速不断改变的开放系统，而非静止的容器。新生动物肠道正常菌群尚未建立，免疫系统发育还不完善，容易受病原菌侵染。此时向消化道中引入益生菌被认为可以减少病原菌的增殖和感染，从而减少疾病的发生。动物体内的微生物与微生物之间以及微生物与宿主相互作用，并保持着一种动态平衡。动物消化道的微生态平衡与动物健康密切相关，动物和微生物间复杂的共存、适应关系是在长期进化中形成的。抗生素导致的内源感染正是由于抗生素在杀灭病原微生物的同时带来的不是微生态平衡的恢复，而是影响了肠道正常菌群，使得具有抗生素抗性的条件致病菌能大量增殖；动物感染性腹泻常伴随着粪便中大肠细菌等的增加，乳酸杆菌等有益菌的减少；各种应激也是导致动物消化道微生态平衡破坏的原因。在养殖业中动物健康意味着收益，肠道合适的微生物平衡可以减少疾病风险，饲用微生物的重要作用就是维持和调节这种平衡。

饲用微生物是在动物消化道内发挥作用，其作用机制通常认为有如下几种：①产生乳酸和挥发性脂肪酸，降低肠道 pH 值，抑制病原菌和条件致病菌的增殖；②产生过氧化氢和细菌素，抑制病原微生物生长或将其杀灭；③减少毒性氨和胺的产生；④通过对肠道上皮细胞的黏附和定植，竞争性抑制有害病原微生物；⑤激活非特异性免疫；⑥产生维生素和酶，有益于消化和提供宿主必需的养分；⑦产生抗内毒素的物质或分解有害物质。

动物中应用微生物添加剂最普遍的方式是经饲料摄入，因此菌种在饲料中的稳定性显得尤为重要，要有对胃的酸性环境及胆汁的抵抗能力和饲料加工中的耐受力。因此，理想的饲用微生物制品应具有以下 5 个特点：①应是能对宿主动物产生有利影响（改善生长性能或增强抗病力）的菌；②应是非致病性和无毒的；③应是活的，最好量很大（虽然目前尚不知道最低有效量是多少）；④应能在肠道环境中存活并进行代谢，即能耐受酸环境和胆汁酸；⑤应能在长期贮存中和现场条件下保持稳定和存活。

（八）饲养标准及其应用

1. 对饲养标准的理解 饲养标准一方面是对大量科学试验结果的系统总

结，具有科学性、先进性、权威性和普遍性，是设计动物饲粮的基本理论依据，对指导动物生产起到十分重要的作用；但另一方面，营养标准存在一定的滞后性和局限性，使用时须根据生产实际中的特殊性，在科学性原则指导下根据最新研究成果灵活调整相关营养指标。多年从事动物生产、科研以及技术推广工作的专家们认为，目前各国动物营养标准中不同程度的存在以下不足：①尚未全面考虑生产中多因素对养分需要量和饲料营养价值影响的静态性、不平衡性、表观性；②偏重局部或某阶段效果的片面性和非整体性；③忽视营养素间、饲养措施间以及营养素与配套措施之间相互作用的孤立性。系统、客观、协调研究动物营养学以及养殖实践中的上述问题是一项长期而艰巨的任务，对现代养殖业理念的改善具有重要的指导意义。

我国最突出的问题是缺乏优质饲料资源和现有的饲料未能高效利用，特别是一味追求低成本饲料配方，所以配合饲料中非常规饲料原料和添加剂种类较多。与营养标准相比，我国家禽饲粮有效能水平明显偏低，饲料的粗蛋白质、微量元素和大部分维生素含量明显偏高等。不同国家或机构制定的营养需要量标准不一，以及同一标准内不同生理阶段个别养分需要量变化较大也给实际饲粮配合带来很大困难。

2. 饲养标准的应用与饲料配方设计 确定适宜饲粮（或配方）营养浓度和待用饲料原料的营养价值，是饲料配方设计过程中的两大难题。解决好这两个问题后，只要限定原料用量范围，计算机即可方便地优化出饲料配方。

（1）确定配方营养浓度的原则

第一，营养需要标准是在理想环境条件下达到最大生产性能时的养分最低需要量。其中，维生素和微量元素的需要量以防止缺乏症为判断依据，所以生产中不可完全照搬。可以营养标准的模式为依据，主要是按能量浓度调整其他指标，并基本保持各种氨基酸间的比例关系，同时应适当增加维生素和个别微量元素的添加量。在国内，满足蛋白质、氨基酸等较容易，但满足能量较为困难。任何情况下保持营养平衡均十分必要，在营养不足时养分间平衡更为重要。

第二，企业可根据具体情况确定配方营养指标。在禽产品市场较好时以提高生产性能为主攻目标，此时可采取高浓度营养标准并使用优质饲料原料；在禽产品市场较差时以降低饲养成本为主攻目标，此时可采取低浓度营养标准并适当多使用些替代类较廉价的原料，如杂粮、加工副产品等，同时强化氨基酸的使用，添加质量可靠的酶制剂或微生态制剂；高温季节以防止采食量下降为主要目标，可采用高浓度营养标准，对单胃动物应降低粗蛋白质水平并增加油脂和维生素的添加量；欲生产特色禽产品时可在保证大多数营养指标满足需要且平衡的前提下，重点强化某一养分，如生产营养强化鸡蛋、牛奶、低胆固醇鸡蛋或猪肉等。

第三，根据经验确定配方营养指标，保持饲料质量稳定是每一个饲料企业所追求的目标。配方师可根据本企业多年质量适宜且相对稳定的配方，推算（或实测）目标营养标准，以此为基础做适当调整后可得到其余系列产品的目标营养标准。

第四，积极采用最新研究成果。营养标准的相对滞后性要求配方师在设计配方时应积极采用最新研究成果，如采用家禽的非植酸磷、可消化氨基酸等指标。

（2）确定原料营养价值的原则

第一，饲料成分表中所公布的饲料营养价值是平均值，与实际使用的原料有很大的差距，一般此值多作为参考不可直接使用，若要采用可按"平均值±2个标准差"进行估计，但这种做法多以增加配方成本为代价。

第二，最好的方法是实测，但成本高且在国内也不及时，按照权威机构公布的回归公式估计（氨基酸、有效能）是目前比较理想的方法。

第三，一般饲料原料营养成分的变化有明显的季节性，配方师可根据本公司多年常规成分实测值的变化曲线估计当时原料的基本养分含量，也可以总结归纳配方营养成分计算值与实测值之间的关系，对原料营养成分的变化做出估测。

（3）确定配方中原料使用量的原则

第一，根据动物的消化生理特点和适口性要求确定配方中原料种类和用量，如家禽的嗅觉和味觉较差，一般在饲料中添加风味剂没有效果，在保证饲料卫生质量的前提下可使用骨粉、肉粉、血粉等。

第二，配方中饲料原料种类不宜太多，否则配方变异源多，饲料质量控制困难。

第三，同系列不同配方中原料组成可有差异，但同一配方中原料组成应相对稳定。

第四，非常规原料的使用必须有配套保障措施，如针对性添加酶制剂、微生态制剂、氨基酸、油脂等。使用非常规饲料原料时要注意对饲料颜色、气味、禽产品品质的影响，同时注意供货的持续性。

第五，在迫不得已的情况下，较好的原料应在关键阶段（如蛋雏鸡、种鸡、产蛋高峰期蛋鸡、高温季节等）的配方中使用。

第六，注意保护混合饲料中的有效成分，防止原料间相互影响。

三、饲料配制应注意的主要问题

（一）地区性饲料原料及其营养特点

我国幅员辽阔，不同地区气候和饲料资源条件差别较大，且非常规饲料资源种类、数量、营养特性、抗营养因子及含量差异也较大，使得不同地区养殖的动物品种、养殖模式差异明显，仅根据单一的营养需求标准配制单一的"玉米-豆粕型"日粮，不能完全满足我国各个地区的养殖需求。我国目前家禽配合饲料问题在于：有效能普遍偏低，饲粮粗蛋白质、微量元素以及多数维生素明显偏高等。造成这种结果的主要原因在于，配方中非常规饲料原料、饲料添加剂盲目使用。我国豆粕等优质饲料资源匮乏，非常规饲料又未有效利用。

地区性非常规饲料资源包括：能量饲料中的木薯（华南地区）、小麦（华北地区）、大麦等，蛋白质饲料中的棉籽粕、菜籽粕（华中地区）、肉粉等，各种糟渣的使用等。非常规饲料的利用也有不少的研究。结合当地情况合理使用这些非常规饲料资源，可以降低饲养成本，增加养殖效益。产蛋鸡属于成年动物，消化系统比较发达，可以在一定程度上利用这些非常规饲料原料。但是配制日粮时，需要考虑非常规饲料资源使用对鸡蛋品质的影响。

（二）不同养殖模式条件下蛋鸡饲料的配制要点

各种养殖模式对营养需要的影响，主要体现在对蛋鸡维持需要（运动量、冬季保暖、运动增加胃肠蠕动促进消化吸收等）的影响。

笼养蛋鸡的饲料配制比较简单，只需根据饲养蛋鸡所处季节、气候、饲养模式确定合适的饲养标准，根据掌握的饲料原料的营养素含量和可利用性，即可配制完整的日粮。

与笼养相比，散养鸡只的活动量较大、冬季保暖性差，无法通过个体采暖用于维持体温的能量增加。散养模式下蛋鸡可通过采食环境中的草、菜等得到部分营养素，因此应视情况调整营养需要，一般通过调整喂量或者任蛋鸡根据其需要自由采食饲料。

（三）不同季节条件下蛋鸡饲料的配制要点

1. 夏季　鸡舍环境温度适当升高时，维持的能量需要减少，采食量减少；温度进一步升高至30℃后，因动物代谢发生变化（体温上升加快、代谢率增加、散热压力增加），而致采食量明显下降，同时散热需要、维持需要增加。研究表明，生长鸡和产蛋鸡在适温区（18℃～21℃）每上升或降低1℃，其采食量减少或增加1.6%～1.8%。为避免因温度对采食量的影响而影响蛋鸡生产性能，可考虑在天气炎热的夏季提高能量（添加1%～2%的油脂）和可利用氨基酸，降低粗蛋白质（0.5%～1%）等营养素的浓度；冬季则恢复或适当降低营养水平，以便蛋鸡充分利用食后体增热来维持体温。

热应激对动物生产性能影响的研究较多，但关于热应激条件下如何进行营养调控、饲料配制，才能达到减轻对动物本身和生产性能造成负面影响的研究并不充分，热应激条件下动物对日粮营养素的利用率等方面的研究也较为缺乏。研究表明，生长小鸡在32.5℃时需要的维生素 B_1 是21℃时的2倍，故夏季蛋鸡饲料维生素的补充应为春季的1.2～1.5倍，热应激时体内的维生素C合成量不能满足需要，饲料中添加维生素C（150克/吨）可缓解热应激；热应激时需要额外补磷，高磷日粮会增加鸡对高温环境的耐受力，章世元等（2008）推荐，热应激时，蛋鸡日粮钙、有效磷水平分别为3.5%和0.32%，保证日进食钙3.5克和磷400毫克。

热应激时蛋鸡的采食量降低，应根据营养需要、采食量确定日粮的营养浓度，满足产蛋和维持需要，同时补充抗应激添加剂，如维生素C、碳酸氢钠、氯化铵、氯化钾等。

2. 冬季 北方冬天天气较为寒冷（4℃以下，尤其是－10℃以下），此时家禽常会产生寒冷应激。气温较冷时，机体组织代谢增加（产热维持体温），维持需要增加。采食后体增热应能维持体温，因此需要增加采食量，一方面多获得能量，另一方面充分利用采食后体增热维持体温。维持需要的代谢能数量与环境温度直接相关：

维持需要代谢能（千焦/体重$^{0.75}$·天）＝849－4.73T（℃，R＝0.82）

维持需要代谢能（千焦/千克体重·天）＝849－4.73T（T，环境温度℃）

关于冷应激时日粮营养浓度是否调整，学者尚有不同意见。若不增加采食量则需要提高营养浓度；若不提高日粮营养浓度，家禽在一定范围内会通过增加采食量来满足维持体温和生产的需要，散养蛋鸡冬季产蛋率低是明显的例证，因为鸡舍没有保温措施，散养蛋鸡采食的饲料多用于维持体温。维生素C、维生素E、核黄素、胆碱、色氨酸、酪氨酸、牛磺酸以及微量元素均参与动物抵御冷应激的过程。

[案例4-1] 5万只左右规模蛋鸡养殖场选择自配饲料还是成品饲料

我场有蛋鸡舍4栋，单栋饲养笼位1万只，共饲养蛋鸡4万只。育雏育成鸡舍1栋，单批次育成70日龄蛋鸡育成鸡1万只。

自 2008 年建厂以来一直是自己配制饲料。有 500 公斤单罐配合饲料机械 1 套，配合饲料车间（含库房）建筑面积约 200 米^2。饲料车间有配料工 1 名和负责原料进料及库房管理技术人员 1 名。鸡场满负荷存栏时，日配合饲料 5～6 吨，正常情况下日配合饲料 4 吨左右。饲料原料一般保持 10～15 天库存量，原料大多是随用随进，常年占用资金 15 万～20 万元。使用 1％～5％ 的预混料配合饲料，添加剂厂家的较高利润增加了饲料配制成本。另外，饲料原料大多是经过原料经销商购买，也增加了饲料成本。

2012 年受蛋鸡养殖行业低迷的影响，蛋鸡养殖效益大幅减少，我场资金链面临断裂，我们已经没有经济能力自己配制饲料，便开始考虑能否采用赊账的办法维持生产。我们以饲料质量高、价格合适，同时还能为我们提供资金帮助为条件，同时选择了在当地口碑不错的 4 家饲料厂。每家饲料厂供应 1 栋鸡舍的饲料，每家饲料厂每年赊欠饲料款约 10 万元，其余饲料正常结账。经过对比，2013 年淘汰了 1 家饲料厂，2014 年又淘汰 1 家饲料厂，现有 2 家饲料厂在供应我场的蛋鸡饲料。

成品料与自配料的饲喂效果相比，前者具有稳定蛋鸡产蛋性能的优势。比如，自配料使鸡的产蛋率高低参差不齐，相近几天内的产蛋率都会出现大幅度波动的现象。调查分析之后，我们认为自配料质量不稳定的主要原因有：一是受资金少和库存条件差等因素的限制，自配料时饲料原料批次更换得比较频繁，而我们自身又缺少必要的化验、检验条件，对原料无法切实掌控。虽然配方做得比较周密，但原料无法掌控，从而配制出的饲料质量不稳定。二是我们配制饲料时采用的是人工过称，饲料质量受配料工人的素质、性格、心情等多种因素影响，配制不精确，也是造成饲料质量不稳定的原因。饲料质量不稳定，蛋鸡的生产水平不能充分发挥，影响了蛋鸡养殖的经济效益。

我们通过对供应饲料厂家的调研，发现凡是使鸡产蛋性能发挥好的饲料厂家，都对饲料原料掌控得很好。双赢的原因，一是饲料厂资金比较雄厚，原料库存条件好，每一单品饲料原料库存量比较大，即使更换，也是逐步更换，增加了鸡的适应性。二是饲料厂使用电脑控制的配合饲料机组，原料投料精准率高、误差小，配出的饲料质量比较稳定。三是每个饲料厂都聘请了科研机构或相关院校的教授、专家作为技术顾问，能够及时掌握蛋鸡饲料的科技前沿信息，有极高的科技含量。但由于饲料厂的产量大，技术费用折合到每斤饲料的成本却不高。四是一般饲料厂有几百个不同地域、不同饲养方式的养殖户，通过饲料厂业务人员可以为我们带来各种信息。我们通过学习借鉴其他蛋鸡养殖户好的饲养经验和经营方式，提高了蛋鸡饲养水平及经济效益。五是饲料厂缓解了我们的资金压力。现在蛋鸡场很难通过正规的银行及金融机构取得贷款，而私人信贷资金的成本高，使用时间也不灵活。蛋鸡养殖对资金的需求有其自身的特点，相对来说饲料厂取得信贷资金比较容易，而且不同蛋鸡养殖户对资金需求也有时间差，饲料厂可以调剂。饲料厂可以对养鸡户在资金上进行帮助。

虽然2014年鸡蛋养殖经济效益好转，但饲料厂与我们鸡场在困难时期所建立的关系得到了巩固和加强。饲料厂在困难时期帮助我们蛋鸡场度过了难关，只要他们的饲料质量水平不变，饲料价格在可接受范围内，我们一般不会考虑更换别的饲料厂家。这样就做到了饲料厂和蛋鸡养殖场（户）之间的持续双赢。

（案例提供者　李入行）

第五节　饲料安全质量与控制技术

一、现代饲料安全

（一）饲料安全的定义

所谓饲料安全，通常是指饲料产品（包括饲料和饲料添加剂）中不含对饲养动物健康造成实际危害，而且不会在禽产品中残留、蓄积和转移有毒有害物质或因素；饲料产品以及利用饲料产品生产的禽产品，不会危害人类身体健康或对人类的生存环境产生负面影响。

（二）饲料安全问题的特点

1. 隐蔽性　由于技术手段等方面的限制，一些饲料物质在投入使用时，其危害性并不能被充分认识到；对一些物质的毒副作用，利用常规的检测方法不能进行有效鉴别，对其影响的程度，在一定时期内得不到研究和证明。一般情况下，饲料产品及饲料物质的危害性不能通过观察动物而被及时发现，因此影响饲料安全的各种因素往往是潜移默化地进入养殖产品，并通过养殖产品转移到人体或环境中造成危害。

2. 长期性　一方面饲料产品中的不安全因素是长期存在的，虽然通过加强监督管理和提高安全意识会减小危害发生的程度和范围，但短时期内不可能完全消除；另一方面，在饲料的饲喂过程中蓄积在动物体内的有毒有害物质直接污染环境或通过人体蓄积所造成的影响也是长期的。

3. 复杂性　饲料产品中的不安全因素众多且复杂多变。有些是人为因素，有些是非人为因素；有些是偶然因素，有些是长期积累的结果；已有问题得到逐步解决的同时，新的问题还会不断出现。

二、饲料原料中抗营养因子

（一）饲料原料中抗营养因子的定义

饲料原料中抗营养因子是指饲料本身含有或从外界进入，影响饲料营养价值和动物生长的物质。

（二）饲料原料中抗营养因子的种类

饲料原料中抗营养因子根据动物采食后对饲料营养价值的影响和动物的生物学反应，可将其分为以下几类。

1. 抑制蛋白质的消化和利用的物质　抑制蛋白质消化和利用的物质主要包括蛋白酶抑制因子、植物凝集素和酚类化合物。蛋白酶抑制因子主要存在于豆类及其饼粕、高粱和某些块根块茎类中，可分为胰蛋白酶抑制因子和胰凝乳酶抑制因子；植物凝集素也称植物凝血素，主要存在于豆类籽粒及其饼粕和一些块根块茎类饲料中，常见的植物凝集素有大豆凝集素、菜豆凝集素、刀豆凝集素、野豆凝集素、花生凝集素等；酚类化合物，如单宁、酚酸、棉酚、芥子碱等，主要存在于豆科、油料和禾本科作物的籽实中。

2. 抑制能量利用的物质　抑制能量利用的物质主要指存在于谷物饲料中（大麦、小麦和燕麦等）的 α-淀粉酶抑制因子。

3. 抑制矿物元素利用的物质　这类物质主要包括植酸、草酸、硫葡萄糖苷等，它们主要存在于成熟的谷物、豆类和油料籽实中。

4. 抑制维生素利用的物质　抗维生素因子的化学结构多种多样，按其抗营养作用可分为两种类型：①破坏维生素的生物活性，降低其效价，如抗维生素 A、抗维生素 B_{12}、抗维生素 B_6 等因子；②以其与维生素相似的化学结构而竞争性抑制维生素的作用而导致该种维生素缺乏，如双香豆素、抗维生素 K，主要存在于草木樨中。

5. 对多种营养成分利用产生影响的综合性抗营养因子　非淀粉多糖（NSP）根据其水溶解性分为水溶性非淀粉多糖和不可溶性非淀粉多糖。水溶性非淀粉多糖具有抗营养作用，其主要存在于谷物和糠类饲料中，麦类含量高达 1.5%～8%，其中最主要的抗营养因子是 β-葡聚糖和阿拉伯木聚糖。

6. 其他抗营养作用的物质　这类物质包括存在于棉籽粕中的环丙烯脂肪

酸、菜籽粕中的硫葡萄糖苷、细菌分解动物副产品中的生物胺以及豆科作物籽实中的生物碱、皂苷、脲酶、致甲状腺肿素、胃胀气因子、α-半乳糖苷。

（三）饲料原料中抗营养因子的控制方法

1. 物理法

（1）机械加工处理　很多抗营养因子集中于作物种皮中，通过机械加工使其分离，可减少其抗营养作用，如高粱、蚕豆和油菜籽经脱壳处理后可减少大部分抗营养因子。但此方法不能彻底除去抗营养因子，残留的抗营养因子需进一步处理。

（2）加热法　加热分为干热法和湿热法。干热法包括烘烤、微波辐射、红外线辐射等。湿热法包括蒸煮、热压、挤压等，其原理是通过加热破坏饲料中对热不稳定的抗营养因子。蒸汽加热处理是主要的湿热加热类型，分为常压和高压，可有效降低胰蛋白酶抑制因子、脲酶和植物凝集素的活性。烘烤是主要的干热处理法，但在一定时间内干热温度超过120℃才会对胰蛋白酶抑制因子产生明显的钝化效果。加热法的优点是效率高、简单易行、无残留，但它只适用于对热不稳定的抗营养因子，如蛋白酶抑制因子、外源凝集素、抗维生素因子、脲酶等，对热稳定的抗营养因子效果不佳；另外，加热不够不能消除抗营养因子，加热过度会破坏饲料中的氨基酸和维生素。

（3）水浸泡法　利用某些抗营养因子溶于水的性质将其除去。如将高粱用水浸泡，再煮沸，可除去70％单宁；大豆籽实经浸泡萌发24小时可使水苏糖和棉籽糖含量减少一半。用醋酸∶乙醇∶水为5∶90∶5的混合试剂，在固液比1∶10、76℃下搅拌45分钟可脱除菜籽饼粕中有毒物质硫苷及其降解产物。但水浸泡法只对溶于水的抗营养因子有效，且水浸后烘干较麻烦，使成本增高。

（4）膨化法　膨化处理的原理是通过螺旋轴转动而对原料施加很高的压力，使原料发热并从喷嘴喷出，并在喷出时因压力瞬间下降而发生膨化，抗营养因子也因之失活。在90℃～120℃对全脂大豆及其副产品进行膨化处理，可降低其所含胰蛋白酶抑制因子和植物凝集素含量；还会改善其所含蛋白质的品质，提高其消化、吸收和利用率，破坏或减轻大豆蛋白中某些球蛋白抗原成分引起的过敏反应。浙江大学饲料科学研究所邹晓庭教授研究团队，发现棉籽粕经过膨化处理后，游离棉酚可以降低68％，饲粮中用6％～8％的膨化棉籽粕替代豆粕能提高蛋鸡的采食量、产蛋率、蛋重，同时降低料蛋比。

2. 化学法　化学法是指在饲料中加入化学物质，使其在一定的条件下发生反应，使抗营养因子失活或活性降低，达到钝化的目的。酸碱处理、尿素处理、乙醇处理、亚硫酸钠处理、偏重亚硫酸钠处理、半氨酸处理、过氧化氢

（H_2O_2）＋硫酸（H_2SO_4）处理可去除大豆中的抗营养因子；饲料中添加蛋氨酸或胆碱可使单宁甲基化，促其排出体外；用 2% 石灰水或 1% 氢氧化钠溶液浸泡棉籽 24 小时，再用清水洗脱，即可除去大部分棉籽醇；铜、铁、镍和锌的硫酸盐可将硫葡萄糖苷的水解产物除去；硫酸亚铁、碱、石灰水、尿素和硫酸铵可使棉籽粕中的棉酚失活，同时乙醇、丙酮、正丁醇、异丙醇和二氯甲烷也可萃取游离棉酚。化学方法虽然可节省设备和能源，对不同的抗营养因子均有一定的效果，但存在药物残留、污染环境和生产成本高的问题，生产上一般很少用。

3. 生物法

（1）**酶制剂法**　在饲料中添加酶制剂，一方面可以使饲料中的抗营养因子失活；另一方面可以将饲料中营养物质降解为小分子物质，有利于其吸收。按照酶的类型可分为单一酶制剂和复合酶制剂。在抗营养因子钝化研究中最有应用价值的酶有植酸酶、纤维素酶、木聚糖酶、β-葡聚糖酶、甘露糖酶、果胶酶和 α-半乳糖苷酶。饲料中添加植酸酶能水解植酸和植酸盐，释放磷等有用元素并使植酸的抗营养作用消失；添加 α-半乳糖苷酶可去除豆类及杂粮中的 α-半乳糖；纤维素酶、阿拉伯木聚糖酶、β-葡聚糖酶、甘露糖酶和果胶酶组成的非淀粉多糖复合酶可降低非淀粉多糖的含量；胰蛋白酶等碱性蛋白酶和枯草杆菌蛋白能特异性地将大豆中的胰蛋白酶抑制因子水解为多肽，降低其活性。酶制剂法虽然安全无害，应用前景广阔，但对酶制剂的稳定性、耐受性及影响其作用的外界因素需进一步研究。

（2）**发酵法**　发酵法具有以下特点：能较有效地达到去毒的目的；能对多种抗营养因子或毒素产生解毒效果；可以大量处理加工，要求的条件、设备和工艺简单；对某些难消化的饲料可以部分提高消化率，同时改善适口性提高采食量。利用微生物发酵技术，可降低棉籽中的棉酚、大豆中的尿素酶、胰蛋白酶抑制因子和植酸。利用外加的米曲霉、酵母菌和乳酸菌等复合液，可对菜籽粕进行发酵脱毒。

（3）**发芽法**　发芽法可通过激活籽实类饲料原料部分内源酶降低原料中的抗营养因子。如大豆中的胰蛋白酶抑制剂、凝集素、胀气因子、单宁。

（4）**育种法**　通过育种来培育低抗营养因子或无抗营养因子的植物品种。现在已经培育了许多低抗营养因子的作物品种，如 1974 年加拿大曼尼托巴大学的保德斯蒂芬博士育成了世界上第一个低芥酸和低硫苷的"双低"油菜品种，华中农业大学用温敏型波里马细胞质雄性不育两用系"195A"与恢复系"7-5"配组的两系杂交油菜品种，贵州省农业科学院油料研究所选育的"黔油 18 号"双低杂交油菜品种；再如低单宁高粱、无色素腺体棉花、不含凝集素的大豆新品种、低棉籽糖和水苏糖的大豆新品种，其棉籽糖含量仅为 0.1%，水苏糖已经完全除去。这种方法可以除去抗营养因子，但也存在一些问题，如产量低、抗病害能力降低、周期长、投资大等。

（5）基因技术改良法　传统基因工程技术克服了传统育种法的缺点，有效降低了饲料中的抗营养因子含量。科学家运用基因工程技术法获得低寡糖大豆品系、大豆重组植酸酶和转植酸酶基因油菜。

4. 控制用量法　动物对抗营养因子存在一定的耐受力和适应能力，只要饲料中抗营养因子的含量不超过该种动物的耐受阈值，一般不会对畜禽产生毒害作用。比如：小麦可取代鸡饲料玉米的 1/3～1/2；菜籽粕在雏鸡、青年鸡饲料中添加量<5%，蛋鸡、种鸡饲料中添加量<10%，褐壳蛋鸡添加量<3%；鸡全价饲料中米糠的使用量<5%。

三、重金属污染

（一）重金属的定义

重金属一般指密度在 4.5 克/厘米^3 以上的金属元素，目前已知的重金属元素有 45 种。饲料污染问题中所说的重金属元素主要是指汞、镉、铅、硒、砷、铬等生物毒性显著的元素，它们在常量甚至微量接触的条件下即可对动物产生明显的毒害作用，故常被称为有毒金属元素，另外一些动物必需重金属元素（如铜、锌等）在饲料中的超量添加，也使得这些元素一度成为饲料中重要的重金属污染源。

（二）重金属污染的特点

1. 强蓄积性和稳定性　重金属污染物一旦随饲料进入动物机体，便会在体内组织器官中蓄积，且稳定性极强，长期累积导致动物中毒。

2. 生物富集作用　在自然界中重金属元素容易被微生物、植物和动物富集，使毒性逐渐增加。

3. 慢性中毒和长期毒害性　饲料中的重金属元素含量一般不会引起动物的急性中毒，但由于其强蓄积性往往引起动物慢性中毒，而人一旦食用动物组织器官也会引起慢性危害。另外，有些重金属元素具有较强的"三致"作用，甚至可通过母体胎盘影响后代健康。

（三）重金属在饲料中的允许量

鸡饲料中砷、铅、镉、汞的允许量，见表 4-8。

表 4-8　鸡饲料中砷、铅、镉、汞的允许量　（单位：毫克/千克）

饲料种类	砷（As）	铅（Pb）	镉（Cd）	汞（Hg）
配合饲料	2	5	0.5	0.1
鱼粉	10	10	2	0.5
石粉	2	10	0.75	0.1
磷酸盐	10	30	—	—
米糠	—	—	2	—

　　我国《饲料卫生标准》（GB 13078—2001）规定产蛋鸡浓缩饲料铅含量小于 13 毫克/千克，复合预混料铅含量小于 40 毫克/千克。NRC 规定畜禽对铜的需要量在 10 毫克/千克以下，对锌的需要量为 30～60 毫克/千克。我国国家标准还规定了添加剂预混合饲料中铅、砷的允许量。产蛋鸡、肉用仔鸡、仔猪、生长肥育猪微量元素预混合饲料（GB 8830—1988），产蛋鸡、肉用仔鸡维生素预混合饲料（GB 8831—1988），产蛋鸡、肉用仔鸡、仔猪、生长肥育猪复合预混合饲料（GB 8832—1988）等标准中规定，含铅量均应不高于 30 毫克/千克，含砷量不高于 10 毫克/千克。蛋鸡产业体系饲料资源开发与利用研究团队发现饲料中铅含量达到 60 毫克/千克、砷含量达到 51 毫克/千克时对蛋鸡生产性能无显著影响，镉含量达到 20 毫克/千克、汞含量达到 9 毫克/千克时显著降低蛋鸡的生产性能。

（四）重金属污染的预防

　　1. 汞中毒的预防　汞中毒的预防在于把好饲料关，从源头上控制汞对饲料的污染。一旦发现汞中毒，首先要去除病因，脱离毒源，并且要加强饲养管理，给以充足的饮水，增加维生素 A、维生素 E、和维生素 C 的用量。

　　2. 镉中毒的预防　适当提高铁、铜、锌、硒、钙、磷及维生素和植酸酶的含量，可在一定程度上降低镉在动物体的蓄积，减轻其毒性作用，使镉中毒症状减轻乃至消失。对于已经发生镉中毒的，目前无特效疗法，除截断其镉源外，只有对症治疗，注射硫酸铜、硫酸亚铁、硫酸锰、维生素 C、维生素 D、乙二胺四乙酸（EDTA）和二巯基丙醇（BAL）等，促进体内镉从尿中排泄，但与镉结合的螯合剂对肾脏有很强的毒性，故原则上最好不用。

　　3. 铅中毒的预防　饲料添加适量的钙、铁、锌、铜、铬可大大影响铅的吸收和蓄积，从而减轻铅的毒性作用。对于慢性中毒，可用依地酸二钠钙、二巯基丁二酸钠、促排灵等做驱铅治疗。急性中毒时可经口灌服 1% 硫酸钠或硫酸镁。

4. 砷中毒的预防　预防砷中毒的关键在于尽量避免鸡误食含砷化合物，如农药，杀虫合剂等。另外，也可在饲料中添加适量的维生素 B_1、维生素 B_2。

鸡发生砷中毒，应迅速排除消化道内的毒物，灌服温水、绿豆汤或硫代硫酸钠，稍后再灌服缓泻药。同时，肌内注射二巯基丙醇，每千克体重 0.1 毫克，每日 1 次，直至康复。另外，也可投服氢氧化铁液，每只鸡每次 5～10 毫升（取硫酸亚铁 10 份、加水 30 份，另取氧化镁 2 份、加水 10 份，二者分别存放，用时等量混合或现配现用），每 4 小时灌服 1 次。

5. 高铜、高锌的预防　为预防高铜、高锌带来负面影响，要严格控制饲料中铜、锌的添加量。鸡对锌的耐受量为 2 000 毫克/千克。饲料中添加植酸酶 1 500 单位/千克可将植酸与铜、锌分离，提高动物对其吸收率。

6. 吸附剂对重金属的控制

（1）纳米硅酸盐对镉的吸附　体外试验研究表明，添加 100 毫克纳米硅酸盐（改性蒙脱石），镉离子浓度为 50 毫克/升，pH 值为 5 时，纳米硅酸盐在 60 分钟内基本完成饱和吸附，其吸附率达到 99％，其吸附能力随 pH 值的增大而增加。

（2）含钛蒙脱石对砷的吸附　体外试验研究表明，添加 100 毫克钛柱撑蒙脱石，在砷浓度为 5 毫克/升和 10 毫克/升、pH 值为 5 时，钛柱撑蒙脱石在 3 小时内对砷的吸收达到最大值。

（3）纳米硅酸盐对汞的吸附　体外试验研究表明，添加 100 毫克纳米硅酸盐（改性蒙脱石），pH 值为 7 时，汞起始浓度低于 600 毫克/升时，纳米硅酸盐的平衡吸附率较大，达 90％以上。汞浓度大于 600 毫克/升时，吸附率下降。

四、饲料中的霉菌毒素

（一）饲料霉菌毒素的定义

霉菌在饲料上生长繁殖过程中产生的有毒代谢产物。它们是饲料中感染的霉菌进入生长末期，细胞不再分裂，初生代谢物质累积到一定程度后，利用其他一系列复杂的代谢途径所产生的化合物，这些化合物即饲料霉菌毒素。

（二）饲料霉菌毒素的种类

1. 曲霉毒素类　黄曲霉毒素、杂色曲霉毒素、赭曲霉毒素等。
2. 青霉毒素类　展青霉素、橘青霉素、黄绿青霉素等。

3. 镰刀菌毒素类 单端孢霉烯族化合物，如脱氧雪腐镰刀菌烯醇（DON）、T-2 毒素、二乙酰基镳草镰刀菌烯醇（DAS），还有赤霉烯酮（F-2 毒素）、丁烯酸内酯等。

（三）不同饲料原料的带菌状况

饲料原料中霉菌种类及带菌状况，见表 4-9。

表 4-9 饲料原料中霉菌种类和菌量

饲料名称	霉菌菌量（个/克）	霉菌种类
玉 米	$1.0 \times 10^3 \sim 1.8 \times 10^6$	黄曲霉，单端孢霉，镰刀霉，黑曲霉，烟曲霉，根霉，赭曲霉，白曲霉，土曲霉
小 麦	$1.3 \times 10^4 \sim 4.6 \times 10^5$	镰刀霉，黄曲霉，白曲霉，黑曲霉，毛霉，根霉，赭曲霉，黄曲霉，圆弧青霉
稻 谷	$2.3 \times 10^5 \sim 3.5 \times 10^5$	白曲霉，烟曲霉，橘青霉，杂色曲霉，黄曲霉
统 糠	5.0×10^4	黄曲霉，镰刀霉，白曲霉，黑曲霉，圆弧青霉，文特曲霉，烟曲霉
米 糠	$3.2 \times 10^5 \sim 7.3 \times 10^5$	白曲霉，黄曲霉，黑曲霉，镰刀霉，烟曲霉，圆弧青霉，交链孢霉
细 糠	3.5×10^4	圆弧青霉，毛霉，黄曲霉，赭曲霉，白曲霉
麸 皮	$1.2 \times 10^4 \sim 1.3 \times 10^4$	镰刀霉，圆弧青霉，橘青霉，杂色曲霉，烟曲霉，黑曲霉，交链孢霉
麦 麸	$5.0 \times 10^3 \sim 8.0 \times 10^3$	镰刀霉，圆弧青霉，白曲霉，烟曲霉，橘青霉，棒曲霉
黄 豆	$4.8 \times 10^2 \sim 3.9 \times 10^4$	黄曲霉，圆弧青霉，烟曲霉，黑曲霉，棒曲霉
膨化大豆	$2.0 \times 10^2 \sim 4.1 \times 10^2$	黄曲霉，烟曲霉，圆弧青霉，白曲霉，橘青霉
豆 粕	$4.6 \times 10^2 \sim 2.4 \times 10^5$	镰刀菌，圆弧青霉，土曲霉，橘青霉，烟曲霉，白曲霉，毛霉
菜籽粕	$1.7 \times 10^2 \sim 4.5 \times 10^5$	镰刀菌，圆弧青霉，黄曲霉，白曲霉，毛霉，土曲霉，根霉，赭曲霉
棉籽粕	$4.0 \times 10^2 \sim 1.5 \times 10^4$	镰刀菌，毛霉，黄曲霉，圆弧青霉，烟曲霉，白曲霉，黑曲霉，赭曲霉
玉米胚芽粕	$1.0 \times 10^2 \sim 4.0 \times 10^3$	赭曲霉，圆弧青霉，烟曲霉，黄曲霉，交链孢霉，毛霉
米糠粕	$1.0 \times 10^5 \sim 4.2 \times 10^5$	烟曲霉，黄曲霉，黑曲霉，镰刀菌，毛霉，白曲霉，圆弧青霉
亚麻粕	3.6×10^3	橘青霉，烟曲霉，黄曲霉，白曲霉，圆弧青霉
玉米粕	3.0×10^3	镰刀菌，土曲霉，烟曲霉，黑曲霉

续表 4-9

饲料名称	霉菌菌量（个/克）	霉菌种类
玉米蛋白粉	$2.0 \times 10^2 \sim 4.9 \times 10^3$	毛霉，根霉，土曲霉，交链孢霉，镰刀菌，黑曲霉，黄曲霉，烟曲霉
大米蛋白粉	$3.7 \times 10^2 \sim 4.2 \times 10^3$	橘青霉，赭曲霉，烟曲霉
次　粉	$7.6 \times 10^3 \sim 6.5 \times 10^5$	黄曲霉，根霉，镰刀菌，毛霉，烟曲霉，黑曲霉，白曲霉，杂色曲霉
花生麸	6.5×10^3	镰刀菌，杂色曲霉，烟曲霉，黄曲霉
鱼　粉	$1.9 \times 10^2 \sim 2.0 \times 10^4$	镰刀菌，毛霉，圆弧青霉，烟曲霉，白曲霉，赭曲霉，黄曲霉，单端孢霉
肉骨粉	$3.2 \times 10^3 \sim 3.3 \times 10^5$	镰刀菌，圆弧青霉，白曲霉，黄曲霉，烟曲霉，土曲霉，赭曲霉，棒曲霉
羽毛粉	$2.0 \times 10^3 \sim 7.4 \times 10^4$	烟曲霉，圆弧青霉，橘青霉，白曲霉，赭曲霉，黑曲霉，镰刀菌，黄曲霉

（四）饲料原料中霉菌毒素的控制

1. 我国对饲料霉菌及霉菌毒素的限量规定　饲料的霉菌允许量，见表 4-10。

表 4-10　饲料的霉菌允许量（GB 13078—2001）

卫生指标项目	样品名称	指标	实验方法	备注
霉菌允许量（每千克）霉菌总数×10^3 个	玉米	<40	GB/T 13092	限量饲用：40～100，禁用：>100
	小麦麸，米糠	<40		限量饲用：40～80，禁用：>80
	大豆饼粕，棉籽饼粕，菜籽饼粕	<50		限量饲用：50～100，禁用：>100
	鱼粉，肉骨粉	<20		限量饲用：20～50，禁用：>50
	鸡配合料，鸡浓缩料	<45		
黄曲霉毒素 B_1 允许量（每千克产品）微克	玉米，花生饼粕，棉籽饼粕，菜籽饼粕	≤50	GB/T 17480	
	豆粕	≤30		
	生长鸡，产蛋鸡配合饲料级浓缩料	≤20		

2. 饲料原料中霉菌毒素的控制方法 霉菌产毒的先决条件是霉菌在饲料上的繁殖，因此繁殖旺盛的时期一般也是产毒较多的时期。预防和控制霉菌毒素首先要想尽办法抑制霉菌在饲料上繁殖，这就要从饲料的新鲜程度、原料带菌量、霉菌抑制剂等多方面来综合考虑。

首先，要严格控制谷物等原料的水分，对谷物等原料的防霉必须从谷物在田间收获时开始做起。关键在于收获后使其迅速干燥，使谷物含水量在短时间内降到安全水分范围内。一般谷物含水量在13%以下，玉米在12.5%以下，花生仁在8%以下，霉菌不易繁殖；植物饼粕、鱼粉、肉骨粉等的水分不应超过12%。

其次，如玉米赤霉烯酮在体内有一定的残留和蓄积，一般毒素代谢出体外的时间为半年之久，造成的损失大、时间长。在南方的一些地区，高温多雨的气候为霉菌的繁殖提供了良好的环境条件，因此这些饲料应贮存在干燥通风的环境下，以防止霉菌的污染。对于已发霉的饲料最好不再使用，以免造成恶性循环。

大宗原料玉米对饲料产品影响较大，直接在玉米中防霉效果比较好，即喷洒杀菌液或依据玉米不同产地、不同生长时期加入不同抑菌成分的防霉剂，能有效控制玉米中霉菌及霉菌毒素。比如，在饲料中添加0.2%～0.3%丙酸钙或丙酸钠，可有效抑制霉菌的生长，而且对蛋鸡基本没有毒副作用。

3. 饲料原料中霉菌毒素的脱毒方法

(1) 物理脱毒法 主要有机械分离法、粉碎法、密度筛分法、溶剂萃取法、热灭活法和辐射法。这类方法操作都较为复杂，脱毒效果有限，所以应用较少。

(2) 化学脱毒法

方法一：碱处理。在实际生产中常用石灰水和氨处理霉变饲料，黄曲霉毒素结构中的内酯环在碱性条件下被打破而形成香豆素钠盐，从而破坏毒素。氨处理是实践中最常见的，去除黄曲霉毒素的方法效果较好。

方法二：臭氧处理。降解霉菌毒素的另一行之有效的方法是使之与臭氧反应。臭氧是一种对双键物质有优先作用效果的强氧化剂。

方法三：吸附剂处理。通过在饲料中添加对黄曲霉毒素具有吸附作用的产品防止毒素进入体内。比如水合铝硅酸盐类，取自天然沸石，对黄曲霉毒素有较高吸附力。黄曲霉毒素和水合铝硅酸类物质的反应在30分钟达到平衡。在添加比例为0.5%～2%时，吸附黄曲霉毒素的量一般可以超过50%，对于防止动物受黄曲霉毒素的影响效果良好。另外，还有膨润土，是以蒙脱石为主要成分的细粒黏土，其物化性质主要由所含的蒙脱石决定。当黄曲霉毒素污染水平为800克/千克时，饲料中添加0.5%的钙基膨润土可消除黄曲霉毒素的毒性，黄曲霉毒素污染水平为 922 克/千克时，饲料中添加 1% 的钠基膨润土，可以部分抵消黄曲霉毒素对动物生长及动物血液生化指标的不良影响。

③生物脱毒法。生物脱毒法是饲料原料最新的解毒方法，它是用酶或活的微生物对霉菌毒素进行生物降解。有研究采用生物工程技术开发出黄曲霉毒素降解酶，能针对黄曲霉毒素的毒性基团中 8，9 双键作用，使其双呋喃结构开环成为无毒的物质，它可对含有双呋喃结构的黄曲霉毒素类似物，如黄曲霉素、杂色曲霉素和杂色曲菌素等起作用。通过生物技术对霉菌毒素进行脱毒处理后，不会有毒素残留及不良的副产品出现，同时不会影响饲料中其他活性成分的有效性，但相对于吸附法而言，利用微生物和酶的生物降解法的成本较高，其实际应用的价值现在还有所限制。

甘露低聚糖目前在饲料添加剂中已经在使用，其主要作用是作为一种益生素调节胃肠道菌群和数量。但目前的大量研究表明，甘露低聚糖可以和许多毒素结合，消除毒素对机体的影响。其中对黄曲霉毒素的结合率取决于 pH 值、毒素浓度及所用甘露低聚糖的剂量。结合力在 pH 值为 6.8 时比 pH 值为 4.5 时强。饲料中，甘露低聚糖的添加量在 500～1 000 毫克/千克时结合力呈上升趋势。

第五章

现代蛋鸡饲养技术

阅读提示：

　　本章主要介绍了蛋鸡的生物学特性、鸡蛋形成与产蛋规律、人工授精技术、孵化技术；介绍了雏鸡的生理特性，雏鸡的培育技术、育成鸡关键控制技术、商品蛋鸡饲养技术、蛋种鸡饲养管理技术和蛋鸡散养管理技术等；介绍了影响鸡蛋货架寿命的主要因素及其调控技术，以及如何通过营养调控技术生产优质鸡蛋，从而满足新的市场需求等。

第一节　现代蛋鸡养殖的基本知识

一、蛋鸡的生物学特性

蛋鸡生产，无论哪种饲养方式，群体或个体活动都有其一定的规律性。只有了解和掌握蛋鸡特性和活动模式，才能为其提供适合的各种条件和必备设施，以达到提高生产效益的目标。

（一）代谢旺盛、体温高

蛋鸡心跳很快，每分钟心跳次数可达 160～470 次，平均心率为 300 次/分以上。而家畜中马为 32～42 次/分，牛、羊、猪为 60～80 次/分。同类家禽中一般体型小的比体型大的心率高，幼禽的心率比成年禽高，以后随着年龄的增长而有所下降。鸡的心率有性别差异，母鸡和阉鸡的心率较公鸡高。鸡的心率不仅与品种、年龄、性别有关，还受环境的影响，比如环境温度升高、惊扰、噪声等都将导致鸡的心率增高。心率快，说明代谢旺盛。鸡的平均体温在41.5℃。体温的维持主要靠体内营养物质代谢产热，而机体内的营养物质来自日粮，除维持体温外，蛋鸡尚需要生长发育、产蛋等，这需要更多的能量。蛋鸡日粮中的营养物质一定要满足需要，否则蛋鸡就不可能发挥最佳的生产潜能。

蛋鸡的基础代谢也高于其他动物，其基础代谢为马、牛的 3 倍以上，安静时的耗氧量与排出二氧化碳的量也较其他大动物高。一般情况下，动物的心跳频率越快，说明其生命之钟转得快，其寿命就会相对缩短。因此，鸡的生命周期较短。我们要在蛋鸡相对较短的生命周期里，想方设法为蛋鸡创造良好的生活环境，充分挖掘其生产潜力，使其在有限的时间里生产出尽可能多的优质蛋品。优良品种的蛋鸡年产蛋可达 17～19 千克，为其体重的 10 倍左右。

（二）繁殖能力强

母鸡的生殖器官由卵巢和输卵管两大部分组成。母鸡卵巢内有许多卵泡，在显微镜下观察鸡的卵巢，可见到 12 000 多个或更多个卵泡，这充分说明蛋鸡的繁殖性能非常强大。现代蛋鸡生产在选育蛋鸡品种的时候，充分考虑了蛋鸡的繁殖性能，使它的这一性能得到充分表达。优良品种的高产蛋鸡个体年产蛋可达 300 枚以上，大群产蛋已达到 280 枚以上，如果这些鸡蛋经过孵化有 70%

成为雏鸡，那么每只母鸡1年可获得200只雏鸡。

公鸡的繁殖能力也很强。据观察，一只精力旺盛的种公鸡一天可交配40次以上，平均每天交配10次左右是很平常的。一只公鸡配10～15只母鸡可以获得很高的受精率。鸡的精子不像哺乳动物的精子那样容易衰老死亡，一般在母鸡输卵管内可存活5～10天，最长可存活30天以上。蛋鸡生产利用这一特点，实行人工授精技术，即先进行人工采精，适当稀释后给母鸡人工授精，这样可获得更高的受精率。排出体外的鸡蛋只是发育到两个胚层的原肠期，排出体外后由于温度下降而停止发育，等温度升高到适宜温度时又开始发育，这一特性为人们进行大规模人工孵化提供了前提条件。

（三）体温调节能力有限

禽类的呼吸频率随品种和性别的不同而有差异，范围为22～110次/分。同一品种中，雌性较雄性高。此外，呼吸频率还随环境温度、湿度以及环境安静程度的不同而有很大差异。禽类单位体重的耗氧量为其他家畜的2倍，对缺氧尤其敏感。蛋鸡产热不仅可直接利用消化道吸收的葡萄糖，还可利用体内储备的糖原、体脂肪，在一定条件下也利用蛋白质代谢过程产生热量，以供机体生命活动包括调节体温的需要。隔热由皮下脂肪和覆盖贴身的绒羽和紧密的表层羽片形成一层不流动的空气包围禽体，从而产生良好的隔热作用，用以维持比外界环境温度高得多的体温。鸡的皮肤没有汗腺，又有羽毛紧密覆盖而构成非常有效的保温层，因而当环境气温上升至27℃时，辐射、传导、对流等散热方式会受到一定限制，而必须依靠呼吸作用排出水蒸气以散发热量，调节体温。随着环境温度的升高，鸡通过呼吸器官水分的蒸发就变成一种十分重要的散热方式。当鸡处于持续的高温环境时，就可见到张口喘气，即是散热现象。一般情况下，鸡在7.8℃～30℃体温调节功能健全，体温基本上可以保持不变。当环境温度低于7.8℃或高于30℃时，鸡的体温调节功能就不够完善，尤其对高温的反应比低温反应更明显。

（四）神经敏感性强

蛋鸡胆小、怕惊吓，神经敏感。其饲养环境一定要保持安静，避免有噪声和受到惊吓。鸡的听力和视力发育较好，但嗅觉能力较差。鸡具有学习的能力，经过训练可以完成一定的动作，饲养管理者可以利用这一能力进行有效管理。

（五）粗纤维消化率低

鸡的消化道短，仅为体长的6倍，与牛（20倍）、猪（14倍）、兔（14倍）

相比短得多，这就决定了其对营养消化吸收不完全。鸡无牙齿，不能咀嚼食物，只能在嗉囊内初步湿润和发酵食物，同时腺胃的消化能力也比较差，只能靠强有力的肌胃将与沙砾等硬物混合的食物磨碎。由于消化道短，饲料通过消化道的时间显著短于家畜。如果以粉状饲料饲喂蛋鸡，饲料通过消化道的时间，雏鸡和产蛋鸡约为 4 小时，休产鸡为 8 小时，就巢母鸡也只需 12 小时。鸡必须依靠消化系统中适当部位分泌的酶才可使复杂的食物分解为可被吸收的比较简单的物质，这就决定了蛋鸡的日粮应以精料为主，粗纤维含量一般不超过 5％。一般饲料在鸡体内仅停留 4 小时左右即被排出体外，这就决定了鸡的采食次数要比一般家畜多。生产中要做到少喂勤添，既能满足其营养需要，又可有效防止饲料浪费。

（六）适应集约化饲养

畜牧业各部门中以集约化养鸡最为成功。现代养鸡为达到蛋鸡高的生产效率和高的生产水平，必须采用集约化的饲养方式。集约化养鸡是蛋鸡的自然再生产过程和社会再生产过程在更高程度上的有机结合，它把先进的科学技术和工业设备应用于养鸡事业，用管理现代经济的科学方法管理养鸡生产，有效合理地利用饲料、设备，充分发挥蛋鸡的遗传潜力，高效率地进行蛋鸡产品生产。

二、鸡蛋的形成与产蛋规律

（一）鸡蛋形成

鸡蛋的形成包括蛋白、蛋壳膜、蛋壳以及气孔、蛋壳颜色和壳胶膜的形成。从卵子排出、蛋的形成到产出体外所需要的时间，即卵黄经过输卵管的时间，就是鸡蛋的形成过程。卵子排出到开始纳入喇叭部，约需 3 分钟，到全部纳入约需 13 分钟。卵黄纳入后通过喇叭部，还需要 18 分钟。进入膨大部后，膨大部具有很多腺体，分泌蛋白，包围卵黄。其分泌功能除需要雌激素的作用外，还需要第二种类固醇物质的刺激，这种类固醇物质，可能是孕酮或另一种类似孕酮的助孕素。据研究，蛋白中的抗生物素朊，没有孕酮或助孕素的存在就不可能形成。孕酮或助孕素来源于成熟卵泡和破裂卵泡。孕酮或助孕素还有另一个功能，刺激下丘脑，由下丘脑再刺激垂体前叶，分泌排卵诱导素。输卵管的蠕动作用，推动卵黄在输卵管内沿长轴旋转前进。在膨大部，首先分泌包围卵黄的浓蛋白，因机械旋转，引起这层浓蛋白扭转而形成系带。然后分泌稀蛋白，形成内稀蛋白层，再分泌浓蛋白层，最后再包上稀蛋白，形成外稀蛋白层。这些蛋白，在膨大部时都是呈浓厚黏稠状，其重量仅为产出蛋蛋白的 1/2，但其蛋白质含量则为产出蛋相应蛋白重量含量的 2 倍。这就说明卵黄离开膨大部后不再分泌蛋白，而主要是加水于蛋白。加上卵从输卵管旋转运动所引起的物理变化，形成明显的蛋白分层。卵在膨大部存留约 3 小时。膨大部蠕动，促使卵进入管腰部，在此处分泌形成内外蛋壳膜，也可能吸入少量水分，经过此部时，历时约 74 分钟。卵进入子宫部，存留在子宫部的时间达 18～20 小时或更长一些。卵进入子宫部的最初 8 小时，由于通过内外蛋壳膜渗入子宫液（水分和盐分），使蛋白的重量几乎增加了 1 倍，同时使蛋壳膜膨胀成蛋形。钙的沉积或蛋壳的形成，最初很缓慢，但随着卵滞留在子宫的时间而逐渐加快，大约到第 5 小时或第 6 小时，钙的沉积保持相当一致的速度直到蛋离开子宫为止。壳上胶护膜也是在离开子宫前形成，有色壳上的色素，则是由于子宫上皮所分泌的色素卵嘌呤，均匀分布在蛋壳和胶护膜上的结果。卵在子宫部已形成完整的蛋，到达阴道部，只等待产出。一枚鸡蛋从排卵到产出大约需要 24 小时，这就是蛋鸡每天产一枚蛋的生理基础。

（二）产蛋规律

在正常情况下，鸡产蛋有一定的规律性，连续产蛋若干天（或只产 1 天）与停产天（或 1 天以上）就构成了一个产蛋周期。饲养日根据产蛋量的变化可分为开产期、高产期和产蛋后期。

1. 开产期　从开始产第一个蛋到正常产蛋开始，经 7～14 天。在此期间，产蛋无规律性，产蛋不正常：产蛋间隔时间长，产双黄蛋和软壳蛋居多，1 天之内可能产 1 个异形蛋或 1 个正常蛋，或 2 个均为异形蛋。此期为蛋鸡排卵与内分泌代谢不协调期。

2. 高产期　蛋鸡开产后产蛋逐渐趋于正常，产蛋率迅速增加，在 32～34 周龄产蛋率达到最高峰，然后逐渐缓慢下降。产蛋高峰出现的早晚与品种和饲养管理好坏有关。育成期限制光照的鸡群，产蛋高峰出现早于育成期不限制光照的鸡群。达到产蛋高峰后，产蛋率一般能够达 93％～94％，高者可达 95％～97％，维持 3～4 周，以后每周降低 0.5％～1％，呈直线平稳下降；直到 72 周龄产蛋率仍然可维持在 65％～70％。产蛋率下降的幅度因品种或品系不同而有一定的差异。饲养管理差，鸡群遭受应激、疾病或环境温度过高，则产蛋率每周下降幅度也会增大。

3. 产蛋后期　此期相当短，虽然脑垂体仍可产生促性腺激素，但产蛋量迅速下降，直到不能形成卵子而结束。

三、人工授精技术

（一）采精前的准备

实施人工授精前 10 天，开始进行采精训练和精液品质检测，对精子数量少与精子活力差的种公鸡要加强饲养管理或予以淘汰。采精训练前将泄殖腔周围 4 厘米范围内的羽毛剪去，以防止肛门周边污物污染精液，便于采精操作和精液收集。

（二）精液采集

按摩法采精简便、安全、可靠。由两人操作，一人抓鸡保定，另一人按摩采精集精。保定人员一手紧握公鸡双腿，一手轻按公鸡背部，公鸡头朝后，尾向前，置于腋下固定；采精人员左手虎口部在公鸡背部两翅内侧，向尾部轻快按摩数次，待公鸡出现性反射时，即刻用左手掌将尾羽向背部上翻，用左手拇指和食指迅速将勃起的交配沟从泄殖腔内挤压出来；同时，右手紧握集精瓶，待有精液排出时将集精瓶口转到交配器下收集精液。采精时动作要温柔，以免损伤交配器，造成血精和种公鸡种用性能下降。集精前，集精瓶应做预热处理，以保证精液采集质量。采精时发现有尿酸盐流出，应取医用纱布将其擦去，然后再集精，以防止污染精液。抓鸡时要求准、轻、稳，以减少种公鸡的应激和种公鸡对人的啄伤、划伤。

（三）精液品质检测

1. 精液品质 采集的精液要求黏稠，乳白色，pH 值在 7～7.5，精子密度要求达到每毫升 20 亿个以上。

2. 精液检测 精子密度及精子活力与受精能力呈正相关。活力低的精子在显微镜下表现为摆动和转圈，活力高的精子则为直线运动。精液在显微镜下呈波浪式运动，且看不见空隙，精子密度为 40×10^9 个/毫升；若精子之间距离明显，精子密度在 $20 \sim 40 \times 10^9$ 个/毫升；若精子之间有很大空隙，密度低于 20×10^9 个/毫升。精子数量与精子活力检测后要及时记录和分析，及时更换或淘汰精液品质差的种公鸡。实施人工授精时，至少每 10 天进行 1 次精液检测，以保证精液品质（表 5-1 至表 5-3）。

表 5-1　公鸡精液特性

项　目	特　性
精液性状	精液由精子和精清组成，乳白色不透明液体，略带有腥味。鸡的精液量少，但黏度高。新鲜精液呈弱碱性，pH 值为 7.1～7.6。鸡的精子密度和采精量见表 5-2
精液成分	①精子含有复杂的酯类和糖蛋白 ②精清由 50～60 种不同的化学成分所组成，实质是盐类和若干氨基酸的水溶液。精清几乎完全没有果糖、柠檬酸、肌醇、磷酸化胆碱和甘油磷酸胆碱，氯化物含量低，而谷氨酸和钾含量高 ③公鸡精液中碱性磷酸酶的活性很高，每 100 毫升精液中碱性磷酸酶活性为 465～964 波丹斯基单位，其活性高低与受精率有关，以每 100 毫升精液中碱性磷酸酶为中等水平时，受精率最高
精子代谢	鸡的精子中含有各种酶，在代谢过程中发挥着重要作用。无论在无氧还是有氧条件下，鸡的精子都能进行代谢活动 ①无氧条件下进行糖酵解，即精子能将精清或稀释液中的果糖、葡萄糖分解为乳酸 ②有氧条件进行呼吸，精子通过呼吸作用进一步将乳酸分解为二氧化碳和水

表 5-2　不同类型公鸡采精量和精子密度

项　目		轻型蛋鸡	中型蛋鸡
采精量（毫升）	平均值	0.3	0.5
	范　围	0.05～0.8	0.2～1.1
精子密度（亿个/毫升）	平均值	40	30
	范　围	17～60	15～60

表 5-3　精液品质评定的技术指标

项　目	指　标
射精量	平均射精量 0.34 毫升，变化范围为 0.05～1 毫升。大部分公鸡射精量在 0.2～0.5 毫升
颜　色	健康公鸡的精液颜色为乳白色，质地如奶油状。如果颜色不一致，混有血、粪、尿等，或者透明，都是不正常的精液
密　度	公鸡精液平均密度为 30.4 亿个/毫升，变化范围为 5 亿～100 亿个/毫升，一般习惯于把精液浓度分为密、中、稀 3 种

续表 5-3

项　目	指　标
活　力	精子活力一般以 10 分制评定。精子平均活力为 8 分，范围从 3 分到 10 分，最普遍的为 6～8 分
酸碱度	精液中氢离子浓度平均 180 毫摩/升（pH 值 6.75），其范围为 39.81～631 毫摩/升（pH 值 6.2～7.4）

（四）精液稀释

1. 稀释液的选择　选择生理盐水和 5.7% 葡萄糖液作稀释液经济简便，稀释效果较好；选择脱脂牛奶作稀释液，稀释效果更好，但脱脂牛奶最好现做现用，且要选择无疫病奶牛所产的牛奶；复方稀释液有 BPSE 液、Lake's 液以及蛋黄液等，生产制备相对复杂，但精液用复方稀释液稀释后的短期保存效果优于单方稀释液。

2. 稀释倍数　精液稀释倍数应根据精液量和种母鸡数量确定，稀释倍数以 1～3 倍为宜。如果精子数量不能得到保证，会严重影响种蛋受精率。

3. 稀释精液　装有稀释液的集精瓶在开水中预热 5～10 秒钟，稀释液温度达到 40℃±2℃ 时，将稀释液沿集精瓶侧壁缓缓倒入，集精瓶加盖后缓慢上下翻转摇匀，然后紧握于手心保温备用。选用普通生理盐水稀释时，由于生理盐水不能提供代谢所需能量，只降低密度加速代谢，所以精液稀释之后必须在 30 分钟内用完。

（五）精液保存

鸡精液的保存方法，见表 5-4。

表 5-4　鸡精液的保存方法

保存方法	技术要求
常温保存	在 18℃～20℃，保存时间不超过 1 小时
低温保存	①保存温度：0℃～5℃，使精子处于休眠状态 ②操作程序：精液稀释后先置于 30℃ 水溶液中，再放入 2℃～5℃ 的冰箱内，使其缓慢降温。如无冰箱，将装有精液的试管包以 1 厘米厚的棉花，然后放入塑料袋或烧杯内，尔后直接放入装有冰块的广口保温瓶中 ③保存时间与稀释比例：精液若在 0℃～5℃ 保存 5～24 小时，使用缓冲溶液稀释，稀释比例 1:1～2，甚至 1:4～6。稀释液 pH 值 6.8～7.1

续表 5-4

保存方法	技 术 要 求
冷冻保存	①采精：采精时精液必须没有受到污染 ②稀释：稀释后降温平衡，也可降温、平衡一次进行 ③降温：通常温度在 5℃，置放若干时间 ④加防冻剂：甘油一般用 4%～6%，乙烯二醇用 6%～12% ⑤平衡：对在精精内加入防冻剂后，温度在 5℃放置 15 分钟至 2 小时 ⑥冷冻方法：采用滴冻法时，在盛有液氮的容器上面置一个铜纱网(18～20目)，距液氮面约 3 厘米。制作冻精颗粒的滴冻温度为 -118℃～-56℃，将平衡后的精液按一定的量（0.08～0.1毫升）滴于铜纱网上，经 3～5 分钟熏蒸后，收集冻精颗粒，装入纱布袋或贮粒器内，浸入液氮保存。采用细管法时，先将平衡后的精液分装，然后将细管置于铜纱网或氟板上。降温速度为：5℃～20℃每分钟下降 1℃；-125℃～-20℃每分钟下降 50℃；-196℃～-125℃每分钟下降 160℃。最后将细管精液浸入液氮中保存 ⑦解冻：在 0℃～5℃或 30℃～40℃的水浴中解冻

（六）人工授精

1. 人工授精时间 采用人工授精方式进行繁殖最好在春秋季节和鸡群产蛋高峰期进行。人工授精操作时间以下午 4～6 时为宜，此时大部分种母鸡都已产蛋完毕，可以避免人工授精操作对未产蛋种母鸡的伤害。人工授精操作时间间隔以 4～5 天为宜，最长不超过 7 天，否则会降低种蛋受精率。

2. 人工授精操作人员 人工授精操作人员最好固定。一人抓鸡翻肛，另一人输精；或两人抓鸡翻肛，一人输精，可以有效提高人工授精操作效率。实施人工授精时，操作人员应提前进入鸡舍，以便与鸡群相互熟悉，以降低鸡群应激。

3. 输精量 输精量应根据精液品质和稀释倍数而定，输精量一般每次 0.05 毫升左右，保证有效精子数在 $0.75×10^9$ 个以上。

4. 抓鸡 抓鸡翻肛人员右手紧握种母鸡双腿，把种母鸡拉到鸡笼门口处，使种母鸡侧卧，用左手背将种母鸡尾羽向背部上翻，再用拇指按压种母鸡腹部，待输卵管开口由泄殖腔内翻出时，输精人员将装有精液的 1 毫升注射器迅速插入种母鸡生殖道，此时抓鸡翻肛人员应立刻停止按压种母鸡腹部。因输卵管开口在泄殖腔左侧上方，右侧为直肠开口，翻肛时应按压腹部左侧，如按压腹部右侧，容易引起排粪，阻碍输精操作，污染输精器。产蛋种母鸡生殖道口一般为粉红色，生殖道口发白的停产种母鸡应放弃输精，如果种母鸡腹内有蛋未产，也应放弃按压翻肛和输精。产蛋种母鸡腹部一般是很柔软的，翻肛时，只需轻压种母鸡腹部，生殖道口就会自动翻出；如果种母鸡腹部坚硬，可能是过肥或内脏有疾患，强行用力按压翻肛会对其内脏造成伤害，失去种用价值。

5. 输精 输精人员一手紧握集精瓶，一手持 1 毫升注射器迅速吸取 0.05 毫升左右的精液，待注射器插入生殖道 3～5 厘米后，迅速将精液注入并拔出注射器。输精后，注射器应取医用纱布擦拭 1 次，以防污物污染精液和疫病交叉感染（表 5-5）。

表 5-5　鸡输精技术要求

输精要素	输精技术与要求	注意事项
输精深度	将阴道翻出，以看到阴道口与排粪口时为度，输精器插入 1～2 厘米即可输精	①精液采出后应尽快输精，存放时间不得超过 0.5 小时。精液应无污染，并保证每次输入足够的有效精子数
输精剂量	每次输入的有效精子数为 0.5 亿～0.7 亿个，最好 1 亿个，大约相当于 0.025 毫升的精液量；如果用 1∶1 的稀释精液输精，则输精量为 0.05 毫升。第一次输精时剂量加倍	
输精技术	①输精时，由助手抓住母鸡双翅基部提起，使母鸡头部朝向前下方，泄殖腔朝上，右手在母鸡腹部柔软部位向头背部方向稍施压力，从泄殖腔即可翻开输卵管开口，然后转向输精人员，后者将输精管插入输卵管即可输精　②笼养母鸡不需拉出笼外，输精时助手右手伸入笼内以食指放入母鸡两腿之间，握住鸡的两腿基部，将尾部双腿拉出笼门（其他部分仍在笼内），使鸡的胸部紧贴于笼门下缘，左手拇指和食指放在鸡泄殖腔上、下方，按压泄殖腔，同时右手在鸡腹部稍施压力即可使输卵管口翻出，输精者即可输精	②保定母鸡时动作要轻缓，插入输精管时不能用力太大，以免损伤输卵管　③在输入精液的同时要放松对母鸡腹部的压力，防止精液回流。在抽出输精管之前，注意避免输入的精液被吸回管内　④每输精一只母鸡要换一支输精器，或者输完一只用酒精消毒，用稀释液冲洗后再次使用，以防精液污染和疾病传播　⑤输精时不能将空气与精液一块输入输卵管内

（七）人工授精常用器具

人工授精常用器具，见表 5-6。

表 5-6　人工授精常用器具

名　称	规　格	用　途
集精杯	5.8～6.5 毫升 实心小漏斗，刻度集精杯	收集精液
刻度吸管	0.05～0.5 毫升	输精
保温瓶或杯	小、中型	精液保温
刻度试管	5～10 毫升	贮存精液
消毒盒	大号	消毒采精、输精用具
注射器	20 毫升	吸取蒸馏水及稀释液
注射针头	12♯	备用
温度计	100℃	测水温用
生理盐水	—	稀释精液
蒸馏水	—	稀释及冲洗器械
显微镜	400～1250 倍	检查精液品质
载玻片、血球计数板	—	检查精液品质
pH 试纸	—	测 pH 值，检查精液品质
干燥箱	小、中型	烘干用具
冰箱	小型低温	短期贮存精液用
分析天平	感量 0.001 克	称量试剂药品
电炉	400×1000 瓦	精液保温供温水用，煮沸消毒用
烧杯、毛巾、脸盆、试管刷、消毒液等	—	卫生消毒用
试管架、瓷盘	—	放置器具

四、孵化技术

（一）种蛋管理

1. 种蛋收集　收集种蛋前先洗手，减少人为污染。只收集产蛋箱内干净合格的种蛋，轻轻地去除表面垫料，将干净种蛋直接码入干净的塑料蛋盘，并确保大小头摆放正确。这样做的目的是减少种蛋间交叉污染风险，避免不必要的损失。鉴于种蛋的发育特点，需要采取措施快速降低蛋温。因此，在现场操作要增加集蛋次数，每天集蛋 5 次，关灯前增加 1 次集蛋，避免鸡蛋在产蛋箱内过夜。种蛋收集后要尽快消毒，尽快冷却到生理临界温度。单独收集畸形蛋、地面蛋和脏蛋时，切勿将这些蛋混入合格种蛋中，这些蛋即使处理干净后其孵化率也不会高，而且所出雏鸡质量也不会好，如处理不当，脏蛋和地面蛋可能会在孵化器中成为污染源。孵化时最好用一台机器专门入孵这些种蛋，或将其放在蛋车的底部。

2. 种蛋运输　运输种蛋要选用专业运蛋车，要求运蛋车隔热和密封良好，有足够的加热和冷却能力，有良好的减震系统。在种蛋装车卸车过程中小心轻放，蛋筐摆放整齐紧凑，避免在运输途中蛋筐摇摆倒塌，造成不必要的损失。出发前关好车厢门，开车要格外小心，途中请开启加热/制冷系统。温度很重要，过高或过低温度都会影响孵化率，最好到达目的地后直接送到孵化厅。制定监测制度，定期对车厢中多点温度进行跟踪监测，检测运输途中车内温度和温度场的均匀性，发现问题及时整改。设计行车路线，以公路为宜，避开颠簸路段，经验证明长途运输和颠簸的路况会影响孵化率。

3. 种蛋消毒　良好的管理，是生产"高质量合格种蛋"的最佳途径。消毒，只是防止污染的一种补救措施，其介入越早越好。目前，在现场使用甲醛熏蒸效果很好，是首选方法。在使用中需要注意几点：①有密闭的熏蒸间（箱），仔细测量空间按规格计算用药量；②保证熏蒸时的温度为21℃±3℃，空气相对湿度≥65%；③如熏蒸空间过大，需要关注甲醛气体分散的均匀度，可以辅以风扇；④用正确的药量熏蒸，每立方米用37.5%甲醛43毫升和21克的高锰酸钾混合，或者加10克的多聚甲醛。消毒液处理种蛋一般用于脏蛋的消毒，但如果操作不当或在条件达不到的情况下种蛋易受到二次污染或冷应激，会导致孵化率下降，最好采用喷洒的方法。不建议用消毒液处理干净种蛋。

4. 种蛋储存　蛋库的容量要与种鸡生产能力相配套，能够容纳规定周期的种蛋。蛋库配置与之相匹配的空调，能够为整个蛋库制冷或加热。蛋库墙壁与门窗都要隔热密封，减少外界环境的影响。检查蛋库的温度，确定蛋库各处温度接近，温差不超过0.5℃。容积较大的蛋库需安装空气循环设备来保障室内空气循环。空调出风口不要直吹种蛋；不要把种蛋放置在加湿器下方；不要用纸蛋盘储存种蛋；蛋车之间、蛋车与墙之间至少保持10厘米的距离，确保气流顺畅；使用向上吹的电扇，搅动空气，提高温度均匀度，随手关门，减少流入流出蛋库空气，保持蛋库温度均匀、稳定。空气相对湿度保持在70%以上，但不能高于80%，不要在地面洒水加湿，记录蛋库温度和湿度，每天至少2次。收集消毒种蛋后，尽快将种蛋存入蛋库，种蛋表面温度最好在1~2小时内降到蛋库温度。制定蛋库卫生管理规范，每周对蛋库进行消毒清洗。定期检测蛋库空气细菌沉降情况。制定入孵计划，确定种蛋储存期。根据储存期，选用相应的储存温度和湿度。在种蛋上标注好种蛋日期，按照蛋龄大小安排上孵时间。储存期翻蛋可提高超期储存种蛋孵化率，尤其对老龄种蛋的孵化效果更佳，每天翻蛋 4 次，小心操作，减少破损；用塑料膜覆盖种蛋时，必须在冷却后覆盖。

（二）孵　化

1. 入孵及入孵前预孵化　从蛋库取出破壳蛋，纠正大小头倒置，蛋盘入位。确定入孵时间，年轻种鸡的种蛋（≤30 周），提前 4～6 小时入孵；储存期超过 4 天的，每多 1 天，提前 1 小时入孵。预温在现场是非常有用的工作，其目的是分两步把种蛋温度从蛋库温度升到孵化温度，这样做能够减少对种蛋的应激，让种蛋同时达到孵化温度，鸡胚同时开始发育，并有助于防止种蛋出汗。要实现良好预温效果需要满足下列条件：需要密闭的预温间，并配备充足的加热或冷却能力和循环气流。使用适宜的温度和湿度，防止种蛋出汗。根据储存期长短，选用适当的预温时间。据相关资料报道，入孵前，在干球温度 37.5℃和湿球温度 30℃的条件下预孵化 6 小时，使胚胎在超期储存时具有更好的存活能力。试验表明，该技术可提高超期储存种蛋孵化率 2%～3%。

2. 入孵前的准备

第一，在孵化前 1 天开机，检查和调试孵化机。

第二，在种蛋送到孵化场后应先进入预热间，在 27℃～38℃下预热一段时间可提高孵化率（一般种蛋在 13℃～16℃温度下，夏季预热 8～12 小时，冬季预热 16～24 小时，春季预热 14 小时左右），注意避免温度突然升高给胚胎造成应激。

第三，种蛋大头朝上放入孵化器时再进行一次挑选，将不符合要求的种蛋拣出，然后放入孵化器，按每立方米空间使用高锰酸钾 15 克、甲醛 30 毫升，熏蒸消毒 20～30 分钟。消毒时室内温度保持在 25℃～27℃，空气相对湿度 75%，熏蒸后迅速打开门窗，通风排出气体。

3. 孵化温度　温度是影响孵化率的首要条件，发育着的胚胎对环境温度十分敏感，过高或过低都不利于胚胎发育。若采用恒温孵化法，孵化器温度为 37.8℃；若采用变温孵化法，应按"前高，中稳，后低"的给温方式，一般是第 1～10 天温度为 37.9℃～38℃，第 11～15 天温度为 37.8℃，第 16～18 天温度为 37.7℃，第 19～21 天温度为 37.3℃～37.5℃。

高温能加速胚胎发育，缩短孵化期，但死亡率增加，雏禽质量下降。如鸡的孵化温度超过 42℃，胚胎 2～3 小时即死亡。低温下孵化，胚胎发育迟缓，孵化期延长，死亡率增加；如孵化温度为 35.6℃时，胚胎大多死于壳内。孵化操作中，尤其应防止胚胎发育早期（孵化 1～7 天）在低温下孵化，出雏期间

（孵化 19～21 天）要避免高温孵化。

4. 孵化湿度　湿度对种蛋的孵化率有很大的影响，合理的湿度在孵化前期可使胚胎受热良好，后期则有利于胚胎散热和破壳出雏。实践证明，胚胎每天失水在 0.55%～0.60%，整批孵化时应根据胚胎的发育规律采取"两头高、中间低"的原则，孵化初期空气相对湿度为 60%～65%，中期为 50%～55%，后期为 65%～70%，分批孵化时应经常保持在 53%～57%，开始啄壳时提高到 65%～70%。

孵化期一定要防止同时高温高湿，适宜的湿度可以使孵化初期的胚胎受热良好，孵化后期有益于胚胎散热，也有利于破壳出雏，出雏时适宜的湿度与空气中的二氧化碳作用，使蛋壳中的碳酸钙变成碳酸氢钙，壳的质地变脆。所以，在雏禽啄壳以前提高湿度是很重要的。

不加水孵化。无论自然孵化还是我国传统的人工孵化，都不需加水，而且近年来专家对孵化时的供湿也提出了各种不同的主张，这些都说明胚蛋对湿度的适应范围是很大的，这是长期自然选择的结果。不加水孵化的优越性显而易见，它既可节省能源，省去加湿设备，又可延长孵化器的使用年限。

5. 通风换气　孵化机采用风扇进行通风换气，一方面是利用空气流动促进热传递保持孵化机的温湿度均匀一致，另一方面是供给鸡胚发育所需的氧气和排出二氧化碳及多余的热量，当孵化机内的氧气和二氧化碳浓度与空气中的浓度一致时孵化效果最好。研究表明：氧气浓度每下降 1% 则孵化率下降 5%，氧气含量 20% 时孵化率最高，高于或低于该浓度都会使孵化率下降；孵化器内二氧化碳含量低于 0.5% 时孵化率最高，当孵化器内二氧化碳浓度超过 1.1% 时孵化率随二氧化碳含量增高而降低，当超过 1.1% 时每增加 1% 孵化率下降 15%，当二氧化碳浓度增加到 5% 时孵化率为零，因此通风换气很重要。相关资料显示，孵化器风扇若以每分钟转速 60 次、120 次、180 次进行比较，孵化率以 180 次最高，特别是破壳出雏和夏季孵化后期，应更加注意加强通风换气的管理。

6. 照蛋　在孵化过程中，一般要进行 2 次照蛋，便于及时拣出其中的无精蛋、死精蛋和死胚蛋。第一次照蛋在入孵后第 4～5 天挑出无精蛋和死胚蛋。正常发育的胚蛋血管分布呈蜘蛛网状，颜色发红，黑色眼点明显，蛋黄下沉；而无精和鲜蛋一样，一般看不到血管。第二次照蛋在入孵后 11 天，目的是拣出其中的死胚蛋，正常发育良好的胚胎变大，蛋内布满血管，绒毛尿囊膜在蛋的小头合拢，气大而边界分明；死胚蛋则蛋内显出黑影、混浊，血管模糊不清，蛋壳颜色发黄。表 5-7 为鸡蛋胚胎发育特征。

表 5-7　鸡蛋胚胎发育

胚龄（天）	照蛋特征（俗称）	胚蛋内部发育主要特征
1	"鱼眼珠"、"白光珠"	胚盘重新开始发育，器官原基出现。蛋黄表面有一颗稍微透亮的圆点，胚盘边缘出现许多红点，称"血岛"
2	"樱桃珠"	卵黄囊、羊膜、绒毛膜开始形成，血岛合并形成血管，血液循环开始，蛋黄囊血管区出现，胚胎心脏开始跳动
3	"蚊虫珠"	胚胎头尾分明，内脏器官形成，尿囊开始发育。眼的色素开始沉着，卵黄因蛋白水分的继续渗入而明显扩大
4	"钉壳"、"扎根"、"落盘"、"小蜘蛛"	卵黄囊血管贴靠卵壳，羊膜腔形成，容易通过卵壳的气孔进行气体代谢。胚胎头部明显增大，并与卵黄分离。尿囊从脐带向外突出，形成一个有柄的囊状
5	"起珠"、"单珠"	胚胎眼球内大量黑色素沉积，胚胎极度弯曲呈"C"形，四肢开始发育。生殖腺已经分化，可确定胚胎公母
6	"双珠"、"双起见"	蛋黄最大，胚胎躯干部增大，羊膜开始收缩，胚胎开始活动。喙原基出现。翅和脚可以区分，照蛋时一个圆点是头部，一个是弯曲增大的躯干部
7	"沉"	羊水显著增多，胚胎已出现明显的鸟类特征，颈伸长，翼喙明显。肉眼可区分出雌雄性腺。卵黄增大达最大重量，蛋白重量下降。胚胎自身有体温
8	"浮"、"边口发硬"	胚胎活动逐渐加强，像在羊水中浮游一样。四肢成型，用放大镜容易看到羽毛原基
9	"晃得动"、"发边"	尿囊迅速向小头伸展，胚胎的羽毛突起明显。腹腔愈合，软骨开始骨化。转动蛋时容易看到两边蛋黄晃动
10～10.5	"合拢"、"长足"	尿囊合拢，胚胎体躯生出羽毛。除气室外，整个蛋布满血管
11	血管开始加粗，颜色开始加深	尿囊液量达到最大值，各器官进一步发育
12	血管加粗、颜色逐渐加深。背面左右两边卵黄在大头边连接	卵黄扁圆状，照蛋时看到左右两边卵黄连接。小头蛋白由一管状道（浆羊膜道）输入羊膜囊中，发育快的胚胎已开始吞食蛋白
13～16	小头发亮部分随着胚龄的增长而逐日缩小	小头蛋白不断由浆羊膜道输入羊膜囊中，胚胎大量吞食稀释的蛋白，尿囊中有白絮状排泄物出现。这阶段的蛋白吸收不但通过血液循环系统，也通过消化系统同时进行。胚胎生长迅速，骨化作用急剧。绒毛明显覆盖全身。由于卵内水分蒸发，气室逐渐增大

续表 5-7

胚龄（天）	照蛋特征（俗称）	胚蛋内部发育主要特征
17	"封门"、"关门"	胚体增大，小头蛋白已全部输入羊膜囊中，故照蛋小头看不到亮的部分。这时解剖胚蛋，蛋壳与尿囊极易剥离
18	"斜口"、"转身"	胚胎转身，喙开始转向气室端。胚胎吞食蛋白结束，胚胎全身已无蛋白粘连，绒毛清爽。卵黄已有小量由卵黄茎进入腹中
19	"闪毛"	胚胎大转身，颈部及翅部突入气室内。卵黄绝大部分、甚至全部已进入腹中。尿囊血管逐渐萎缩。喙进入气室开始呼吸，并开始啄壳
20	"起嘴"、"见嚎"、"啄壳"	喙进入气室，容易听到音叫（叫声）；肺呼吸开始；尿囊血管枯萎，血流循环停止，有少量雏鸡已出壳
20.5～21	出壳	出壳高峰，出壳雏鸡初生重一般为蛋重的 65%～70%，雏鸡腹中尚存约 5 克卵黄，这是正常现象，一般饲养约 5 天卵黄全部吸收完毕
备　注	①主要阶段的发育标准是：鸡蛋 5 天"起珠"，10～10.5 天"合拢"、"长足"，17 天"封门" ②鸡蛋 1～7 天照蛋观察其正面，8～17 天重点观察其反面	

7. 翻蛋与晾蛋　翻蛋可使种蛋受热均匀，发育整齐、良好，帮助羊膜运动，防止壳膜与胚胎粘连，有助于胚胎运动，保证胎位正常。1 昼夜应翻蛋 8～12 次，入孵 18 天后可不翻蛋。翻蛋角度以前俯后仰 45°为宜，翻蛋时动作要轻、稳、慢，避免胚蛋损伤和掉下。

适当地晾蛋可以驱散余热，给胚胎提供新鲜空气，有利于胚胎发育。前期，即绒毛膜合拢前，每天晾 1 次；中后期，即"合拢"至"封门"，每天晾 2～3 次；后期，即"封门"后，每天晾 3～4 次。每次晾蛋 2～3 分钟，温度降至 30℃～32℃即可。

8. 落盘与出雏　落盘后除保持一定的温湿度和通风环境外，还应将观察窗遮光，使出壳雏鸡保持安静，这是因为雏鸡有趋光性，已出壳的雏鸡见光易拥到出雏盘前面不利于其他胚蛋出壳。

在孵化到第 21 天，成批出雏，第一次拣雏时间最好选择在 30%～40%雏鸡出壳时进行。把脐部收缩良好、绒毛已干的雏鸡拣出来，同时拣出毛蛋和空蛋壳，将脐部肿胀鲜红光亮和绒毛未干的雏鸡暂时留在出雏盘中。出雏后将未雏的胚蛋集中移至出雏器的顶部，等到大部分出雏后进行第二次拣雏，至最后再拣一次雏并扫盘。

9. 停电时应采取的措施 孵化过程如遇电源中断或孵化器出故障时，要采取下列措施：①机器内如有入孵 10 天以内的胚蛋，进出气孔可关闭，机门可关上，冬季天气较冷应将温度提高到 27℃以上。②孵化中后期，停电后每隔15～20 分钟应转蛋 1 次；每隔 2～3 小时把机门打开一半，拨动风扇 2～3 分钟，驱散机内积热，以免由于机内积热而烧死胚胎。③如机内有 17 天的胚蛋，因胚胎发热量大，闷在机内过久容易烧死，应提早落盘。停电后要将孵化器的所有电源开关关闭。

10. 孵化场的卫生管理 经常保持孵化场地面、墙壁、孵化设备和空气的清洁卫生，对提高孵化率是很重要的。有些新孵化场在一段时间内，孵化效果不错，但经过一年半载，在摸清孵化器性能和提高孵化技术之后，孵化效果反而降低，究其原因主要是对孵化场及孵化设备没有进行定期认真冲洗消毒，胚胎长期在污染严重的环境下发育，导致孵化率和雏鸡质量降低。改善孵化场的卫生条件，首先是孵化场场址选择和工艺流程要符合卫生要求，其次是要建立日常卫生管理规程并严格执行。

孵化场易成为疾病的传播场所，所以应进行彻底消毒，特别是两批出雏间隔期间的消毒。出雏室是孵化场受污染最严重的地方，清洗消毒丝毫不能放松。在每批孵化结束之后，立刻对设备、用具和房间进行冲洗消毒。注意消毒不能代替冲洗，只有彻底冲洗后，消毒才能更有效。

(1) 孵化器及孵化室的清洗消毒 取出孵化盘及增湿水盘，先用水冲洗，再用新洁尔灭擦洗孵化器内外表面（注意孵化器顶部的清洁），用高压水冲刷孵化室地面；然后用熏蒸法消毒孵化器，用多聚甲醛在温度 24℃、空气相对湿度 75%以上的条件下，密闭熏蒸 1 小时，然后开机门和进出气孔通风 1 小时左右，驱除甲醛蒸气。

(2) 出雏器及出雏室的清洗消毒 取出出雏盘，将死胚蛋（毛蛋）、死弱雏及蛋壳装入塑料袋中，将出雏盘送洗涤室浸泡在消毒液中。清除出雏室地面、墙壁、天花板上的废物，冲刷出雏器内外表面后，用新洁尔灭水擦洗，然后用甲醛烟熏消毒出雏器和出雏盘。用 0.3%过氧乙酸喷洒出雏室的地面、墙壁和天花板。

(3) 废弃物的处理 及时将孵化过程中的废弃物集中，运至远离孵化场的垃圾场掩埋处理。出雏后的废蛋壳不能作畜禽饲料，以防消毒不彻底导致传播疫病。

11. 孵化常见问题与孵化效果分析 种蛋孵化常见现象及措施见表5-8。种蛋、鸡胚、初生雏之间的生物学关系见表5-9，表5-10。

表 5-8　种蛋孵化常见现象及措施

常见现象	产生原因	采取措施
无精蛋太多	①公、母鸡比例不合适 ②种公鸡营养不良 ③配种时公鸡相互干扰 ④公鸡肉垂和冠冻伤 ⑤公鸡年龄较大 ⑥公鸡不育 ⑦种蛋保存期太长或入孵前贮存条件不良	①轻型鸡种公母比例 1：10～12，重型鸡种 1：8～10 ②青年公鸡从鸡群分离，保证满足营养需要 ③公鸡比例不能太高，配种期公鸡应共同饲养 ④检查鸡舍设施是否良好及公鸡的饮水器是否合适 ⑤用青年鸡更换老龄鸡 ⑥用其他公鸡取代 ⑦种蛋应保存在凉爽地方（10℃～16℃，空气相对湿度 70%左右），保存期不超过 7 天
出现血管后早期胚胎死亡	①孵化温度过高或过低 ②错误的熏蒸消毒程序	①检查温度计、控温器、电源供给是否正常，查阅孵化机说明书 ②检查使用的熏蒸剂是否正确，不能在入孵卜蛋后 24～48 小时熏蒸消毒
许多雏鸡在壳内死亡	①种蛋在入孵前保存时间太长或保存条件不良 ②孵化时温度过高或过低 ③没有正确翻蛋 ④如果在 10～14 胚龄严重死亡，则营养缺乏 ⑤孵化机内通风不良 ⑥白痢或其他传染病感染	①种蛋保存时间不超过 7 天，同时应贮存于通风凉爽处（10℃～16℃，空气相对湿度 70%） ②检查温度计、温控器和电源供给是否正常 ③定时翻蛋，每天至少 3～4 次，每次方向相反 ④应对种鸡给予特别注意，并检查其饲养和营养是否适宜 ⑤孵化时以正确方法增加通风量 ⑥种蛋应来源于健康鸡群，且经常检查孵化机内的卫生状况
①出雏太早 ②出雏过迟 ③雏鸡不自然	①孵化温度太高 ②孵化温度太低 ③孵化温度太高	①检查温度调节装置是否有效，特别是断电后是否达到正确温度 ②检查温度调节器是否正常 ③调节温度达到需要水平
雏鸡畸形	①孵化机温度过高或过低 ②上蛋、翻蛋方式不正确	正确地调节温度和进行上蛋
长柄小铲状	出雏机托盘太光滑	检查出雏机托盘光滑度
弱雏	孵化机或出雏机内某一部过热	—

续表 5-8

常见现象	产生原因	采取措施
①雏鸡体小	①入孵种蛋小 ②孵化机内湿度太低	①入孵时剔出过小种蛋 ②提高水分的表面蒸发力
②雏鸡呼吸困难	①出雏机内残留较高剂量的熏蒸剂 ②出雏机内湿度太大 ③某些传染病	①使用正确数量的熏蒸剂消毒 ②降低水分表面蒸发量 ③尽可能送实验室诊断分析
③雏鸡羽毛暗淡	孵化期平均温度低,通风不良,脐带炎或脐带感染,上蛋(蛋龄)太分散	孵化机应完全彻底清洗和熏蒸消毒,尤其注意对所有的孵化设备进行消毒;1周至少上蛋1次,种蛋贮存期不超过10天
雏鸡体重不整齐	入孵蛋大小、重量不合适	使用正常大小的种蛋入孵,最好不要从新鸡群选择种蛋入孵
喙和胚胎畸形,孵化力弱	估计缺乏叶酸	检查饲料叶酸水平
胚骨畸形,孵化力减弱	估计缺乏维生素 H	检查饲料中维生素 H 水平
在孵化 4~7 日龄胚胎畸形,发育受阻	估计缺乏维生素 D	检查饲料中维生素 D 水平
在孵化第二周发生胚胎死亡	估计缺乏维生素 B_6	检查饲料中维生素 B_6 水平
在孵化最后 1 周胚胎死亡	估计缺乏维生素 B_{12}	检查饲料中维生素 B_{12} 水平
种蛋孵化力降低	估计缺乏泛酸	检查饲料中泛酸水平

表 5-9　种蛋、鸡胚、初生雏之间的生物学关系

种　蛋		照 蛋			死　胚	初生雏
		5~6 胚龄	10~11 胚龄	19 胚龄		
维生素 A 缺乏	蛋黄色泽淡白	无精蛋多,孵化期第 2~3 天死亡率高,色素沉着少	胚胎发育略微迟缓	胚胎发育迟缓,肾脏含有磷酸钙、尿酸盐沉淀物	眼肿胀,肾有磷酸钙等结晶沉淀物,有活胎但无力破壳出雏	出雏时间延长,产生很多瞎眼、眼病的弱雏

续表 5-9

种 蛋		照 蛋			死 胚	初生雏
		5～6 胚龄	10～11 胚龄	19 胚龄		
维生素 B₂ 缺乏	蛋白稀薄，蛋壳表面粗糙	死亡率稍高，第一死亡高峰出现在 1～2 胚龄	胚胎发育略为迟缓，第 9～14 天胚胎出现死亡高峰	死亡率增高，死胚有营养不良特征，软骨、绒毛卷缩呈结节状	胚胎有营养不良特征，躯体小，关节明显变形，颈弯曲，绒毛缩呈结节状，脑膜水肿	侏儒体型，绒毛卷曲呈结节状，雏鸡颈和脚麻痹，趾弯曲（鹰爪）
维生素 D₃ 缺乏	蛋壳薄而脆，蛋白稀薄	死亡率稍增加	尿囊发育迟缓，第 10～16 天胚胎出现死亡高峰	死亡率显著增高	胚胎有营养不良的特征，皮肤水肿，肝脏脂肪浸润，肾脏肥大	出雏时间拖延，初生雏体质软弱
蛋白中毒	蛋白稀薄，蛋黄流动	—	—	死亡率增高，脚短而弯曲，呈"鹦鹉嘴"，蛋重减少较多	胚胎营养不良，脚短而弯曲，腿关节变粗，呈"鹦鹉嘴"，绒毛基本正常	弱雏多，且脚和颈麻痹
种蛋保存时间长	种蛋气室大，系带和蛋黄膜松弛	许多胚胎死于孵化前 2 天，剖检时胚盘表面有泡沫	胚胎发育迟缓，脏蛋、裂纹蛋被细菌污染，出现腐败蛋	鸡胚发育迟缓	—	出雏时间延长，绒毛粘有蛋白，出雏不集中，雏鸡品质不一致
胚蛋受冻	许多蛋的外壳冻裂	孵化头几天胚胎大量死亡，尤其是第一天，卵黄膜破裂	—	—	—	—
运输不当	蛋壳破裂，气室流动，系带断裂	—	—	—	—	—

表 5-10　孵化条件、鸡胚、初生雏之间的关系

孵化条件	5～6 胚龄	10～11 胚龄	19 胚龄	死　胚	初生雏
第 1～2 天温度过热	部分胚发育良好，畸形多，粘贴壳上	—	胚胎头、眼和腭多见畸形	胚胎头、眼和腭多见畸形	出雏提前，多畸形，比如无颅、无眼等
第 3～5 天温度过热	多数胚胎发育良好，也有充血、溢血、异位现象	尿囊"合拢"提前	异位，心、肝和胃变态、畸形	异位，心、肝和胃变态、畸形	出雏提前，但出雏时间拖延
短期强烈过热	胚胎干燥而黏着壳上	尿囊的血液呈暗黑色，且凝滞	皮肤、肝、脑和肾有点状出血	异位，头弯向左翅下或两腿之间，皮肤、心脏等有点状出血	—
孵化后半期长时间过热	—	—	雏鸡啄壳较早，内脏充血	破壳时死亡多，蛋黄吸收不良，卵黄囊、肠、心脏充血	出雏较早但拖延，雏鸡弱小，粘壳，脐带愈合不良且出血，壳内有血污
温度偏低	胚胎发育非常迟缓，气室过大	胚胎发育十分迟缓，尿囊充血未"合拢"	胚胎发育十分迟缓，气室边缘平齐	有很多活胎但未啄壳，尿囊充血，心脏肥大，卵黄吸入呈绿色，残留胶状蛋白	出雏晚且拖延，雏弱脐带下愈合不良，腹大有时下痢，蛋壳表面污秽
湿度过高	气室小	尿囊"合拢"迟缓，气室小	气室边缘平齐且小，蛋重减轻少	啄壳时洞口多黏液，喙粘在壳上，嗉囊、胃和肠充满黏性液体	出雏晚且拖延，绒毛长且与蛋壳粘连，腹大软弱无力，脐部愈合不良
温度偏低	胚死亡率高，充血并粘附壳上，气室大	蛋重损失大，气室大	蛋重损失大，气室大	外壳膜干黄并与胚胎粘连，破壳困难，绒毛干短	出雏早，雏弱小而干瘪，绒毛干燥、污乱、发黄，雏鸡脱水
通风换气不良	死亡率增高	在羊水中有血液	在羊水中有血液，内脏充血，胎位不正	胚胎在蛋的小头啄壳，大多闷死壳内	雏鸡出雏不集中且品质不一致，出雏后不能站立，黏结绒毛

●●● **173**

续表 5-10

孵化条件	5～6 胚龄	10～11 胚龄	19 胚龄	死 胚	初生雏
转蛋不正常	卵黄囊黏附壳膜	尿囊"合拢"不良	尿囊外有黏着性的剩余蛋白，异位	—	—
卫生条件差	死亡率增加	腐败蛋增加	死亡率增加	死胚率明显增加	雏鸡软弱无力，脐部愈合不良，潮湿有异臭味，脐炎

第二节 雏鸡培育技术

一、雏鸡的生理特点

（一）体温调节功能不完善

初生雏的体温较成年鸡体温低 2℃～3℃，4 日龄开始慢慢地均衡上升，到 10 日龄时才达成年鸡体温。到 3 周龄左右，体温调节功能逐渐趋于完善，7～8 周龄以后才具有适应外界环境温度变化的能力。

（二）生长速度快，代谢旺盛

蛋用型雏鸡 2 周龄的体重约为初生重的 2 倍，6 周龄为 10 倍，8 周龄为 15 倍。前期生长快，以后随日龄增长而逐渐减慢。雏鸡代谢旺盛，心跳快，脉搏每分钟可达 250～350 次，安静时单位体重耗氧量与排出二氧化碳的量比家畜高 1 倍以上，所以在饲养上要满足营养需要，管理上要注意不断供给新鲜空气。

（三）羽毛生长快

幼雏的羽毛生长特别快，在 3 周龄时羽毛为体重的 4%，到 4 周龄便增加到 7%，其后大体保持不变。从孵出到 20 周龄羽毛要蜕换 4 次，分别在 4～5 周龄、7～8 周龄、12～13 周龄和 18～20 周龄。羽毛中蛋白质含量为 80%～82%，为肉、蛋的 4～5 倍。因此，雏鸡对日粮中蛋白质（特别是含硫氨基酸）

水平要求高。

（四）胃的容积小，消化能力弱

幼雏消化系统发育不健全，胃的容积小，采食量有限。同时，消化道内又缺乏某些消化酶，消化能力差，在饲养上要注意饲喂纤维含量低、易消化的饲料，否则产生的热量不能维持生理需要。

（五）敏感性强

幼雏对饲料中各种营养物质缺乏或有毒药物的过量使用，会出现明显的病理状态。

（六）抗病力差

幼雏由于对外界环境的适应性差，对各种疾病的抵抗力也弱，饲养和管理稍不注意，极易患病。

（七）群居性强、胆小

雏鸡喜欢群居，单只离群便奔叫不止。胆小，缺乏自卫能力，遇外界刺激便鸣叫不止。因此，育雏环境要安静，防止各种异常声响和噪声以及新奇的颜色入内，舍内还应有防止兽害的措施。

二、育雏前的准备

育雏前需做好各项准备工作，包括制定育雏计划、育雏舍及设备维修、育雏人员的培训、其他物品的准备等，育雏舍的消毒和试温应作为工作的重点（表5-11）。

表5-11 育雏舍的消毒与试温

准备工作	方法与要求
消 毒	①转群后，立即对鸡舍、设备进行清扫、冲洗、消毒，应空舍2周以上 ②用高压水枪从舍顶、墙壁、笼具、地面依次冲洗 ③用火焰喷枪灼烧墙壁、笼具、地面等 ④先用2%氢氧化钠喷洒墙壁、地面，然后清水冲洗干净；晾干后，再用0.2%次氯酸或癸甲溴铵（百毒杀）对鸡舍、设备等彻底消毒 ⑤熏蒸消毒前关闭门窗，将育雏用的器具放入舍内。每立方米空间使用甲醛30毫升，加入高锰酸钾15克，24小时后打开门窗排除残余气味

续表 5-11

准备工作	方法与要求
试　温	无论采用何种供热方式，在进雏前 2～3 天都要进行试温，将温度调至 35℃，检查供热系统是否完好，观测温度是否均匀、平稳，保证进雏时舍温和育雏器及育雏位置达到标准要求

三、雏鸡的分级、运输及安置

（一）雏鸡的分级与挑选

　　健雏的标准是：活泼好动；绒毛光亮，整齐；大小一致；初生重符合其品种要求；眼亮有神，反应敏感；两腿粗壮，腿脚结实，站立稳健；腹部平坦、柔软，卵黄吸收良好（不是大肚子鸡），羽毛覆盖整个腹部，肚脐干燥，愈合良好；肛门附近干净，没有白色粪便黏着；叫声清脆响亮，握在手中感到饱满有劲，挣扎有力。如脐部有出血痕迹或发红呈黑色、棕色或为疔脐者，腿和喙、眼有残疾的，均应淘汰；不符合品种要求的也要淘汰。表 5-12 为初生雏的分级标准。

表 5-12　初生雏的分级标准

级　别	健　雏	弱　雏	残次雏
精神状态	活泼好动，眼亮有神	眼小细长，呆立嗜睡	不睁眼或单眼、瞎眼
体　重	符合本品种要求	略轻或基本符合本品种要求	过小干瘪
腹　部	大小适中，平坦柔软	过大或较小，肛门沾污	过大或软或硬、青色
脐　部	收缩良好	收缩不良，大肚脐潮湿等	蛋黄吸收不完全、血脐、疔脐
绒　毛	长短适中，毛色光亮，符合品种标准	长或短、脆、色深或浅、沾污	火烧毛、卷毛无毛
下　肢	两肢健壮、行动稳健	站立不稳、喜卧、行走蹒跚	弯趾跛腿、站不起来
畸　形	无	无	有
脱　水	无	有	严重
活　力	挣脱有力	软绵无力似棉花状	无

（二）雏鸡的运输

雏鸡运输应使用专用雏鸡箱，装车时要将雏鸡箱错开摆放。箱周围要留有通风空隙，重叠高度不要过高。车内温度25℃～28℃。夏季宜在日出前或傍晚凉爽时间进行，冬天和早春则宜在中午前后气温相对较高的时间启运。每隔2～3小时观察1次，防止温度过高、过低，以及雏鸡箱倒斜。运输中避开堵车、颠簸路段，做到稳而快。

（三）雏鸡的安置

雏鸡运到养殖场后，先将雏鸡数盒一摆放在地上，下面垫一个空盒，静置15分钟左右，让雏鸡从运输的应激状态中缓解过来，同时适应鸡舍的温度环境。然后再分群装笼。分群装笼时，按计划容量分笼安放雏鸡。根据雏鸡的强弱大小，分开安置。体质弱的雏鸡安置在离热源最近、温度较高的笼层中；少数俯卧不起的弱雏，放在35℃环境中特殊饲养管理，经过3～5天单独饲养管理，康复后再放入大群内。笼养时，先将雏鸡放在较明亮、温度较高的中间两层，便于管理，以后再逐步分群疏散到其他层。

四、雏鸡的饮水与开食

（一）饮　水

雏鸡出壳后，经雌雄鉴别、接种马立克氏病疫苗等，加之长时间的运输，应尽快给予饮水。先饮水后开食，有利于促进肠道蠕动，吸收残留卵黄，排除粪便，增进食欲和饲料的消化吸收。仅提供充足的饮水还不够，必须保证每只雏鸡都能在较短时间内饮到水。如果有些雏鸡没有靠上饮水器，应增加饮水器的数量，并适当增加光照强度。最初15小时内的雏鸡饮用人工配制的饮水，之后可直接饮用自来水。雏鸡初饮时的注意事项见表5-13。

表5-13　雏鸡初饮的注意事项

项　目	操作方法与要求
初饮的时间	雏鸡入舍后1个小时之内
饮水的温度	18℃～20℃的温开水，切忌饮低温凉水
饮水的配制	葡萄糖浓度为5%～8%；电解多维按说明；依照处方适量添加抗菌药物

续表 5-13

项　目	操作方法与要求
饮水的调教	轻握雏鸡，手心对着鸡背部，拇指和中指轻轻扣住颈部，食指轻按头部，将其喙部按入水盘，注意别让水没及鼻孔，然后迅速让鸡头抬起，雏鸡就会吞咽进入嘴内的水。如此做 2～3 次，雏鸡就知道自己喝水了。一个笼内有几只雏鸡喝水后，其余的就会跟着迅速学会喝水
饮水器的摆放	饮水器分布均匀，高度适中，并且要放在光线明亮处，与料盘交错摆放。饮水器每天清洗 1～2 次，并消毒；每天换水 3～4 次

（二）喂　料

1. 雏鸡开食　雏鸡开食的具体方法，见表 5-14。

表 5-14　雏鸡开食的具体方法

项　目	方　法	备　注
开食时间	初饮 2～3 小时后开食。一般在雏鸡出壳后 24～36 小时开食为宜	开食太早不利卵黄的吸收，但开食超过 48 小时开食，会影响雏鸡的增重
开食饲料	开食料采用浸泡过的新鲜小米、玉米渣或粹颗粒料，切不可用过细的粉料。第二天改喂全价料，既可用颗粒料，也可用潮拌粉料，料水比为 5∶1	饲料新鲜，颗粒大小适中，易于啄食且营养丰富、易消化。有助于排出胎粪
开食方法	用浅而平的料盘、塑料布、报纸等置于光线明亮处，将料反复抛撒几次，引诱雏鸡啄食。鸡群中只要有几只鸡开始啄食，其余的雏鸡很快就跟着采食了	料盘数或塑料布、报纸要足够大，以便让所有的雏鸡能够同时采食。并检查雏鸡嗉囊，是否开食以及饱否
饲喂次数	最初几天，每隔 3 小时饲喂 1 次，每昼夜饲喂 8 次；随着雏鸡日龄增加、光照时间缩短，逐渐减到每天 6～7 次。3 周后，日喂料 4 次	饲喂时，勤喂少填，保证饲料新鲜，以利刺激雏鸡食欲，并防止鸡刨食、鸡粪污染饲料，减少饲料浪费
料槽、桶的更换	5 日龄后应加料槽或料桶并逐渐过渡，待雏鸡习惯料槽后，撤去料盘或塑料布。3 周龄前使用幼雏料槽，然后换成中型料槽	料槽的高度应根据鸡背高度进行调整，以利于鸡采食，又可减少饲料浪费

2. 雏鸡喂料量　雏鸡喂料参考量，见表 5-15。

表 5-15　雏鸡喂料参考量

周　龄	白壳蛋鸡		褐壳蛋鸡	
	日耗料（克/只）	周累计耗料（克/只）	日耗料（克/只）	周累计耗料（克/只）
1	7	49	12	84
2	14	147	19	217
3	22	301	25	392
4	28	497	31	609
5	36	749	37	868
6	43	1050	43	1169

3. 料盘与饮水器的摆放方式　见图 5-1。

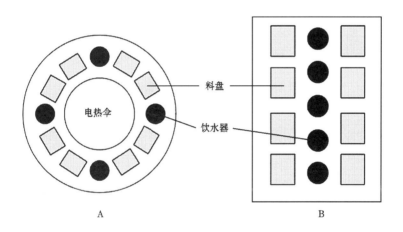

图 5-1　料盘和饮水器摆放方式
A. 电热伞供暖　B. 全部鸡舍供暖

五、育雏期的环境控制

（一）温度控制

温度控制应采取渐进方式，切忌骤升骤降。刚出壳的雏鸡体温调节能力差，绒毛又短，御寒能力不强，自身能力难以维持体温，需要对其生活环境供暖才能达到雏鸡生长发育需要的理想温度（表 5-16）。

1. 育雏期供暖应遵循的原则

第一，温度逐渐降低，每周降低幅度不超过 3℃。

第二，弱雏需要的温度高于健雏，一般高出 1℃～2℃。

第三，夜间温度高于白天的温度 2℃～3℃。

第四，根据育雏鸡群的大小适当调整鸡舍温度。

第五，根据雏鸡分布是否均匀调节鸡舍温度。

第六，整个鸡舍的温度应均匀。

如果育雏后期（6 周龄后）处于夏季，则应考虑降温的问题。在我国北方地区，加大通风量即可实现降温效果，南方地区应根据气温情况配备湿帘降温系统或喷雾降温系统。

表 5-16　育雏期不同周龄的适宜温度　（单位：℃）

项　目	周　龄						
	0	1	2	3	4	5	6
适宜温度	35～33	33～30	30～29	28～27	26～24	23～21	20～18

3. 不同温度条件下的雏鸡状态　见表 5-17，图 5-2 至图 5-5。

表 5-17　不同温度条件下的雏鸡状态

温度状态	雏鸡表现
温度适宜（图 5-2）	雏鸡精力旺盛，活泼好动，食欲良好，饮水适度，羽毛光滑整齐；雏鸡分布均匀，休息时俯卧于保温伞周围或育雏笼底网上，头颈伸展，有时翅膀延伸开，侧卧熟睡，睡眠安静
温度过高（图 5-3）	雏鸡远离热源，匍匐底网，两翅膀张开，张嘴喘息，呼吸加快，频频喝水
温度过低（图 5-4）	雏鸡拥挤在热源周围或扎堆，羽毛竖起，行动迟缓，缩颈拱背，闭眼尖叫，睡眠不安，饮水量减少
有贼风（图 5-5）	雏鸡分布不均匀，箭头表示的是贼风来源

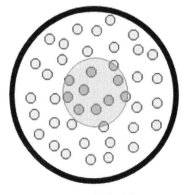

图 5-2　温度适宜

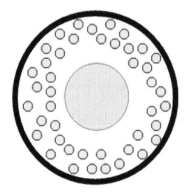

图 5-3　温度过高

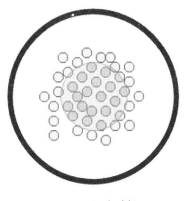

图 5-4　温度过低

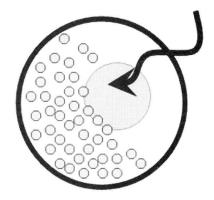

图 5-5　有贼风

　　为了保证育雏的理想温度，选择适当的供暖条件非常必要。目前，常见的育雏供暖设备有煤炉、暖气、热风炉等。从温度均匀和感觉柔和的角度考虑，采用暖气供暖最为理想。育雏是蛋鸡养殖的关键环节之一，有条件的企业应专门建设育雏鸡舍并配备系统的供暖、通风、调湿设备。建议采用彩钢板材料，在保温性能上可以与砖混结构的相媲美，另外还有密封、容易采光和建造方便的优点。

（二）湿度控制

　　一般育雏前期湿度高，后期低（表 5-18）。如果湿度过低，舍内灰尘、羽屑飞扬，雏鸡羽毛发育不良并易患呼吸道疾病，这时，可在地面洒水、通过器皿蒸发或结合带鸡消毒增加湿度。如果湿度过高，有害气体增加，易感染球虫等疾病。

表 5-18　不同周龄雏鸡的适宜相对湿度

项　目	周　龄		
	1～2	3～4	5～6
适宜相对湿度（%）	70～65	65～60	60～55

（三）光照控制

　　合理的光照强度可以加强鸡的代谢活动，增进食欲，有助于钙、磷的吸收，促进雏鸡骨骼的发育，提高机体免疫力，有利于雏鸡的生长发育。

　　密闭式鸡舍蛋雏鸡的光照强度见表 5-19。开放式、半开放式鸡舍的光照时间应考虑当地日照时间的变化。我国各地的日照时数见表5-20。育雏期间，光照时间只能减少，不能增加，以免性成熟过早，影响以后生产性能的发挥；人工补充光照不能时长时短，以免造成刺激紊乱，失去光照的作用；黑暗时间应避免漏光。

表 5-19 密闭式鸡舍蛋雏鸡的光照强度

日龄（天）	光照时间（小时）	光照强度（勒）
0～2	24	30～40
3	23	30～40
4	22	20～30
5	21	20～30
6	20	20
7	19	20
8	18	20
9	17	20
10～14	16	20
15～21	15	20
22～42	14 或 14～15	20

表 5-20 开放式鸡舍光照时间推算表

周	日　期	光照时间长短（小时）						0～18周龄光照制度
纬度（北半球）		55°～50°	50°～45°	45°～40°	40°～35°	35°～30°	30°～25°	
1	1月4日	8.00	8.30	9.10	9.40	10.10	10.30	自然光照日间即可
2	1月11日	8.10	8.40	9.20	9.40	10.10	10.30	
3	1月18日	8.20	8.50	9.30	10.00	10.20	10.40	
4	1月25日	8.40	9.10	9.40	10.10	10.30	10.40	
5	2月1日	9.00	9.30	10.00	10.20	10.40	11.00	12月份至翌年1月份补光照至日照时数
6	2月8日	9.30	10.00	10.10	10.30	10.50	11.00	
7	2月15日	10.00	10.20	10.30	10.40	11.00	11.10	
8	2月22日	10.20	10.40	10.50	11.00	11.10	11.20	
9	3月1日	10.50	11.00	11.10	11.20	11.30	11.30	补光照至日照时数
10	3月8日	11.20	11.30	11.30	11.40	11.40	11.40	
11	3月15日	11.50	11.50	11.50	12.00	11.50	11.50	
12	3月22日	12.10	12.10	12.10	12.10	12.10	12.10	
13	3月29日	12.40	12.40	12.30	12.30	12.20	12.20	

续表 5-20

周	日　期	光照时间长短（小时）						0～18 周龄光照制度
纬度（北半球）		55°～50°	50°～45°	45°～40°	40°～35°	35°～30°	30°～25°	
14	4 月 5 日	13.10	13.00	12.50	12.50	12.40	12.30	补光照至日照时数
15	4 月 12 日	13.40	13.20	13.20	13.00	13.00	12.40	
16	4 月 19 日	14.20	13.40	13.30	13.20	13.10	12.50	
17	4 月 26 日	14.30	14.00	13.50	13.50	13.20	13.00	
18	5 月 3 日	15.00	14.30	14.20	13.50	13.30	13.10	补光照至日照时数
19	5 月 10 日	15.20	14.50	14.20	14.00	13.40	13.20	
20	5 月 17 日	15.50	15.10	14.40	14.20	13.40	13.30	
21	5 月 24 日	16.10	15.30	15.00	14.30	14.00	13.40	
22	5 月 31 日	16.20	15.30	15.10	14.40	14.10	13.40	
23	6 月 7 日	16.30	15.40	15.10	14.40	14.10	13.40	补光照至日照时数
24	6 月 14 日	16.40	15.40	15.20	14.40	14.10	13.50	
25	6 月 21 日	16.40	15.50	15.10	14.40	14.20	13.50	
26	6 月 28 日	16.40	16.00	15.20	14.40	14.20	13.50	
27	7 月 5 日	16.30	15.50	15.10	14.40	14.20	13.50	补光照至日照时数
28	7 月 12 日	16.20	15.50	15.10	14.40	14.20	13.50	
29	7 月 19 日	16.10	15.30	15.10	14.30	14.20	13.40	
30	7 月 26 日	15.50	15.20	15.40	14.20	14.00	13.30	
31	8 月 2 日	15.30	14.50	14.30	14.10	13.50	13.20	6 月份补光照至日照时数，以后自然光照
32	8 月 9 日	14.50	14.50	14.10	13.50	13.50	13.20	
33	8 月 16 日	14.30	14.10	13.50	13.40	13.20	13.10	
34	8 月 23 日	14.00	13.50	13.30	13.20	13.10	13.00	
35	8 月 30 日	13.40	13.30	13.20	13.10	13.00	12.50	
36	9 月 6 日	13.20	13.10	13.00	12.30	12.40	12.40	补光照至日照时数，以后自然光照
37	9 月 13 日	12.50	12.40	12.40	12.30	12.30	12.30	
38	9 月 27 日	12.00	11.50	11.50	12.00	12.00	12.10	
39	9 月 30 日	12.30	12.10	12.10	12.10	12.10	12.20	
40	10 月 4 日	11.20	11.30	11.30	11.40	11.50	11.50	自然光照
41	10 月 11 日	10.50	11.00	11.20	11.20	11.30	11.40	
42	10 月 18 日	10.30	10.40	11.00	11.10	11.20	11.30	
43	10 月 25 日	10.00	10.20	10.40	11.00	11.10	11.20	
44	11 月 1 日	9.40	10.00	10.40	10.40	11.00	11.10	自然光照
45	11 月 8 日	9.10	9.40	10.00	10.20	10.40	11.00	
46	11 月 15 日	8.50	9.20	9.40	10.10	10.30	10.50	
47	11 月 22 日	8.30	9.00	9.30	10.00	10.20	10.40	
48	11 月 29 日	8.10	8.40	9.20	9.50	10.10	10.30	

续表 5-20

| 周 | 日　期 | 光照时间长短（小时） | | | | | | 0～18 周龄 |
| | | 55°～50° | 50°～45° | 45°～40° | 40°～35° | 35°～30° | 30°～25° | 光照制度 |
纬度（北半球）								
49	12 月 6 日	8.00	8.30	9.10	9.40	10.10	10.20	
50	12 月 13 日	7.50	8.20	9.00	9.40	10.00	10.20	
51	12 月 20 日	7.40	8.20	9.00	9.40	10.00	10.20	自然光照
52	12 月 27 日	7.50	8.20	9.40	9.40	10.00	10.20	

（四）通风换气

保持鸡舍内的空气新鲜是雏鸡正常生长发育的重要条件之一。有条件的鸡场，可以在鸡舍内安装空气监测设备，对氨气、二氧化碳、硫化氢等进行实时监测，并自动开启通风设备。普通的饲养场，可以通过饲养员的感觉得知有害气体的含量是否超标，并人工调节通风设备。鸡舍内空气质量标准以人进入鸡舍内无明显臭气，无刺鼻、涩眼之感，不感觉胸闷、憋气为宜。如果早晨进入鸡舍感觉臭味大，时间稍长又有刺眼感觉，表明氨气的浓度和二氧化碳含量超标，需通风。在调节通风的过程中要注意防止贼风的出现，在建设鸡舍时要注意消除产生贼风的条件，表 5-21 为不同季节鸡舍应达到的换气量和气流速度。

表 5-21　鸡舍的换气量和气流速度

季　节	换气量	气流速度
冬　季	每千克体重 0.7～1 米³/小时	0.2～0.3 米/秒
春　秋	每千克体重 1.5～2.5 米³/小时	0.3～0.4 米/秒
夏　季	每千克体重 5 米³/小时	0.6～0.8 米/秒

（五）饲养密度

地面平养或网上平养时，要将育雏舍用金属网、塑料网或其他材料分隔成若干个小区，每个小区饲养 100～300 只雏鸡比较适宜。

对于中型鸡种，每平方米要比轻型品种少养 3～5 只。冬季 、早春、深秋季节以及天气寒冷时，每平方米可多养 3～5 只。夏季气候炎热、气温高、湿度大时，每平方米饲养量要减少 3～5 只，并根据雏鸡的生长发育情况适时分群。表 5-22、表 5-23 分别为不同育雏方式下雏鸡的饲养密度和雏鸡的分群管理。

表 5-22　不同育雏方式的雏鸡饲养密度

周　龄	饲养方式		
	地面平养（只/米²）	网上平养（只/米²）	立体笼养（只/米²）
0～2	30	40	60
3～4	25	30	40
5～6	20	25	35

表 5-23　雏鸡的分群管理

分群时间	分群要求	备　注
第二周龄末 第四周龄末	将体重大、体质强壮的雏鸡往下层分，体重小、体质弱的雏鸡分在上层	通过加强对弱小雏鸡的管理，提高鸡群的均匀度，日常管理工作中还要注意经常性的调整鸡群

六、断　喙

为了有效防止鸡啄食时饲料损耗以及啄羽、啄趾、啄肛等恶癖的发生，需要将鸡的喙部切短，即实施"断喙术"。

（一）断喙的时间和方法

断喙的时间和方法，见表 5-24。

表 5-24　雏鸡的断喙时间和方法

项　目	要　求
断喙时间	①第一次断喙在 7～10 日龄时进行 ②由于第一次断喙时总会有部分鸡断喙不当，还有一部分体质较弱的雏鸡不宜断喙，因而对这两部分鸡需要另进行补断，即第二次断喙，一般在 8～12 周龄进行
断喙方法	①鸡的保定。术者一手握鸡，拇指置于鸡的头部后端，食指放在咽部下方，其余三指放在胸部下方。在鸡喙部进入断喙器的同时，拇指轻轻向前压迫头部，食指轻轻往后勾压咽部，使鸡的舌头自然回缩。若鸡龄较大时，可用另一只手握住鸡的翅膀或双腿 ②断喙要求。断喙器的孔眼大小应使灼烧圈与鼻孔之间相距 2 毫米。当电热刀片切除上缘 1/2 和下缘 1/3 时，保持喙部切口紧贴刀片侧面，在刀片烧灼 2～3 秒钟（图 5-6，图 5-7）

续表 5-24

项　目	要　　求
注意事项	①雏鸡免疫前后 2 天或鸡群健康状况不良时，不宜进行断喙 ②断喙前后各 3 天，每千克饲料中添加 2～3 毫克维生素 K 和 150 毫克维生素 C ③术者要准确地从雏鸡鼻孔前缘至喙尖端上缘 1/2 处、下缘 1/3 处切除喙缘的前部 ④断喙刀片的温度以 600℃～800℃为宜。此时刀片外观呈暗红色至红色，即樱桃红色，但不发亮，若发亮则温度太高 ⑤断喙人员速度要快，以每分钟 15 只左右为宜 ⑥断喙过程中要注意断喙器的维护保养。通常断喙 600 只鸡后，将刀片卸下，用细砂纸打磨刀片，以除去因烧烙生成的氧化锈垢 ⑦断喙后 3 天内供给充足的饮水和饲料。观察雏鸡饮水是否正常；料槽中饲料应充足，以利于雏鸡采食，避免采食时术部碰撞槽底而导致切口流血

图 5-6　断喙方法

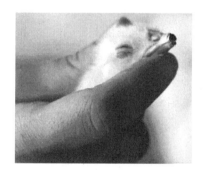

图 5-7　断喙适当

（二）雏鸡啄癖的防治方法

雏鸡啄癖的防治方法，见表 5-25。

表 5-25　雏鸡啄癖的防治方法

项　目	原因或措施
引发啄癖的原因	①鸡具有嗜红色的本能 ②环境因素不良，如高温、空气污浊或饲养密度太大 ③饲料中蛋白质水平过低或某些矿物质（硫、氯化钠等）不足 ④光照强度过强 ⑤雏鸡体表寄生虫侵袭

续表 5-25

项　目	原因或措施
啄癖的防制措施	①在发生掐啄现象的初始阶段，应认真查找原因，并将具有啄癖的鸡抓出，隔离饲养，以避免其他鸡只效仿其恶习 ②断喙是防止啄癖有效而简单的方法，至少可以减轻其危害程度 ③饲养员要加强鸡群的巡视，降低光照温度，将窗户或灯泡涂成红色等也有一定的预防效果

［案例 5-1］　美国 Nova-Tech 自动断喙与免疫注射系统

一、系统简介

该系统主要由雏鸡服务器（PSP）组件、冷却组件和雏鸡服务分析器（PPA）组件构成。其中，PSP 组件执行自动断喙、疫苗注射、计数和分装功能，工作电力要求为 220 伏、15 安，气压要求为 0.6～0.8 兆帕。PSP 组件包括控制台、挂鸡模块、红外线断喙模块、注射模块、计数模块、分装模块、转轮、底座等部分（图 5-8）。冷却组件主要是一台冷却机（图 5-9），执行为 PSP 组件的红外线断喙模块进行冷却降温的功能，工作电力要求为 220 伏、20 安。冷却液需每年更换 1 次，并用蒸馏水补足到规定数量。冷却机需单独保存在洁净的隔离小室中，确保工作环境洁净无尘。PPA 组件执行自动断喙与免疫注射的控制中枢

图 5-8　PSP 组件

功能，通过无线网络与 PSP 组件相连接，实现自动数据记录与过程控制（图 5-10）。另外，该组件还可通过 Internet 与美国 Nova-Tech 公司服务器相连，以达到实时监控的目的。该组件工作电压为 220 伏，需保持 24 小时开机状态。

187

图 5-9　冷却组件

图 5-10　PPA 组件

二、开　机

1. 开机前准备

第一，检查各组件电力供给是否正常。

第二，正确连接气源、电源及冷却机液路（若不进行断喙操作可不连接），安装分盒电机驱动模块及分盒电机。

第三，检查空气压缩机是否开启，气路是否正常，压力是否在规定范围内（0.6～0.8 兆帕）；检查 PSP 组件气路接入口减压阀压力不低于 0.45 兆帕，检查气路油水分离器是否需要排液。

第四，检查冷却机的冷却液数量是否在规定范围（液面位置应到达指定位置），不足时需及时添加蒸馏水。

第五，将 PSP 组件移动至操作区域，除去防尘罩时需特别小心，防止碰到挂头器，造成挂头器损伤或松动，连接冷却管路、电路、气路，将挂头器安装到转盘上（32 个），并确定安装是否正确、牢固。

第六，确定 PSP 组件各模块断喙压头器已归位，注射模块输液管路不影响仪器运转，确认仪器表面无杂物。

第七，确认 PPA 组件上设置的相关参数是否正确，根据实际要求的断喙情况设置断喙灯光强度并确认参数是否保存，设置满盘数及各角度分鸡数，4 个角度分鸡数之和等于满盘鸡数。

第八，填写开机前检查确认记录表。

2. 注射管路的安装

注射管路的清洁卫生对于幼雏的免疫是十分重要的，需要做到专人专管，操作人员必须严格执行本操作规程，非操作人员禁止接触注射用管线。注射管路为幼雏免疫的疫苗通路，必须保证整个管路的洁净，防止雏鸡因注射疫苗而感染疾病。管路的所有连接头必须经过消毒处理，注射用针头采用一次性针头，每天更换。停机时，注射用管线必须充满75%酒精，防止细菌和病毒污染。

（1）管路安装　管路安装遵循"一分二，二分四"的倒"Y"形分布。将管路由1条分流为4条。4分后各管路均接入一段硅胶管，并嵌入蠕动泵，然后接入注射组件，需要特别注意的是管路接入顺序必须正确。管路每周更换1次，每天操作结束后需用酒精充满管路，防止细菌和病毒污染。

（2）针头安装　针头为一次性使用，每天更换1次，安装必须稳固，防止注射数次后松动或掉落，安装角度根据实际情况可以进行调整。

（3）注射器位置矫正　注射器位置需通过旋钮进行调整，其正确的位置是挂头器凹槽正中。

3. 启动 PSP 组件

第一，将 PSP 组件下方电源旋钮（图 5-11）旋至开启状态，随后将 PSP 控制器下方开关（图 5-12）打开，按下控制器面板白色启动按钮，设备进入全面自检状态，自检时注意观察驱动转盘、注射模块、断喙模块红外线灯、固定夹板等是否运行正常。

 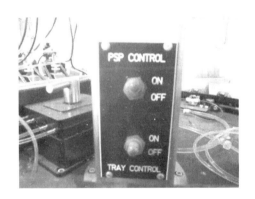

图 5-11　PSP 组件下方电源开关　　　　图 5-12　PSP 控制器下方开关

第二，需要注射时，根据生产需要配制相应的疫苗，将疫苗放置于挂钩处，连接注射管路，执行注射检测程序，排空管路中酒精，直至管路充满疫苗为止。再次确认4个管路安装顺序是否正确。排空酒精时观察注射模块运行是否正常，注射器是否落位准确，各注射针头是否有相应量的液体流出，如出现异常，必须进行调整，正常后方可进行下一步操作。

第三，红外断喙灯光强度均匀度应在85～135范围内，若超出范围则需对强度进行矫正，首先检查灯镜是否擦拭干净，灯泡是否损坏。若正常则通过校准器进行灯光测试，将灯光强度的均匀度控制在规定范围内；如需更换灯泡则必须通知负责人，由专人进行操作。

三、操　　作

第一，待设备自检结束后，控制面板出现"AC"提示，按下控制面板上ACK键，设备进入待命状态，此时可随时在 4 个安装探头的挂鸡处进行挂鸡，挂鸡处探头在探测到鸡喙时会自动落夹，并运转进行断喙或注射操作。严禁人为在挂鸡操作区外搬动挂头器落夹，或在探头未检测到鸡只时人为落夹，避免漏苗或漏断的情况出现。

第二，先准备 200 只公雏倒在转盘内，用加入生物染色剂的疫苗进行注射，挂鸡，观察是否有漏断、漏注、出血等现象发生，若有发生则需排除错误后再进行正常操作。

第三，确保所有检查、测试、设备运转正常后，将健母雏倒在转盘里，转盘内鸡苗数量保持在 500 只左右，过多会造成拥挤、踩踏、过热以及鸡苗跳出转盘等，太少则不利于挂鸡操作。及时对转盘进行补鸡。挂鸡人员观察每盘装鸡数，接近满盘时，通知辅助人员在系统满盘警报提示后进行换盘操作。同时，操作人员需随时观察疫苗及注射针头消毒液（酒精）是否充足，及时换瓶。

第四，操作人员要不断观察机器各组件是否运行正常，如有异常必须立即排查问题，如遇自己不能解决的问题要及时通知相关主要负责人及技术人员，禁止遇到问题凭感觉、想象随意乱动设备。

四、关　　机

在 PPA 组件上执行"end of the day"操作，汇总当天生产数据，填写设备运行记录表，撤掉转盘内多余鸡只。用 75％酒精充满注射管路，用管路夹夹住管路避免酒精漏空；切断电、气、水源，拆卸掉分盒电机模块，准备进行设备清洗。

五、清　　洗

清洗操作对于设备的维护及正常运行十分重要，必须做到专人专管，避免不同设备单元的组件混到一起无法区分，同时也可避免由于人员操作不认真在对设备组建及运行造成影响后推诿责任。全面的清洗维护对于下一次设备的正常运行影响很大，因此要求清洗人员严格、认真、仔细地进行清洗操作。

第一，撤掉转盘内的垫纸，再次确认水、电、气是否切断，分盒电机是否拆卸。

第二，用气枪将PSP组件表面毛灰吹净，吹扫时注意保持距离（气枪与机器的距离应控制在30厘米以上），防止强气流及气枪划伤设备组件，另外需吹扫设备下部过滤网。

第三，准备好干净的温水、消毒过的操作台、洗洁精、洁净的毛巾、毛刷等器具。

第四，将挂头器取下泡在添加洗洁精的温水桶内，每个设备单元32个挂头器必须全部浸泡，浸泡时间不少于10分钟。

第五，用蘸取酒精的干净毛巾对设备黑色区域进行擦拭，包括注射器、夹板、分盒电机驱动模块等区域。对于挂鸡模块检测探头、断喙灯、计数探头，只能用洁净的毛巾（可蘸取少量酒精）仔细擦拭，严禁用毛刷等硬物刷洗造成设备损伤。

第六，黑色区域擦洗完毕后，将浸泡在水桶内的挂头器用毛刷逐个进行仔细刷洗（反光镜不能用毛刷刷洗），并用清水涮洗干净表面的洗洁精残留后用气枪吹干，然后用蘸取酒精的软毛巾擦拭一遍，整齐摆放在操作桌上（注意，不同设备之间的挂头器不可混淆）。

第七，用添加洗洁精的温热水对PSP组件的银色不锈钢区域（转盘、组件底座、分盒电机）进行反复擦洗，擦洗至洁净无粪便、水渍等污物即可。

第八，注射器克制板需定期进行拆洗，避免由于黏性疫苗粘上灰、毛等杂物造成夹板归位不畅、运动迟缓，因此而卡住挂头器转盘的运行。清洗方法同挂头器。

第九，由于注射器银色不锈钢头部经常接触鸡只，且直接接触鸡只注射创面，故对于注射器需特别清洗，除用洗洁精水、清水洗净以外，还须将银色不锈钢头部浸泡在盛有酒精的容器内，浸泡深度在3厘米左右，然后封闭容器，避免酒精过度挥发造成消毒效果减弱。

第十，填写清洗记录表。

六、操作结束

清洗结束后，将挂头器及分盒电机模块整齐摆放于不锈钢转盘内（用报纸垫在底部，避免污染）盖上报纸，以备下次操作时使用，同时也避免不同设备单元的挂头器混淆。也可将挂头器仔细安装在PSP组件挂头器转盘上（确保安装正确、稳固），方便下次使用，在盖防尘罩的时候需特别小心，避免碰到挂头器造成挂头器夹子损坏。

（案例提供者　杨长锁）

七、雏鸡的日常管理

（一）观察鸡群

观察鸡群是日常管理工作的重要环节。只有认真观察鸡群，才能准确掌握鸡群的动态，熟悉鸡群的情况，保证鸡群的健康。观察雏鸡对给料的反应、采食速度、争抢程度、采食量等，以了解雏鸡的健康情况。雏鸡观察的主要内容见表5-26。鸡粪便异常及其致因见表5-27。

表5-26　雏鸡观察的主要内容

项　目	内　容
精神状态	雏鸡是否活泼好动，精神是否饱满，眼睛是否明亮有神，有无呆立一旁或离群独卧、低头垂翅的个体
外貌	绒毛的色泽，翅、尾羽生长和绒毛脱换情况；眼、鼻、嘴角及泄殖腔周围是否干净；嗉囊是否饱满、冠、胫、趾是否干燥、粗糙等
采食	鸡群对喂料的反应、采食速度、争抢程度、采食量等，有无不采食或采食不急的鸡
叫声	健雏叫声响亮而清脆，睡眠时发出"瞅……瞅……"的带颤音轻声。发出"吱—吱—"的长声尖叫，往往是雏鸡被笼卡住；"叽—叽—"低声鸣叫多由病、弱鸡发出
睡姿	睡眠安静，睡姿伸头缩腿，均匀地分布在热源的周围
呼吸状况	雏鸡有无张嘴呼吸、咳嗽、甩鼻现象，呼吸有无啰音等
粪便形状与颜色	正常粪便呈细段短条状、墨绿色，末端带有白色尿酸盐，有少部分排出的酱褐色粪便也属正常。常见异常粪便及致因见表5-27
啄癖现象	雏鸡有无追啄，脚趾、尾部有无啄伤，以及啄食脱落的羽毛、报纸等现象

表5-27　鸡粪便异常及其致因

粪便状态	原　因	粪便状态	原　因
白色稀粪	肾传支或钙、磷比例失调，蛋白质过高	暗绿色稀粪	新城疫、大肠杆菌病等
白色糊状粪	消化吸收不良或鸡白痢	粪便带血	混合型球虫感染
黄白色稀粪	大肠杆菌、新城疫、法氏囊炎	粉红状粪便	早期球虫感染
水样稀粪	法氏囊、伤寒、黄曲霉毒素或食盐中毒		

每天观察粪便的形状和颜色，以判断饲料的质量和发病的情况；细心观察雏鸡的羽毛状况、眼神、对声音的反应等，通过多方面判断来确定采取何种措施。及时挑出弱、患病、伤鸡，放置在隔离栏（笼）内进一步观察。如发现相同或相似病症状在鸡群中蔓延，应请兽医诊断，采取相应措施。

（二）环境调控

保持合适的温度、湿度、良好通风，舍内空气新鲜。合理光照，防止忽长忽短，忽亮忽暗。适时调整和疏散鸡群，防止密度过大。

（三）供　水

供给充足清洁的饮水。

（四）给　料

每天定时给料，给料时少喂勤添。换料时，要注意逐渐进行，不要突然全换，以免产生不适。

（五）清　粪

笼育和网上育雏时，每2～3天清1次粪，以保持育雏舍清洁卫生。厚垫料育雏时，及时清除沾污粪便的垫料，更换新垫料。

（六）消　毒

搞好环境卫生及环境、用具的消毒，定期用癸甲溴铵（百毒杀）、新洁尔灭等带鸡消毒。

（七）记　录

认真做好各项记录，包括温度、湿度、通风、耗料、免疫、投药及死淘数等。

八、育雏期的疾病防控

做好育雏期的免疫接种、预防性投药、消毒、饲养管理等是提高雏鸡成活率的关键。详见第六章。

九、育雏效果的评价

管理人员要对育雏工作定期进行检查评价。检查评价的内容主要有雏鸡的成活率、平均体重和体重均匀程度等（表5-28）。

表5-28　育雏效果的评价方法

评价项目	评价方法
育雏期成活率	在正常情况下，雏鸡死亡曲线的高峰是在3～5日龄，从6日龄起死亡率明显下降，7日龄后只有零星的死亡现象，并多为机械性死亡。质量良好的雏鸡，整个育雏期的成活率应在98％以上
雏鸡体重的检测	第一次：称量初生重，在雏鸡入舍后开食前进行。净重除以鸡的数量，即雏鸡的平均初生重 第二次：2周龄末进行。采取随机取样的方式，群体大时按不少于1％的比例抽取，最少不得少于50只鸡。逐个称取体重，计算体重平均值和变异程度 第三次：4周龄末进行。逐只称重，样本数和计算项目与第二次相同 第四次：6周龄末进行。逐只称重，样本数和计算项目与第二次相同
体重资料的利用	一方面，每次称重后将平均体重与品种标准进行比较，以便采取相应的饲养管理措施；另一方面，每次称重后，按平均体重±10％的范围内统计出鸡数，然后得出鸡群的均匀度
鸡群均匀度*	均匀度分级：普通级，均匀度为75％～85％；优级，均匀度在85％以上；差级，均匀度小于70％ 均匀度差的原因：①雏鸡品质差；②舍内温度、湿度不适宜，通风换气不良；③饲养密度过大，料槽、水槽不足；④断喙过度或上下喙长短差异较大；⑤饲料质量差；⑥疾病的影响

　*：鸡群的均匀度常用均匀度和变异系数表示。计算公式如下：

　　①均匀度＝n/N×100％

　　式中：n＝高于和低于平均体重10％的鸡群个体数量；

　　　　　N＝被测鸡群个体数量或抽样鸡群个体数量。

　　②变异系数＝Sd/AVE×100％

　　式中：Sd＝样本标准差；

　　　　　AVE＝被测鸡群或抽样鸡群平均体重。

第三节　育成鸡培育技术

　　根据育成鸡的生理特点，育成阶段的饲养管理技术关键有3个方面：一是促进育成鸡体成熟的过程，保障育成鸡健壮的体质；二是控制性成熟的速度，避免性早熟；三是合理饲喂，防止脂肪过早沉积而导致母鸡过肥。

一、育成鸡的饲养方式

育成鸡的饲养管理方式分为平养和笼养。平养又分为地面厚垫料平养和网上平养。不同饲养方式下饲养密度有所不同（表5-29）。

表 5-29　育成鸡不同饲养方式下的饲养密度

饲养方式	阶段（周）	密度（只/米²）
笼养	6～12	24
	13～18	14～16
网上平养	6～12	15～18
	13～18	10～12
地面平养	6～12	10～11
	13～18	6～8

二、育成鸡的饲养

（一）体重控制与限制饲喂

1. 育成鸡体重、胫长的测定　见表5-30。

表 5-30　育成鸡体重、胫长的测定

测定项目	测定方法与要求	备　注
体重胫骨长度测定	①每1～2周称重、测胫长1次 ②按鸡数1%抽样，但不能少于50只鸡	①抽样要有代表性。在鸡舍的不同区域、不同层次抽取，且每层笼取样数量相同 ②称空腹体重（图5-13）、测胫长（图5-14），一般在早晨喂料前进行，称测后再喂料
均匀度测定	鸡群的均匀度指群体中体重介于平均体重±10%范围内鸡所占的百分比。鸡群均匀度在70%～76%时为合格，77%～83%时为较好，达到84%～90%时为最好	鸡群体重、胫长差异小，说明鸡群发育整齐，性成熟也能同期化，开产时间一致，产蛋高峰期高且维持时间长

图 5-13　称　重

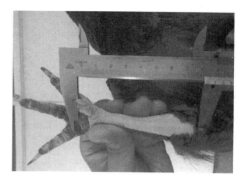

图 5-14　测胫长

2. 育成鸡的限制饲喂　为了保持鸡群旺盛食欲，应按时定量饲喂，净槽匀料，适时限制饲养（限饲）（表 5-31，表 5-32）。限制饲养是指对育成鸡限制其营养采食量、合理降低营养物质（即能量和粗蛋白质）摄入的一种方法。

表 5-31　育成鸡限制饲喂的方法与要求

项　目	方法与要求
限饲目的	①保持鸡群体重的正常增长，防止过早性成熟，提高进入产蛋期后的生产性能 ②减少采食量，降低饲养成本
限饲对象	①育成鸡体重高于标准体重时，则采用限制饲养；中型品种鸡，特别是体重偏重品种的鸡，早期沉积脂肪的能力较强，在育成阶段采取限制饲养 ②育成鸡的体重低于标准鸡体重时，切不可进行限饲；轻型鸡沉积脂肪的能力相对较弱一些，一般不进行限饲
限饲时间	一般从 8～10 周龄开始，直到 15～16 周龄结束
限饲方法	限制饲养的方法有限时法、限量法和限质法等。常用的是限量法和限质法，具体方法见表 5-32

表 5-32　蛋鸡常用的限制饲养的方法

名　称	具体方法	备　注
限量法	日喂料按照自由采食量的 90% 供给	日喂料量减少 10% 左右，但必须保证每周增重不低于标准体重。若达不到标准体重，易导致产蛋量减少，死亡率增加

续表 5-32

名　称	具体方法	备　注
限质法	饲料中能量水平降低至 9.2 兆焦／千克，粗蛋白质含量降至 10%～11%，同时提高饲料中粗纤维的含量，使之达到 7%～8%	配料时，降低能量、蛋白类原料等含量，增加糠麸类含量

（二）限饲的注意事项

第一，限饲前后必须对鸡进行选择分群，将病鸡和弱鸡挑选出来，此类鸡不能接受限饲，否则可能导致死亡。

第二，在整个过程期间，必须要有充足的料槽、水槽，保证有足够的槽位让所有鸡同时采食，否则会降低鸡群的均匀度。

第三，限制期间若有预防接种、疾病等应激因素，则停止限饲。若应激为某些管理操作所引起，则应在进行该操作前后各 2～3 天给予鸡只自由采食。

第四，采用限量法限饲时，要保证鸡只饲喂营养平衡的全价日粮。

第五，定期抽测称重，一般每隔 1～2 周随机抽取鸡群的 1%～5% 进行空腹称重，通过抽样称重检测限饲效果。若超过标准体重的 1%，下周则减料 1%；反之，则增料 1%。

第六，限饲方式可根据季节和品种进行调整，如炎热季节由于能量消耗较少，可采取每天限饲，矮小型蛋鸡的限饲时间一般不超过 4 周。

第七，限饲期间要加强对鸡群的巡查，特别是在空槽时或限饲日，防止鸡只因饥饿而相互掐啄。

三、育成鸡的管理

（一）转　群

育成鸡转群时的注意事项，见表 5-33。

表 5-33　育成鸡转群时的注意事项

时　间	方　法	要　求
转群时间	气候不冷不热时间段	①转群前须对鸡舍、笼及器具进行维修和清洗消毒
转群前后 2～3 天	饲料中各种维生素的含量要加倍，同时，可给鸡饮用电解质溶液	②冬季在中午气温高时、夏季在气温低时转群
转群前 6～8 小时	停料	③转群时进行选择，体质壮、弱的鸡分笼，淘汰残鸡；抓鸡的动作要轻
转群当天	给予 24 小时光照，以便鸡只熟悉环境，充分采食和饮水	④转群后勤观察鸡群的动态，及时将跑出的鸡抓入笼
转群 7 天内	不宜免疫接种	

（二）环境控制

育成鸡的环境条件及控制，见表 5-34。

表 5-34　育成鸡的环境条件及控制

项　目	方　法
光照	①为控制鸡只过量采食，防止鸡体过肥、超重，限制过多活动，减少啄癖发生，在生长期宜采用较低的光照强度，以 5～10 勒（1.3～2.7 瓦/米^2）为宜 ②为控制鸡性成熟，防止早产早衰，按逐渐缩短或稳定短光照制度进行控制，每天光照时间不超过 12 小时。不要变换光照强度
温度与湿度	随鸡日龄的增大鸡舍内的温度逐渐降低。其适宜温度为 16℃左右，空气相对湿度为 60％
通风	育成鸡生长速度快，产生有害气体多，以及脱落的羽毛、皮屑，若不注意通风，易诱发呼吸道疾病。通风量为夏季 6～8 米^3/只·小时，春秋为 3～4 米^3/只·小时，冬季为 2～3 米^3/只·小时。因此，要随着体重和日龄变化而调整通风量

（三）预防啄癖

防止啄癖也是育成鸡管理的一个重点。育成鸡啄癖的预防不能单纯依靠断喙，应结合改善舍内环境、降低饲养密度、调整日粮成分、降低光照强度等综合措施。对断喙不当或遗漏的鸡，进行修喙、断喙。

（四）添喂沙砾

沙砾的添喂方法，见表 5-35。

表 5-35　沙砾的添喂方法

内　容	方法或要求
添喂沙砾的目的	①提高鸡只胃肠消化能力，改善饲料转化率 ②防止育成鸡因肌胃缺乏沙砾而吞食垫料、羽毛，特别吞食碎玻璃等现象发生，避免对肌胃造成创伤
添喂沙砾的方法	沙砾可以拌入粮中，也可以单独放在料槽内任鸡自由啄食
沙砾质量的标准	沙砾应清洁卫生，添喂前用水洗净、晾干
添加量和粒度	每 1000 只育成鸡，5～8 周龄一次饲喂 4.5 千克，沙砾能够通过 1 毫米的筛孔 9～12 周龄 9 千克，沙砾能够通过 3 毫米的筛孔 13～20 周龄 11 千克，沙砾能够通过 3 毫米的筛孔

（五）选择和淘汰

鸡的选择和淘汰既可在转群时进行，也可在育成饲养过程中进行。选择的标准应根据体重、体型、外貌进行选择（图 5-15）。一般情况下，在育雏育成阶段应进行 3 次选择与淘汰。第一次是在刚购入雏鸡的时候，在了解雏鸡来源的基础上，对雏鸡进行细致的选择。这次选择很重要，应注意两个关键点，一是淘汰标准。目前行业内还没有统一的雏鸡淘汰标准，因此购买雏鸡时，应事先与供雏方约定一致的淘汰标准；二是淘汰标准应具体。第二次选择在 8～10 周进行，体重过轻的应及时淘汰。第三次选择在 16～17 周进行，这时淘汰体重不达标的鸡，以及患病鸡和伤残鸡。

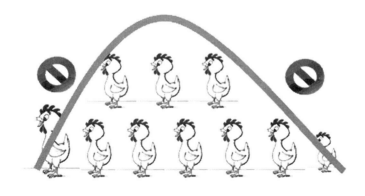

图 5-15　鸡群的选择和淘汰

（六）卫生和免疫

搞好舍内卫生，定期消毒。检测抗体水平，适时免疫接种。转笼前应进行驱虫。

第四节　产蛋鸡养殖技术

产蛋期的饲养管理目的在于最大限度地减少或消除各种逆境对蛋鸡的不利影响，为其创造一个良好的产蛋环境，充分发挥产蛋鸡的生产性能，获得最大的经济效益。

一、产蛋期的环境控制

（一）温　度

产蛋鸡适宜的温度为 13℃～24℃。环境温度高于 25℃ 时，产蛋率开始下降，蛋壳变薄，小蛋和破蛋增加。当环境温度高于 30℃ 时，产蛋量和采食量都明显下降，或应达到的高峰值达不到。当环境温度高于 35℃ 时，鸡就会发生热昏厥而中暑。

（二）光　照

产蛋期光照的原则是只能延长不能减少。如鸡群体重达标，从 18 周龄起每周延长光照 0.5～1 小时，直至增加到 14～16 小时时恒定不变。如鸡群体重不达标，可将补光时间延迟 1 周进行。

（三）湿　度

产蛋鸡适宜的空气相对湿度为 60％～65％，但在 40％～72％，只要温度不偏高或偏低对鸡影响不大。高温时，鸡主要通过蒸发散热，如果湿度高，会阻碍蒸发散热，造成热应激。舍内低温高湿，鸡体散热多，采食量大，产蛋下降。在饲养管理中，尽量减少漏水，及时清除粪便，保持舍内通风良好等，均可降低舍内的湿度。

（四）通风换气

通风换气可以增加氧气，排出水分、有害气体及粉尘等，保持鸡舍内空气新鲜和适宜的温湿度。炎热季节应加强通风换气，而寒冷季节可适当减少通风，但应保证舍内空气清新。

二、产蛋鸡的日常管理

（一）观察鸡群

观察鸡群的精神状态、采食和粪便情况是否正常。夜间闭灯后倾听有无呼吸道异常声音，还要注意有无啄肛的鸡，有无跑出笼外的鸡；检查舍内设施及运转情况。发现问题，及时解决。

（二）减少应激

任何环境条件的突然变化都能引起鸡群的应激反应，如抓鸡、换料、停水、停电、新奇颜色等。鸡的突出表现为食欲不振、产蛋量下降、产软蛋、精神紧张，甚至乱撞引起内脏出血而死亡，这些表现需数日才能恢复正常。因此，应认真制定和严格执行科学的饲养管理程序，鸡舍固定饲养人员，操作程序不要随意改动，动作要稳，声音要轻，保持鸡舍环境安静。

（三）合理饲喂及充足的饮水

无论采用何种方法供料，都应按该鸡种的饲养标准执行，过多过少都会产生不良影响，一旦建立，不宜轻易变动。喂料过程中要注意匀料，防止撒布不匀。要保证不间断供给清洁的饮水，炎热夏季要注意供给清洁的凉水。

（四）保持环境卫生

舍内外定时清扫，保持环境的清洁卫生。定期对舍内用具进行清洗、消毒。

（五）及时捡蛋

蛋鸡的产蛋高峰一般在日出后的 3～4 小时，下午产蛋量占全天的 20％～30％。因此，每天上、下午各捡蛋 1 次，夏季 3 次。捡蛋时动作要轻，以减少破损。

（六）淘汰低产鸡和停产鸡

产蛋鸡与停产鸡、高产鸡与低产鸡在外貌及生理特征上有一定区别（表 5-36，表 5-37），及时淘汰低产鸡，可以节省饲料，降低成本和提高养殖效益，可根据外貌和生理特征进行选择。

表 5-36　产蛋鸡与停产鸡的区别

项　目	产蛋鸡	停产鸡
冠，肉垂	大而鲜红，丰满，温暖	小而皱缩，色淡或暗红色干燥无温暖感觉
肛门	大而丰满，湿润，椭圆形	小而皱缩，干燥，圆形
触摸品质	皮肤柔软细嫩，耻骨端薄而有弹性	皮肤和耻骨端硬而无弹性
腹部容积	大	小
换羽	未换羽	已换或正在换
色素变换	肛门，喙和胫等已褪色	肛门，喙和胫为黄色

表 5-37　高产鸡与低产鸡的区别

身体部位	高产鸡	低产鸡
头部	清秀，冠和肉垂发育充分，大而鲜红，极致，喙短而微弯	鸡冠和肉垂小，粗糙，萎缩，颜色苍白，喙长，窄而直
胸部	胸宽而深，向前突出	胸部突而浅，胸骨短或弯曲
体躯	背部长而宽，腹部柔软，容积大，胸骨末端与耻骨间距 4 指以上	背部短而窄，腹部硬实，容积小，胸骨与耻骨间距 3 指或 3 指以下
耻骨	耻骨软而薄，耻骨间距 3 指以上	耻骨厚而硬，耻骨间距 3 指以下
褪色部位	褪色部位多而彻底，转变为白色	褪色部位少而不彻底，有黄色素
肛门	肛门大而松弛，湿润	肛门干燥萎缩

三、分段饲养管理

（一）产蛋前期的饲养管理

产蛋前期的母鸡代谢功能旺盛，一方面，要迅速提高母鸡的产蛋率，每周增加 15％～20％；另一方面，母鸡的体重每周要增加 30～40 克，蛋重每周增加 1.2 克左右。因此，产蛋前期的饲养管理对于产蛋鸡尤为重要，这一时期饲料营养水平必须满足产蛋需求，每日每只鸡需要供给优质蛋白质 18 克、代谢能 1.26 兆焦。表 5-38 为蛋鸡产蛋前期的具体饲养管理方法。

表 5-38　蛋鸡产蛋前期的饲养管理

项　目	方法与要求
日粮过渡	鸡群的产蛋率达到 5％时，逐渐将育成后期的饲料更换成产蛋鸡料，且换料要与增加光照时间配合进行
光照管理	对于体质健壮、达标、均匀度良好的鸡群，光照增加快一些，否则增加速度缓慢。密闭式鸡舍光照增加速度以每周 0.5～1 小时为宜；开放式鸡舍采用自然光照辅助人工光照
体重监测	产蛋前期定期称量鸡的体重。若发现体重低于该鸡种推荐标准的下限或超过推荐标准上限 10％时，需及时采取相应措施，以维持其良好的体况
调笼与分群	调整鸡群：①将体重较轻、冠髯较小且颜色不够红润的母鸡从鸡群中挑出，集中安置在中上层靠近光源处饲养。②必要时可提高日粮的蛋白质、必需氨基酸水平，使其快速生长发育，提早产蛋
蛋重测定	母鸡开产后蛋重的增加具有一定的规律性，若平均蛋重达不到品种标准，往往是营养不足的结果，须及时调查产生的原因，并纠正
啄癖防治	产蛋前期易发生脱肛、啄肛。为防止啄癖，应采取综合措施：①调控营养，避免蛋重过大。②保证鸡的饲料和饮水，忌长时间空槽和断水。③保持鸡舍的安静环境，使鸡安静产蛋。④保持适宜的光照强度。⑤合理通风，鸡舍空气清新。⑥适宜的饲养密度。⑦严禁并笼

（二）产蛋高峰期的饲养管理

一般将鸡产蛋率达到 80％以上的时期称为产蛋高峰期。现代蛋鸡的产蛋高峰期很长，一般可达 6 个月或更长。高峰期的产蛋率与全年的产蛋量呈强的正相关，因而必须想方设法提高高峰期的产蛋率，并且延长产蛋高峰期的时间，以提高鸡群的产蛋量。表 5-39 为蛋鸡产蛋高峰期的具体饲养管理方法。

表 5-39　蛋鸡产蛋高峰期的饲养管理

管理措施	方法与要求
充分满足蛋鸡产蛋期的营养需要	①满足产蛋与增重的营养需要。每日每只鸡采食粗蛋白质，轻型鸡 17～18 克，中型鸡 19～20 克；轻型鸡的代谢能不低于 1 225 千焦，中型鸡不低于 1 381 千焦 ②饲料的质量相对稳定。特别是日粮蛋白质、钙、磷、维生素 A、维生素 D_3、维生素 E 等的含量 ③定期检查体重和蛋重。每周检查鸡群的体重、蛋重，有助于及时了解营养状况的管理条件

续表 5-39

管理措施	方法与要求
保持稳定的饲养制度	①产蛋期间每天的喂料时间、捡蛋时间、清粪时间等作业程序必须严格按照制度进行，切不可随意颠倒顺序或忽早忽晚 ②饲养员要相对稳定，不要轻易替换，以免对鸡群产生应激
尽量避免应激反应	高峰期的产蛋有一定规律，在高峰期产蛋率一旦下降就难以恢复。在日常管理中，要特别注意避免产蛋鸡产生严重的应激反应，饲养管理的操作程序要稳定，避免饲料、疾病、天气突变和严重惊吓等应激因素的发生

（三）产蛋后期的饲养管理

当鸡群产蛋率下降到 80％以下时，就应逐渐转入产蛋后期的饲养管理。表5-40 为蛋鸡产蛋后期的具体饲养管理方法。

表 5-40　蛋鸡产蛋后期的饲养管理

项　目		方法或要求
饲养管理的目标		使产蛋率尽量保持缓慢的下降，且要保证蛋壳的质量
饲养管理的主要措施		①给蛋鸡提供适宜的环境条件，保持环境的稳定 ②对产蛋高峰期过后的鸡进行限制饲养 ③蛋鸡淘汰前 2 周将光照时间增加到 18 小时
限制饲养	限饲时间	一般在产蛋高峰期过后 2 周
	限饲方法	①控制日粮能量和蛋白质水平，一般能量摄入量可以降低 5％～10％，蛋白质水平降至 14％～15％。日粮中钙的配比增加到 3.6％，高温（33℃）时可提高到 3.7％，一般不宜超过 4％ ②减少投料量，一般不超过正常采食量的 10％
	限饲目的	①维持蛋鸡适宜的体重，充分发挥生产潜力 ②降低饲料成本

（四）产蛋鸡的四季管理

不同季节的温度、湿度差别很大，为了减轻环境变化对鸡只产蛋的不良影响，应采取不同的饲养管理措施（表 5-41）。

表 5-41　蛋鸡的四季管理要点

季 节		管理要点
春季	管理原则	春季管理的重点是防止气温突然变化给鸡群所造成的不利影响，同时必须加强卫生防疫管理
	采取措施	①根据产蛋率的变化情况，及时调整日粮的营养水平，使之适合产蛋变化时鸡只的营养需求 ②防止因刮大风、倒春寒等现象造成鸡舍温度发生剧烈变化和鸡舍内气流速度过急引起的冷应激。在注意保暖的同时要适当通风换气，根据气温高低和风向决定开启窗户的次数 ③初春时节对鸡场进行 1 次大扫除，并进行 1 次彻底的环境消毒工作 ④及时清除鸡粪，以减少疫病发生的机会 ⑤鸡场周围种植树木和花草，在鸡舍周边种植攀缘植物，为夏季的防暑工作打好基础
夏季	管理原则	夏季管理的核心工作是防暑降温，并保证蛋鸡营养的足够摄入
	采取措施	①鸡舍周围种植遮阴树木、攀缘植物，搭建遮阳棚。舍顶加盖隔热材料，鸡舍向阳面和房顶涂成白色，鸡舍内装有吊棚。尽量减少鸡舍所受到的辐射热和反射热 ②每天中午 12 时至下午 3 时，向鸡舍屋顶、外墙及附近地面喷洒凉水 ③采取纵向通风，使鸡舍内的平均气流速度达到 1 米/秒以上，加快鸡舍内热量的排出 ④温度超过 30℃时，采用湿帘和喷雾降温法 ⑤供给清洁的凉水 ⑥降低鸡的饲养密度，一般平养鸡可以减少 20％左右 ⑦密闭鸡舍从上午 10 时到下午 5 时关灯停饲，让鸡只休息，改为夜间饲喂 ⑧根据鸡群采食量的变化及时调整日粮营养水平，提高蛋氨酸、赖氨酸水平；添加 2％～3％油脂代替日粮部分能量饲料，增加鸡只的净能摄入量 ⑨饲料中添加 0.03％维生素 C 或 0.5％碳酸氢钠、1％氯化铵；同时，可以在饮水中添加补液盐，以缓解热应激反应 ⑩调整饲喂时间，在早晨和傍晚后两个采食高峰期饲喂，也可在半夜补料 ⑪及时清除鸡粪
秋季	管理原则	秋季要注意气温变化，防止鸡舍温度突然降低；注意人工补充光照；同时，要注意消灭蚊蝇等
	采取措施	①开放式鸡舍，注意补充人工光照，防止鸡群发生换羽。对于处于产蛋后期开始换羽的母鸡，进行 1 次选择和调整，尽早淘汰换羽和停产较早的鸡只 ②当年小母鸡尚未开产、老母鸡已经停产或产蛋率很低时，进行疫苗接种或驱虫，避免影响产蛋量 ③秋天闷热，降水量较大，鸡舍内湿度较高，白天要加强通风；深秋昼夜温差较大，做好防寒保暖工作，适当降低鸡舍的通风换气量，避免冷空气侵袭鸡群而诱发呼吸道疾病 ④冬前进行 1 次大扫除和消毒，搞好环境卫生，消灭各种有害昆虫，清理其越冬的栖息场所

续表 5-41

季　节		管理要点
冬季	管理原则	冬季要防寒保暖，一般要求鸡舍温度不低于 10℃。堵塞墙壁漏洞，防止贼风侵袭，避免冷空气直接吹向鸡体。在保持鸡舍温度的前提下，进行合理的通风换气。在饲料调配上，适当提高饲料的能量水平等
	采取措施	①冬前要修缮鸡舍，保持屋顶、门窗、墙壁等的密闭性能，所有窗户钉上透明度好的塑料薄膜，以利于防寒。鸡舍门上挂上棉门帘，鸡舍屋顶铺设稻草、麦秸等。在鸡舍内用塑料布加吊顶棚 ②淘汰弱小及停产的鸡 ③补充人工光照，每天光照时间不少于 16 小时 ④在保温的同时注意通风换气，选择每天中午温度高、风较小的时间通风换气，将南面向阳的窗户打开，每天 2～5 次，每次 10 分钟 ⑤调整日粮营养，提高日粮能量水平，每千克日粮增加 0.083～0.209 兆焦

四、产蛋鸡的常见问题及解决办法

（一）产蛋量异常的原因

在饲养管理正常的情况下，整个鸡群的产蛋具有一定的规律性。如果发现产蛋量突然下降，必须尽快查找原因，及时采取相应的措施，以免造成更大的经济损失。引起鸡群产蛋量异常的原因主要有以下几方面：

第一，日粮中的营养成分发生明显变化，如日粮的饲料组成成分突然改变，或者饲料发霉变质。

第二，供水系统发生故障，造成长时间供水不足或缺水、断水。

第三，饲养员或者作业操作程序发生较大变动。

第四，鸡群受到突然声响的刺激，受到人或者动物的干扰而受惊。

第五，光照程序或光照强度突然发生变化，如夜晚忘记关灯等。

第六，接种疫苗或饲喂药物不当，引起鸡只的不良反应。

第七，鸡群患病，如非典型性新城疫、传染性支气管炎以及减蛋综合征等。

（二）常见的应激因素及对策

产蛋鸡的常见应激因素及对策，见表 5-42。

表 5-42　产蛋鸡的常见应激因素

项 目	因 素	特 征
常见的应激因素	温度、免疫、饲料变更、营养缺乏、惊吓等	采食量降低，产蛋率下降，死亡率上升等。其中，表现最突出的是热应激对鸡的影响
热应激对鸡的影响	实际生产中，环境温度一般在20℃～34℃，温度每增加 1℃，采食量减少1.0～1.5克/天；从 32℃～36℃，温度每升高 1℃，采食量降低 4.2克/天	环境温度升高，鸡采食量下降。采食量下降导致进食的能量、蛋白质、微量营养素等都相应减少，而鸡本身对营养素的需要并没有减少，应通过提高日粮的能量和蛋白质来满足需要。同时，还要注意饮水量
缓解热应激的措施	①给鸡群进行喷雾降温，一般喷雾后可降低 3℃左右 ②减小鸡群的密度 ③饲料中补充维生素 C、维生素 B_2、维生素 B_{12}、泛酸、生物素和钾、钙、磷、镁、钠等，可缓解应激 ④确保鸡舍的高密封性，并安装湿帘和排风扇	

（三）发生啄癖的原因及防治措施

蛋鸡啄癖的原因及防治措施，见表 5-43。

表 5-43　蛋鸡啄癖的原因及防治措施

项 目	原因和措施
引发蛋鸡啄癖的原因	①鸡的嗜红性本能会驱使它去掐啄有外伤鸡的伤口，也会掐啄其他鸡翻脱出的肛门。其他鸡又迅速地模仿，并迅速蔓延 ②饲料中盐分过低，或缺镁、锰或缺硫等 ③饲养密度太大、光照强度过强、舍内通风不良等
预防啄癖的途径	①断喙 ②保持舍内良好的环境条件，控制光照强度及其均衡性 ③日粮中含有可利用的纤维素和盐分
发生啄癖后的处理措施	①采用间歇式光照制度 ②将白炽灯泡换成红色灯泡

（四）降低鸡蛋破损率的饲养管理方法

1. 破损蛋产生的原因　在蛋鸡生产中，鸡蛋的破损经常发生。破损蛋的产生与鸡只自身状况、饲料营养水平、饲养管理技术、设备等多种因素有关（表5-44）。

表5-44　破损蛋产生的原因

因　素		原因与影响
鸡只自身状况	品种与品系	蛋壳强度受遗传的影响，不同品种、品系之间有一定的差异。一般褐壳蛋破损率低于白壳蛋，高产鸡的破损率高于低产鸡
	周龄	随着周龄的增加，蛋重及蛋的表面积增大，蛋壳的相对重减少，因而蛋壳变薄，强度降低，破损率也随之增高
	健康状况	多种疾病影响蛋壳的质量。如产蛋下降综合征、传染性支气管炎、输卵管炎等疾病会导致蛋壳变薄，甚至产软蛋
饲料营养		饲料中钙、有效磷、维生素 D_3 含量低或钙、磷比例失调，钙源粒度小，饲料霉变以及锰缺乏均会降低蛋壳质量
外界环境		鸡舍的温度对蛋壳的影响很大，炎热季节蛋壳要比其他季节薄5％左右
饲养管理	责任心	在捡蛋、码放、搬运、过秤时，不规范操作会增加蛋的破损率
	操作程序与工具	饲养密度过大、捡蛋次数少、蛋托蛋箱质量差等因素，均会增加蛋的破损率
	随意变更作业程序	饲养管理作业程序的突然变更，噪声等影响鸡安静产蛋，或改变产蛋姿势等因素都会增加蛋的破损率
笼　具		底网坡度过大（大于 $10°$）时，鸡蛋滚出的速度过快，易撞破；坡度小于 $7°$ 时，蛋滞留在笼里，易被鸡踩坏或啄破

2. 降低破损蛋的主要措施　在饲养管理过程中，认真做好各方面的饲养管理工作是降低鸡蛋破损率的基础，同时还要采取以下措施：

第一，选择蛋壳品质好的品种与配套系。

第二，自己配料时，要严格按照饲养标准配制日粮，保证饲料的品质，并应搅拌均匀，防止添加剂变质失效。

第三，高温季节要采取有效的防暑降温措施，并适当提高营养物质的浓度，特别是钙、磷、维生素 D_3 等。

第四，经常检查笼具设备的情况，损坏、变形时要及时修复。

第五，保持鸡舍环境的相对稳定，减少应激。

第六，产蛋高峰期间，增加捡蛋次数。

第七，在滚蛋网内侧加一层薄的塑料泡沫垫，有助于降低破损率。

第八，在做捡蛋、码蛋、装箱、过秤、运输等工作时，动作要轻柔。

第九，下午最后一次添料时，添加一些颗粒状贝壳粉或石粉，可使鸡只在夜间保持足够的血钙浓度，有利于蛋壳的形成。

第十，对产蛋后期的鸡采取强制换羽措施，重新开产后蛋壳质量将得到较大的改善。

第五节　蛋种鸡养殖技术

蛋种鸡和蛋鸡在饲养管理方面有很多相同点，但也有区别，下面具体介绍蛋种鸡不同于商品代蛋鸡的饲养管理技术。

一、育雏育成期饲养管理

（一）饲养方式和饲养密度

蛋种鸡的饲养方式有地面散养、网上散养和笼养3种。我国蛋种鸡大多采用笼养，其中育雏期（0～6周龄）采用四层重叠式育雏笼，育成期（7～20周龄）采用三层或两层层叠或阶梯式育成笼。产蛋期采用人工授精鸡笼和本交笼两种，其中人工授精鸡笼同商品蛋鸡，本交笼为小群体本交笼，一般4只公鸡、25～30只母鸡。笼养便于雏鸡的免疫和防病。种鸡的饲养密度一般要求比商品鸡小。饲养密度调整随鸡群的免疫、断喙、转群等工作同时进行。

（二）环境控制

由于种鸡场的产品是种蛋，因此对种鸡场的环境卫生要求较严，主要是控制外源细菌和病毒的侵入。种鸡场应建立严格的卫生防疫制度，外来人员和车辆必须经过消毒，场内各种机械用具也要定期清洗消毒，鸡舍周围定期喷洒生石灰或氢氧化钠等消毒药。鸡群定期进行带鸡消毒。蛋种鸡对光照、温度、湿度、通风等要求和商品代蛋鸡基本相同。

（三）白痢监测

种鸡进行白痢监测的目的是避免应激死亡，体重不下降。通常，初产期和6周龄各进行1次监测。之后，公鸡每月监测1次，抽测比例为20％。夏季要根据天气情况确定鸡群白痢监测时间，是否添加维生素C、碳酸氢钠等抗应激药物。监测白痢不可与免疫同时进行，避免应激叠加。

（四）体型发育调控

在生产中，要使优良蛋鸡品种充分发挥其生产性能，必须抓住体型发育这一关键环节，通过加强饲养管理，使其具备良好的体型，为高产打下坚实的基础。衡量蛋种鸡的体型发育标准，以骨架作为第一限制因素，体重作为第二限制因素，生产中则以胫长和体重作为具体指标。鸡的骨骼和体重的生长速度不同，骨骼在 10 周内生长迅速，8 周龄雏鸡骨架已完成 75%，12 周龄已完成 90% 以上，而体重到 36 周龄才达到最高点。体型发育的好坏直接影响生产性能的发挥，胫长达标而体重偏轻的鸡群，产蛋早期蛋重小，产蛋率上升缓慢；胫长不达标而体重超标的鸡群会出现早产蛋或发生严重脱肛等现象，死淘率高；如果胫长和体重都不达标，就意味着育雏育成失败，开产时间延长，少则开产推迟 1~2 周，多则推迟 3~4 周；蛋种鸡产蛋高峰达不到标准，使生产量减少，孵化计划无法安排，对经济效益影响较大。根据体型的发育特点，在饲养管理中应着重抓好 8 周龄前的胫长生长和 8~12 周龄胫长和体重的生长，力争使鸡群的胫长均匀度达 90% 以上，体重均匀度达 80% 以上。

高营养育雏的雏鸡生长发育迅速，代谢旺盛，但胃容积小，消化率低，而且经常遭受温度变化、免疫、用药及断喙等应激因素的影响，影响采食量和体型发育。因此，在育雏前期（0~4 周龄），应精心配制日粮，使日粮实际营养水平达代谢能 12.5~12.9 兆焦/千克，粗蛋白质 20%~22%，蛋氨酸 0.45%，含硫氨基酸 0.8%，赖氨酸 1.15%，并保证钙、磷等矿物微量元素和多种维生素的供给。这不仅有利于雏鸡形成一个良好的骨骼系统，而且有利于形成有效的免疫系统，并促进羽毛的生长，使雏鸡的胫长和体重提前达到标准。采用高营养育雏 5 周龄时，雏鸡绒毛基本上全部脱换为羽毛，较习惯饲养法可提前近 1 周。

（五）适时科学分群整群

根据雏鸡的体型发育特点和体结构变化规律，最好在 4 周龄、8 周龄和 12~16 周龄进行 3 次分群整群。8 周龄和 12~16 周龄挑出低于或高于标准体重 10% 的鸡只，进行单独饲养。对于 4 周龄体重值低于平均值 10% 的鸡只，继续饲喂育雏前期料至 8 周龄，其他鸡只可更换为育雏后期料，其实际营养水平要求不低于代谢能 11.9 兆焦/千克，粗蛋白质 19%，蛋氨酸 0.42%，赖氨酸 1.10%，其他营养素不变，饲喂至 8~10 周龄。8~12 周龄鸡群进行分群管理，对胫长达标和超标、体重超标的鸡群减少喂料量（每次减 5 克），或用育成鸡料。密闭鸡舍用间断光照（开 15 分钟关 45 分钟），使鸡自然减少采食量。若为自动调温鸡舍，可在提高舍温 1℃～2℃ 的同时，减少喂食量 2～4 克，也可减少喂料次数，如日喂 1 次，减 5 克料量，或喂 7 天停 1 天，饲料中添加氯化胆碱 0.5 克/千克。对胫长达标、体重不达标的鸡群，继续饲喂育雏后期料或增加 1% 粗蛋白质，也可添加 2% 脂肪，加 7 天停 7 天。对于胫长低于标准、体重超标的鸡群，用育雏后期料，增加多维素，外加氯化胆碱 0.5 克/千克。对于胫长和体重均低于标准的鸡群，先用育雏前期料饲喂 2 周，再改为育雏后期料。

（六）控制性成熟

性成熟的调控是通过育成后期限饲并结合适当的光照方案来实现的。在体重达标的情况下，对 14～16 周龄的鸡只给以最低水平的代谢能和粗蛋白质，对防止母鸡早产和增加初产蛋重具有重要作用。"产前停喂"（或称"性成熟期绝食限饲"）也是延迟性成熟和增加早期蛋重的新方法，即当鸡群达 10% 产蛋率时，断料不断水 5 天。光照对性成熟是非常重要的。延长光照的结果是使性成熟提前，缩短光照则推迟性成熟。光照方案不同，对性成熟的影响非常显著。对采用自然光照的开放式鸡舍，为避免 12 周龄后自然光照延长，常采用 0～20 周龄内最长的日照时间作为恒定光照时间，也可结合 12 周龄后渐减的自然光照，以便控制鸡的性成熟。但是，如果育成后期（14～20 周龄）光照时间不少于 13 小时，都有可能发生早产现象。因此，应根据具体情况适时进行光刺激：一是体重达到适宜开产体重；二是自然产蛋率达 5%；三是轻型蛋鸡达 20 周龄仍未见产蛋。在开始光照刺激时，要将育成料及时转换为开产前期料（含 2% 钙）或高产蛋鸡料，以适应产蛋的营养需要。

（七）光照管理

光照管理对于种鸡生产至关重要，通过适宜的光照调控可以使鸡群适时开产，顺利达到高峰；同时，可以调整产蛋时间，提高饲料利用率，使蛋重及蛋品质达到最优化。种鸡光照管理的原则是：①产蛋期不可减少光照时间；②首次加光的时间为 18～19 周龄，视鸡群体重适时加光，但最迟不得晚于 19 周龄末；③每次加光时间不得大于 1 小时，且加光周期最短为每周 2 次，最长为 2 周 1 次；④高峰期的光照时间不得少于 15 小时；⑤光照时间的上限为 16 小时，达到上限时实施恒定光照；⑥产蛋期鸡群适宜的光照强度为 10 勒。

1. 制定光照程序

第一，确定首次加光日龄。一般以达到 18 周龄标准体重时开始加光，例如 18 周龄标准体重为 1550 克，即以体重达到 1550 克为标准开始加光刺激，但最迟不得晚于 19 周龄末。

第二，确定加光周期。应根据鸡群体重来确定，一般以每周 1 次为好。体重低于标准时，不要加光。

第三，确定加光时长。根据光照周期来确定，一般前 2 次加光刺激强一些为好，如果采用每周加光 1 次，建议前 2 次加光 1 小时，以后每周增加半小时直至 14～16 小时；如果每周加光 2 次，则将 1 周的加光时间拆分为 2 次加光。

2. 光照管理需考虑的因素　在加光照前一定要考虑鸡群耗料及增幅情况。增加光照主要是考虑到鸡群体重未达到标准，从而刺激鸡群采食，提高鸡群体重。但一定要注意，在加光前还要考虑料量的增幅，光照刺激前 1 周的耗料量一定要加大幅度，不能因为鸡群的平均体重超过标准而减缓料的增幅；否则，因加光照后鸡的生理性能加快，没有足够的物质基础（主要是能量和蛋白质），很难获得较好的产蛋性能。

为了节约用电，可以采用补光的办法。这种光照管理办法必须考虑外界自然光的长度和季节因素的影响。补充光照时，光源要稳定，舍内每平方米地面以 3 瓦左右为宜，灯距地面约 2 米，灯与灯之间的距离约 3 米，舍内各处都要受到光线均匀照射。需要补充的人工光照时间可全部在天亮前补给，也可全部在日落后补给，还可以在天亮前和日落后各补一半。

3. 日常管理注意事项　日常生产管理中，光照控制应注意的事项是：

第一，制定合理的光照程序、掌握标准的光照强度、确保适时开产、防止光照应激；确定加光周期后，不得随意改变。

第二，加光过程中，如出现实际体重与标准体重相差较大（大于 100 克）时，可以适当延长本次加光间隔，但最迟不得长于 2 周。

第三，从开始加光至达到产蛋高峰，一般连续刺激 8 次以上为好；加光期间不得随意改变光照强度，以免引发啄肛。

二、产蛋期饲养管理

（一）日粮营养调控

1. 营养需要　蛋种鸡的营养素的需要量与商品蛋鸡基本相同，但是满足产蛋的维生素和微量元素需要量可能难以满足胚胎发育的需要。提高种鸡日粮中的维生素和微量元素水平，可增加种蛋中这些营养素的含量。高水平的核黄素、泛酸和维生素 B_{12} 对孵化率特别重要，其他营养素也有一定影响。所以，种鸡饲料中某些微量元素和维生素的需要量比商品鸡定得高。

2. 适时更换种鸡料　蛋用种鸡从育成日粮换成产蛋期日粮的方案和商品蛋

鸡的方案相同，在 20 周龄左右改用种鸡日粮，可以使新母鸡有足够的时间在蛋黄中存积维生素和其他营养成分，以便第一批种蛋就有较好的孵化效果。

3. 蛋重控制 太大和太小的鸡蛋都不适合作种蛋，要获得更多的合格种蛋，就要减少产蛋初期的小蛋数量和控制后期蛋重的增加。为了减少产蛋初期的小蛋数量，种鸡开产日龄应比商品鸡晚 1 周左右，这样种母鸡开产时体重稍大一些，产蛋初期的蛋重也就相应大一些。通过调整营养途径可以略微改变蛋重。研究表明，提高蛋氨酸、亚油酸或蛋白质水平（超过需要量），不影响后备母鸡开产蛋重。在等能量的日粮中，提高脂肪或油的添加量可使蛋重增加。降低日粮能量水平，如用大麦或高粱代替玉米，则会降低蛋重。

（二）产蛋后期管理

1. 管理目标 关键控制目标是防止母鸡过肥而影响产蛋性能发挥，确保后期产蛋持续良好。这阶段，产蛋率下降明显，可考虑适当调整日粮配方，这样既可避免饲料浪费，降低饲料成本，也可保持鸡体较小的体增重，使机体始终处于最佳状态，以确保后期产蛋下降平缓，产蛋率提高。限制饲喂的原则是结合产蛋曲线进行试探性减料，方法是：按每只鸡日耗料减少 2.5 克，观察 5～7 天，看产蛋率下降是否正常（正常每周下降 0.5%～1%）。如正常，可再减1～2 克；若仍无异状，还可再减 3 克。这样既不影响产蛋，又可减少饲料消耗，减少换羽和防止鸡体过肥。如产蛋率下降较快，须立即恢复饲喂量，以免降低生产性能。相关实践证明，减料一般在产蛋高峰过后的 4～6 周，产蛋率较高峰期下降 4%～6% 时进行为宜。

产蛋高峰过后，随着产蛋率的下降，能量蛋白质水平可适当下调，但随着蛋重的增加，鸡体对钙的需要量增加，所以此阶段钙水平应适当提高。建议每天下午 3～4 时，在饲料中额外添加贝壳粉或粗粒石灰石，可以加强夜间形成蛋壳的强度，有效地改变蛋壳质量。添加维生素 D_3 能促进钙的吸收，同时也要避免鸡只采食量过低造成产蛋下降，如贝壳粉的过量添加，会使日粮的适口性下降，采食量下降。

2. 定期称重 称重的目的是节约饲料，防止鸡过肥使产蛋率下降过快。管理者往往注重育雏育成乃至高峰阶段的称重，而忽视产蛋后期的鸡群称重。其实，此阶段的体重变化，对降低日耗、减少死淘和维持产蛋平稳下降有很大的指导意义。产蛋后期的鸡群称重大可不必每周进行，可相隔半个月或者 1 个月进行。根据数字变化，结合产蛋曲线，可以考虑日粮中相关营养的调整。

3. 疫病预防和环境控制相结合 在产蛋后期由于鸡舍长期使用，粪便比较集中，产生有害气体浓度高，空气质量差，各种细菌病毒滋生，容易引发大群的细菌性或病毒性疾病；饲料保存不当易引发某些维生素或微量元素缺乏；种鸡产蛋后期可能因免疫时间过久、抗体水平下降而引发传染病，或因为管理不善致使种鸡寄生虫病的发生。因此，这阶段应做好种鸡群的环境卫生和带鸡消毒工作，以增强鸡群对疾病的抵抗力。同时，须根据抗体水平的变化适时补免，保证机体抗体水平均匀有效。

4. 及时淘汰低产鸡、寡产鸡 处于产蛋后期的鸡群经过一段紧张的产蛋阶段后，生理上不能满足每日 52 克左右蛋重的支出，在产蛋量下降的同时，容易发生猝死综合征及腹水综合征而导致死淘增加。这时要及时调整鸡群的均匀度，淘汰无饲养价值的低产鸡，以提高产蛋率，降低鸡只成本。

三、种公鸡饲养管理

（一）公母分群饲养

自然交配鸡群公母分开培育可至 6 周龄。公、母雏鸡分开饲养，有利于各自的生长发育和公鸡的挑选。6 周龄后经选择，挑选发育良好、体重达标的公鸡和母鸡混合饲养。混合饲养有利于及早建立群体的"群序"，减少啄斗。褐壳蛋父母代种公鸡一般为红羽毛，容易受到白母鸡的攻击，混群周龄应提前到 4 周龄或有一个过渡期。蛋种鸡笼养人工授精可以使公母始终分开饲养，避免彼此的干扰，有利于公、母鸡各自的正常发育。

公鸡单独饲养时应注意以下几点：①公、母鸡应按同样的光照程序，以便同步性成熟。②控制光照强度和光照颜色，防止公鸡啄斗。③控制饲料量，公鸡育成期比母鸡多 10%。④公、母鸡混群时最好关灯后进行。

（二）饲喂设备和饲养密度

种公鸡比母鸡应当有较大的生活空间及饲喂设备，饲养密度一般为 3～5 只/米^2，料槽长度 20 厘米/只。人工授精的种公鸡须单笼饲养。国内目前生产的 9LJG-216 型公鸡笼，规格为 187.2 厘米×40 厘米×50 厘米，每条笼分为 8 格，每格 1 只公鸡，饲养轻型公鸡效果很好。

（三）公鸡的选择

种公鸡性成熟良好的标准是：腿长而强健，平胸，脚趾正常，结构匀称，羽毛有光泽，鸡冠红润，目光明亮有神，行动灵活敏捷，叫声洪亮，睾丸发育良好，雄性特征明显，体重比母鸡重 30%～40%，行动时龙骨与地面呈 5°角。

公鸡分 4 个阶段进行选择。

第一阶段选种：在孵化出雏进行雌雄鉴别后，对生殖器发育明显、活泼好动且健康状况良好的小公雏进行选留。

第二阶段选种：在公鸡育雏达到 6～8 周龄时，对公鸡进行第二次选种，主要选留那些体重较大、鸡冠鲜红、龙骨发育正常（无弯曲变形）、鸡腿无疾病、脚趾无弯曲的公鸡作为准种用公鸡；淘汰外貌有缺陷，如胸骨、腿部或喙弯曲、嗉囊大向下垂、胸部有囊肿、胸骨弯曲的公鸡。对体重过轻和雌雄鉴别误差的公鸡也应淘汰。公母选留比例为 1：8～10。

第三阶段选种：在 17～18 周龄时，在准种用公鸡群中选留体重符合品系标准，体重在全群平均体重的标准化均差范围内的公鸡。选留鸡冠肉髯发育较大且颜色鲜红、羽毛生长良好、体型发育良好的公鸡，其腹部柔软，按摩时有性反应，比如翻肛、交配器勃起和排精，这类公鸡可望以后有较好的生活力和繁殖力，公母选留比例为 1：10～15（自然交配），如做人工授精公母比例为 1：15～20。

第四阶段选种（主要用于人工授精的种鸡场）：在 20 周龄时（中型蛋鸡和肉用型鸡可推迟 1～2 周），主要根据精液品质和体重选留。通常，新公鸡经 7 天按摩采精便可形成条件反射。选留公母比例可达 1：20～30。在 21～22 周龄，对公鸡按摩采精反应大约为 90% 以上的是优秀和良好的，10% 左右的则为反应差、排精量少或不排精的公鸡，对此类公鸡应继续补充训练。经过一段时间，应淘汰的仅为少数，占总额的 3%～5%。若全年实行人工授精的种鸡场，应留 15%～20% 的后备公鸡用来补充新公鸡。

在选种过程中，体重太小、鸡冠发育不明显、龙骨生长弯曲、胸部有囊肿、偏胸、歪喙、腿部有疾病、脚趾有缺陷或残疾、没有性反应的公鸡都应淘汰。

（四）公鸡的营养需要

蛋种公鸡育雏育成期的营养需要与商品蛋鸡无大区别，代谢能 11.3～12.1 兆焦/千克，蛋白质育雏期 16%～18%，育成期 12%～14% 能满足生长期的需要。

目前国内蛋种鸡饲养过程中，公鸡大多采用与母鸡同样的日粮，对受精率和孵化率无显著影响。种公鸡对蛋白质和钙、磷的需要量低于母鸡的需要量，饲料蛋白质含量 12%～14%，每日采食 10.9～14.8 克蛋白质就能满足需要。平养自然交配时采用分开的饲喂系统，笼养人工授精时对公鸡单笼饲养，公鸡使用单独的公鸡日粮，有助于保持公鸡长久的繁殖性能。

（五）公鸡各饲养阶段的管理

1. 公、母鸡分开饲养（1～20周）

（1）0～6周种公鸡育雏期的饲养管理　　在这一阶段为了使种公鸡有较长的腿胫而采用自由采食，不能限制它的早期生长，因为8周龄以后腿胫的生长速度就很缓慢了。育雏料要求粗蛋白质18％、能量11.7兆焦/千克。1日龄剪冠断趾，7～8日龄断喙，公鸡的喙要比母鸡留得长，烧掉喙尖即可，如果断喙过多会影响交配能力。断喙前后3天饲料中添加多种维生素和维生素K，以防止鸡群应激和喙部流血；料槽上料应适当增加，防止因断喙疼痛而影响采食；鸡群密度适当，槽位充足，以免强弱采食不均，鸡群均匀度差，弱小公鸡太多。

（2）7～20周种公鸡育成期的饲养管理　　这一阶段的饲养目标是使胸部过多的肌肉减少，龙骨抬高，促进腿部的发育，降低体内脂肪。饲料的粗蛋白质含量15％，能量11.63兆焦/千克。体重在标准的±10％以内为宜。不要过度限饲，这样易造成公鸡体重太轻，增重不足，会影响公鸡生殖器官的发育。

2. 公、母鸡混养，分隔饲喂（21～66周）

（1）种公鸡配种前期的饲养管理（21～45周）　　21周龄开始公母混养分饲，这一阶段管理要点是确保稳定增重、肥瘦适中、使性成熟与体成熟同步。鸡群全群称重，按体重的大、中、小分群，饲养时注意保持各鸡群的均匀度。混养后在自动喂料机料槽上加装鸡栅，供母鸡采食，使头部较大的公鸡不能采食母鸡料，公鸡的料桶高45～50厘米，使母鸡吃不到公鸡料。公鸡增重在23～25周龄时较快，以后逐渐减慢，睾丸和性器官在30周龄时发育成熟，因此各周龄体重应在饲养标准的范围内。体重太轻营养不良，影响精液品质；体重过重，会使公鸡性欲下降，脚趾变形，不能正常交配，而且交配时会损伤母鸡。

（2）种公鸡配种后期的饲养管理（46～66周）　　在28～30周时，种公鸡的睾丸充分发育，这时受精率达到一个高峰；45周左右，睾丸开始衰退变小，精子活力降低，精液品质下降，受精率下降。受精率下降的速度与公鸡的营养状况、饲养管理条件好坏有关，在这一阶段饲养管理的重点是，提高种公鸡饲养品质，以提高种蛋的受精率。在种公鸡料中每吨饲料添加蛋氨酸100克、赖氨酸100克、多种维生素150克、氯化胆碱200克。有条件的鸡场还可以添加胡萝卜，以提高种公鸡精液品质。及时淘汰体重过重、脚趾变形、趾瘤、跛行的公鸡。及时补充后备公鸡，补充的后备公鸡应占公鸡总数的1/3，后备公鸡与老龄公鸡相差20～25周龄为宜。补充后备公鸡的工作一般在晚上进行，补充后的公母比例保持在12～13:100。

（六）配种公鸡的日常管理

1. 定期剪公鸡毛　剪尾毛是为了防止脏毛污染精液。剪毛前要加抗应激药，每 10 天 1 次，剪毛动作要轻。当天下午要用的公鸡，上午一定不要剪公鸡毛，否则下午公鸡精液量很少，并且对公鸡的应激也比较大。

2. 每月定期加维生素和抗生素　维生素 4 次/月，如维生素 C、维生素 E、鱼肝油等。抗生素 2 次/月，如禽菌灵等中草药，既能健胃又能抗菌。对于一些周龄较大、精液较稀较差的老公鸡，可 3～4 只鸡用 1 个熟鸡蛋拌料，以提高精液品质。

3. 每月检测 1 次精液质量　死精的公鸡不用，弱精的公鸡和活力较好但较脏较稀的公鸡单独放一边饲养，加强护理，定期采精，以便下一次检测时保证精液质量有所改善（也可采用平养，以提高精子的活力），提高其种用价值。

4. 生长环境要适宜　适宜种公鸡生长的温度为 18℃～25℃，温度过高或过低都会影响采精量和精子的活力。冬季注意保温，夏季注意防暑降温，做好通风与保温工作。注意环境卫生，加强消毒，做好防疫。

5. 合理利用种公鸡　种公鸡采用隔日采精较好，既不伤鸡，精液品质又好。

第六节　人工强制换羽技术

一、强制换羽前鸡群的整顿

强制换羽前鸡群的整顿方法，见表 5-45。

表 5-45　强制换羽前鸡群的整顿方法

整顿项目	整顿方法
淘汰弱鸡	淘汰体质虚弱以及有病的低产鸡，只选留第一产蛋周期中生产性能好、体质健壮的鸡只进行换羽。鸡群中已经自然换羽的鸡，也应一并挑出单独饲养，不再施行强制换羽
免疫接种	在实施强制换羽的前 1～2 周，要根据当地疫病的流行情况，对选留鸡只进行新城疫等免疫接种

续表 5-45

整顿项目		整顿方法
整顿鸡群	鸡群的抽样调查	将选留的鸡只随机抽样称重，抽样数量为群体的 2%～5%。其目的是调查鸡群体重的分布状况，为下一步的分群做好准备
	调整鸡群	①根据鸡群平均体重的分布状况，将鸡只分为若干个小群体，同类鸡安置在同列笼内，以便掌握不同的停料或喂药时间 ②分群数量应根据鸡群体重的均匀度确定，体重均匀度高（大于 75%）的鸡群，可将鸡群按体重大小分为大、中、小 3 个类群；体重均匀度低的鸡群（小于 75%），按体重大小分为最大、较大、中等、较小 4 个类群。具体分组要根据鸡群的具体情况确定

二、强制换羽的方法

强制换羽的方法较多，不同的鸡场可根据鸡群和市场的具体情况而采用合适的技术方案。

（一）饥饿法强制换羽

饥饿强制换羽的方法，见表 5-46。

表 5-46　饥饿法强制换羽的方法

项　目		方　法
饥饿期的管理	断水	在饥饿期开始时实施，除炎热的夏季外都可施行，一般断水时间最多为 3 天，具体使用时间依当时鸡群的情况而定
	停料	在断水的同时停止给料。停料的天数应根据鸡只体重降低的情况而定，要求体重降低 25%～30%
恢复供料程序		第一天每只鸡给料 30 克，以后逐日增加 10 克左右，当增至 100 克后，便可任鸡自由采食。所喂饲料的蛋白质含量不低于 17%，且硫氨基酸应占日粮的 0.7%，有助于旧羽毛的脱换和新羽毛的生长
光照管理		①在停水、停料的当天，应将光照时数由原来的每天 16 小时左右减至 6～8 小时，直至完全恢复饲喂时 ②恢复饲喂后，光照时数以每周 2 小时的速度递增，一般增至 16 小时即可，恒定地维持到第二产蛋期结束之时

（二）化学法强制换羽

经过挑选和免疫的鸡群，其日粮按 2.5％的比例加入氧化锌，或按 4％的比例加入硫酸锌。当鸡采食高锌日粮后食欲急剧下降，采食量显著减少，2～3 天后日采食量降至 20 克左右。高锌日粮持续饲喂 7～8 天，鸡的体重会降低 25％左右。如果体重下降不足 25％，可以继续饲喂高锌日粮。当鸡群体重下降 25％时，就应停喂含锌日粮，然后改喂蛋鸡高峰料。在饲喂高锌日粮期间不必停水。化学法强制换羽恢复供料的程序、饲喂含锌日粮时期的光照程序与饥饿法类似。

三、强制换羽期间的饲养管理

按照换羽时间的长短，强制换羽方法有普通强制换羽方法、快速强制换羽方法、慢速强制换羽方法、强制换羽综合法以及常规强制换羽方法等，其配套的饲养管理见表 5-47 至表 5-51。

表 5-47　普通强制换羽方法

换羽第几天	饲　料	饮　水	光　照
1～10	绝食（饲喂贝壳粒）	自由饮水	开放式鸡舍停止人工补充光照；密闭式鸡舍光照时间 8 小时
11～30	自由采食高粱、小麦、碎玉米	自由饮水	
31 天以后	自由采食产蛋鸡料	自由饮水	恢复至原来的 14～16 小时光照

表 5-48　快速强制换羽方法

换羽第几天	饲　料	饮　水	光　照
1～10	绝食（饲喂贝壳粒）	自由饮水	开放式鸡舍停止人工补充光照；密闭式鸡舍光照时间 8 小时
11 天以后	自由采食产蛋鸡料	自由饮水	恢复至原来的 14～16 小时光照

表 5-49　慢速强制换羽方法

换羽第几天	饲　料	饮　水	光　照
1～10	绝食	自由饮水	开放式鸡舍停止人工补充光照；密闭式鸡舍光照时间 8 小时
11～38	自由采食高粱、小麦、碎玉米	自由饮水	
39 天以后	自由采食产蛋鸡料	自由饮水	恢复至原来的 14～16 小时光照

表 5-50　强制换羽综合法

时间（天）	饮水	喂料	光照	饲料种类	备注
1～3	停	停	停止人工光照		
4～12	给	停	停止人工光照		
13	给	30克/鸡·日	停止人工光照		
14	给	60克/鸡·日	停止人工光照		撤去遮光用具
15	给	90克/鸡·日	停止人工光照		
16	给	自由采食	恢复人工光照，以每周1小时幅度增加至每日光照时间17小时	育成鸡料	
38天后	给	自由采食		蛋鸡料	

表 5-51　常规强制换羽方法

换羽第几天	饲料	饮水	光照
1	停喂	停水	8小时
2	停喂	停水	8小时
3	4.5千克/100只鸡	给水	8小时
4	停喂	停水	8小时
5	同第三天	给水	8小时
6	停喂	停水	8小时
7	同第三天	给水	8小时
8	停喂	停水	8小时
9	同第三天	给水	8小时
自第10天至55～60天	恢复限制饲喂，大约为自由采食量的75%	给水	8小时
61	自由采食	给水	14～16小时

第七节　蛋鸡放养技术

随着普通鸡蛋供应的逐渐充足，其市场价格经常波动，而且持续低迷，这使生产者经常处于增产不增收的境地；另外，随着鸡蛋资源的日益丰富，消费者开始追求鸡蛋品质的差异化；随着人们生活水平的提高，人们对动物福利和环境保护的意识也不断加强。在这一背景下，传统养殖方式——蛋鸡放养，又开始引起人们的广泛关注。在市场上，虽然放养鸡蛋的价格常高于普通鸡蛋的

1倍或几倍，但是这种鸡蛋仍然能够受到许多消费者的欢迎。为了满足这一市场需求，一些企业家和养殖户已经开始成规模地开展蛋鸡放养，并积累了一定的技术经验。蛋鸡放养可能是今后蛋鸡养殖的一个新的增长点。目前，要利用这一方式开展产业化经营还有许多技术问题和经济问题尚未解决。因此，在这里只是根据前人的经验总结一些有关蛋鸡放养的基本技术，有心开展蛋鸡放养的养殖者还应因地制宜，灵活掌握。

一、蛋鸡放养的优点及其限制因素

野外空气清新，阳光充足，场地广阔，鸡只在觅食中不停地奔跑、跳跃，体质好、抗病力强，尤其是山区的沟峪、林地，山林是天然的屏障，可以减少和防止疾病传播。春、夏、秋季节，鸡还可以自由觅食嫩草、籽实、昆虫和蚯蚓等。放养鸡养殖密度小，排泄物可被植物吸收利用，培植改良了土壤。放养鸡舍及配套设施建设投资较少，在农村劳动力资源多、经济欠发达的山区、丘陵地区，结合退耕还林适宜发展家庭农场。利用林地、果园、草山草坡开展蛋鸡适度放养，既可以实现立体种养结合，又有利于对生态环境的保护。

近年来，蛋鸡放养发展较快，以土鸡蛋的名义成为超市、土特产礼品店、农家乐的推崇佳品。然而，在市场上销售的土鸡蛋，有的也存在明显的问题，比如不新鲜、蛋壳不洁净、品质参差不齐、重金属超标等。

目前，放养鸡场规模普遍较小，一般在 1 000～2 000 只。组织化程度不高，主要以"一家一场一品牌"的方式经营。从鸡蛋生产到成功销售，流转时间较长，往往超过了鸡蛋最佳保质期。另外，由于养殖场处在偏远地区，贮存和运输等条件差，导致土鸡蛋保鲜难度大。由于放养蛋鸡接触地面，夏季天热多雨、运动场泥泞，粪便得不到及时清理，易污染地面、产蛋窝垫料、鸡体羽毛，致使土鸡蛋蛋壳污浊乃至细菌超标。

放养地的植被状况也影响土鸡蛋质量。人工种植的苜蓿、草木樨等豆科牧草鸡喜食，其营养价值高，但退化的天然草场和土地条件较差的山地、丘陵，生长的抗逆性较强的禾本科牧草，可食性差；而且，放养地的植被状况主要受气候变化影响。北方地区春、夏、秋季野外有青饲料、昆虫、草籽等可供放牧鸡自由觅食，土鸡蛋品质较好；冬季则基本一片荒凉，放养鸡产蛋率降低、土鸡蛋品质也变差。不同放养地、不同季节放养鸡鸡蛋品质差别较大。市场上土鸡蛋产品杂、以次充好、笼养鸡蛋充当土鸡蛋问题严重。

综上所述，蛋鸡放养具有符合动物福利和保护生态环境的优点，然而也存在许多亟待解决的技术问题，比如鸡蛋保鲜和防止细菌污染的问题。这些问题能否有效解决已成为当前及今后放养蛋鸡发展的制约因素。另外，在养殖过程中，特别是在大规模养殖的情况下，鸡场的管理也是一个尚未圆满解决的问题。

二、蛋鸡放养的必要条件

（一）鸡种选择

鸡蛋的风味与蛋鸡的品种有关，因此养殖者应首先根据各自对鸡蛋风味的认识和具体目标选择合适的鸡种。另外，蛋鸡的觅食能力与是否是人工培育过的鸡种有关，一般人工培育的鸡种，自己觅食的能力较差。因此，建议选择未经人工培育的鸡种。当然，人工培育的鸡种也具有产蛋性能强、温驯、易被管理的优点。

（二）场址选择

林地、草山、草坡、果园、农田等都是蛋鸡放养的好地方，但也要满足以下基本条件：①符合无公害食品产地环境质量标准要求；②坡度小于 45°；③天然植被丰富或具备人工种植条件。

选择主要种植豆科牧草的草场，茎叶蛋白质含量高，营养丰富，鸡喜食。配合灯光、激素等诱虫技术，可大幅度降低草场虫害的发生率。选择的草场地势高燥，以沙壤土为宜。鸡舍建在地势较高区域。草场中最好要有树木，为鸡群提供遮阴或避雨场所，若无树木则需搭设遮阴棚。

选择以干果、主干略高的果树园，要求排水良好。北方选择核桃园、栗树园和桑树园最佳，果树主干较高，结果部位高，鸡不易啄食。在苹果园、梨园、枣园、桃园放养鸡，放养期应避开用药、增色和采收期，以减少药害以及鸡对果实的啄食。

选择玉米、高粱、向日葵等高秆作物的地块，作物的生长期在 90 天以上，周围用围网隔离。注意错开苗期，待作物长到 1 米高时再放养。

林间隙地，应选择树冠较小、树木稀疏、排水良好的区域，且通风良好，地表干燥，鸡能自由觅食、活动和日浴。土质以沙壤为佳，若是黏质土壤，在放养区应设立一块沙地，让鸡沙浴。鸡舍建在阳坡或地势较高区域。树间种植苜蓿等豆科牧草效果更好。

（三）配套设施建设

1. 棚舍建设　总体要求节能、环保，便于管理。常采用塑钢板、砖瓦结构，也可就地取材，用木料、竹竿搭建。棚舍坐北朝南，布列均匀，间隔200～300米。棚舍长 8～10 米，宽 3.5～4 米，高 2～2.5 米；每栋鸡舍（棚）可养400～500 只的育成鸡或300～400 只的产蛋鸡。舍内设置"A"形栖架，每只鸡所占栖架的位置为17～20 厘米。产蛋窝选用砖砌或板材，可搭建 2～3 层，最底层距离地面 0.3 米；建于避光安静处，位置应与鸡舍纵向垂直，即产蛋窝的开口面向鸡舍中央，前面为产蛋鸡出入口；一般宽 30 厘米、高 37 厘米、深 37 厘米，每 4～5 只鸡设 1 个产蛋窝，窝内放麦秸、锯末或稻壳等垫料。

2. 饮水、补料设施　设计并安装经济适用的自动饮水和补料配套设施（图5-16，图 5-17）。自动饮水装置由贮水桶、水槽、加水管、注水管、进气管及阀门组成。贮水桶容量为 200 升，可供 500 只鸡一天的饮水量。自动供料装置用1.2 毫米厚的镀锌金属板制作，设遮雨帽，并防止鸡跳到槽中刨料，直径 65 厘米，高 20 厘米。底座是料槽部分，直径 55 厘米，高 13 厘米。料筒直径 35 厘米，高 54.34 厘米。料槽内宽 10 厘米。

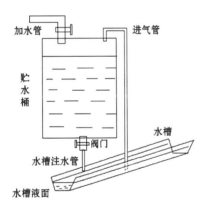
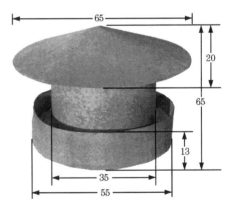

图 5-16　自动饮水装置　　　　　**图 5-17　自动供料装置**　（单位：厘米）

3. 诱虫设备　将黑光灯或高压灭蛾灯悬挂于距地面 3.5～4 米高的位置，傍晚开灯 2～3 小时诱虫。

4. 其他设施　放养区周边设置 1.5～2 米高的铁丝网或尼龙网围栏，防止兽害及鸡丢失。

三、放养蛋鸡的活动规律及适宜密度

不同饲养密度条件下,鸡的活动半径不同。随着饲养密度的增加,鸡的活动半径逐渐增加,但80%以上的鸡活动半径在100米以内。鸡的一般活动半径和最大活动半径与放养场的植被和地势有关。植被好的山场,鸡的活动半径较小;而退化山场,可食牧草较少,植被覆盖率较低,鸡的活动半径增大。在平坦的地块,鸡的活动半径最大;而高低不平的地块,无论下行还是往上攀行,鸡的活动半径均缩小。活动半径还与鸡舍门口位置、朝向、补料和管理有关。一般往鸡舍门口方向前行的半径大,背离门口方向的半径小;大量补充饲料会使鸡产生依赖性,其活动半径缩小;经过调教后,一般活动半径增大,对最大活动半径没有明显影响。

为保持植被—鸡的生态平衡,应采取适宜的放养密度。一般情况下,50～80日龄放养60～80只/667米^2,80日龄以上放养40～60只/667米^2,产蛋期以30～40只/667米^{2}为宜。人工草场的放养场地密度可适当增加,并根据植被情况适当调整。

四、放养蛋鸡的补饲技术

放养蛋鸡,因在野外觅食、奔跑,消耗较多的能量,每天应进行补饲。用于补饲的饲料中,钙和磷的水平可以适当降低。对育成鸡早晚(放鸡前及归巢后)补料时,夏季补料量视植被及采食情况按该鸡种饲养标准减少15%～20%,冬季按该鸡种饲养标准执行。对产蛋鸡早、中、晚补料时,夏季补料量视植被及采食情况按该鸡种饲养标准减少5%～10%,冬季按该鸡种饲养标准增加5%～10%。

五、放养蛋鸡的发病特点及综合防治措施

放养鸡因其所处环境的特殊性,舍内、放养场地消毒不彻底,鸡粪易污染饮水、土地,使得虫卵"接力传染"。尤其在梅雨季节,运动场潮湿,会加快球虫病传播。卫生条件差,易寄生羽虱;蚊蝇叮咬,易发生鸡痘。鸡接触污染的饲料、饮水、用具等,以及受外界应激因素影响,易感染或并发大肠杆菌病。

根据放养鸡的发病规律,制定科学的防疫程序,采取"全进全出"的饲养方式,划区轮牧。为防鸡刨食,用网围与放养区隔开。在远离放养区下风处设

鸡粪集中处理场。防止雨水冲淋粪便造成二次污染，贮粪池或贮粪沟上搭建遮雨棚。每天将清出的鸡粪拌入适量秸秆粉、厌氧发酵菌种，搅拌均匀后填入发酵池。经1～2个月高温发酵，能有效杀死粪中的病原菌、寄生虫卵、蝇蛆、杂草种子等。北方地区，冬季外界温度低，可加盖塑料薄膜增温促发酵。

六、放养蛋鸡的生产经营模式

（一）生产模式

模式一，365天生产模式。也可以视为产蛋产肉相结合模式。产蛋6～7个月，饲养1年出售。具体时间安排：1月上旬进雏（冬季育雏），3月放养（春季育成），6月上中旬产蛋（牧草生产旺季产蛋），翌年元旦淘汰。生产周期1年。

模式二，500天生产模式。以产蛋为主模式。产蛋1年后淘汰。具体时间安排：4月下旬至5月上旬进雏，6月中旬放养，10月上旬产蛋，第二年10月上旬淘汰。

两种模式，各具千秋，生产中应根据当地情况决定。在以肉仔鸡销售较好的地方，鸡蛋销售不是主流，可以第一种模式为主；而以生产鸡蛋为主的鸡场，特别是具有建筑配套的鸡场，可以第二种模式为主。

（二）经营模式

模式一，"公司＋科技＋基地＋农户"产销模式。公司投资建设鸡舍、农户承包，这种经营结构明确了主体之间的关联性和一体化；统一环境监测、统一良种鸡苗供应、统一组织生物防疫、统一提供优质饲料、统一饲养管理程序、统一产品生产标准、统一品牌销售，这"七统一"解决了鸡蛋生产的规模化、标准化和品牌化。政府从政策上引导和扶持；农户从主观上积极参与，提供产品；企业则作为一个市场媒介提供平台，将三者有机结合，形成企业为龙头、利益为纽带、市场为导向、科研为保障的现代农业产业模式。

模式二，"公司＋协会＋农户"模式。公司统一收购产品，统一品牌销售。协会负责技术培训、统一联系鸡苗、统一饲养管理程序、统一产品生产标准，协调解决公司与农户之间出现的问题，寻建利益共同点。这种现代化协调发展的共赢新观念，全面提升了鸡蛋产品的质量，使放养蛋鸡产业健康可持续发展。

第八节　优质鸡蛋生产技术

一、如何调节鸡蛋大小

　　生产中，每个鸡蛋的正常重量为35～75克。在商业上重量是鸡蛋分级的重要指标，蛋重越大，等级越高。鸡蛋的大小和重量受多种因素的影响，如蛋鸡品种、开产日龄、产蛋周龄、开产鸡体况、营养及环境等。研究表明，母鸡开产日龄或开产体重愈大，蛋重就愈大，反之愈小。通常初产蛋鸡蛋较轻，经产蛋鸡的蛋较重。以褐壳蛋鸡为例，20～28周龄是蛋鸡从开产进入产蛋高峰期的阶段，蛋重及其各成分增加幅度较大；28～56周龄的蛋鸡处于产蛋高峰期及缓慢下降阶段，不同蛋鸡周龄之间蛋重和蛋壳重虽有差异，但差异不显著；56周龄以后，蛋重及其各成分均呈增加趋势，且与以前蛋鸡周龄之间差异显著。故随着产蛋周龄的增加，蛋重也增加。鸡舍温度对鸡蛋大小有影响：鸡舍的温度控制在19℃～23℃，这时的蛋重最大。每升高1℃，蛋重下降0.17～0.98克，平均下降0.4克。平均舍温在27.5℃时，中小型蛋的比例为32%；平均舍温31.6℃时，中小型蛋的比例为67%。然而，除以上因素外，在蛋鸡养殖过程中，蛋鸡饲料的营养状况对鸡蛋大小及重量起到至关重要的影响，研究表明，蛋鸡饲料中能量、蛋白质、氨基酸、脂肪酸的含量会影响鸡蛋重量。

（一）饲料中能量水平

　　在理想温度条件下（舍温20℃左右），产蛋期每日每只蛋鸡的代谢能需要量约为12.92兆焦。饲粮能量水平对蛋重的影响主要是通过饲料采食量，如果蛋鸡每天的能量进食量低于上述数值，产蛋量和蛋重均会受到影响。能量供应充足，有利于蛋鸡内蛋白质代谢，从而增加蛋重；能量供给不足，蛋重和产蛋量均会下降。不提高蛋白质的前提下，适当提高日粮的能量，产蛋量及蛋重都能得到改善。此外，也有研究表明，能量水平对鸡蛋重量有不一致的影响，这有可能与饱和脂肪酸与不饱和脂肪酸比例不合适有关，虽然产蛋鸡能有效地利用所供给的亚油酸，但对日粮中脂肪酸的组成和比例要求却非常严格。

　　饲料能量水平之所以能够影响鸡蛋重量，这是因为蛋鸡具有根据能量调节采食量的能力，通过采食量来控制摄入的能量水平与其保持一致，当能量水平发生变化影响到采食量变化时，其他营养物质的摄入量也将发生改变，但是这种调节能力受到鸡的品种、温度、能量水平的影响，能量对采食量的影响并不是一个完全的线性关系，这可能是能量对蛋重影响不一致的原因。

（二）饲料中脂肪及脂肪酸水平

1. 添加亚油酸　蛋鸡饲料中添加动物油脂对鸡蛋重量的有益影响不明显，而添加亚油酸则效果显著。富含油酸的橄榄油与富含亚油酸的植物油对鸡蛋重量影响效果一致。尽管鸡蛋重量受饲料中亚油酸含量的影响，但蛋黄中蛋白质及中性和极性脂质的比例仍较稳定，这说明亚油酸能够增加蛋黄中卵黄脂蛋白的合成。1％亚油酸含量基本可以满足最大蛋重的需要，饲粮中亚油酸含量低于0.8％可能降低蛋重。如果在饲料中添加比例由0.68％提高至2.83％，蛋重则由58.8克增加到59.6克，增加了0.8克。目前，公认的添加比例为1.5％，即可保证最大蛋重的需要。如果所产的鸡蛋过重，只要在饲料中添加0.5％牛磺酸，就可使蛋重减轻1克。

2. 添加脂肪　蛋鸡饲料中添加脂肪可增加蛋重，主要是增加了鸡蛋蛋白部分的重量。有研究认为，添加的脂肪中可能有部分脂肪酸直接或者间接作用于雌激素，而雌激素正是控制蛋白分泌的主要因素。饲料中的脂肪可能会通过雌激素调控输卵管蛋白的合成从而影响鸡蛋的重量。此外，鸡蛋重量受到脂肪类型和含量的影响，玉米油能够最大程度提高鸡蛋重量，牛油和椰子油则效果不明显，而高水平的鱼油则会减少鸡蛋重量。饲料中脂肪的最适添加量为40克/千克，此时鸡蛋重量能够达到最大值。

3. 添加脂肪酸　蛋鸡饲料中脂肪酸含量能够影响鸡蛋重量，当饲料中添加脂肪酸后，蛋黄重量会随鸡蛋重量的增加而增加，这可能是由于脂肪酸益于蛋黄的沉积所造成的。当脂肪不足时，用于合成的脂肪酸须从葡萄糖生成，与直接利用脂肪相比效率较低，且造成热增耗，在高温季节增加热应激；添加脂肪酸具有特殊能量效果，还可缩短肠道排空时间，增加肠道对食物中营养物质的吸收。

（三）饲料中蛋白质水平

蛋鸡饲料中蛋白质含量低时，鸡体重显著降低，蛋重也显著降低。对14％、16％、18％的饲料粗蛋白质含量间进行比较，发现16％、18％蛋白质水平较14％蛋白质水平显著增加蛋重，16％与18％蛋白质水平在蛋重上没有差异，表明16％蛋白质水平在氨基酸搭配适宜的情况下已经可以满足较大蛋重的需要。在有相同氨基酸和能量水平的情况下，饲料中粗蛋白质水平对鸡蛋大小有显著影响，粗蛋白质水平越高，鸡蛋越重。有人比较了4种不同蛋白质水平

（16％、14％、12％和10％）饲料对30周龄和52周龄的肉种鸡蛋重的影响，结果发现各种粗蛋白质水平之间，蛋重存在显著差异，日粮粗蛋白质含量越高，蛋重越大。

（四）饲料中氨基酸水平

1. 蛋氨酸水平　蛋氨酸参与机体蛋白质的合成，同时也是重要的甲基提供者，在禽的"玉米-豆粕型"饲粮中是第一限制性氨基酸，是影响蛋重的重要营养因子。在一定范围内，增加蛋氨酸可以显著线性地提高蛋重。比如，在饲料中添加0.38％、0.46％、0.53％蛋氨酸，随着蛋氨酸水平增加，蛋重直线上升。满足最大蛋重的蛋氨酸需要量与具体的蛋鸡品种有关，可以确定的是满足最大鸡蛋的需要量大于最高产蛋率的需要量。蛋氨酸羟基类似物，化学结构与蛋氨酸相似，取代蛋氨酸添加到蛋鸡饲粮中，同样可以提高蛋重。

2. 赖氨酸水平　赖氨酸水平对鸡蛋重量有显著影响，随着赖氨酸摄入量的增加蛋重显著增加。比如，在产蛋高峰期，赖氨酸采食量从816毫克/天增加到959毫克/天时，蛋重显著增加；赖氨酸水平从677毫克/天提高到1 613毫克/天以及从500毫克/天提高到1 000毫克/天时，也得到了相似的结果。

3. 苏氨酸水平　苏氨酸是蛋禽的第三限制性氨基酸，关于苏氨酸与蛋重的关系报道不一致。有研究表明，将可消化苏氨酸水平从0.43％提高至0.47％，蛋重显著增加，随着饲粮中苏氨酸水平的增加，蛋黄中苏氨酸含量增加。也有研究报道，苏氨酸对蛋重没有什么影响。但同时发现苏氨酸水平的提高有利于保持蛋鸡产蛋期间的体重，这对较长的产蛋周期蛋重维持来说至关重要。在不同的产蛋阶段苏氨酸对蛋重的影响程度不同，比如有人分别用不同水平苏氨酸饲喂31～38周龄和45～52周龄的海兰蛋鸡，发现在前一阶段高水平的苏氨酸显著增加蛋重，而在后一阶段对蛋重没有显著影响，表明在早期体重增加阶段苏氨酸的需要量较高，而在产蛋后期苏氨酸的需要量降低。

4. 色氨酸水平　色氨酸除参与体蛋白合成外，还是神经介质5-羟色胺的前体物质，在体内具有多种生理功能。由于我国大部分地区家禽饲料是以"玉米-豆粕型"为主，该类型饲料色氨酸含量较低并且所含色氨酸消化率不高，极易造成动物体色氨酸缺乏，在饲料中适量添加色氨酸有利于提高产蛋率。作为色氨酸代谢产物之一，5-羟色胺具有提高动物采食量的特殊功效，它作用于下丘脑的采食中枢，对动物采食量发挥调节作用。由于采食量是影响鸡蛋重量的重要因素之一，因此色氨酸有可能通过影响采食量而导致鸡蛋重量发生变化。但在一定范围内并不是越高越好，这一点与前面介绍的氨基酸不同。比如，在鸡饲料中分别添加0.4克/千克、0.8克/千克、1.2克/千克的色氨酸，结果添加

0.4克/千克的色氨酸的蛋重最高。

二、如何延长鸡蛋的保质期

鸡蛋具有壳外膜、壳内膜及蛋清溶菌酶作为保护屏障，从而阻止了鸡蛋表面污染菌向蛋内的侵入，起到防腐保鲜的作用。然而，随着储存期的延长或储藏温度的升高，鸡蛋的这种自我保护作用将逐渐被减弱，最终导致鸡蛋腐败变质。为提高鸡蛋的保质期，了解并控制影响鸡蛋保质期即新鲜度的因素至关重要。

（一）尽量缩短储存前的蛋龄

储前蛋龄是指鸡蛋产出到被储存的时间，是制约鸡蛋储存保鲜效果最重要的因素。这是因为鸡蛋产后自然环境中氧气含量丰富，氧气通过蛋孔进入蛋内，使蛋内氧分压增大，对蛋内氧化分解酶的活性有激活作用，酶活性提高，会引起蛋清、蛋黄内蛋白质等大分子化合物的分解，产生二氧化碳和水等，使浓蛋白变稀，蛋黄系数下降，并发生散黄现象。有研究表明，新鲜鸡蛋在产后6～9天，各项鲜度指标变化最快，因此尽量缩短鸡蛋的储前蛋龄是鸡蛋保鲜技术的关键。

（二）鸡蛋蛋壳质量及不同保存方式

蛋壳强度与蛋壳厚度、蛋壳密度等相比，可以更综合地反映蛋壳的质量水平。蛋壳强度是蛋壳组成元素及显微结构的综合体现。蛋壳强度大，说明蛋壳韧性、均匀性好，不易破裂，对鸡蛋的保存更有利。而鸡蛋内水分的散失及细菌的进入都是通过气孔实现的，所以气孔数少的鸡蛋更有利于保存。新鲜度指标（哈氏单位和蛋白高度）与钝端和锐端蛋壳结构的差异有关，主要是由于鸡蛋的钝端有气孔，钝端朝上更容易流失水分。另一个因素可能与鸡蛋钝端、锐端的蛋壳厚度，气孔数等具体质量差别有关。锐端朝上保存要比钝端朝上保存效果好。

（三）鸡蛋储前清洗与涂膜剂保鲜

储藏过程中防止外部细菌的入侵是鸡蛋保鲜的主要手段之一。因此，鸡蛋在保鲜储存前，应尽量提高蛋壳外部的洁净度，减少外部污染菌的生长及数量，进而降低入侵细菌的基数，减少细菌的入侵量，提高保鲜技术的保鲜效果。理论上用热水清洁鸡蛋会更容易杀死蛋壳上的微生物，但水温越高蛋清越易变性，故应选择最佳的处理温度，一般要小于 50℃。

涂膜保鲜技术以其成本低廉、良好的推广应用性越来越受到人们的关注。目前有用壳聚糖、聚乙烯醇、石蜡作为鸡蛋保鲜液，其中石蜡的保鲜效果最佳，其次为聚乙烯醇与壳聚糖。国外对涂膜剂的研究涉及到人造合成聚合纤维、蛋白质（包括乳清蛋白、大豆蛋白、小麦蛋白）、植物油等多种材料。鸡蛋在涂膜后的干燥方式会影响涂膜的厚度和均匀度，进而影响鸡蛋的保鲜效果。因此，涂膜后选用合适的干燥方式，对于充分发挥涂膜保鲜技术的保鲜效果十分重要。比较自然干燥、热风干燥和真空干燥 3 种方式的效果发现，热风干燥对鸡蛋的保鲜效果最佳。这可能是由于热风条件下，保鲜膜干燥时间短，形成的薄膜均匀，且形成速度快，能很快发挥其保鲜功效；而自然干燥和真空干燥所需时间较长，导致鸡蛋表面保鲜液的干燥情况不理想，保鲜效果较差。鸡蛋涂保鲜液后，干燥时间的长短会影响后期鸡蛋的保鲜效果。适当延长干燥时间，可以有效提高保鲜液的干燥效果，提高其成膜的均匀性和完整性，进而有效延缓鸡蛋哈氏值的降低趋势。鸡蛋涂保鲜液后的干燥温度，也会对其保鲜效果产生影响。研究表明，鸡蛋涂保鲜液后，适当提高干燥温度，会在一定程度上延缓鸡蛋哈氏值降低的趋势，且对鸡蛋蛋黄指数和蛋清 pH 值无显著影响。但干燥温度并非越高越好，如果干燥温度过高，会对鸡蛋内的蛋白质产生影响，使其发生不同程度的变性。通常采用 50℃保鲜液进行干燥的效果最佳。

（四）储藏时间与储藏环境温度

随储藏时间的增加，鸡蛋的失重率、气室高和展开面积随之增高，而哈氏单位、蛋白指数、蛋黄指数以及蛋白表观黏度随之降低，这些指标的变化直观反映出产后鸡蛋在储藏期间新鲜度的降低。冷藏条件下储存，各项新鲜度指标均变化较缓，更有利于鸡蛋保存。因此，建议需长期运输及储存的流通环节、家庭鸡蛋储存保鲜采用冷藏条件保存，以维持新鲜度，延长保质期，一般为 4℃～10℃，相对湿度为 70％。鸡蛋储存环境温度对其保鲜效果影响非常大。当储存温度高于 17℃时，鸡胚就会发育；当储存温度超过 38℃以上时，会使蛋内一些不耐高温的蛋白质变性，促进蛋内的某些酶促反应，导致鸡蛋品质发生变化。此外，高温还会促进环境中微生物的繁殖，增大外部微生物侵入鸡蛋的可能性。

三、如何调节蛋黄颜色

蛋黄颜色是评价鸡蛋品质的重要指标之一。然而，从食品角度看蛋黄颜色的营养价值的观点还不太一致。蛋黄中的色素沉积对蛋鸡本身的营养作用已经得到研究证实。例如，蛋黄中叶黄素含量高时可以明显提高种蛋的孵化率，另外，蛋黄色素还可以明显提高雏鸡的免疫功能。

目前，评价着色效果主要用罗氏蛋黄比色扇（RYCF）的色度表示，RYCF值分为 1～15 级，颜色从浅黄、深黄、橘黄到橘红，数值越高颜色越深。因饲料原料中叶黄素含量变异较大，应根据检测结果确定饲料中色素〔β-胡萝卜素、辣椒红、β-阿朴-8′-胡萝卜素醛、β-阿朴-8′-胡萝卜素酸乙酯、斑蝥黄、叶黄素、天然叶黄素（源自万寿菊）和虾青素等〕的添加量。配合饲料中叶黄素指标可根据具体要求而设定，一般为 25 毫克/千克，夏季可调高至 30 毫克/千克。饲料中玉米用量一般为 60％，蛋白粉 5％，两者提供叶黄素约 13.5 毫克/千克，剩下 11.5 毫克/千克叶黄素需由商品着色剂来补足。在选择着色剂产品时，要注意其叶黄素的有效含量（表 5-52）。

表 5-52 饲料原料中叶黄素和脂色素含量

饲料原料	叶黄素（毫克/千克）	脂色素（毫克/千克）
苜蓿草粉，17％粗蛋白质	220	143
苜蓿草粉，22％粗蛋白质	330	—
苜蓿蛋白精，40％粗蛋白质	800	—
水藻粉	2000	—
玉米	17	0.12
玉米蛋白粉，60％粗蛋白质	290	120
万寿菊花瓣粉末	7000	—

叶黄素是脂溶性物质，其在肠道内的吸收与脂类吸收有关。所以，在饲料中添加油脂可以提高蛋黄的颜色，特别是在饲料色素含量低时，效果更加明显。维生素具有改善蛋黄颜色的效果，比如维生素 E，因其具有保护色素不被氧化的作用，添加时会增加蛋黄的颜色。维生素 A 不仅具有保护色素的作用，而且还能直接增加蛋黄颜色。但是当维生素 A 的添加量过高时，比如超过 15 000 国际单位/千克饲料，蛋黄颜色反而会下降。

四、如何调节蛋壳质量

衡量蛋壳质量的宏观指标有壳质、壳色、蛋形指数、蛋比重、蛋壳变形值、蛋壳厚度、蛋壳强度、蛋壳重及其比重、单位表面积壳重等。衡量蛋壳质量的敏感指标主要有蛋壳强度、蛋壳重、单位面积蛋壳重。影响蛋壳质量的因素很多，大致可分为非营养性的和营养性的，非营养性的包括遗传因素和环境条件，比如不同的品种其蛋壳质量存在明显差异，不同环境温度蛋壳质量明显不同，还有不同的养殖条件蛋壳质量也有明显差异。饲料的营养品质直接影响蛋壳质量，特别是矿物质元素和维生素等。

适宜的石粉粒度可显著改善蛋壳质量，其原理是粒度不同蛋鸡对钙的吸收过程和数量明显不同。研究证明，以75% 2.5~3.2毫米与25%小粒度石粉混合饲喂效果最佳。

钙和磷的比例影响蛋壳质量。一般认为，40周龄前产蛋鸡应摄入钙3.3克/天，其后应摄入3.7克/天，才能保证良好的蛋壳品质。有研究认为，每日摄入3.75~4克钙有助于形成最佳蛋壳。日粮中钙与磷（有效磷）的含量应保持适当比例，预产期为5:1，产蛋期8~10:1。一般认为，磷决定蛋壳的弹性，钙决定蛋壳的脆性。

维生素D和维生素C。维生素D_3在肝脏中转变为25-羟胆钙化醇，再到肾脏中转变为1,25-二羟胆钙化醇，后进入肠黏膜细胞，促进该细胞中钙结合蛋白合成的mRNA转录，提高肠黏膜与蛋壳腺中钙结合蛋白的合成，促进钙的吸收和在蛋壳中的沉积。蛋壳的强度和厚度常常会因日粮中维生素D的不足而下降。热应激条件下，维生素C可促进骨中矿物质的代谢，增加血浆钙浓度，因而在一定程度上可改善蛋壳品质。在饲粮中钙水平较低时，该作用更明显。

微量元素中铜和锰的缺乏会影响蛋壳膜和蛋壳的形成，日粮中适量水平的铜（10毫克/千克）和锰（70毫克/千克）可改善蛋壳厚度。另外，饮水中氟含量大于5毫克/千克会降低蛋壳强度。

五、如何提高鸡蛋中ω-3多不饱和脂肪酸含量

近年来，人们倾向于使用植物源ω-3多不饱和脂肪酸原料，如全脂亚麻、油菜籽、海洋藻类等，以此来强化家禽产品中的ω-3多不饱和脂肪酸。通过给蛋鸡饲喂亚麻或双低菜籽粕，可以强化蛋黄中的ω-3多不饱和脂肪酸含量，提高鸡蛋中ω-3与ω-6脂肪酸的比例。在玉米基础日粮或小麦基础日粮中添加20%的粉碎亚麻籽及1%的鱼油，均能生产出ω-3多不饱和脂肪酸含量在700毫克/枚以上的鸡蛋。另外，在蛋鸡日粮中添加2%裂殖弧菌粉可以显著提高蛋黄DHA沉积量，延长鸡蛋保质期。日粮添加1%大豆磷脂和500毫克/千克的胆碱，可显著提高鸡蛋中总磷脂含量，添加2%大豆磷脂和1000毫克/千克的胆碱可以显著提高卵磷脂含量。

鸡蛋中的胆固醇和不饱和脂肪酸可能发生氧化反应，产生有害物质，从而

影响鸡蛋营养品质，比如氧化胆固醇就是有害胆固醇的一种。脂类的过氧化作用是自由基对不饱和脂肪酸作用的过程，也是导致脂肪酸酸败和腐败的过程之一。类黄酮对鸡蛋蛋黄胆固醇的氧化过程具有一定的抑制作用，比如在日粮中添加茶多酚、大豆黄酮和铜可以有效抑制蛋黄加热时氧化胆固醇的形成。当全蛋脂质中 ω-3 多不饱和脂肪酸达到 10％时，贮存时仍然相当稳定，但提高富含 ω-3 多不饱和脂肪酸时，蛋黄粉中内在的生育酚（维生素 E）含量对防止其脂质氧化很有必要。通过在日粮中添加天然抗氧化剂、维生素 E、L-肉毒碱、黄酮类物质等可显著改善 ω-3 多不饱和脂肪酸的稳定性，并可富集于鸡蛋中，提高鸡蛋的抗氧化性。

六、饲料中维生素向鸡蛋转移的效率

随着消费者对鸡蛋保健价值的逐步重视，人们对鸡蛋中维生素含量的调控已超出一般的生产考虑，而着重于设计为人类保健消费服务并具有一致组成的高品质鸡蛋。日粮维生素水平对鸡蛋中维生素含量的影响最大，Naber（1993）报道发现维生素由日粮向鸡蛋中的转移效率（表 5-53）。通过提高日粮中 α-生育酚、β-胡萝卜素和视黄醇水平可以强化维生素在鸡蛋中的含量。随着日粮生育酚水平的提高，蛋黄中 α-生育酚浓度线性增加。当然，要强化鸡蛋中维生素含量，不仅要考虑维生素由日粮向鸡蛋转移效率，还要考虑成本。

表 5-53　维生素由蛋鸡日粮向鸡蛋中的转移效率

转移效率*	维生素
低（5％～10％）	维生素 K、维生素 B_1、叶酸
中等（15％～25％）	维生素 D_3、维生素 E
高（40％～50％）	核黄素、泛酸、生物素、维生素 B_{12}
非常高（60％～80％）	维生素 A

＊：添加 1～2 倍的 NRC 需要量水平的维生素，蛋中的维生素含量达到平衡时的转移效率。

七、如何提高鸡蛋中有益微量元素含量

生产高碘蛋的蛋鸡，每千克日粮中可添加 50～2 500 毫克碘，添加 50～150 毫克的碘即可使鸡蛋中碘含量达 300～800 微克/枚，比普通鸡蛋含量提高 10 倍以上。生产高硒鸡蛋，蛋中含硒量（30～50 微克/枚）比普通鸡蛋（4～12 微克/枚）高 4～7 倍。生产高锌鸡蛋，蛋中含锌量（1 500～2 000 微克/枚）比普

通鸡蛋（400～800 微克/枚）高 1.5～2 倍。生产高铁鸡蛋，蛋中含铁量（1 500～2 000 微克/枚）比普通鸡蛋（800～2 000 微克/枚）高 0.5～1 倍。虽然通过在饲料中超量添加微量元素可以生产相应的微量元素富集鸡蛋，但是专家们认为应考虑添加成本，特别要考虑环境污染等问题。

八、饲料对鸡蛋气味的影响

有些带有较浓气味的原料，比如葱蒜、鱼粉等，其气味成分能够直接进入鸡蛋，并影响鸡蛋的气味。还有一些饲料中的成分，在消化道的代谢过程中会形成一些导致鸡蛋有异味的物质，比如胆碱、芥子碱等。在鸡饲料中使用的鱼粉、菜籽饼和胆碱与鸡蛋的腥味有关，其主要原因是这些饲料中的成分经过肠道微生物的作用产生三甲胺所致。鱼粉本身的三甲胺含量很低，一般在0.016～0.12 克/千克，但其三甲胺氧化物的含量却很高，一般在 4.9 克/千克左右，肠道微生物可将这些氧化物还原，从而生产大量的三甲胺。胆碱在微生物酶的作用下，水解产生三甲胺和乙二醇。菜籽饼中所含的芥子碱（6～18 克/千克），在微生物酶的作用下先被分解成芥子酸和胆碱，然后，胆碱再进一步水解生产三甲胺。

鸡蛋气味与鸡种本身也有关系，有些品种蛋鸡，由于体内缺乏分泌三甲胺氧化酶的能力，从而对三甲胺的分解能力较差，即使饲料中与异味相关的成分很低，也会生产带腥味的鸡蛋。

第六章

蛋鸡养殖生物安全体系建设与疫病预防

阅读提示：

    生物安全体系的建立是保障畜禽生活在良好的生态环境体系中，充分发挥其生产性能，为人类提供更多具有食品安全保障的畜产品的系统工程。其建立和完善除了需要养殖企业（养殖场）从鸡场的选址、功能区布局、防疫管理、鸡群保健和疫病防控方面做好自身的严格管理外，上游种禽企业、生物制品企业、饲料企业为商品代鸡场提供健康的雏鸡、安全的生物制品和优质全价的饲料，也是生物安全体系得以保障不可或缺的环节。掌握蛋鸡常见疫病的流行特点、临床症状、病理变化、诊断要点、防控技术，了解疫病防治过程中用药方案的制定及用药过程存在的各种问题，也是有效控制鸡场疫情、保障鸡群健康和禽产品质量安全必须的手段。

第一节　生物安全体系的概念与建设

尽管近年来我国蛋鸡养殖业发展迅速，取得了骄人的成绩，但由于我国养殖模式的多样化和养殖管理水平的参差不齐，使得我国家禽养殖业疾病的流行极为复杂。近几年免疫抑制性疫病流行越来越严重，多重感染性疾病极为普遍，疫苗免疫对疾病的控制效果不甚理想，细菌的耐药性和耐药谱日趋严重，一些营养代谢和缺乏症常见诸临床。所有这些问题不但使我国的家禽养殖业逐渐成为一个高风险、低收入的行业，更对我国的食品安全和禽产品出口贸易构成了巨大的威胁，因此建立现代养殖业生物安全体系势在必行。

生物安全体系是预防临床或亚临床疾病发生的一种生产安全体系，重点强调环境因素在保证动物健康中所起的决定性作用，也就是让蛋鸡生活在良好的生态环境体系中，以便发挥其最佳的生产性能。其有效实施策略包括：①减少家禽接触到的病原微生物的数量。包括鸡场的合理选址和布局、鸡场与鸡舍环境卫生控制、饮水卫生的保持、饲料原料的安全性和全价性。②切断病原的传播途径。针对不同疾病的传播方式，从鸡苗的引种、所使用的各种生物制品的安全性、往来车辆的卫生消毒、病鸡和排泄物的无害化处理等各方面措施的严格实施，严防将病原微生物引入和输出场区。③为鸡群提供更好的福利，提高鸡群机体抵抗力，以保证鸡群的健康。由此可见，良好生物安全体系的建立不仅仅是一个养殖企业、养殖场自身的问题，也是以上游种禽企业、生物制品企业、饲料企业能否提供健康的雏鸡、安全的生物制品和优质的饲料为基础，以商品蛋鸡养殖场合理的规划布局、有效的防疫卫生管理制度与管理，以及一定的健康保健措施为手段，以国家相应的指导性扶持政策为导向，需要从整个产业链综合考虑的系统工程。

一、抗病育种与种群疫病净化

家禽繁育科学工作者和种禽企业在良种繁育过程中，不但要兼顾培育生产性能越来越高的动物品种，还应该通过基因工程手段筛选和培育具有抗病力相关基因的抗病品种。同时，在种禽引种和从国外引进 SPF 种蛋或疫苗过程中，应根据禽病临床研究进展与时俱进地跟进和强化疫病检疫工作，防止新的疫病从国外引入。在种禽饲养过程中，加强种群管理和疫病净化。根据各种新型垂直传播疾病的发现，及时地监测控制各种能够垂直传播性疫病的流行，保证为商品代家禽养殖企业输送健康的鸡雏。

鸡可以通过垂直传播的疫病有多种。其中，垂直传播的细菌性疫病包括鸡伤寒、鸡白痢、禽波氏杆菌病、禽奇异变形杆菌病、鼻气管炎鸟杆菌等；垂直传播的病毒性疫病包括禽白血病（ALV）、禽网状内皮组织增殖症（REV）、鸡传染性贫血（CIA）、呼肠孤病毒感染（REOV）、禽传染性脑脊髓炎、Ⅰ型腺病毒感染、产蛋下降综合征（EDS-76）等；垂直传播的其他微生物性疫病包括支原体病（MG、MS），衣原体病等。当种鸡感染有这些疾病或者通过接种污染有这些疾病病原的活毒疫苗时，病原就会随着曾祖代→祖代→父母代→商品代而大范围传播，其所造成的损失是无法估量的。

近年来，垂直传播性疾病给养鸡生产带来的损失不容低估，尤其是那些可导致免疫抑制的病毒性垂直传染性疾病，如禽白血病病毒、禽网状内皮组织增殖症病毒、鸡传染性贫血病毒、呼肠孤病毒感染，其垂直传播往往导致鸡群的免疫系统受损或发育不良，导致鸡群疫苗的免疫失败，同时又容易继发感染其他细菌、病毒、霉菌或寄生虫病。这种鸡群往往表现为食欲低下、消化不良、排饲料便、生长迟缓、体弱多病，给商品蛋鸡和肉杂鸡生产造成不可估量的损失。

二、加大对 SPF 鸡胚和疫苗的质量监督力度

疫苗病原污染是疫病传播的重要途径，这在我国历史上也是有深刻教训的。这涉及到生产疫苗所用 SPF 鸡胚和疫苗生产过程中的质量控制问题。我国质量技术监督局 1999 年 11 月 10 日颁布了中国 SPF 鸡国家标准，并从 2000 年 4 月 1 日起实施（该标准 2008 年修订，2009 年 5 月 1 日起实施修订版），标准共 10 个，即 GB/T 17998－2008、GB/T17999.1－2008、GB/T 17999.2－2008、GB/T 17999.3－2008、GB/T 17999.4－2008、GB/T 17999.5－2008、GB/T 17999.6－2008、GB/T 17999.7－2008、GB/T17999.8－2008、GB/T 17999.9－2008 。标准规定：我国 SPF 鸡应不含 19 种病原微生物，包括禽腺病毒、产蛋下降综合征、禽脑脊髓炎病毒、禽流感病毒、多杀性巴氏杆菌、禽呼肠孤病毒、禽白血病病毒、禽贫血病毒、鸡痘病毒、鸡副嗜血杆菌、传染性支气管炎病毒、传染性法氏囊病病毒、传染性喉气管炎病毒、鸡马立克氏病病毒、鸡败血支原体、鸡滑液囊支原体、鸡新城疫病毒、禽网状内皮组织增殖症病毒、鸡白痢沙门氏菌。国外 SPF 鸡主要控制 16 种病原微生物，即 1 种细菌（鸡白痢沙门氏菌），2 种支原体（鸡败血支原体、鸡滑液囊支原体）和 13 种病毒（禽

腺病毒、产蛋下降综合征、禽脑脊髓炎病毒、禽流感病毒、禽呼肠孤病毒、禽白血病病毒、鸡痘病毒、传染性支气管炎病毒、传染性法氏囊病病毒、传染性喉气管炎病毒、鸡马立克氏病病毒、鸡新城疫病毒、禽网状内皮组织增殖症病毒）。

为了保证生物制品的质量，农业部 2005 年版《中华人民共和国兽药典》将"生产检验用动物标准"正式纳入国家标准。2006 年 11 月 22 日，农业部农医发〔2006〕10 号"农业部关于加强兽用生物制品生产检验原材料监督管理的通知"中规定：自 2008 年 1 月 1 日起，GMP 疫苗生产企业疫苗菌（毒）种制备与鉴定、活疫苗生产，以及疫苗检验用的鸡和鸡胚必须全部 SPF 化。但由于我国 SPF 鸡胚的质量问题不尽如人意，因 SPF 鸡受到污染导致的生物制品质量问题仍时有发生。故此，国家应设立我国 SPF 鸡与鸡胚权威检测机构，按照国家标准，切实加强对进口 SPF 鸡胚、疫苗和国内 SPF 种鸡场、SPF 鸡胚、生物制品企业疫苗产品的检验检疫力度。在所检测病原的种类上，要与时俱进，根据禽病研究的进展，考虑增检相应项目。从国外进口的 SPF 种蛋和国内 SPF 鸡场售出的 SPF 种蛋，需要附有国家指定权威检测机构提供的检验报告，并标明其适用的范围，确保国外引进和国内生产的 SPF 种蛋及生物制品不会携带病原微生物，保障进入市场的疫苗的安全性和有效性，严防因疫苗污染导致某些疫病的大面积传播和扩散。

三、保证饲料安全质量

饲料的安全卫生既直接关系到饲喂动物的安全和健康，又通过畜禽产品间接影响到人类的卫生和安全；饲料中的各种营养成分与机体的免疫功能都存在密切的关系，饲料营养的全价性能否保证，直接关系到动物抗病能力的高低。由于我国饲料生产企业规模的多样化，各企业的生产水平各异，饲料质量也良莠不齐。生产实践中，因饲料原料霉变，霉菌毒素、细菌以及一些有毒有害化学物质污染超标和饲料维生素、微量元素缺乏导致鸡群患病的案例极为常见，对动物机体本身健康和畜产品的质量都会产生严重威胁，因此质量技术监督部门应该不断改进和加强对饲料安全性和全价性的检测措施和抽检、执法力度。饲料生产企业也应该加强自身的质量检验检测能力，切实保证饲料产品的安全性和全价性。

四、蛋鸡养殖场生物安全控制方案

对于大型蛋鸡企业的生物安全体系来说，主要包括两个方面：一方面通过

"硬件"设施的建设与合理的布局，建立起阻隔病原微生物与鸡群接触的隔离屏障，包括鸡场选址、布局、建筑模式、鸡舍环境控制的配套设施的选择，消毒防疫和病死鸡、排泄物无害化处理设施与适用的设备等；另一方面是管控整个生物安全体系各项"软件"措施的完善和具体实施。

（一）场址的选择、规划与布局

养殖场的选址和规划布局需要从人和动物的双重安全出发，在保证阻隔病原微生物传播的前提下选择鸡场位置。鸡场在选址上既要远离居民区、化工厂、污水与垃圾处理厂、畜禽生产场所、屠宰场、集贸市场和交通要道，又要具备地势高燥、背风向阳、有充足干净的水源、电力供给方便等便利条件。严禁在旧养殖场基础上改扩建，其目的是阻隔病原微生物、工业污染由外部传入场区和保证鸡场气味和排放物不污染居民区环境。在鸡场内部，应合理利用地势和当地的气候条件进行规划布局。既要注意鸡场排污、排水的便利，鸡舍的保温和通风，又要考虑各功能单元之间的防疫管理，保证养鸡场生物安全体系的正确实施。

1. 鸡场与城市和主要运输干道之间要保持安全距离　距离的远近取决于城市规模、养鸡场的性质和规模、交通运输等因素。从生物安全的角度来说，养殖场离城市的距离越远，越有利于生物安全体系的构建和鸡场环境的控制；但从交通运输和市场销售角度考虑，商品蛋鸡养殖场距离城市又不宜太远。因此，应根据鸡场的性质具体情况具体分析，在保证生物安全和企业发展之间寻求一个合适的距离，蛋鸡养殖场离城市的距离一般以 20~50 千米为宜。鸡场与主要运输干道之间距离最好控制在 3 000 米以上，并以位于当地主干道的上风向为好。与其他大型养殖场的距离越远越好，至少应在 1 500 米以上。

2. 鸡场内要做到功能分区　大型鸡场各功能区一般以行政经营管理区、职工生活区与生产区异地建设为好。由于行政经营管理区和职工生活区与外界联系较多，人员流动量较大，也可以将行政经营管理区、职工生活区建设在附近的村镇，而将养殖场独立建设于郊外，作为一个独立的功能单位，这样更有利于鸡的防疫管理。规模较小的养殖场，各功能区的建设也应该将行政管理区、职工生活区、饲养区和粪污处理区根据拟建场区的地形地势、主导风向，按照由高至低、由上风向到下风向顺序分布；各功能区之间应建立隔离围墙或防疫隔离带，养殖区四周应设立防疫沟。

3. 鸡场内各生产区的布局要合理　鸡场内各鸡舍布局要注意雏鸡、产蛋鸡要分不同的生产区独立饲养，各区之间要有一定距离的隔离带，并设隔离墙和绿化带，这样既可改善鸡场小气候，净化鸡场空气，又可以减少病原在不同生产区之间的交叉传播。生产区内要做到各小区范围的"全进全出"。在鸡群转群后要做到对鸡舍、笼具和道路的严格冲洗消毒。各生产区要污道、净道严格分开，雏鸡、饲料走净道入场，病死鸡、粪便运输车和淘汰鸡走污道运出，以防止交叉污染。生产区内，按饲养鸡只的日龄大小，由上风口依次排列鸡舍。开放式鸡舍间距以舍高的5倍间距为宜，全封闭式鸡舍间距控制在3倍舍高即可满足防疫要求。

4. 场区入口处设立车辆消毒池、熏蒸消毒室和人员淋浴消毒室　所有进出场人员、进出场车辆、物品必须经过消毒方可出入。每栋舍设立唯一可控入口，饲养员和其他人员在进入鸡舍前必须先经过淋浴和在消毒盆消毒后，更换生产区专用清洁工作服，才能进入鸡舍。各生产区需配备高压冲洗消毒设备，对生产区内鸡舍和道路应采取定期的冲洗消毒，最大限度地降低环境病原微生物的数量，降低鸡群受感染的机会。在主生产区之外下风向设立病理观察和剖检室，在下风向约500米处设化尸坑和粪便发酵池。有条件的养殖场还可以建立焚烧炉，用于处理病死的畜禽。建立并落实严格的卫生防疫安全管理制度。养殖场即使有了完善的硬件设施，建立了严格的卫生防疫安全制度，还需要将这些制度和措施真正落实和执行。

5. 雏鸡和疫苗的质量要检测　鸡苗和疫苗的质量是关系到养殖成败的关键因素，也是容易从外界带来传染病的重要媒介。引进不合格的鸡苗可能带有垂直传染的各种疾病，也可能雏鸡一出壳就会有某些营养缺乏症，如种蛋缺乏维生素 B_6、维生素 K_3、维生素 E 时，可导致1日龄雏鸡肌胃角质膜出血。质量不合格的活毒疫苗也可能带来风险，如携带有疫苗之外的其他病原，疫苗本身或保质期问题使疫苗的效价不足，灭活疫苗存在甲醛的含量超标等。大型集约化养殖场要掌握一些必要的检验检疫手段，对于鸡苗、疫苗的质量从其源头进行考察、采样检测，最大限度地保证所引进的鸡苗和疫苗安全，降低安全隐患。

（二）鸡舍的准备

1. 鸡舍消毒　每批鸡在进入鸡舍前应进行彻底的消毒，具体消毒步骤如下。

第一，清扫与冲洗。先将鸡舍内粪便、污垢和垃圾清扫干净，之后用清水冲洗地面、墙壁和笼具。

第二，喷洒消毒。可以使用 $2\%\sim3\%$ 氢氧化钠溶液、0.5% 过氧乙酸或 $0.5\%\sim1\%$ 复合酚等消毒液消毒地面、墙壁和笼具，要求彻底、不留死角。

第三，甲醛熏蒸。关闭鸡舍门窗，熏蒸前要求鸡舍具有一定的湿度，这样有利于甲醛的表面杀毒作用。可以通过喷水增加鸡舍地面、墙壁和顶棚各处的湿度；每立方米使用甲醛 28 毫升、高锰酸钾 14 克、温水 28 毫升（如果是刚刚发生过疫情的鸡舍甲醛的使用量为 42 毫升、高锰酸钾 20 克），先将温水和高锰酸钾放于 5 倍于药液容积的容器中混匀，使容器均匀地分布于鸡舍各处，甲醛按照各容器所需多少置于容器附近；之后从鸡舍深处开始一边将甲醛逐一倒入容器中，一边向门口退出，严格密闭鸡舍，保持 2～3 天后打开通风。在进雏鸡之前，应事先打开鸡舍通风 2～3 天，之后升高鸡舍的温度，将鸡舍墙壁、器具表面吸附溶解的甲醛释放出来后，再适当通风，然后再将鸡舍温度升高到适宜的温度，即可进鸡。

2. 调整鸡舍小气候 适宜的鸡舍小气候对于保障鸡群的健康发育，防止鸡群感染各种疾病起着至关重要的作用。

（1）温度 寒冷的刺激会导致呼吸道黏膜腺体的分泌增加，而纤毛的运动能力减弱，其结果是气管黏膜表面溶胶性黏液增多，使表层的凝胶性黏液脱离纤毛表面；同时，寒冷的刺激又使得纤毛上皮的摆动作用下降，不利于黏液运输系统将气管内异物和各种病原粒子运输到喉头、鼻腔，经喷嚏和咳嗽反射排出体外。气温的骤然降低还可以通过反射引起气管平滑肌的痉挛、黏膜血管收缩、局部血液循环障碍，使得到达黏膜的非特异性免疫细胞——单核细胞减少；所以突然的冷应激往往会诱发急性呼吸道疾病的发生。

（2）湿度 环境湿度过高或过低同样不利于家禽的健康。湿度过低，空气中的尘埃和微生物的数量增多，会增加呼吸道黏液—纤毛运输转运的负担，使鸡群更容易出现传染性支气管炎、支原体、沙门氏菌、大肠杆菌的感染；湿度过高，既不利于炎热的夏季机体的辐射散热，导致家禽的热应激、生产性能下降、伤亡率增加，同时又会由于高温高湿环境下饲料和饮水容易滋生细菌和真菌，而导致鸡群细菌和真菌的感染率大大增加。临床实践也证明，夏季是家禽白色念珠菌嗉囊炎、曲霉菌肺炎、坏死性肠炎和溃疡性肠炎的高发季节。而在气候寒冷的冬季，湿度过大会导致机体的非蒸发性散热加快，不但会降低饲料的转化率、产蛋率降低，还会加重冷应激对机体健康的不利影响。所以，需要控制适宜的鸡舍温湿度范围，才有利于鸡群的健康、减少疾病的发生。

（3）通风 鸡是一种代谢旺盛的动物，呼吸频率较高，呼吸时排出的大量二氧化碳，加上鸡舍内粪便发酵所排出的有害气体（氨气、硫化氢、甲烷、粪臭素等），以及空气中的尘埃、微生物，使得鸡舍空气污浊、氨气过浓、氧气供应不足，如果不能够及时地通风换气，必将激发鸡群的呼吸道疾病发生。

（4）密度 适宜的饲养密度是预防家禽疾病不可忽视的重要措施之一。密度过大，不但会由于鸡群拥挤诱发鸡群啄癖、发育不整齐和疫苗免疫失败，而且也会由于空气中尘埃和病原微生物多，鸡群极易感染支原体、大肠杆菌气囊炎和输卵管炎，影响雏鸡、育成鸡阶段的成活率和成年蛋鸡的生产性能、蛋壳质量。

（5）卫生　保持喂料系统和饮水系统的清洁卫生很重要。在环境气候或者饲料本身比较潮湿的情况下，在料塔壁、料线、料槽容易出现饲料的霉变甚至板结；鸡场的水源、水塔和水线也有可能由于给药、污染等导致病原的污染超标；生产实践中曾遇到某大型集约化鸡场由于给水系统长期不消毒，从水塔、水线的头、中、尾端采集的饮水中，分离出严重超标的金黄色葡萄球菌、绿脓杆菌和魏氏梭菌，导致鸡场鸡群常年大面积感染细菌性肠炎。因此，注意定期的检查和检测喂料系统和饮水系统的清洁卫生，对于鸡场的生物安全极为重要。

（三）免疫接种

免疫接种是建立鸡群特异性免疫能力、预防传染病发生的有效措施，尤其在我国现有养殖大环境比较恶劣的情况下，疫苗免疫是所有养殖企业不得不重视的一种手段。但一定要注意以下几个方面的问题。

1. 不要过度依赖疫苗免疫　首先，一些病原的毒株很多，各种毒株的免疫原性差异较大，交叉免疫较弱，且各毒株的流行有一定的地域性，如果所做的疫苗与地方的流行毒株不符，可能起不到有效的防疫效果。如引起鸡的传染性支气管炎的冠状病毒就属于此种类型。其次，病原一直处于不断地变异中，甚至在过度的免疫压力下，反而会加速病原的变异进程，给养殖业带来更大的安全隐患，危及养殖业的健康发展。再次，过度密集的免疫程序使得机体疲于应对免疫应激的压力，机体对于各种疫苗的免疫反应性降低，免疫效果大打折扣，更容易导致传染性疾病的频发；饲料转化率也大大降低。

2. 注意免疫接种过程中交叉感染问题　一些需要刺种和注射免疫的疫苗，要注意免疫过程中通过针头和手所致的交叉感染，尤其在鸡群可能患有某种传染性疾病的情况下，如禽流感、喉气管炎、葡萄球菌等，免疫过程卫生安全的防护不力有可能导致鸡群传染病的暴发。

3. 注意免疫过程的应激防护　免疫应激可以导致疫苗的免疫效果不整齐，可以在免疫之后使用维生素 C 或者电解多维连续饮水几天来降低应激对免疫的不利影响。

4. 注意疫苗的质量、保质期和正确的使用方法　如活毒疫苗瓶盖开启前，首先用注射用水稀释后才打开瓶盖，直接打开瓶盖会由于瓶内压力的突然升高而导致疫苗的效价降低；活毒疫苗饮水免疫过程中，在饮水中放入一定量的脱脂奶粉，可以起到对疫苗效价的保护作用等。鸡群中的残次个体，不但没有生产价值或者生产价值不大，而且往往是带菌或者带毒的病鸡，是疾病的传染源，及时地淘汰这些残次个体，一方面对保证整群鸡的健康极为重要，同时还可以降低饲料成本和管理费用，提高生产效益。

5. 其他　鸡群特异性的免疫力可以依靠免疫接种来获得，而机体的整体免疫功能更多的是依靠机体的非特异性免疫屏障作用来抵御病原微生物的入侵，包括皮肤，黏膜（包括呼吸道、消化道、泌尿生殖道和其他可视黏膜）机械物理屏障的完整，化学屏障的正常，生物屏障的完善及免疫屏障的发育正常及功能发挥正常。此外，由于家禽没有哺乳动物的淋巴结，其肝脏功能的正常与否在机体的非特异性免疫功能方面起着极为重要的作用，它在消灭来源于机体各组织器官侵入的病原（细菌、病毒、寄生虫等）和外来抗原（细菌毒素）方面起着至关重要的作用。

（四）维护蛋鸡自身生理屏障

生理屏障是指皮肤、黏膜、分泌物等对外来异物的防御功能。在上皮细胞间有紧密连接、缝隙连接、黏附连接及桥粒连接等阻止病原的入侵；呼吸道纤毛上皮纤毛每秒钟可以向前摆动 $1\,000\sim1\,500$ 次，其运动是推动呼吸道黏膜上皮衬液向喉头和鼻腔运行的动力；肠道的运动使细菌不能在局部肠黏膜长时间滞留，起到肠道自洁作用。环境温度的骤变，湿度的大小，空气中的有害气体（氨气、硫化氢），含有氧化游离基的雾霾微粒，饲料中维生素 A、维生素 D、维生素 E 和维生素 C 的缺乏等对于上皮细胞完整性和其纤毛功能的正常发挥都起着重要作用。因此，良好的环境管理、定期的驱虫、饲料营养成分的全价与否等，对于保障机体的机械物理屏障功能起着极为重要的作用。

呼吸道表面的衬液、消化道分泌的消化液、泌尿生殖道分泌物等，同样能起到重要的生理屏障作用。呼吸道表面的衬液由最外面的凝胶层、中间浸没上皮细胞纤毛的溶胶层和最内侧的外被多糖层三层构成。前两层起加温、湿润、过滤、清洁空气作用，黏着空气异物或病原颗粒作用；外被多糖层（在纤毛细胞的管腔面，这层黏液物质的高度糖基化）可以影响细菌的黏附作用。黏液中还有黏膜固有层内的浆细胞分泌的 IgA、IgE 以及由血管渗出进入肺内的 IgG，起黏膜局部免疫的作用。此外，黏膜衬液中含有多种抗氧化物质（高水平的还原型谷胱甘肽、维生素 E、维生素 C、铜蓝蛋白、乳铁蛋白等），抗氧化酶（细胞外超氧化物歧化酶、过氧化氢酶、谷胱甘肽过氧化物酶等），抗氧化基因（有原癌基因 bcl-2 编码的 bcl-2 蛋白，可结合于核膜、线粒体、内质网膜，参与清除活性氧并阻止脂质的过氧化）等。所有这些具有抗氧化作用的物质可以使呼吸道上皮免受各种气源性污染物、炎症产物和胃肠道吸收的各种有害物质的氧化性损伤。因此，增加饲料中抗氧化物质的含量，对于提高机体的抗氧化体质、增强机体的抗病能力具有极为重要的作用。

消化液除了其消化作用之外，唾液和肠液中的溶菌酶、胃液的胃酸、胆汁中的表面活性物质胆汁酸和胆盐、胰液中的碱性物质，还起着重要的杀菌、杀毒作用。饲料中霉菌毒素的存在、维生素 B_1 的缺乏，一些免疫抑制性病毒的感染对于消化腺的结构和分泌具有影响。在饲养实践中，保证饲料原料的质量和营养全价性，并采用具有改善胃动力、促消化的中药添加剂，对于化学屏障的维持具有有效的改善作用。

呼吸道、胃肠道、泌尿生殖道黏膜中都存在有大量的免疫细胞，其中既有起非特异性免疫和抗原递呈作用的巨噬细胞，又包含具有特异性免疫的 T、B 淋巴细胞和具有分泌黏膜 sIgA 抗体的浆细胞。黏膜免疫系统发育的正常和功能的正常行使既离不开饲料营养的全价性，又可以通过生产实践中使用一些具有健脾胃、助消化的中药的添加得以促进，对提高鸡群的防病、抗病能力，提高活毒疫苗的免疫效果，都可以起到有效的促进作用。

保证饲料和饮水的安全性、在饲料中添加益生素和微生态制剂、禁止在饲料中非法添加抗菌药物和滥用抗菌药物，都是胃肠生物学屏障保健的有效手段。

作为机体的生物学屏障的"肠道常在菌群"在胃肠道中的存在，使得肠道成为动物机体最大的细菌库，其中的各种常在菌形成一个相互依赖又相互作用的微生态系统，构成了肠道的生物学屏障。但需要我们清楚的是这个"细菌库"既是一种屏障，又是一个细菌"内毒素库"，一旦由于某些原因导致肠黏膜的损伤或者胃肠黏膜的非特异性细胞免疫功能受损，必将导致大量内毒素和一些条件致病菌的内移。由于家禽缺乏类似哺乳动物的肠系膜淋巴结，其肝脏必然首当其冲成为清除"入侵"内毒素的主要器官。因此，在家禽的日常保健中注重肝脏的保健，对于家禽的防病和整体健康具有有效的保障作用。

在饲养实践中，要保障鸡群的健康，除了要注重饲养管理外，还应重视家禽饲养过程中的促免疫、抗氧化、保肝等方面的保健工作，这对于提高鸡群体质、减少鸡群发病、降低抗生素和抗菌药物的使用、减少畜产品抗生素的残留、保证食品安全具有重要意义。

［案例 6-1］　　峪口禽业"1234"蛋鸡防疫减负方案

一、蛋鸡防疫减负方案"1234"的定义

峪口禽业"1234"蛋鸡防疫减负方案包括 1 个核心、2 项原则、3 大规律和 4 项措施。"1 个核心"指的是优化免疫程序，通过优化程序克服当前蛋（种）鸡防疫负担过重的问题；"2 项原则"是在保证鸡群健康的基础上进行减负和减负应使鸡群更健康，避免盲目减负；"3大规律"指的是鸡只生理规律、抗体产生规律和疾病发生规律；"4项措施"指的是有效的疫苗、科学的程序、准确的操作和及时的监测。

二、减负依据

1. 鸡只生理规律

鸡只在生长发育的前3周免疫系统发育不健全。如果前3周的免疫过于密集，会影响到免疫系统特别是脾脏和法氏囊的发育，导致免疫效果不理想，对外界疫病不能有效防控；严重的可引起免疫抑制，导致免疫失败，鸡群对疫苗免疫应答低或无应答，不能有效抵抗外界流行疾病的侵袭。因此，在鸡只生长的前3周建议加强生物安全与饲养管理，做好养殖场与外界的隔离，减少免疫特别是灭活苗的免疫对鸡只的免疫系统的影响。

2. 抗体消长规律

在制定免疫程序时，要根据抗体变化规律来指导免疫。一般免疫产生的抗体速度和高度与免疫疫苗的时机有关。刚出生的雏鸡有母源抗体，可以对机体有一定的保护，此时设计免疫程序时要考虑母源抗体对免疫的干扰；随着日龄的增长，母源抗体逐渐降低，就应该通过疫苗免疫使鸡只产生被动免疫抗体，而初次免疫应答时间短，产生的抗体水平低，需要通过二免加强免疫，此次免疫产生的抗体水平高、维持时间长；以后就需要根据抗体消长情况确定是否需要免疫。

3. 疾病流行规律

不同疾病的流行感染规律不同，要根据疾病发生规律制定科学的程序。如鸡只在成年之后法氏囊就退化，因此传染性法氏囊病毒主要感染产蛋前的后备鸡，免疫需要在小日龄完成；产蛋下降综合征病毒主要感染产蛋鸡，因此只需要在产蛋前免疫1次即可终身保护；而新城疫为烈性传染病，不同品种、不同日龄的鸡群均可感染，则需要在1日龄首免，20日龄二免，以后根据抗体消长情况加强免疫。

三、减负措施

1. 有效的疫苗

有效的疫苗体现在疫苗毒株与当地流行疾病毒株的匹配性，在做好当地流行病学调查的基础上，选择有效的商品化疫苗。

2. 科学的程序

在制定蛋（种）鸡养殖场的免疫程序时，要考虑以下因素：①本地区流行的疾病或毒株；②本场区历史发病背景；③常见流行疾病的发病特点；④各流行疾病的疫苗特点；⑤疫苗之间的相互干扰；⑥鸡群母源抗体对疫苗免疫的影响；⑦饲养鸡群的品种及特点、对疾病的易感性，各批次日龄段所处的季节；⑧被免疫鸡群的抗体水平。在综合以上因素的基础上，针对每一批次的鸡群制定一个科学的免疫程序，同时制定相对应的投药、消毒和监测程序。

3. 准确的操作

如何将有效疫苗准确地作用于鸡群中，峪口禽业总结出免疫的"3个100%"，即有效率100%、免疫率100%、准确率100%，制定包括免疫的疫苗、部位、用量、方法及每人的免疫量标准；做好"4个准确"，即免疫时机准确、免疫数量准确（不漏免）、免疫剂量准确和免疫部位准确，保证免疫鸡群具有均匀有效的抗体，有效抵抗外界疫病侵袭。

4. 及时的监测

具有均匀有效的抗体是鸡群抵抗外界流行性疾病侵袭的最有效的条件。定期及时监测抗体水平能在有效时间范围内掌握抗体变化情况，确认免疫效果；监测抗体消长规律，把握免疫时机；监测异常的抗体结果，辅助诊断病毒性疾病。

四、新城疫防疫减负

1. 新城疫的发病特点

新城疫一年四季均可感染鸡群发病；各日龄段鸡均易感；新城疫只有一个血清型，有疫苗可以防控；典型病例越来越少，临床常发生非典型新城疫；临床症状以产蛋下降为主，一旦发病损失较大。

2. 新城疫疫苗免疫后的抗体变化规律

峪口禽业根据多年蛋鸡饲养管理和疾病防控经验，总结出新城疫的抗体变化规律，见图6-1。

为防控新城疫，许多养殖户在1日龄、7日龄、17日龄、19日龄均进行免疫，认为免疫越多越好，20日龄之前的雏鸡应激频繁，此时鸡只还处于母源抗体保护期，且免疫器官尚未发育完全，灭活苗免疫不能达到预期的效果，免疫程序与抗体产生的机制严重不相匹配。

针对新城疫免疫程序，峪口禽业通过研究，建议在新城疫免疫程序中，除了1日龄孵化厅做的气雾免疫之外，21日龄之前不做其他免疫；灭活苗免疫安

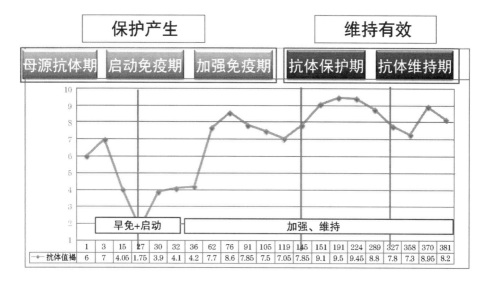

图 6-1　新城疫免疫抗体变化规律

排在 30 日龄之后。推荐的新城疫免疫程序是"3＋2"的目标免疫程序，即 3 次活苗，2 次灭活苗免疫，具体程序见表 6-1。

表 6-1　"3＋2"的目标免疫程序

日 龄	项 目	剂 量	目 的
1	VH-H$_{120}$二联弱毒苗（孵化厅气雾免疫）	1.2 头份	呼吸型疫苗启动免疫
21	Clone45-H$_{120}$二联弱毒苗	2 头份	加强免疫
21	ND 灭活苗	0.5 毫升	加强免疫
100	Clone45＋H$_{120}$二联弱毒苗	2 头份	加强免疫
105	ND-IB-EDS 三联灭活苗	0.5 毫升	产蛋前加强免疫

五、防疫减负成效

鸡群实施防疫减负后，直接体现在鸡只防疫成本的降低，间接可提升鸡群生产指标。峪口禽业通过实施防疫减负，2014 年整个饲养周期免疫次数减少30％，每只鸡防疫成本降低 2 元，入舍鸡合格种蛋增加 10％。

（案例提供者　孙　皓）

第二节　主要疾病及其防控技术

一、新　城　疫

新城疫（ND）是由新城疫病毒（NDV）引起的一种急性、高度接触性传染病。典型新城疫主要特征为呼吸困难、腹泻和神经症状，主要病变为腺胃及乳头出血、腺胃和肌胃交界处出血、肠淋巴滤泡出血或溃疡和泄殖腔黏膜出血。世界动物卫生组织将其列为危害禽类的两种 A 类疫病之一，又称亚洲鸡瘟（伪鸡瘟）。

尽管世界各国对新城疫采取了严格的防控措施，如疫苗接种、对强毒感染禽类的扑杀、限制使用中等毒力疫苗及强制性免疫等措施，但它仍然是目前最主要和最危险的禽病之一。

（一）流行特点

鸡、火鸡等禽类都能感染，鸡最易感。主要传染原为病鸡及间歇期带毒鸡。主要传播途径为消化道、呼吸道，人、饲养用具及运输车辆等其他工具可机械性传播病原。一年四季均可发生，但以春、秋两季最多，这取决于不同季节新鸡的数量、鸡只流动情况和适合于病毒存活及传播的外在条件。各种日龄的鸡均可感染，但幼雏和中雏易感性最高。目前，发病日龄越来越早，最早在 3～7 日龄发病。在抗体水平低或没有免疫接种的鸡群，死亡率高达 75%～100%，免疫鸡群死亡率在 3%～40%。本病毒存在于病鸡所有组织和器官内，包括血液、分泌物和排泄物，以脾、脑、肺含毒量最多，骨髓中含毒时间最长。

（二）临床症状

临床上根据病情的严重程度分为典型新城疫和非典型新城疫。

1. 典型新城疫　自然感染潜伏期一般为 3～5 天，人工感染为 2～5 天，根据临床表现和病程的长短，可分为最急性、急性、亚急性或慢性 3 型。最急性型：突然发病，常无特征症状而迅速死亡，多见于流行初期和雏鸡。急性型：体温高达 43℃～44℃，食欲减退或废绝，饮欲增加，精神委靡、不愿走动，垂头缩颈或翅膀下垂，眼半开或全闭，状似昏睡。蛋鸡产蛋停止或产软壳蛋。

2. 非典型新城疫　初期与急性新城疫症状相似，其发病率和死亡率低，死亡持续时间长，临床症状表现不明显。

蛋鸡发病后，精神及采食量基本正常，仅出现干绿色粪便或一过性腹泻；发病5～7天后出现瘫痪、扭颈、观星、摇头、头点地等神经症状。蛋壳变白，产蛋率下降。非产蛋鸡可能会出现不同程度的呼吸道症状，有些仅见摇头、咳嗽，甚至只有在安静情况下才能听到轻微的呼吸道啰音，个别出现明显的呼吸困难等。

（三）病理变化

本病主要表现为全身败血症。

典型新城疫病鸡嗉囊内聚集酸臭味、浑浊的液体。病死鸡内脏的浆膜面、黏膜出血。喉头和气管充血、出血，内有大量黏液。腺胃黏膜肿胀、出血，腺胃乳头和乳头间出血，腺胃和肌胃交界处有出血点（带）；有时肌胃角质层下有出血斑，形成粟粒状溃疡。肠道的淋巴滤泡处形成枣核样的出血斑或纤维素性坏死灶，略高于黏膜表面，严重时出现溃疡，尤以十二指肠升段1/3处、卵黄蒂后2～5厘米处和两盲肠中间段回肠的前1/3处病变明显；盲肠扁桃体肿大、出血、坏死，直肠黏膜皱褶呈条状出血或黄色纤维性坏死点，泄殖腔黏膜出血。腹部脂肪和心冠脂肪有时可见针尖大出血点。强毒株感染可导致脾脏坏死。

非典型新城疫病鸡主要表现为黏膜卡他性炎，喉头、气管黏膜充血；腺胃乳头出血少见，多剖检病鸡才可见少数个体的腺胃乳头出血；肠淋巴滤泡肿胀、有时可见出血；直肠黏膜、盲肠扁桃体多见出血变化。

（四）诊断要点

根据本病的流行特点、临床症状、病理变化对典型新城疫可以确诊。但是非典型新城疫因病变不明显，即使症状明显，典型病变也不会同时出现在一个病例上，因此应多检查病死鸡，重点观察腺胃和肠道的特征变化，把所有的病变汇总在一起，然后结合流行特点、临床症状及实验室HI抗体检测进行综合判断，若抗体水平参差不齐，则可考虑本病。

（五）防控技术

1. 健全饲养管理制度 疫病防制的原则应以"推行生物安全措施为主，免疫预防为辅"。加强饲养管理，增强鸡的体质。重点是饲养密度适当，通风良好；选优质全价饲料，适当增加维生素用量；执行严格的消毒制度和建立一定的防鸟措施，切断外来病原的传入途径；正确选择疫苗种类及接种途径，增强鸡群的特异免疫力，以抵抗病毒的感染。对于接种过活毒疫苗的鸡群，可以考虑再接种灭活疫苗，可显著提高免疫效果。在疫区或者禽流感较易流行的冬、春季节，为安全起见，也可以考虑使用灭活疫苗接种。

2. 完善免疫检测制度 根据 HI 抗体测定结果，确定雏鸡新城疫疫苗首免和再次免疫时间，以确保有效免疫。在母源抗体较高的情况下，单独使用活毒疫苗免疫效果不甚理想，此时可以使用活疫苗和灭活疫苗同时接种，可产生更好的免疫效果。首免后 10～14 天，抽检免疫鸡 HI 抗体水平，抽样比例大的鸡群按 0.2%，500 羽鸡群按 3%～5%，以后每隔 3～4 周抽检 1 次。使用 I 系疫苗的育成鸡和产蛋鸡群，每隔 2 个月抽检 1 次，以判定疫苗的免疫效果。

3. 做好发生疫情时的防控措施 在暴发强毒株新城疫疫情时，不宜使用新城疫活毒疫苗进行紧急免疫接种。应首先向有关部门报告疫情并严格隔离病鸡，将病死鸡进行深埋或焚烧；对被污染的场地、物品、用具进行彻底清扫、消毒；对残留的饲料、粪便等进行彻底的无害化处理；同时，对没有发病的鸡群进行紧急免疫接种。免疫鸡群由于有一定的免疫抵抗力，新城疫的发生往往以发病率低、致死率低为表现形式，此种情况可以采用免疫原性较好的灭活疫苗紧急接种，同时配合天然免疫增强剂进行防控，比如苜蓿多糖和黄芪多糖，可以取得较为理想的防控效果。

（六）常用疫苗

第一种：I 系疫苗，属中等毒力苗。用于两次弱毒苗免疫鸡或 2 月龄以上鸡，可肌内注射或刺种，也可用于疫区紧急接种。接种后 24～48 小时就会产生免疫力，免疫期 6 个月，产蛋期间的母鸡不能接种该疫苗。

第二种：II 系、III 系和 IV 系弱毒疫苗。现多用 IV 系疫苗，初次免疫时用于雏鸡的滴鼻和点眼，免疫期 1～2 个月。

第三种：鸡新城疫克隆 30、Ulster 2C 株二价疫苗。具有免疫力好、安全性高、免疫后无毒残留的特点，对有出口贸易的鸡场雏鸡免疫极为有利。

第四种：新城疫（ND）、鸡传染性支气管炎（-IB）二联油佐剂灭活苗。免疫期 200 天以上，种鸡和蛋鸡于 40 日龄左右第一次接种 0.3 毫升/只，开产前第二次接种 0.5 毫升/只。

第五种：复合新城疫蜂胶灭活疫苗，接种后 5～7 天产生免疫力，免疫期 6 个月以上。

第六种："新威灵"（梅里亚动物保健有限公司生产）首免可用于 1 日龄雏鸡。

二、禽 流 感

禽流感（AI）是由 A 型禽流感病毒引起多种家禽及野生禽类发病的一种高度接触性传染病，又名欧洲鸡瘟或真性鸡瘟，被世界动物卫生组织定为 A 类传染病，是目前严重危害养禽业的一种传染病。

鸡感染流感病毒后，若表现为轻度的呼吸道症状、消化道症状，死亡率较低；若表现为较严重的全身性、出血性、败血性症状，死亡率较高。根据禽流感病毒致病性的不同，可以将禽流感分为高致病性禽流感、低致病性禽流感和无致病性禽流感。最近国内外由 H5N1 血清型引起的禽流感多为高致病性禽流感，发病率和死亡率都很高，危害巨大。

（一）流行特点

禽流感病毒的宿主广泛、流行范围广、传播速度快、发病快。一年四季均可发生，以冬季和春季较为严重。传染源主要是病鸡和带毒鸡。经呼吸道和消化道感染，主要通过粪便中大量的病毒粒子污染空气而传播。传播的主要因素为人员和往来车辆、迁徙的候鸟等。

▲注意：目前低致病性禽流感呈现流行趋势。在实际临床中常与新城疫、大肠杆菌病等疾病混合感染，会加大家禽死亡的可能性。

（二）临床症状

禽流感的潜伏期从数小时到数天，最长的可达 21 天。潜伏期的长短受多种因素的影响，如病毒的毒力、感染的数量、机体的抵抗力、日龄大小和品种、饲养管理状况、营养状况、环境卫生、并发症及有无应激条件等。

1. 高致病性禽流感 一般发病 5～6 天后，鸡群所剩无几，最快的 2 天即可全群覆灭，且没有任何临床表现。有的鸡群在出现临床症状时，死亡数量已过半。明显的特殊症状有：先肿头、肿眼睛，并波及到鸡冠、肉髯，冠、髯肿大，发绀，严重时边缘出血、坏死，如烧焦样。发病 3～5 天后出现腿、脚鳞片出血特征性症状，即病鸡腿部鳞片下可见明显出血，呈红色、紫红色甚至紫黑色。有动物感冒症状：流泪、喘、咳嗽、打喷嚏、流鼻液、呼吸困难、气管啰音。有禽类高热性传染病相同特点：体温升高，精神沉郁，食欲减退或拒食，垂头卷缩，羽毛逆立，扎堆，嗜睡，腹泻；产蛋率急剧下降，一天下降二三成，或更多，同时产软壳蛋、薄皮蛋、畸形蛋增多；偶见后腿麻痹、共济失调等。

2. 低致病性禽流感 在自然条件下，较弱的毒株感染鸡群时仅引起轻微的呼吸道和消化道感染。高产蛋鸡多发，主要表现为发病慢、传播快，基本不出现死亡，多数鸡精神状态和食欲基本正常，病鸡排灰色或黄绿色稀便，有的在夜间安静时能听到打呼噜、咳嗽的声音。

蛋鸡产蛋率下降较缓慢，一般经过 7～10 天产蛋率从 90％以上下降到 10％不等，有的甚至绝产。畸形蛋和白壳蛋较少，但软皮蛋、沙皮蛋、薄皮蛋较多。产蛋率下降到最低点，在最低点停留 7～10 天开始缓慢上升，一般产蛋恢复需要 15～30 天。

（三）病理变化

1. 高致病性禽流感 鸡冠发绀、脚鳞出血、头部水肿，肌肉或其他器官广泛性严重出血。气管充血、出血，并有大量黏性分泌物。内脏浆膜面及黏膜出血，胸腔内侧、肺脏边缘、腹部脂肪和心冠脂肪有点状或喷洒状出血；胰腺坏死，边缘出血。腺胃肿胀、腺胃乳头出血、乳头有脓性分泌物。十二指肠及小肠黏膜有刷状或条状出血，盲肠或扁桃体肿胀出血，泄殖腔严重出血。肾脏肿大或花斑肾。蛋鸡卵泡充血、出血，甚至呈紫黑色；有的卵泡液化、变性、破裂，形成卵黄性腹膜炎。输卵管水肿，尤以子宫部水肿明显，输卵管内有白色脓性分泌物，病程较久的输卵管有乳白色干酪样物。

2. 低致病性禽流感 病鸡一般无明显的肉眼病变。症状较明显的病鸡，早期病变主要在呼吸系统，眶下窦肿胀，鼻腔常有较多的黏液，喉头、气管黏膜、肺脏可出现充血、水肿或出血，气管分叉处常有干酪样渗出物阻塞。中后期病鸡常因继发细菌感染而伴有肺炎、气囊炎、心包炎、肝周炎；肠黏膜充血、出血，部分腺胃乳头出血，肌胃角膜下轻度出血，胰腺局灶性坏死等。

产蛋鸡表现为腹腔的卡他性到纤维素炎症和卵黄性腹膜炎。卵巢衰退，大卵泡充血、出血，溶解液化。输卵管黏膜水肿，有水样分泌物和纤维蛋白性分泌物，蛋壳上钙沉积较少，蛋形怪异且易碎，色素沉着少致蛋壳颜色变浅。少数产蛋鸡肾脏肿胀，有尿酸盐沉积。

（四）诊断要点

根据流行特点、临床症状、病理变化可初步诊断。确诊需要进行血清学检查和病毒分离与鉴定，同时做好与新城疫、传染性喉气管炎、传染性支气管炎、传染性鼻炎和支原体等病的区别。

（五）防控技术

1. 建立完善的免疫体系 禽流感有很多血清亚型，极易发生变异，但是只要采用与本地流行一致的血清亚型的灭活疫苗进行免疫，即可产生较好的保护效果。

2. 建立预防消毒体系 禽流感病毒的抵抗力较低，许多常见的消毒剂，如聚维酮碘、季铵盐、氯制剂等，均能对其起到良好的消毒作用，因此应加强平时的消毒工作。

3. 加强饲养管理 提高家禽对外界的抵抗力。使用优质全价饲料，防止因饲料中某种营养成分的缺乏或饲料的霉变等因素引起家禽的抵抗力下降，导致流感病毒的侵入。在饲料中添加维生素 C、高含量的维生素 E 和中药散剂，如喉炎净散、扶正解毒散、荆防败毒散等，可起到较好的预防效果。

4. 做好常规疾病疫苗的接种工作 做好新城疫、传染性支气管炎、马立克氏病等病的疫苗接种工作，使鸡群保持较高的新城疫 HI 抗体滴度，定期用弱毒苗点眼、滴鼻、喷雾免疫，以加强呼吸道局部的特异性和非特异性免疫。

5. 发生疫情时，采取综合防制措施 高致病性禽流感或疑似高致病性禽流感一经发现，要及时上报有关部门，划定疫区。对疫区鉴定为阳性的感染鸡群和疑似感染鸡群进行扑杀、掩埋或焚毁的无害化处理；对发病鸡场的设施及用具进行严格的消毒处理；严格限制疫区有关家禽产品和饲养设备的外运；对进出疫区的各种过往车辆进行严格的消毒。

（六）常用疫苗

为了防止病毒的扩散，要采用灭活疫苗进行免疫。切实做好疫苗的免疫接种，在禽流感疫区和受威胁区要对所有禽（鸡、鸭、鹅等）全面进行免疫接种。

疫情较重地区的蛋鸡 H5 亚型禽流感疫苗参考免疫程序：首免 7～15 日龄，二免 50～60 日龄，三免开产前后（120～150 日龄），四免产蛋高峰后（40～44 周龄）。目前，国家推荐使用 H5N1 疫苗，免疫剂量：成鸡 0.5 毫升/只，雏鸡 0.25～0.3 毫升/只。免疫方法：颈部皮下或肌内注射。

H9 亚型禽流感灭活疫苗参考的免疫程序：7～10 日龄一免，35～49 日龄二免，开产前 2～4 周三免。开产高峰期过后加强免疫。在环境严重受污染的地区或秋、冬季节，必要时可在 14 周龄前后再免疫接种 1 次。

▲注意：H5 亚型灭活苗应从正规途径获得国家指定厂家的疫苗；出口禽禁用 H5 亚型苗。在接种疫苗的时候，必须注意疫苗的质量。质量良好的禽流感油乳剂灭活苗接种家禽后一般无不良反应，有时可能会引起产蛋率下降，但几天后即可恢复正常。有时可能在注射后几小时内，鸡群稍沉郁，然后很快恢复正常，这可能是疫苗中含抗原灭活剂偏多，对注射部位强烈刺激作用所致。有时会出现注射部位发热、红肿，甚至溃疡，鸡出现瘫痪，若是个别问题可能是

针头污染所致，若是普遍问题则可能与疫苗质量有关。

三、鸡马立克氏病

鸡马立克氏病（MD）是由马立克氏病毒引起鸡的一种常见的淋巴细胞增生性疾病，通常以外周神经和包括虹膜、皮肤在内的其他各种器官和组织的单核细胞浸润为特征。

该病主要是雏鸡阶段感染，育成期以后发病。病毒主要侵害雏鸡，而且日龄越小感染性越强，发病则主要集中在 2～5 月龄的鸡，目前蛋雏鸡发病的时间越来越早，有的在 30～50 日龄就开始发病。一般来说，发病率和死亡率几乎相等。

（一）流行特点

鸡是自然宿主，其他禽类很少发生。病鸡和带毒鸡是传染源。病毒主要经呼吸道进入体内传播。羽囊上皮细胞中繁殖的病毒具有很强的传染性，随羽毛和皮屑脱落到外界环境中，它对外界环境的抵抗力很强，在室温下 4～8 个月可保持传染性，带毒鸡可传递并感染正常鸡。感染鸡不断排毒和病毒对环境的抵抗力增强是本病不断流行的原因。最早发病见于 3～4 周龄的鸡，但以 8～9 周龄发病最严重，蛋鸡常在 4 月龄前后才表现临床症状，少数直至 6～7 月龄才发病。

▲注意：本病可与大肠杆菌病、沙门氏菌病、禽白血病等病同时感染或继发感染，传染性法氏囊病和传染性贫血病可增加马立克氏病的发病率。

（二）临床症状

根据症状和病变发生的主要部位，马立克氏病在临床上可分为神经型、内脏型、眼型和皮肤型 4 种类型。

1. 神经型 以侵害坐骨神经常见。病鸡步态不稳，病初不全麻痹，后期则完全麻痹，蹲伏或一腿前伸，另一腿后伸，呈劈叉姿势。臂神经受侵害时被侵侧翅膀下垂；颈部神经受侵害时，病鸡头下垂或头颈歪斜；迷走神经受侵害时，可引起失声、呼吸困难和嗉囊扩张。病鸡因饥饿、腹泻、脱水、消瘦，最终衰竭而死。

2. 内脏型 急性暴发，多数内脏器官和性腺发生肿瘤。大批鸡精神委顿、蹲伏、不食、冠苍白、腹泻、脱水、消瘦，甚至昏迷，单侧或双侧肢体麻痹，触摸腹部有坚实的块状感。

3. 眼型　主要侵害眼球虹膜，虹膜色素褪色，由橘红色变为灰白色，称为"灰眼病"；瞳孔边缘不整齐，瞳孔缩小，视力丧失。单眼失明的病程较长，最后衰竭而死。

4. 皮肤型　病鸡翅膀、颈部、背部、尾上方和腿的皮肤上羽毛囊肿大，形成米粒大至蚕豆大的结节及瘤状物。

（三）病理变化

1. 神经型　受侵害的神经（坐骨神经丛、臂神经丛和迷走神经）肿大并呈水煮样，比正常增粗 2～3 倍，横纹消失，使同一条神经变得粗细不均，神经的颜色也由正常的银白色变为灰白色或灰黄色，与正常的一侧对比很容易鉴别。

2. 内脏型　各内脏器官上有形状不一、大小不等的灰白色肿瘤结节，肝、脾、肾脏、卵巢、睾丸尤为明显。有些病例为弥漫性肿瘤，即无明显的肿瘤结节，但受害器官高度肿大。肿瘤结节质地较硬，切面呈灰白色，与各器官的颜色很容易区别。唯独法氏囊不出现肿瘤，但有不同程度的萎缩。

3. 眼型　马立克氏病鸡的病变与得病时所见症状相同。

4. 皮肤型　皮肤上出现以毛囊为中心形成孤立的或融合白色隆起结节，表面为鳞片状棕色硬痂。

▲注意：有时临床上同一鸡群可出现上述 2～3 种病型的病理变化。

（四）诊断要点

根据鸡的流行特点、特征性神经症状及病死鸡内脏病理变化可以确诊。但是应做好与鸡淋巴白血病的鉴别诊断。内脏型马立克氏病应与鸡淋巴白血病相区别，一般有下列情况之一者可诊断为马立克氏病。

第一，在不存在网状内皮组织增生症的情况下出现外周神经淋巴性增粗。

第二，16 周龄以下的鸡各内脏器官出现淋巴肿瘤。

第三，16 周龄或 16 周龄以上的鸡各器官出现淋巴肿瘤，但法氏囊无肿瘤；马立克氏病的法氏囊变化通常是萎缩或弥漫性增厚，而鸡淋巴白血病则常有肿大的法氏囊肿瘤。

第四，虹膜变色和瞳孔不规则。

（五）防控技术

该病的综合防治方案包括：抗病育种、雏鸡 1 日龄马立克氏病疫苗免疫、加强生物安全措施、避免雏鸡免疫空白期早期感染等。鸡只发病后没有任何治疗价值，应及早淘汰。

（六）常用疫苗

血清Ⅰ型：CVI988 株，需 －196℃ 保存。可用于 1 日龄（出壳后 24 小时内）雏鸡接种，0.2 毫升/只，颈部皮下接种。20℃～27℃ 环境下 1 小时内用完。

血清Ⅱ型：SB-1 株，－196℃ 保存。

血清Ⅲ型：HVT 冻干苗，需 2℃～8℃ 保存。另外还有细胞结合型二价疫苗（HVT＋CVI988，HVT＋SB-1）和细胞结合型三价疫苗（HVT＋SB-1＋CVI988）。这些疫苗可应用于种鸡、蛋鸡的正常防疫，但不能做紧急接种预防。疫苗的接种必须在雏鸡刚出壳后立即进行。疫苗免疫途径为皮下或肌内接种，在接种后必须立即隔离饲养 3 周。

▲注意：免疫空白期（接种后 5～15 天）内，应严格控制鸡群免受马立克氏病毒的感染，否则易于引起免疫失败。

四、传染性法氏囊病

传染性法氏囊病（IBD），又称为甘保罗病，是由传染性法氏囊病毒引起的，以破坏鸡的中枢免疫器官法氏囊为主要发病机制的病毒性传染病。本病的特征是突然发病、传播迅速、病程短、发病率高、呈尖峰状死亡曲线。目前，本病呈世界性流行，变异毒株和超强毒株的出现及其引起的免疫抑制给世界养鸡业造成严重的危害，已成为主要传染病之一。

▲注意：因法氏囊受到损伤而导致免疫抑制，致使病鸡对大肠杆菌、沙门氏菌、鸡球虫等病原更易感，尤其会导致马立克氏病、新城疫等病的发生。

（一）流行特点

目前，该病发病日龄范围广、病程长，并且免疫鸡群仍可发病。本病的高发期为 4～6 月份。2～6 周龄的鸡易感。传染源为病鸡和带毒鸡。该病主要通过鸡排泄物污染的饲料、饮水和垫料等经消化道传染，也可以通过呼吸道和眼结膜等传播。本病病毒主要存在于法氏囊和脾脏等器官内，而且该病毒对外界环境的抵抗力极强，外界环境一旦被病毒污染就可长期传播病毒。

▲注意：本病常与新城疫、支原体病、大肠杆菌病、曲霉菌病等混合感染，死亡率明显增高，可达到 80％以上，甚至全部鸡群淘汰。

（二）临床症状

本病的潜伏期为 2～3 天，自然宿主是鸡和火鸡，其他禽类未见发病，所有阶段的鸡均可发病，以 2～6 周龄的鸡多发。病程一般在 1 周左右，发病 2 天后，病鸡死亡率明显增多且呈直线上升，5～7 天后达到死亡高峰，其后迅速下降，即死亡曲线呈尖峰式。病鸡精神委靡，羽毛蓬乱，翅下垂，闭目打盹，1～2 天可波及全群。病鸡食欲下降或废绝，饮水量剧增，排石灰水样稀便。发病后期体温下降，对外界刺激反应迟钝或消失。

（三）病理变化

病鸡严重脱水，鸡爪发干。大腿外侧肌肉、胸肌有刷状或丝状出血。法氏囊肿大，外形变圆，浆膜水肿，呈淡黄色胶冻状，切开见囊腔有多量果酱样黏液或呈奶油样物，黏膜有条纹状或斑状出血。严重出血时，法氏囊外观呈紫葡萄状。以后逐渐萎缩变小，囊内有奶油样或干酪样渗出物。腺胃与肌胃交界处有出血点或出血带。肝脏发黄，脾脏呈斑驳样外观。肾脏肿大呈花斑肾，有尿酸盐沉积。

（四）诊断要点

本病根据发生突然、传播迅速、病程短、发病率高、呈尖峰状死亡曲线的特点，并结合法氏囊、肌肉、肾脏等病理变化，可做出初步诊断。本病与新城疫、鸡传染性贫血病、硒和维生素 E 缺乏症、卡氏住白细胞原虫病等有相似之处。但是在临床诊断中，只要注意观察并结合流行特点和法氏囊病的典型特征病变是可以区分的。

（五）防控技术

1. 建立严格的卫生消毒措施和生物安全制度　鸡传染性法氏囊病毒对各种理化因素有较强的抵抗力，病毒可在鸡舍内存活较长时间，因此如何清除饲养环境中的法氏囊病毒就成为控制本病的关键。实行"全进全出"的饲养制度，科学处理病死鸡、鸡粪等，同时要搞好卫生消毒工作，消灭环境中的病毒，减少或杜绝强毒的感染机会，可以明显提高法氏囊疫苗的免疫效果和延长其免疫保护时间。

2. 加强饲养管理　为鸡提供优质的全价饲料，可以提高鸡群体质。给鸡群创造适宜的小环境，尽量减少应激。

3. 制定合理的免疫程序　免疫程序的制定应根据当地的疫情流行情况、饲养管理条件、疫苗毒株的特点、鸡群母源抗体水平等来决定，确定恰当的免疫时间和恰当的免疫毒株。

一种方法是用琼脂扩散试验（AGP）测定。通过 1 日龄雏鸡母源抗体水平的情况，推算合适的首免日龄。如果阳性率低于80％，鸡群应在10～17日龄进行首免；如果阳性率达80％～100％，在7～10日龄再采血测定1次；如果阳性率低于50％，鸡群应在14～21日龄首免；如果阳性率超过50％，鸡群应在17～24日龄首免。

另一种方法是根据种鸡的免疫情况确定首免时间。种鸡开产前和产蛋期注射过法氏囊灭活疫苗的，鸡群应在15～18日龄首免，二免安排在25～30日龄，可选用中等毒力苗（B87，D78，BJ836等）即可。种鸡没有做传染性法氏囊病油苗定期免疫的雏鸡，首免可提前至12～15日龄，二免也可相应提早。强毒流行地区，首免8～9日龄，可用中毒力苗，18日龄二免时可用中等偏强苗。如果该鸡场曾有1周龄雏鸡暴发传染性法氏囊病案例，则还可在1日龄用弱毒苗免疫，但这种情况下要根据雏鸡法氏囊母源抗体水平选择相应的疫苗和疫苗免疫的剂量，如果雏鸡的母源抗体水平较高，则选择毒力稍强的中等毒力疫苗；否则，须选用弱毒疫苗进行免疫。

4. 正确选择疫苗的种类及合理的应用 法氏囊病疫苗可分为两大类，灭活疫苗和活疫苗。目前，应用最多的是活疫苗。灭活疫苗可分为囊源灭活苗、细胞毒灭活疫苗和鸡胚毒灭活疫苗，其中以囊源灭活疫苗的效果最好。

活疫苗可分为3种：强毒力型、中毒力型和温和型。温和型活疫苗对法氏囊没有损害作用，但接种后抗体产生较慢，抗体效价也较低，容易受到母源抗体的干扰。中毒力型活疫苗和强毒力型活疫苗免疫效果优于温和型活疫苗，受母源抗体的影响较小，但是接种雏鸡后，对法氏囊容易造成损伤，特别是在无母源抗体的条件下，容易导致雏鸡发病。

5. 发病后的措施 鸡群发病后，要隔离病鸡，用甲醛、强碱或酚制剂等消毒剂对舍内外进行彻底消毒。对于发病初期的病鸡和假定健康鸡，全部使用高免卵黄液或血清进行治疗。注射剂量为：20日龄以内的鸡每只注射高免卵黄液0.5毫升，20日龄以上的鸡每只注射1～2毫升，治疗后8～10天使用中等毒力的疫苗2倍量进行免疫接种。发病早期，使用具有抗病毒作用的中药方剂配合维生素C进行治疗，也可以取得良好的治疗效果。

▲建议：在注射卵黄的时候，可配合头孢噻呋钠粉针一起注射，以防止继发感染。同时，保证充足饮水供应，饮水中添加维生素C，利于病禽的康复。

五、传染性支气管炎

传染性支气管炎（IB）是由鸡传染性支气管炎病毒引起的鸡的一种急性、高度接触性传染的呼吸道和泌尿生殖道疾病。本病病毒变异频繁，血清型众多，不同毒株的免疫原性、致病性和组织嗜性的差异较大，在临床中分为呼吸型、肾型、腺胃型和生殖道型等。本病呈世界性分布，传染性强，传播快，潜伏期短，发病率高，雏鸡死亡率最高，尤其腺胃型和肾型最为严重。呼吸型以气管啰音、咳嗽、打喷嚏和呼吸道黏膜呈浆液性及卡他性炎症为特征；肾型表现为肾炎综合征，肾脏肿大，尿酸盐沉积；此外，还可引起蛋鸡产蛋量减少，蛋品质量下降，腺胃肿大等。若蛋雏鸡发生肾型和腺胃型传染性支气管炎，往往导致蛋鸡输卵管发育障碍，致产蛋无高峰期；资料报道，"假母鸡"的平均发病率为26%。成年鸡感染表现为呼吸道症状和产蛋率下降。目前，传染性支气管炎是严重危害养禽业的最主要疫病之一。

（一）流行特点

不同年龄、品种的鸡均易感，以雏鸡和产蛋鸡最易感，尤其是40日龄内的雏鸡发病最为严重，死亡率较高。传染源为病鸡和康复后的带毒鸡。病鸡通过呼吸道排毒，经飞沫和尘埃传染给易感鸡，或通过泄殖腔排毒，或通过污染的饲料、饮水和器具等经消化道传播。本病一年四季均可发生，但以气候寒冷的季节多发，并且传播迅速，一旦感染，可很快波及全群。昼夜温差过大、饲养密度大、通风不良、饲料中维生素缺乏及其他应激因素都会促进本病的发生。病毒对外界的抵抗力不强，1%苯酚和1%甲醛溶液都能很快将其杀死。

（二）临床症状

1. 呼吸型　雏鸡：发病日龄多在5周龄以下，全群几乎同时发病。病鸡精神委靡，缩头，闭眼嗜睡，翅下垂，羽毛松散无光，怕冷扎堆，流鼻液，流泪，打喷嚏，常伸颈，张口喘气。发病轻者于夜间安静时，可听到伴随呼吸发出的气管啰音。

产蛋鸡：除有呼吸道症状外，产蛋鸡推迟产蛋，产蛋率下降25%～50%，同时薄壳蛋、褪色蛋、畸形蛋增多，种蛋孵化率降低，蛋清稀薄如水，易与蛋黄分离，产蛋不易恢复到原有的水平。

2. 肾型　发病日龄主要集中在2～4周龄的雏鸡，死亡率高，雏鸡最高可达30%以上。育成鸡和产蛋鸡也有发生，成年鸡和产蛋鸡并发尿石症时死亡率增高。病鸡精神沉郁，怕冷，鸡爪干瘪，鸡冠发暗，羽毛蓬松，缩颈垂翅，采食减少甚至废绝，饮水增多，排白色米汤样稀便，肛门周围羽毛污染。发病鸡群呈双相性临床症状，即初期有2～4天的轻微呼吸道症状，随后呼吸道症状消失，出现表面上的"康复"状态，1周左右进入急性肾病阶段，出现零星死亡。

3. 腺胃型　多发于20～80日龄雏鸡。鸡群采食量下降，闭眼嗜睡，前期有呼吸道症状，肿眼、流泪、咳嗽、流黏性鼻液，中后期机体极为消瘦，排黄绿色或白色稀薄粪便，终因衰竭死亡。死亡率与饲养管理条件有关，死亡率一般为 20％～30％，最严重鸡群或有并发症时死亡率可达 90％以上。

4. 生殖道型 只发生于产蛋鸡群，多为 170～210 日龄临近产蛋高峰期的鸡群暴发，常规疫苗不能预防本病。发病初期鸡群以"呼噜"症状为主，伴随张口喘气、咳嗽、气管啰音，精神委靡，有的肿眼、流泪，一般持续 5～7 天。发病中后期采食量下降 5％～20％，粪便变软或排水样粪便，产蛋率下降。

新开产鸡发病后，产蛋数量徘徊不前或上升缓慢；产蛋高峰期发病时，鸡蛋表面粗糙，蛋壳陈旧、变薄，颜色变浅或发白。

▲注意：产蛋量下降的程度因鸡体自身抗病力和毒株不同而异，恢复至原产蛋水平需要 6 周左右，但大多数达不到原来的产蛋水平。

（三）病理变化

1. 呼吸型 鼻腔、鼻窦及气管下 1/3 处、支气管内有条状或干酪样渗出物，死亡雏鸡的气管后段，有时见到干酪样的栓子；气囊内可呈现混浊或含有黄色干酪样渗出物。产蛋鸡卵泡充血、出血、系带松弛。

2. 肾型 病鸡机体严重脱水，肌肉发绀，皮肤与肌肉难分离。雏鸡感染了肾型传染性支气管炎，肾脏苍白、肿大，肾小管和输尿管沉积大量尿酸盐，肾呈大理石样病变。病程较长病例会表现为痛风，心、肝、肠道浆膜面及泄殖腔内可见到尿酸盐沉积。雏鸡阶段感染耐过病例，成年后输卵管发育不良或出现囊肿；成熟卵泡排入腹腔致腹膜混浊，时间长久后形成卵黄性腹膜炎。

3. 腺胃型 病死鸡消瘦，腺胃显著增大，如乒乓球状，腺胃壁增厚，腺胃黏膜出血和溃疡，腺胃乳头肿胀、出血或乳头处凹陷、消失、周边出血。肠道黏膜出血，尤其是十二指肠最为严重，肠道内有黄色液体，呈卡他性炎症。气管充血且内有黏液，30％左右的病死鸡肾肿大，有尿酸盐沉积。

4. 生殖道型 病变主要为输卵管水肿，卵泡充血、出血、变性甚至坏死，卵泡掉入腹腔内形成干酪样物，最终因卵黄性腹膜炎而死亡。

（四）诊断要点

本病类型较多，与很多疾病均有相似之处，因此要做好与新城疫、传染性喉气管炎、产蛋下降综合征、传染性法氏囊病、马立克氏病、传染性鼻炎的鉴别诊断。根据本病的流行特点、临床症状和病理变化，可做出初步诊断。若需确诊，则要借助于病毒学、血清学和分子生物学等一系列实验室检测方法。

（五）防控技术

1. 加强饲养管理，做好环境卫生，严格执行消毒制度 鸡场进、出口设消毒池，做到临时消毒与定期消毒相结合；加强饲养管理，使用优质饲料，减少诱发因素，如防止冷应激、避免过度拥挤等均可降低传染性支气管炎造成的损失。

2. 合理选择疫苗 我国目前市售的传染性支气管炎疫苗主要有 Mass 血清型的 H_{120} 和 H_{52}、Ma5 和一些依据地方流行株分离而制得的预防肾致病性的活毒疫苗，如 28/86、D41、W93、LDT3-A 等活毒疫苗以及相关油乳剂灭活疫苗。H_{120} 疫苗用于初生雏鸡，不同品种鸡均可使用，雏鸡用 H_{120} 疫苗免疫后，至 $1\sim2$ 月龄时，须用 H_{52} 疫苗进行加强免疫。H_{52} 疫苗专供 1 月龄以上的鸡用，初生雏鸡不能应用。采用弱毒苗疫苗 H_{120} 滴鼻和多价灭活苗注射相结合，是预防传染性支气管炎感染的有效方法。

本病病毒变异频繁，血清型众多，各型间交叉保护力弱，因此务必选择与当地致病毒株血清型一致的活毒疫苗，或用当地或本场流行分离株制成油乳剂灭活疫苗来免疫种鸡和雏鸡，免疫效果最好。这是目前控制本病最有效的方法。

3. 实施合理免疫程序 活疫苗和灭活疫苗都可应用于传染性支气管炎的免疫接种，弱毒活疫苗用于蛋鸡的首免，油乳剂灭活疫苗用于蛋鸡和种鸡开产前的免疫。实施合理的免疫程序是预防本病的关键措施。

4. 临床治疗措施 在发生临床感染时，我国临床实践中多利用中医学原理，使用具有清热解毒、宣肺止咳、祛痰散结或益肾利水的中药方剂，配合一些对症疗法，来治疗呼吸道致病性或者肾致病性传染性支气管炎，具有一定的临床疗效。

六、传染性喉气管炎

传染性喉气管炎（ILT）是由疱疹病毒引起的一种急性、高度接触性呼吸道病。本病对养鸡业危害较大，传播快，死亡率高，初次暴发时，鸡群的死亡率可达 40%，并有明显的产蛋量下降。近年来，鸡传染性喉气管炎的发生逐渐趋于温和，并多与其他呼吸道病混合感染，致使病症复杂化，主要表现为黏液性气管炎、窦炎、眼结膜炎、消瘦和低死亡率等。根据病毒的毒力不同，侵害部位不同，在临床上可分为急性型和温和型。

（一）流行特点

本病主要侵害鸡，各日龄的鸡都可感染，多发于成年鸡，青年鸡次之，雏鸡不明显。本病的传染源为病鸡及康复后的带毒鸡。本病经上呼吸道及眼内传播，也可经消化道传播。本病虽不垂直传播，但种蛋及蛋壳上的病毒感染鸡胚后，鸡胚在出壳前均会出现死亡。康复鸡可长期排毒，含有病毒的分泌物污染过的垫草、饲料、饮水及用具等可成为本病的传播媒介。鸡群饲养管理不良，如饲养密度过大、拥挤、鸡舍通风不良、维生素缺乏、存在寄生虫感染等都可促进本病的发生与传播。本病一年四季均可发生，但主要以秋、冬季多发，一旦鸡群发病后则传播速度快，2～3天即可波及全群，感染率可达100%，死亡率一般在10%～20%，蛋鸡产蛋率下降。

（二）临床症状

1. 急性型　急性型传染性喉气管炎由高致病性病毒株引起。病鸡嘴角和羽毛有血痰沾污，抬头伸颈，张口呼吸，并发出响亮的喘鸣声，一呼一吸呈波浪式的起伏；病鸡咳嗽或摇头时，咯出血痰，血痰常附着于墙壁、水槽、料槽或鸡笼上。病死鸡鸡冠及肉髯呈暗紫色，死亡鸡体况较好，死亡时多呈仰卧姿势；部分鸡出现肿脸、肿头、流泪现象，排绿色粪便；产蛋鸡产蛋量急剧下降，畸形蛋、沙壳蛋、软壳蛋增多。

2. 温和型　温和型传染性喉气管炎由低致病性病毒株引起，病程2～3周，主要发生于2月龄以内的雏鸡。病鸡临床症状为眼结膜炎、眼结膜红肿，1～2天后流眼泪，眼分泌物从浆液性到脓性，最后导致失明，眶下窦肿胀。

（三）病理变化

病变集中在病鸡的上呼吸道。喉头充血、出血，气管黏膜肥厚或高度潮红或有出血点；严重时喉头和气管内有卡他出血性渗出物，渗出物呈血凝块状，堵塞喉头和气管。有的在喉气管内有纤维素性干酪样物，呈灰黄色附着于喉头周围，堵塞喉腔，特别是堵塞腭裂部，干酪样物从黏膜脱落后，黏膜急剧充血，轻度增厚，散在点状或斑状出血。

有些病鸡的鼻腔渗出物中带有血凝块或呈纤维素性干酪样物，鼻腔和眶下窦黏膜也发生卡他性或纤维素性炎。产蛋鸡卵巢异常，出现卵泡充血、出血、变性等症状。

温和型病例单独侵害眼结膜，有的则与喉、气管病变合并发生。结膜病变主要呈浆液性结膜炎，结膜充血、水肿，有时有点状出血。有些病鸡的眼睑，特别是下眼睑发生水肿，有的发生纤维素性结膜炎、角膜溃疡。

（四）诊断要点

急性型病例可以根据呼吸困难、气喘、咯出血痰的典型特征并结合病理变化做出诊断。由于本病与传染性支气管炎、传染性鼻炎有相似之处，因此应做好鉴别诊断。对于温和型病例则需要借助于病毒分离与鉴定，检查包涵体和血清学（琼脂扩散试验、中和试验和斑点免疫吸附试验等）等方法来确诊。

（五）防控技术

传染性喉气管炎尚无特效的治疗药物，发病后主要对鸡舍内外进行消毒、隔离。临床实践中选用具有清热解毒、止咳化痰的中药配合维生素 C 治疗有一定的防治效果。

1. 预防措施　首先要加强饲养管理，建立有效的生物安全体系，防止病原侵入。如加强消毒，搞好环境卫生，供应优质饲料。

2. 制定合理的免疫程序　免疫接种是防止传染性喉气管炎的关键措施，但无论是国产疫苗还是进口疫苗，效果都不很理想，一是免疫后反应较强烈，二是免疫保护期短、保护率较低。建议免疫程序：首免 35 日龄，1 羽份点眼或滴肛；二免 80～90 日龄，1～2 羽份点眼、滴肛。注意免疫前鸡群不应该有其他呼吸系统疾病，如支原体、大肠杆菌、传染性支气管炎等，免疫后可以使用维生素 C 饮水，以降低免疫应激反应。

▲注意：目前预防和控制传染性喉气管炎暴发的疫苗，都是传染性喉气管炎病毒的弱毒疫苗株，这些毒株有不同程度的残留毒力。接种弱毒苗后部分鸡呈潜伏感染，并能从免疫的鸡向未免疫的鸡扩散而引起严重问题，弱毒疫苗株的毒力易于在鸡与鸡之间或群与群之间传代而提高，这可能导致毒力的返强。终身潜伏性感染、偶尔返强和散毒，是使用传染性喉气管炎弱毒疫苗存在的问题。

鸡胚弱毒苗的免疫效果好，但不当的免疫方法会引起鸡群的强烈反应，造成一定数量的死亡。同时，由于疫苗病毒存在着返强的可能，活疫苗只能在疫区或发生过该病的地区使用。为防止疫苗间的相互干扰，在进行传染性喉气管炎免疫的前后 1 周，不应进行其他呼吸道疾病的免疫；而且传染性喉气管炎疫苗毒可在神经系统潜伏存在，通常接种后会有一定的排毒期。因此，在养殖业密集地区应慎用传染性喉气管炎活疫苗。使用弱毒疫苗的鸡场不能突然停用疫苗，否则环境中散播的弱毒有可能返强而引起发病；没有使用弱毒疫苗的安全鸡场，应该在确诊有本病感染或感染风险的情况下使用。

七、产蛋下降综合征

产蛋下降综合征（EDS-76）是由腺病毒引起的以蛋鸡产蛋率下降、蛋壳异常、无壳蛋增多为主要特征的一种急性病毒性传染病。主要发生于 26～36 周龄的高产蛋鸡，特点就是在饲养管理条件正常的情况下，蛋鸡产蛋率达到高峰时，产蛋量突然下降或蛋鸡不能达到产蛋高峰，短期内出现大量的软壳蛋、无壳蛋、薄壳蛋及畸形蛋，蛋壳表面不光滑，沉淀有大量灰白色或灰黄色粉状物。

（一）流行特点

任何年龄的鸡均可感染，但产蛋高峰的鸡最易受感染，其中褐壳蛋品系产蛋鸡比白壳蛋品系更为严重。传染源主要是病鸡、带毒鸡、带毒的水禽。本病可垂直传播和水平传播。病毒感染过的鸡蛋、水源、饲料、人员、工具等都是本病的传播媒介。本病病毒主要存在于输卵管、消化道、呼吸道和肝脏、脾脏中，病毒在输卵管中能侵入蛋内或附着在蛋壳上，随蛋排出体外。

▲注意：当鸡群发生该病时，可能与传染性支气管炎、呼肠孤病及慢性呼吸道病等混合感染有关。

（二）临床症状

常见 26～36 周龄产蛋鸡突然全群产蛋量下降 20％～50％，伴随出现薄壳蛋、软壳蛋、无壳蛋、小蛋和畸形蛋，蛋的破损率可达 40％。蛋质低劣，色泽变淡，蛋壳表面粗糙等。产蛋下降持续 4～10 周后恢复正常，部分病鸡在病变过程中伴有减食、腹泻、贫血、羽毛蓬乱、精神呆滞等症状。

（三）病理变化

本病特征性病变主要是输卵管各段黏膜发炎、水肿、萎缩。病鸡卵巢萎缩或有出血。肠道出现卡他性炎症。蛋壳表面粗糙，蛋白如水，蛋黄色淡，或蛋白中混有血液等。

（四）诊断要点

根据发病日龄，结合初产母鸡在产蛋高峰期突然产蛋下降，薄壳蛋、软壳蛋、无壳蛋和畸形蛋增多，以及输卵管和卵巢的病理变化可做出诊断。若确诊，需要借助实验室诊断，血清学检查（血凝抑制 HI 实验）为首选。

（五）防控技术

1. 加强消毒 该病病毒在粪便中能存活，具有抵抗力。要做好环境卫生消毒，建立无疫病鸡场。尤其是对种鸡要严格检疫，种蛋和孵化室要采取严格消毒等综合防制手段。避免垂直感染，使用来自非感染群的种蛋是关键。采血和接种疫苗的注射器不要连续给鸡使用。严格做到鸡、鸭隔离饲养。避免使用被EDS76病毒污染的疫苗。

2. 免疫预防 疫苗可采用产蛋下降综合征油乳剂灭活苗，新城疫和产蛋下降综合征二联油乳剂灭活苗，新城疫、传染性支气管炎和产蛋下降综合征三联油乳剂灭活苗。商品蛋鸡或蛋用种鸡，于110～120日龄每只肌内注射0.5～1毫升。

八、鸡 痘

鸡痘是由禽鸡痘病毒引起的一种急性、接触性传染病，以皮肤出现痘疹和喉头黏膜上出现假膜为特征。临床分为4种类型：皮肤型、黏膜型（白喉型）、眼鼻型和混合型。目前，两种以上类型混合感染居多，治疗难度较大。

（一）流行特点

不同品种、日龄的鸡均可感染鸡痘，以雏鸡发病较多，且病情严重，死亡率高。本病发病率为10%～70%，死亡率在20%以下。一般通过蚊虫叮咬和破损的皮肤或黏膜感染。传播媒介主要是脱落或散落的痘痂。在某些不良环境中，如拥挤、通风不良、阴暗、潮湿、体外寄生虫、啄癖或外伤、饲养管理不善或饲料配比不当等状态下均可促使本病发生，而且常并发或继发传染性鼻炎、葡萄球菌、绿脓杆菌、新城疫、慢性呼吸道病等疾病，加剧病情，造成死亡增多。本病一年四季均可发生，尤其在秋、冬季多发，我国南方气候潮湿，蚊虫多，更易发病，病情更为严重。一般来说，夏、秋季多发皮肤型鸡痘，冬季以黏膜型为主。

（二）临床症状

1. 皮肤型 皮肤型鸡痘的表现特征是，在身体无毛部位，如冠、肉髯、嘴角、眼睑、腿、泄殖腔和翅的内侧等部位形成一种特殊的痘疹。最初痘疹为细小的灰白色小点，随后体积迅速增大，形成如豌豆大灰色或灰白色的结节。痘疹表面凹凸不平，结节坚硬而干燥，有时结节可相互融合，最后变为棕黑色的痘痂，突出于皮肤的表面，脱落后形成一个平滑的灰白色瘢痕而痊愈。

2. 黏膜型（白喉型） 一般死亡率在5%以上，若雏鸡严重发病时，死亡率可达50%。前期口腔、咽、喉、鼻腔、食道黏膜、气管及支气管等部位出现黄白色小结节，逐渐增大相互融合，形成黄白色干酪样假膜，假膜（俗称白喉）由坏死的黏膜和炎性渗出物凝固组成。后期随着病情的加重，假膜阻塞口腔和咽喉部，造成呼吸和吞咽困难，最终因饥饿和窒息而死。

3. 眼鼻型 常伴黏膜型发生，病鸡眼结膜发炎，眼和鼻孔中流出水样液体，后变成淡黄色浓稠的脓液。病鸡眶下窦有炎性渗出物蓄积，眼部肿胀，可挤出干酪样凝固物，引发角膜炎造成失明。

4. 混合型 同时发生以上 2～3 种类型的鸡痘，一般病情严重，死亡率高，以上不同类型的症状均可出现。

（三）病理变化

1. 皮肤型 局部表皮及其下层的毛囊增生形成结节。最初痘疹为细小的灰白色小点，随后形成如豌豆大灰色或灰白色的结节。痘疹表面凹凸不平，结节坚硬而干燥，切开结节内面出血、湿润，结节脱落后形成瘢痕。

2. 黏膜型（白喉型） 病变在口腔、咽喉、气管或食道黏膜上形成黄白色小结节，随后变为黄白色干酪样假膜，假膜可以剥离，剥离后气管表面有浅红色出血。病情危害到支气管时，可引起附近的肺部出现肺炎病变。

3. 眼鼻型 眼鼻型主要表现为眼结膜发炎、潮红，切开眶下窦可见炎性渗出物蓄积；切开眼部肿胀部位，可见干酪样凝固物。

4. 混合型 可出现以上 2 种或 2 种以上的病变。

（四）诊断要点

根据流行特点、临床症状一般可以做出诊断。但是要做好与传染性鼻炎、传染性喉气管炎的鉴别诊断。确诊可以借助实验室技术，如感染试验、接种鸡胚或显微镜检查皮肤上皮细胞的细胞浆内包涵体等。

（五）防控技术

目前对于鸡痘的治疗，尚没有特效的药物，最有效的方法是接种疫苗进行预防。

1. 建立严格的卫生防疫制度 搞好鸡场及周围环境的清洁卫生；消灭蚊虫的滋生源；定期进行消毒和杀灭蚊虫工作，减少或尽量避免蚊虫叮咬鸡群；合理通风，饲养密度适当，保证饲料营养全价，避免各种原因引起的啄癖或机械性外伤。

2. 因地制宜制定免疫体系 预防本病最有效的方法是接种疫苗。目前，主要应用的是鸡痘鹌鹑化弱毒疫苗，一般采用羽膜刺种法。用消毒过的刺种笔蘸取疫苗，在翅膀内侧无血管处皮下刺种 1～2 下，刺种后 7 天左右，检查刺种效果。如果刺种部位产生痘痂，说明有效；否则，必须再刺种 1 次。参考免疫日龄：首免 10 日龄，二免 115 日龄左右。

3. 发病后的措施 一旦发病，马上隔离，发病早期可用鸡痘鹌鹑化弱毒疫苗紧急接种。

九、禽白血病

禽白血病是由禽 C 型反录病毒群的病毒引起的禽类多种肿瘤性疾病的统称。在临床中，以前以淋巴细胞性白血病最为常见，但近年来血管瘤型白血病发病较多。

（一）流行特点

自然情况下感染鸡，爱拔益加鸡（AA 鸡）和艾维茵鸡易感性高，罗斯鸡、新布罗鸡和京白鸡易感性较低；母鸡比公鸡易感，通常 4～10 月龄的鸡发病多。本病可垂直传播和水平传播。病毒感染种鸡经蛋排毒给鸡胚，使初生雏鸡感染并终身带毒。患有寄生虫病、饲料中缺乏维生素、管理不良等应激因素都可促使本病发生。

（二）临床症状

临床中分为淋巴细胞性白血病、成红细胞性白血病、成髓细胞性白血病、骨髓细胞瘤病和骨硬化病等类型，以前主要以淋巴细胞性白血病最为普遍，近年来血管瘤型白血病发病较多。

1. 淋巴细胞性白血病 本病是最常见的一种病型，鸡在 14 周龄以后开始发病，在性成熟期发病率最高。病鸡精神委顿，全身衰弱，并呈进行性消瘦和贫血。鸡冠及肉髯苍白、皱缩，偶见发绀。病鸡食欲减退或废绝、腹泻、产蛋停止，腹部常明显膨大，用手按压可摸到肿大的肝脏，最后病鸡衰竭死亡。

2. 成红细胞性白血病 此病比较少见。通常发生于 6 周龄以上的高产鸡，病鸡消瘦、腹泻，病程从 12 天到几个月不等。

临床上分为增生型和贫血型。两种病型的早期症状均为全身衰弱、嗜睡、鸡冠稍苍白或发绀。

3. 成髓细胞性白血病 此型很少自然发病，临床表现为嗜睡、贫血、消瘦、毛囊出血，病程比成红细胞性白血病长。

4. 骨髓细胞瘤病 此型自然病例极少见。其全身症状与成髓细胞性白血病相似。

5. 骨硬化病（骨化石症） 病鸡发育不良、苍白、行走拘谨或跛行，晚期病鸡的骨骼呈特征性的"长靴样"外观。

6. 血管瘤　病鸡临床表现食欲不振，排绿色便，鸡冠褪色。于头、颈、腿、足趾部皮下及部分肌肉内有小豆大至小指头大血肿或肿瘤形成，自然破溃流出血液，羽毛上沾有血液。病鸡有时因咯血引起贫血、消瘦、产蛋停止等，2周左右死亡。

7. 其他　肾瘤、肾胚细胞瘤、肝癌和结缔组织瘤等，自然病例均少见。

（三）病理变化

1. 淋巴细胞性白血病　肿瘤主要发生于肝、脾、肾、胰腺、法氏囊，也可侵害心肌、性腺、骨髓、胃、肠系膜和肺等器官和组织。肿瘤呈结节性或弥漫性，灰白色到浅黄白色，大小不一。

2. 成红细胞性白血病　贫血型和增生型两种病型都表现全身性贫血，皮下、肌肉和内脏有点状出血。贫血型病鸡的内脏常萎缩，尤以脾为甚，骨髓色淡呈胶冻样，血液中仅有少量未成熟细胞。增生型病鸡的肝、脾、肾弥漫性肿大，呈樱桃红色到暗红色，有的剖面可见灰白色肿瘤结节。

3. 成髓细胞性白血病　骨髓坚实，呈红灰色至灰色。在肝脏偶然也见其他内脏发生灰色弥漫性肿瘤结节。

4. 骨髓细胞瘤病　骨髓细胞瘤呈淡黄色、柔软脆弱或呈干酪状，呈弥散或结节状，且多两侧对称。

5. 骨硬化病　在骨干或骨干长骨端区存在均一的或不规则的增厚。

6. 血管瘤　病鸡头颈部、腹部、胸部、翼部及脚鳞部有直径2～7毫米的火山口状肿瘤及血肿。食道、肝、肺、卵巢、脾、法氏囊及腹脂内单发或密发直径2～10毫米的血肿。肝、肾及小肠等散见有白色肿瘤。

（四）诊断要点

常根据血液学检查和病理学特征结合病原和抗体的检查来确诊。

（五）防控技术

对于本病的预防还没有有效的商用疫苗。本病各病毒型间交叉免疫力很低；先天感染的雏鸡具有免疫耐受性，即使有适用的疫苗，雏鸡对疫苗也不产生免疫应答，所以对本病的控制尚无切实可行的办法。

减少种鸡群的感染率和建立无白血病的种鸡群是控制本病的最有效的措施，但由于费时长、成本高、技术复杂，一般种鸡场还难以实行。因此，严格控制从无白血病的种鸡场引进种蛋和雏鸡，同时加强鸡舍、孵化、育雏等环节的消毒工作，是有效防止此病传播和流行的有效手段。

十、鸡传染性贫血

鸡传染性贫血病是由于鸡传染性贫血病毒引起的以雏鸡再生障碍性贫血、全身淋巴组织萎缩、皮下和肌肉出血及高死亡率为特征的传染病。本病感染鸡群后可引起免疫功能障碍，造成免疫抑制，使鸡群对其他病原的易感性增高和使某些疫苗的免疫应答力下降，从而发生继发感染和疫苗的免疫失败，造成重大的经济损失。

（一）流行特点

鸡是唯一的自然宿主，各年龄段鸡都易感，但主要发生在 2～3 周龄的雏鸡，其中 1～7 日龄雏鸡最易感。本病多为垂直传播，也可水平传播，但水平传播临床症状不显著。本病发病率在 20％～60％，死淘率为 5％～10％，常与新城疫、马立克氏病、传染性法氏囊病等混合感染，导致临床上难以鉴别。

（二）临床症状

病鸡表现精神不振，发育不全，贫血。病程较长，从发病至康复需 1～4 周。病鸡常见翅膀下出血，故有"蓝翅病"之称。死亡率高低不等，一般死亡率为 10％～15％，死亡多集中于 18～35 日龄，第一次死亡高峰过后 2 周时，出现第二次死亡高峰。成年鸡也可感染本病，但无临床症状出现。

（三）病理变化

单纯的传染性贫血病最典型的症状是骨髓萎缩。大腿骨的骨髓呈淡黄色或淡红色或脂肪色。脾脏、胸腺萎缩、出血，严重时可导致完全退化。法氏囊萎缩不明显，外观呈半透明状，有时重量变轻，体积变小。病情严重者，肝脏肿大、质脆，有时黄染或有坏死灶；肾苍白；骨骼肌和腺胃黏膜出血，心肌和皮下出血。

血液学检查，红细胞、血红蛋白明显减少，血细胞容积值下降，白细胞、血小板数均减少，各种血细胞在感染极期出现核浓缩等异常现象，在恢复期则出现多量未成熟的血细胞。

（四）诊断要点

根据流行特点（主要发生于 2～3 周龄的雏鸡），临床症状（严重贫血、红细胞数显著降低）和病理变化（骨髓呈现黄色，胸腺萎缩等），可做出初步诊断，确诊需进行实验室病毒分离与鉴定、血清学检测及鉴别诊断等检查。

（五）防控技术

本病目前没有特效性治疗方法。一旦感染本病，可采用广谱抗生素控制细菌的继发感染。德国研制出了鸡传染性贫血活疫苗，该疫苗用于 12～16 周龄种鸡饮水免疫，可使种鸡产生对鸡传染性贫血的免疫力，防止由卵巢排出病毒；雏鸡可获得母源抗体，从而获得对该病的免疫力。

加强对种鸡检疫，淘汰感染鸡。特别是进口鸡时，应做鸡传染性贫血病毒抗体检测，严格控制感染本病的鸡引进。加强卫生防疫措施，严防由于环境或各种传染病导致的免疫抑制。

十一、网状内皮组织增殖症

禽类的网状内皮组织增殖症（Reticvlo Endotheliosis，RE）是由反转录病毒引起的一种综合征，包括急性网状细胞瘤、发育障碍综合征及其他慢性肿瘤形成。家禽感染网状内皮组织增殖病，在某些时候可能与使用污染了该病病毒的疫苗有关。

（一）流行特点

该病通过水平传播和垂直传播主要感染鸡和火鸡。当病鸡出现病毒血症期间，粪便及分泌物中带毒，可通过被污染的饲料及饮水等使健康鸡群感染。蚊子也可传播该病病毒。此外，给鸡和火鸡接种马立克氏病疫苗时，如果疫苗中混有该病病毒可造成感染。本病危害非常大，除发生肿瘤外，还可发生发育障碍综合征。

（二）临床症状

1. 急性网状细胞瘤　潜伏期 3 天，病鸡多在潜伏期过后的 6～12 天死亡。无明显的临床症状，死亡率可达 100％。

2. 发育障碍综合征　病鸡生长发育迟缓或停滞，体格瘦小，但消耗饲料不减。

（三）病理变化

1. 急性网状细胞瘤　剖检可见肝脏肿大，质地稍硬，表面及切面有小点状或弥漫性灰白色病灶，肝脏有时可见灰黄色小坏死灶。脾脏和肾脏也见肿胀，体积增大，有小点状或弥漫性灰白色病灶。胰腺、输卵管及卵巢出现纤维性粘连。病理组织学变化有证病意义，可见肿瘤是由幼稚型的网状细胞所构成，瘤细胞异型性明显，大小不一致，核多呈空泡状。

2. 发育障碍综合征　剖检可见病死鸡瘦小、血液稀薄、出血、腺胃糜烂或溃疡、肠炎、坏死性脾炎以及胸腺与法氏囊萎缩等变化。有的见肾脏稍肿大。两侧坐骨神经肿大，横纹消失。形成慢性肿瘤的病例，临床表现渐进性消瘦和贫血。生长的肿瘤为 B 淋巴细胞瘤。

（四）诊断要点

可根据肝脾肿大，有点状或弥漫性灰白色病灶，生长发育障碍，个体瘦小，而消耗饲料量不减等特点做出初步诊断。确诊需做病理组织学、血清学及病毒学检查。

（五）防控技术

目前尚无商业性疫苗用于本病的防治。主要是加强预防措施，平常注意不引入带毒母鸡。禁止用病鸡的种蛋孵化雏鸡。种鸡场应进行严格的检测监督、淘汰阳性鸡，防止该病的水平传播和垂直传播。发现被感染的鸡群应采取隔离措施，并扑杀、烧毁或深埋病鸡。对污染的鸡舍要进行彻底清洗、消毒。使用马立克氏病疫苗时，应特别注意使用无本病病毒污染的疫苗。

十二、鸡病毒性关节炎

鸡病毒性关节炎（VA），又称病毒性腱鞘炎，是由不同血清型和致病型的禽呼肠孤病毒（ARV）引起的一种传染病，主要侵害肉鸡，但也常见于商品蛋鸡。

（一）流行特点

本病病毒主要侵害 3～10 周龄的雏鸡，发病率最高可达 90%，死亡率仅 5% 左右。一般 10 周龄以上的鸡不易感。接触性感染的潜伏期为 13 天。传播方式以水平感染为主，但也可垂直传播。病鸡主要经肠道排毒，其次是经上呼吸道排毒，多因采食了被污染的饲料或饮水而感染。特别是刚出壳的雏鸡对该病易感性高，感染后排毒，在鸡群中造成广泛的传播。

（二）临床症状

急性感染时，病鸡表现为跛行，部分鸡表现为生长迟缓。慢性感染鸡跛行更加明显，少数病鸡单侧或双侧的跗关节及后上外侧腓肠肌腱肿胀、出血，跗关节以下部分同时屈曲变形，不能伸展。发生腓肠肌腱断裂时，病鸡无法站立，采食困难，鸡体消瘦。鸡的产蛋率下降 10%～15%，种蛋的受精率降低。

（三）病理变化

病变多为两侧性出现，有时为单侧性。病初，跗关节及后上外侧腓肠肌腱和腱鞘肿胀，关节滑膜出血，关节腔中有少量淡青黄色或带血色的渗出液，有时呈脓性。肌腱发生断裂时，腓肠肌及其肌腱出血，周围组织肿胀。以后，关节软骨出血、糜烂，糜烂逐渐扩大并侵害到骨体部的骨质，同时见骨膜增厚。变为慢性时，肌腱肥厚、硬化乃至肌腱与腱鞘发生粘连。

（四）诊断要点

根据流行特点、临床症状及病理变化可以做出初步诊断。但是引起腿疾的原因比较复杂，多有合并感染。因此，确诊应进行病毒分离、RT-PCR、荧光抗体染色检测和血清学检查。

（五）防控技术

控制鸡病毒性关节炎的方法主要是免疫接种，现已有弱毒苗和灭活苗使用。种鸡可以使用呼肠孤病毒活疫苗或灭活疫苗，或二者联合应用，一般先接种活疫苗，后接种灭活苗。

此外，良好的生物安全措施也能减少本病感染的概率，尤其是雏鸡。发病鸡舍，清除感染鸡群后，应对鸡舍进行彻底清洗、消毒，可防止致病性病毒感染下一批鸡。消毒药最好用可有效灭活病毒的碘溶液和 0.5% 有机碘液。空舍时用甲醛溶液熏蒸消毒，为了达到可靠的消毒效果，熏蒸时舍内温度不应低于 20℃，空气相对湿度为 60%～80%。

十三、传染性脑脊髓炎

鸡传染性脑脊髓炎（AE）是由鸡传染性脑脊髓炎病毒引起的一种传染病。主要危害雏鸡，以头部震颤和共济失调为特征。世界各地均有该病流行，在新疫区传播快，给养鸡业带来较大威胁。

（一）流行特点

本病主要感染鸡和火鸡，无明显的季节性，可以通过水平传播和垂直传播散播本病。常见的感染途径是采食。自然条件下本病以肠道感染为主。病鸡通过粪便排毒的时间为5～12天，病毒在鸡粪中可存活4周以上。种鸡若早期感染，产蛋时蛋内有母源抗体，因此孵出的雏鸡不易感染本病；而未做疫苗接种的种鸡群，如在刚开产或开产后感染野毒，则刚出壳的雏鸡易暴发该病。

（二）临床症状

3周龄以内的病鸡临床症状明显，表现为头颈震颤，走路摇晃，步态不稳，趾向外侧弯曲，拍打着翅膀吃力地向前运动。常取蹲坐姿式。多因采食、饮水困难，被同群鸡挤压、踩伤而死亡。部分雏鸡耐过后，生长发育不良，有时发生一侧或两侧眼球凸出，晶状体混浊、失明。产蛋鸡感染后呈一过性产蛋下降，下降幅度为5%～10%。

（三）病理变化

病鸡唯一可见的变化是胃壁肌层中有细小的灰白区。病理组织学检查有证病意义。中枢神经系统病变为弥散性、非化脓性脑炎，可见神经原变性、胶质细胞增生以及血管套的出现。在延髓和脊髓灰质中可见神经原中央染色质溶解，神经原胞体肿大，胞核固缩、溶解等。在腺胃的黏膜肌层和肌层、肌胃、肝脏、肾脏、胰脏有密集的淋巴细胞增生灶。

（四）诊断要点

根据流行特点、典型的临床症状及病理组织学变化可以做出初步诊断。确诊需进行病毒分离和鉴定、血清学检测及鉴别诊断等检查。

（五）防控技术

免疫接种是防治该病的有效方法。由于该病主要侵害雏鸡，特别是3周龄内的雏鸡易感，因此脑脊髓炎的预防主要是通过对种鸡进行免疫，以保证雏鸡的安全。蛋种鸡通常在开产前13周龄左右免疫1次脑脊髓炎弱毒疫苗，在开产后35周龄前后再使用脑脊髓炎油乳剂灭活疫苗加强免疫1次，以保证雏鸡群获得高水平的母源抗体。急性暴发脑脊髓炎的雏鸡没有有效的治疗方法，在一般情况下，可淘汰感染雏鸡。

由于近年来商品蛋鸡临床出现脑脊髓炎感染导致产蛋率下降的报道较多，

建议商品蛋鸡可以在 8～10 周龄用弱毒苗滴鼻、点眼，开产前于 18～20 周使用油乳剂灭活疫苗进行二免，可有效防止商品蛋鸡感染脑脊髓炎所致的产蛋率一过性下降现象。

十四、大肠杆菌病

大肠杆菌病（ACE）是一种以埃希大肠杆菌引起的急性或慢性细菌性传染病，各种日龄的鸡均可感染，包括败血型（肝周炎、心包炎、气囊炎），脐炎型，眼球炎型，关节滑膜炎型，出血性肠炎型和肉芽肿型，卵黄性腹膜炎型，生殖系统炎症型等多种类型，在临床中感染两种以上的情况占多数。蛋鸡感染导致产蛋率下降，鸡蛋品质差，软壳蛋、沙壳蛋、薄壳蛋等增多。

目前，大肠杆菌病已成为影响养鸡业的主要传染病之一。临床中，大肠杆菌病不是单独发生，常与支原体、新城疫、禽流感、球虫病、传染性支气管炎等疾病混合感染，导致该病治疗难度加大，鸡群的死亡率升高。

（一）流行特点

大肠杆菌广泛存在于自然环境中，饲料、饮水、体表、孵化场、孵化器等各处普遍存在，因此对养鸡全过程构成威胁。

本病的发病率和死亡率有较大差异。集约化养鸡场在主要疫病得到基本控制后，大肠杆菌病有明显的上升趋势，已成为危害鸡群的主要细菌性疾病之一。

大肠杆菌为条件性致病菌，因此一年四季均可发生，尤其在多雨、闷热、潮湿季节多发，并且各种年龄的鸡均可感染。饲养管理水平不同、环境卫生的好坏、防控措施是否得当以及有无继发其他疫病等都是本病的诱发因素。

本病在雏鸡、育成鸡和成年产蛋鸡均可发生。雏鸡呈急性败血症；育成鸡往往因饲养环境恶劣，由鸡毒支原体继发感染或者直接由大肠杆菌直接感染导致发育障碍或败血症死亡；成年产蛋鸡往往在开产阶段发生，死亡率增高，影响产蛋，使生产性能不能充分发挥。若在种鸡场发生，会直接影响到种蛋孵化率、出雏率，造成孵化过程中死胚和毛蛋增多，健雏率低。

（二）临床症状

1. 初生雏鸡脐炎型 俗称"大肚脐"。多数与大肠杆菌感染有关。一种情况是发生在出壳初期。病鸡表现为精神沉郁、虚弱，常堆挤在一起，少食或不食；腹部大，脐孔及其周围皮肤发红，水肿或发蓝黑色，有刺激性臭味，卵黄不吸收或吸收不良。病鸡多在 1 周内死亡或淘汰。另一种情况表现为下痢，除精神、食欲差外，排泥土样粪便，病鸡1～2天开始零星死亡，死亡无明显高峰。

2. 眼球炎型 病鸡精神委靡、闭眼缩头、采食减少、饮水量增加。眼球炎多为一侧性，少数为两侧性。眼睑肿胀，眼结膜内有炎性干酪样物，眼房积水，角膜混浊，流泪怕光，严重时眼球萎缩、凹陷、失明等。病鸡下痢，排绿白色粪便，鸡体衰竭、抽搐死亡。

3. 生殖系统炎症型 生殖系统炎症主要包括输卵管炎、卵巢炎、输卵管囊肿。病鸡表现为鸡冠萎缩、下痢、食欲下降，产蛋量不高，产蛋高峰上不去或产蛋高峰维持时间短，鸡群死亡率增高。

4. 卵黄性腹膜炎型 病鸡体温升高，精神沉郁，缩颈闭眼，全身衰弱无力，鸡冠发紫，羽毛蓬松，不愿走动；食欲减退并很快废绝，喜饮少量清水；腹泻，粪便稀软呈淡黄色或黄白色，混有黏液，常污染肛门周围的羽毛；腹部明显增大下垂，触之敏感并有波动。

5. 败血型 败血型主要包括心包炎、肝周炎、气囊炎等。不管是在育雏期间，还是蛋鸡的整个生长过程，多是由于继发感染和混合感染所致。以夏季多发。

病鸡呼吸困难，精神沉郁，羽毛松乱，下痢，粪便呈白色或黄绿色，食欲减退或废绝，腹部肿胀，很快死亡。易与支原体病、球虫病及病毒病（如新城疫）等混合感染，造成的危害更大，死亡率更高。

6. 脑炎型 雏鸡和产蛋鸡多发，主要发生于2～6周龄的鸡。病鸡表现为下痢、蹲伏、垂头、闭目、嗜睡及歪头、扭颈、倒地、抽搐等症状。

7. 肠炎型 病鸡精神委靡，闭眼缩头，采食量减少，饮水量增加，严重腹泻，肛门下方羽毛潮湿、污秽、粘连。

8. 关节炎型和滑膜炎型 病鸡跛行或卧地不起，腱鞘或关节发生肿胀，并伴有腹泻。

9. 肉芽肿型 在临床中很少见到，死亡率比较高。

（三）病理变化

1. 初生雏鸡脐炎型 病死的鸡可见卵黄没有吸收或吸收不良，卵脐孔周围皮肤水肿、皮下淤血、出血、水肿，水肿液呈淡黄色或黄红色，卵黄囊充血、出血且囊内卵黄液黏稠或稀薄，多呈黄绿色。

肝脏肿大，有时见散在的淡黄色坏死灶，肝包膜略有增厚；肠道呈卡他性炎症。

2. 眼球炎型 眼球炎型大肠杆菌病病理变化和临床症状相同。

3. 生殖系统炎症型 输卵管黏膜充血或输卵管管壁变薄，管腔内有不等量的干酪样物，严重时输卵管内积有较大块状物，块状物呈黄白色，切面呈轮层状，较干燥。此种情况也见于因败血症死亡的育成鸡，常在未发育的输卵管中形成乳白色或黄色干酪样栓塞。较多的成年鸡还见有卵黄性腹膜炎，腹腔中见有蛋黄液广泛地分布于肠道表面。稍慢死亡的鸡腹腔内有多量纤维素性物黏在肠道和肠系膜上，形成腹膜炎。

4. 卵黄性腹膜炎型 病鸡输卵管感染发生炎症，大量卵黄落入腹腔内，形成卵黄性腹膜炎。

5. 败血型 败血型主要表现为肝周炎、心包炎和气囊炎。肝包膜增厚、不透明呈黄白色，易剥脱，有的在肝表面形成纤维素性膜呈局部发生，严重的整个肝表面被此膜包裹，形成肝周炎，此膜剥脱后肝呈紫褐色。心包增厚、不透明，心包积有淡黄色液体，最终形成心包炎。胸、腹等气囊囊壁增厚呈灰黄色或混浊，囊内有数量不等的黄色纤维素性渗出物或干酪样物。

6. 脑炎型 脑膜充血、出血，脑实质水肿，脑膜易剥离，脑壳软化。

7. 肠炎型 腹膜充血、出血，肠浆膜变厚，形成慢性肠炎，有的形成慢性腹膜炎。

8. 关节炎型和滑膜炎型 主要见于关节肿大，关节腔内有纤维蛋白渗出或浑浊的关节液，滑膜肿胀、增厚。

9. 肉芽肿型 心脏、胰脏、肝脏及盲肠、直肠和回肠的浆膜上可见粟粒大土黄色脓肿或肉芽肿结节，肠粘连不能分离；肝脏也可见不规则的黄色坏死灶，有时整个肝脏发生坏死。

（四）诊断要点

根据流行特点和较典型的病理变化，可以做出初步诊断。确诊需实验室检查，具体方法如下。

1. 病料采集 病料采集包括败血型的心、心血、肝、感染的鸡胚，脐炎的卵黄物质，眼型的眼内脓性或干酪样物，关节炎的关节脓液，输卵管炎、腹膜炎的干酪样物等。

2. 检验程序

（1）染色镜检 无菌操作将病料直接触片，革兰氏染色后镜检可见两端钝圆、成对或单个存在的阴性小杆菌。

（2）分离培养 将病料划线接种于普通琼脂培养基、肉汤培养基、远藤培养基、麦康凯培养基或伊红美蓝琼脂平板上，37℃温箱中培养24小时后观察结果。

（3）生化实验 从麦康凯或远藤培养基上，挑取单个可疑菌落接种于生化培养基中，37℃培养24～72小时后观察结果。

（4）致病性试验（动物试验）　用大肠杆菌 24 小时的肉汤纯培养物，给 3～5 日龄的雏鸡腹腔注射，0.2～0.3 毫升/只；同时用灭菌生理盐水轻轻洗去麦康凯平板培养物，1∶10 稀释后，给小白鼠腹腔注射，0.2 毫升/只。然后观察实验动物的发病和死亡情况，从而判断大肠杆菌是否具有致病性，进而根据死亡数及时间来判断大肠杆菌毒力的强弱。期间设对照组。

（5）注射菌种鉴定　取死亡小白鼠和雏鸡的组织触片、染色、镜检及划线接种，应分离到与接种菌完全一致的病原菌。

根据实验结果即可判断是否为致病性大肠杆菌病。

（五）防控技术

鉴于本病的发生与外界各种应激因素有关，采取有效而合理的预防措施是降低本病发生率的关键。

1. 卫生管理措施　首先加强对鸡群的饲养管理，改善鸡舍的通风条件和严格执行消毒制度。种鸡场应加强种蛋收集、存放和整个孵化过程的卫生消毒管理，尤其是雏鸡发生脐炎型大肠杆菌时，更应该加强种鸡从饲养到孵化再到出壳整个过程的消毒工作。

2. 认真落实鸡场兽医卫生防疫措施　目前的疫苗主要是针对常见的致病血清型制成的灭活苗，由于大肠杆菌血清型很多，不可能对所有养鸡场流行的致病血清型都具有免疫作用。因此，目前常使用的方法是用当地分离的致病性菌株做成自家疫苗进行免疫接种，保护性比较高。

3. 药物治疗　鸡群发病后可用药物进行治疗。近年来在治疗本病的过程中发现，大肠杆菌对药物极易产生抗药性，且多重耐药多见，建议通过药敏实验筛选敏感药物使用。

对于已出现肝周炎、心包炎、气囊炎和腹膜炎的病鸡无治疗意义的，应及时挑拣淘汰。

十五、禽沙门氏菌病

禽沙门氏菌病是沙门氏菌属的某一种或多种沙门氏菌引起的禽类急性或慢性疾病的总称。

沙门氏菌是肠杆菌科中的一个大属，有 2 000 多个血清型，它们广泛存在于人和各种动物的肠道内。在自然界中，家禽是其最主要的储存宿主。禽沙门氏菌病根据抗原结构的不同可分为 3 类：

第一类：由鸡白痢沙门氏菌引起的疾病，称为鸡白痢。鸡白痢主要发生于雏鸡和蛋鸡，种鸡中也会发生。

第二类：由鸡伤寒沙门氏菌引起的疾病，称为禽伤寒。禽伤寒常发生于育成鸡、成年鸡和火鸡。

第三类：由具周身鞭毛、能运动的沙门氏菌引起的疾病，称为禽副伤寒。禽副伤寒主要发生于雏鸡和成年鸡。

鸡白痢和副伤寒有宿主特异性，主要引起鸡和火鸡发病，禽副伤寒则能广泛感染人和动物。目前，受其污染的家禽和相关制品已成为人类沙门氏菌和食物中毒的主要来源之一，因此防制禽副伤寒沙门氏菌病具有重要的公共卫生意义。

随着家禽业的迅猛发展以及高密度饲养模式的推广，沙门氏菌病也成为家禽最重要的蛋传染性细菌病之一，每年造成的经济损失非常大。

（一）鸡 白 痢

本病是由鸡白痢沙门氏菌引起的禽类传染病，主要危害鸡和火鸡。临床表现为雏鸡排白色糊状稀便，死亡率高；成年鸡多为慢性经过或隐性经过。

1. 流行特点　鸡对本病最为敏感，各种日龄、品种和性别的鸡对本病均有易感性，但以 2～3 周龄的雏鸡常发，发病率和死亡率最高，常呈暴发性流行，成年鸡呈慢性经过或隐性感染。本病可经蛋垂直传播，被污染的种蛋孵化率降低或孵出带菌雏鸡，并成为鸡场主要传染源；也可通过孵化器、被污染的饲料、饮水、垫料、粪便、鼠类和环境等水平传播。

2. 临床症状　病雏鸡怕冷，聚群，扎堆；常排便困难，在排便时发出短促的尖叫声，粪便呈白色，有时排棕绿色的排泄物，在肛门周围黏聚有白色污物。目前，对鸡影响比较大的鸡白痢主要是肺炎型鸡白痢和雏鸡脑炎型鸡白痢。

（1）肺炎型鸡白痢　发病日龄比较早，最早可在 1 日龄发病，初期表现轻微的呼吸道症状，中期呼吸加快，呈腹式呼吸，肛门口及其周围干净，后期常继发支原体病或大肠杆菌病，加大死亡率。死亡鸡机体消瘦，侧卧，两腿后伸。

（2）雏鸡脑炎型鸡白痢　发病日龄为 6～21 日龄，多见于病的中期、后期。表现为头颈低垂扭曲，或俯向胸前，或仰向后背部，以至滚翻等神经症状。

▲注意：成年鸡一般为慢性，表现为厌食，倦怠，面色苍白，冠萎缩，腹泻，产蛋率、受精率和孵化率均表现不同程度的下降。

3. 病理变化

（1）雏鸡的病理变化　病死雏鸡肝脏肿大，外观呈砖红色，有出血斑点和条纹状出血，且有灰白色和淡黄色的小坏死点。卵黄吸收缓慢或不吸收，有的卵黄呈干酪样或奶油状。肺表面呈现淡黄色浑浊液体。心肌、肺脏、盲肠、肌胃有时出现小的坏死结节。盲肠内充有干酪样物，形成所谓的"盲肠芯"。脑膜充血，胆囊肿大、充满胆汁，肾充血或花斑肾。

（2）成年蛋鸡的病理变化　病鸡病理变化主要为卵巢炎和卵黄性腹膜炎。卵巢和卵泡变形、变性、坏死；卵泡的内容物变成油脂样或干酪样。病变的卵泡与卵巢脱落后掉到腹腔，形成卵黄性腹膜炎并引起肠管与其他内脏器官粘连等。成年鸡常见腹水和纤维素性心包炎，心肌偶见灰白色小结节，胰腺有细小坏死点等。急性病例见肝脏明显肿胀、变性，呈黄绿色，表面凹凸不平，有纤维素性渗出物覆盖。

4. 诊断要点　根据发病日龄、流行特点和病理变化可初步诊断。若确诊需要进行实验室诊断，常用的方法有细菌学检查、血清学检测和生化实验等。

5. 防控技术

（1）净化鸡白痢　种鸡场定期进行检疫，一般每隔2～4周检疫1次，直到2次连续为阴性，2次之间的间隔不少于21天。同时，扑杀带菌鸡，建立无白痢种鸡群。

（2）消毒　严把消毒关，尤其在每次孵化前后，都应对孵化器、蛋盘、出雏器、出雏盘等用具进行彻底消毒，并及时清除死胚、破蛋、粪便、蛋壳和羽毛等污物。种蛋、孵化器等用甲醛和高锰酸钾进行熏蒸消毒，孵化室内经常保持清洁卫生。

（3）饲养管理　尤其做好育雏期的饲养管理。注意通风换气，避免拥挤，勤换垫料，清除粪便，定期消毒。育雏舍要保持合适的温度、湿度，空气要新鲜。要喂全价料（无动物蛋白配方），饮水要充足。若发现病雏，要迅速隔离、消毒并治疗。

（4）药物预防　鸡出壳24小时内，注射药敏试验筛选的敏感药物可起到较好的预防效果。

（5）药物治疗　发病后可以根据药敏试验选择合适的药物，目前应用最多的药物分别是喹诺酮类药物（如氧氟沙星、恩诺沙星、环丙沙星等），氨基糖苷类药物（如硫酸卡那霉素、硫酸庆大霉素、庆大-小诺霉素、硫酸新霉素、丁胺卡那霉素、硫酸妥布霉素等），头孢菌素以及强力霉素、黏杆菌素、氟苯尼考等，这些药物对本病都有治疗效果。但由于近年来抗菌药物的普遍使用，一些药物出现了耐药性，所以选用药物最好能做药敏试验，选择高敏药物进行治疗。

（二）禽伤寒

禽伤寒是由鸡伤寒沙门氏菌引起鸡、鸭和火鸡的一种急性或慢性败血性传染病。特征是排黄绿色稀便，肝脏肿大，呈青铜色（尤其生长期和产蛋期的母鸡）。

1. 流行特点　禽伤寒常感染育成鸡、成年鸡和火鸡，偶尔引起人的食物中毒。病鸡和带菌鸡是主要传染源。本病可通过污染的饲料、饮水经消化道传播。带菌鸡产的蛋可垂直传播，孵化器和育雏室内可引发水平传播。

2. 临床症状　本病潜伏期一般为4～5天，具有发病率高、死亡率低的特点。病鸡冠、髯苍白，食欲废绝，饮欲增加，体温升至43℃以上，喘气和呼吸困难，腹泻，排淡黄绿色稀便（主要见于育成鸡和成年鸡）或排白色稀便（多见于雏鸡）。发生腹膜炎时，呈直立姿势。康复后成为带菌鸡。

3. 病理变化　病死的雏鸡病变与鸡白痢相似，特别是肺和心肌常见到灰白色结节状病灶。青年鸡和成年鸡病程稍长的病例多见肝肿大变红，呈淡棕绿色或古铜色，心肌和肝表面有粟粒样灰白色小病灶；胆囊充斥胆汁而膨大；脾脏和肾脏呈显著充血肿大，表面有细小坏死灶；心包发炎、积水。患病蛋鸡卵泡出血、变形和变色，因卵泡破裂常引起腹膜炎、小肠卡他性炎症，十二指肠有点状或斑点状出血，肠道内容物多为胆汁，盲肠有土黄色干酪样栓塞物，大肠黏膜有出血斑，肠管间发生粘连。

4. 诊断要点　根据流行特点、临床症状和典型的青铜肝、病理变化可以做出初步诊断，确诊需要进行病原菌的分离培养鉴定、生化试验和血清学试验，其方法与鸡白痢沙门氏菌诊断相同。

5. 防控技术　防控措施同鸡白痢，但关键在于加强饲养管理和卫生管理，最大限度减少外来疾病的侵入，通过净化措施，建立起健康鸡群，从根本上切断垂直和水平病原的传播途径，合理使用药物进行预防与治疗。

（三）禽副伤寒

本病菌为革兰氏阴性短杆菌，无芽孢和荚膜，有鞭毛能运动。本菌对热敏感，为人类食源性疾病，本病的致病性与菌体的内毒素有关。

1. 流行特点　本病可感染多种幼龄禽类，主要危害2～5周龄的雏鸡，死亡率达20％，育成鸡和成年鸡为慢性经过或隐性感染。带菌鸡和病鸡是主要传染源，被感染的料、水、用具、蛋、孵化器、育雏器、环境及鼠类和昆虫等均是传播媒介。主要经蛋垂直传播，也可经呼吸道和消化道水平传播，经蛋垂直传播使疾病的清除更为困难。闷热、潮湿、拥挤的鸡舍，球虫病、传染性法氏囊病及营养代谢病等疾病均会明显增加鸡对本病的敏感性，加速本病的流行。

2. 临床症状　禽副伤寒在雏鸡多呈急性或亚急性经过，与鸡白痢相似，而成年鸡一般为慢性经过，呈隐性感染。

雏鸡多在2周龄内发病，表现为厌食，饮水增加，垂头闭眼，两眼下垂，怕冷扎堆，离群，嗜睡，呆立，抽搐；有的眼盲或结膜炎，排淡黄绿色水样稀便，肛门周围有稀便沾污，呼吸困难，常于1～2天死亡。

成年鸡感染后少见发病，成为带菌者。个别鸡有轻微症状，少食、腹泻、脱水、生产性能降低，可康复痊愈。

3. 病理变化　最急性型的鸡一般没有明显的病变，有时出现肝脏肿大，胆囊充盈。

雏鸡病程稍长者表现为脐炎，卵黄凝固；肝、脾充血或呈出血性条纹或点状坏死灶；严重时肾充血，出现心包炎并粘连；十二指肠出血性肠炎最突出，盲肠扩大，有时见淡黄色干酪样物堵塞。

成年鸡消瘦，出血性或坏死性肠炎；肝、脾、肾充血肿大；心脏有灰白色坏死结节；卵泡偶有变形，卵巢有化脓性或坏死性病变，常发展为腹膜炎。

4. 诊断要点　根据流行特点、临床症状和病理变化可以做出初步诊断，确诊需要进行病原菌的分离培养与鉴定、生化实验等。

5. 防控技术　参考鸡白痢，药物治疗可以降低由急性副伤寒引起的死亡，并有助于控制此病的发展，但不能从根本上消灭本病。

十六、鸡霍乱

鸡霍乱又称鸡巴氏杆菌病、鸡出血性败血症（简称鸡出败）。本病是由多杀性巴氏杆菌引起的一种接触性传染病。

（一）流行特点

本病具有发病急、死亡快的特点，并且一年四季均可发生，以秋末、春初为多发，常呈流行性。可通过消化道、呼吸道及皮肤创伤传播，尤其是在饲养密度较大、舍内通风不良等情况下，通过呼吸道传播的可能性更大。病鸡的尸体、粪便、分泌物和被污染的用具、土壤、饮水等是传播的主要媒介。病菌是一种条件性致病菌，常存在于健康鸡的呼吸道及喉头，在某些健康鸡体内也存在该菌。当饲养管理不当、鸡舍阴暗潮湿、天气突变、营养缺乏时，鸡机体抵抗力减弱，均可引起发病。

（二）临床症状

本病潜伏期2～7天。鸡群发病依病程长短可分为最急性型、急性型和慢性型3种类型。

1. 最急性型　主要发生于产蛋高峰期的鸡。暴发最初阶段，几乎见不到症状，病鸡突然倒地死亡。

2. 急性型 大部分由最急性型病例转化而来。病鸡表现为精神沉郁，羽毛松乱，呼吸困难，口鼻流出多量黏液并混有泡沫；鸡冠和肉髯发紫，肉髯常发生水肿、发热和疼痛；剧烈腹泻，排淡黄色、绿色粪便，体温升高至43℃以上，多在1～3天死亡。蛋鸡产蛋量减少或停止。

3. 慢性型 多流行于发病后期或由急性型病例转化而来，或由毒力较弱的菌株感染引起。病鸡表现为肉髯、鸡冠、耳片发生肿胀或坏死，关节肿胀、化脓等；有的表现呼吸道症状；有的腹泻；脑膜感染时可见斜颈；有时可见鼻窦肿大，鼻腔分泌物增多，且分泌物有特殊臭味。病程可达几周，最后衰竭死亡。

（三）病理变化

1. 最急性型 鸡冠、肉髯紫红色；心外膜有出血点，肝表面有针尖大的灰黄色或灰白色坏死点，但有时没有灰白色的坏死点。

2. 急性型 病死鸡皮下组织、胸腔肺脏边缘脂肪、腹腔脂肪及肠系膜、浆膜和黏膜有大小不等的出血点。胸腔、腹腔、气囊和肠系膜上有纤维素性或干酪样灰白色渗出物。十二指肠、空肠等肠道的黏膜充血、出血，内容物含血液，有的肠系膜上覆盖黄色纤维素性物。肝肿大、质脆，呈紫红色或棕黄色或棕红色，表面有针尖大小的灰黄色或灰白色坏死点，有时见点状出血。心冠脂肪及冠状沟和心外膜上有出血点或喷洒状出血斑点，心包积液呈淡黄色，混有纤维素性物。肺有出血点或有实变区。

3. 慢性型 鸡的鼻腔、气管和支气管呈卡他性炎症。肺质地较硬。肉髯水肿、坏死。腿或翅膀的关节肿大、变形，有炎性渗出物和干酪样坏死。产蛋鸡的卵巢出血，卵黄破裂后形成卵黄性腹膜炎。

（四）诊断要点

根据流行特点、临床症状、病理变化和实验室诊断即可确诊。但是在临床中需做好与新城疫病之间的鉴别诊断。新城疫只感染鸡，且伴有神经症状，腺胃乳头及与肌胃交界处有明显的出血，肠道的淋巴滤泡处形成枣核样的出血斑或纤维素性坏死灶，肝脏无坏死点，抗生素治疗无效。

（五）防控技术

1. 加强日常管理工作，采取综合防制措施 加强日常饲养管理，减少应激因素，使鸡群保持一定的抵抗力。搞好环境卫生，及时、定期进行消毒，以切断各种传播途径。从无病鸡场购买鸡苗，新引进的鸡要隔离饲养半个月，观察无病方可混群饲养。对发病的场所、饲养环境和管理用具等彻底消毒；粪便及时清除，堆积发酵后利用；病死鸡可通过焚烧或深埋进行无害化处理。

2. 免疫接种 常用的菌苗有弱毒菌苗和灭活菌苗，菌苗的种类较多，可按需选用，禽霍乱＋大肠杆菌多价二联蜂胶灭活苗为常规预防和控制两病的首选疫苗。

3. 发病后的措施 发病后可根据药敏试验结果选用敏感抗菌药物治疗，同时在治疗过程中可以配合维生素 C 和具有保肝功能的药物，利于提高疗效和病鸡的康复。

十七、鸡传染性鼻炎

鸡传染性鼻炎是由副鸡嗜血杆菌引起的鸡的一种急性呼吸道疾病。

本病具有"三好"、"三坏"的典型特点：即一用药就好，天气好就好，环境好就好；一停药就发病，天气不好就发病，环境不好就发病。

（一）流行特点

本病只感染鸡，自然发病见于产蛋鸡和肉种鸡，育成鸡也多发，具有发病率高和死亡率低的特点。秋、冬季节是本病的多发期，病鸡和带菌鸡是主要传染源。以飞沫、尘埃经呼吸道传播为主，也可由被污染的饮水、饲料等经消化道传播。鸡舍过分拥挤、通风不良以及气候突变等均可诱发本病，发病后造成蛋鸡产蛋率下降。

（二）临床症状

本病潜伏期1～3天，传播快，表现为鼻炎和鼻窦炎。病鸡初期精神不振，流泪，打喷嚏，甩头，鼻道和鼻窦内有分泌物，鼻涕清稀至黏稠、脓性物，脓性物干后在鼻孔四周凝结成淡黄色的结痂；后期眼出现结膜炎，流泪，颜面、肉髯和眼周围肿胀如鸽卵大小，甚至延及颈部下颌和肉髯的皮下组织，炎症蔓延到下呼吸道时，咽喉被分泌物阻塞，出现张口呼吸、啰音，部分鸡因窒息死亡。蛋雏鸡感染后生长不良，产蛋鸡开产推迟或产蛋减少，种鸡受精率、孵化率下降。

（三）病理变化

病变主要见于鼻窦部肿胀，鼻窦、眶下窦和眼结膜囊内蓄积有黄色黏稠分泌物或干酪样物。鼻窦腔内有大量豆腐渣样渗出物，上呼吸道黏膜充血、出血，并有黏稠分泌物。病程较长的可见眼结膜充血、出血。

（四）诊断要点

根据流行特点、临床症状和病理变化可以做出明确的诊断，若确诊仍需实验室检查，在临床中常使用棉球拭取眼、鼻腔或眶下窦分泌物，在血琼脂平板上与金黄色葡萄球菌交叉接种，在5%～10%二氧化碳环境中培养，可见葡萄球菌菌落周围有明显的卫星现象，其他部位不见或少见有细菌生长。

（五）防控技术

1. 疫苗接种　疫苗接种是防止本病的有效措施。国内有两种疫苗，即A型油乳剂灭活苗和A型-C型二价油乳剂灭活苗。建议免疫程序：35～40日龄鸡首免，每羽注射0.3毫升；110～120日龄二免，每羽注射0.5毫升。但在疫区免疫前先用5～7天抗生素，以防带菌鸡发病。现已研制成传染性鼻炎和新城疫二联油乳剂灭活苗可供选用，如21日龄首免，120日龄二免，免疫后保护期可达9个月。

2. 加强饲养管理和消毒　为条件性致病菌，本病的发生与环境及应激等有很大的关系，因此要加强饲养管理，鸡舍保持良好的通风，并注重卫生消毒，使用优质饲料。全面贯彻执行生物安全保障体系，提高鸡体的抵抗力，对本病有很好的预防效果。

3. 药物治疗　发病后，常用的治疗药物有磺胺类药物、泰乐菌素可溶性粉、硫氰酸红霉素可溶性粉等；对于发病急的鸡群可以肌内注射链霉素或泰乐菌素等敏感药物。

十八、鸡慢性呼吸道病

鸡慢性呼吸道病（CRD）是由鸡毒支原体感染引起的一种呼吸道疾病。

（一）流行特点

各种日龄的鸡均易感，6周龄以下的雏鸡常发。本病一年四季均可发病，但以秋、冬季节舍饲雏多发。病鸡和带菌鸡是主要传染源，其排泄物中含有大量病原体，健康鸡与病鸡直接接触，很容易引起本病的暴发。病鸡分泌物污染的空气、饲料、饲养设备，也可引起间接接触性传染。在病鸡精液或输卵管内，也含有鸡毒支原体，可通过交配传染；被病原体污染的种蛋也可垂直传播。鸡舍通风不良、饲养密度大、拥挤、清粪不勤、维生素类营养缺乏、应激等，是本病发生和流行的诱因。

（二）临床症状

本病潜伏期 6～21 天，病程可长达 1 个月以上。病初症状轻微，可见鼻流清涕，眼流泪，逐渐出现咳嗽，从鼻孔流出黏液，且经常堵塞鼻孔，造成甩头、张口喘息等呼吸困难症状。眼分泌液增多，由黏性分泌液变为脓性分泌物，眼睑肿胀，眶下窦肿胀，食欲降低或废绝，生长发育迟缓，逐渐消瘦。

（三）病理变化

早期感染在后胸气囊、腹气囊可见白色泡沫。随着病情的加重，呼吸道黏膜红润增厚，有黏液性分泌物；肺部（特别是肺门部）可出现灰红色炎性肺炎病灶；气囊壁增厚混浊，气囊泡沫状渗出物增多。如果与大肠杆菌合并感染，则气囊泡沫变黄、发黏，最终会出现纤维素性气囊炎、肝周炎、心包炎。面部皮下组织和眼睑明显水肿，偶见角膜混浊。

（四）诊断要点

根据流行病学、临床症状和病理变化，可做出初步诊断。确诊需进行鸡毒支原体的分离、鉴定及血清学检查。

（五）防控技术

1. 保证种鸡群质量　为了保证鸡群无支原体感染，必须保证种群来源于无支原体感染群，然后采取严格的生物安全措施防止疾病传入。如采用快速平板凝集试验（SPA）检查卵黄中的抗体，淘汰阳性鸡和可疑阳性鸡，结合卫生管理措施，培育健康种鸡群。

2. 免疫接种鸡毒支原体油乳剂灭活苗或鸡毒支原体弱毒苗　雏鸡 7 日龄、20 日龄，用灭活苗肌内注射 1 个剂量做基础免疫；60 日龄用弱毒苗进行点眼免疫。

3. 预防性给药　对种鸡群，可选用 2～3 种敏感性药物，进行预防性给药。药物要交替应用，混饲与混饮相结合，保持种蛋无菌，防止该病经蛋传递。

4. 种蛋消毒　对可疑污染种蛋，加温至 37℃，放入 0.1％红霉素溶液内，浸泡 15～20 分钟，使药液渗入种蛋内，可以降低种蛋的带菌率，但对孵化率稍有影响。

5. 雏鸡预防　雏鸡出壳后，连续饮用 3～4 天替米考星或泰乐菌素溶液，可有效预防雏鸡携带和感染支原体。

6. 发病鸡群处理　对发病鸡群，要及时用敏感药物治疗。

十九、鸡铜绿假单孢菌病

鸡铜绿假单孢菌病是由铜绿假单孢菌感染引起的雏鸡和育成鸡的局部或全身性感染。

（一）流行特点

铜绿假单孢菌普遍存在于土壤、水以及潮湿的环境中，属于条件致病菌。可引起鸡的呼吸道病、窦炎、角膜炎、角膜结膜炎、肠炎、化脓性脑炎和创伤感染所致的脐炎、皮炎、关节炎。各种年龄的鸡均易感，但以雏鸡和处于应激状态或免疫缺陷鸡更易感。与其他病毒和细菌协同致病时，鸡对铜绿假单孢菌的敏感性会发生改变。死亡率一般在 2%～10%，最高可达 100%。当它侵入易感鸡组织时，可引发败血症，并留下后遗症。另外，在高湿条件下，铜绿假单孢菌能消化掉蛋壳表面的保护层。细菌侵入受精卵后，可致胚胎或刚出壳的幼雏因脐炎和卵黄感染死亡。注射疫苗和抗生素溶液时，注射器消毒不严格和操作过程的细菌污染可造成本病严重暴发，表现为胸肌坏死或化脓，这并非疫苗本身的问题。

（二）临床症状

大多数鸡感染铜绿假单孢菌后 24～72 小时死亡。病鸡主要表现为精神不振、发育缺陷、疲倦、跛行、共济失调，头、肉垂、眶下窦、跗关节或爪垫等部位发生肿胀，并引发呼吸道疾病、腹泻以及结膜炎等。实验室通过咽鼓管接种铜绿假单胞菌，可导致出现歪颈症状，与禽霍乱不易区别。

（三）病理变化

本病病理变化包括皮下水肿和纤维素性渗出，偶见出血、关节积液；浆膜炎症与大肠杆菌性败血症（气囊炎、心包炎、肝周炎）很相似；肺炎；肝、脾、肾和脑等组织肿胀、坏死；化脓性结膜炎，偶见角膜炎；成年蛋鸡输卵管炎和卵巢炎。显微镜下，大多数组织（包括大脑）的血管内及其周围的区域可见有大量细菌存在。

（四）诊断要点

根据流行特点、临床症状和病理变化可以做出初步诊断，若确诊需进行铜绿假单孢菌的分离、鉴定及血清学检查。

（五）防控技术

由于本病可以通过接触、皮肤伤口、口腔和呼吸道感染，所以预防可控制本病的发生，首先要找出和消灭可能存在的传染源，如注意孵化器的消毒和卫生、及时修复或更换育雏笼具、保证全价的饲料供应、定期清理水线和水槽消毒，以及疫苗刺种或注射时针头的严格消毒。

由于鸡铜绿假单孢菌对多种抗生素有耐药性，用药前应通过药敏试验选择敏感的抗生素进行治疗。在治疗本病所致的结膜炎时，饮水时添加一些维生素A，有助于增强抗生素的疗效。

二十、坏死性肠炎

坏死性肠炎又称梭菌性肠炎、肠毒血症和内脏腐烂症，是由 A 型和 C 型产气荚膜梭菌及其产生的毒素引起的一种急性非接触性传染病。

（一）流行特点

鸡对本病易感，主要危害 2～12 周龄的雏鸡。粪便、土壤、粉尘、污染的饲料、孵化器、垫料、蛋壳或肠内容物均含有产气荚膜梭菌。本病暴发时，污染的饲料和垫料通常是其传染源，消化道是主要的传播途径。笼养产蛋鸡发生坏死性肠炎时，家蝇可成为生物传播媒介。当饲养管理不当，肠道功能降低，病原体及其毒素对肠黏膜造成损伤时可诱发该病。

（二）临床症状

自然暴发该病时，病鸡精神沉郁，食欲下降或废绝，不愿走动，腹泻，羽毛蓬乱。病程短，病鸡常无外在症状而发生急性死亡。

（三）病理变化

病变主要在小肠，尤其是空肠和回肠，可见严重的弥漫性黏膜坏死。小肠质脆，充满气体，肠壁充血、出血或因附着黄褐色假膜而肥厚、脆弱。肠内容物少，黑红色并有恶臭味。慢性病例常在肠黏膜上形成假膜。发生典型和亚临床型坏死性肠炎时，肝脏呈棕色、肿大、坏死，胆囊炎。温和型病例可见肠黏膜发生局灶性坏死、肝坏死。

（四）诊断要点

根据典型的剖检病变和组织学病变，以及分离到产气荚膜梭菌即可确诊该病。

（五）防控技术

1. 加强饲养环境的管理，尤其是重视水槽、水线、料槽、垫料的卫生管理
在气候温暖季节，水线、水槽或料槽卫生不佳是诱发坏死性肠炎和溃疡性肠炎
的重要因素。研究表明，用 5% 氯酸钠溶液或 0.4% 季铵盐溶液对饲用器具进行
定期的清洗消毒可显著降低产气荚膜梭菌的复发率。将鸡饲养于酸化垫料上，
可降低产气荚膜梭菌的水平传播。日粮中添加乳糖、甘露寡糖、益生素（如嗜
乳酸杆菌和粪链球菌）和产乳酸菌培养物，可有效降低肠道中产气荚膜梭菌的
量，同时也可降低坏死性肠炎的发病率、死亡率以及对生产性能的影响。

2. 发生临床型病例时，及时诊断和治疗，防止病菌污染环境　在饲料中添
加多种抗生素可降低鸡产气荚膜梭菌通过粪便的排菌量，包括弗吉尼亚霉素、
泰乐菌素、青霉素、氨苄西林、杆菌肽。莫能菌素不仅对产气荚膜梭菌有抑制
作用，还有一定的抗球虫作用，并能降低由艾美耳球虫属引起的肠道黏膜损伤
的程度。暴发坏死性肠炎时，可选用林可霉素、杆菌肽、土霉素、青霉素、酒
石酸泰乐菌素饮水治疗有效，同时补充足够的维生素 K、维生素 A、维生素 C
和谷氨酰胺、胱氨酸、赖氨酸、精氨酸等黏膜生长所需营养素，以利于鸡患病
后肠黏膜的修复。

二十一、鸡球虫病

鸡球虫病是由艾美耳属的多种鸡球虫寄生于鸡肠道黏膜上皮细胞内而引起，
对鸡危害十分严重。

（一）流行特点

雏鸡的发病率和致死率均较高。病愈的雏鸡生长受阻，增重缓慢；成年鸡
多为带虫者，但增重和产蛋能力降低。病鸡是主要传染源，凡被带虫鸡污染过
的饲料、饮水、土壤和用具等，都有卵囊存在。鸡感染球虫的途径主要是吃了
感染性卵囊。管理人员及其服装、用具等以及某些昆虫都可成为机械传播者。
饲养管理条件不良，鸡舍潮湿、拥挤，卫生条件恶劣时，最易发病。在潮湿多
雨、气温较高的梅雨季节易暴发球虫病。球虫虫卵的抵抗力较强，在外界环境
中一般的消毒剂不易破坏，在土壤中可保持生活力达 4～9 个月，在有树荫的地
方可达 15～18 个月。卵囊对高温和干燥的抵抗力较弱。

（二）临床症状

病鸡精神沉郁，羽毛蓬松，头卷缩，食欲减退，嗉囊内充满液体，鸡冠和可视黏膜苍白，逐渐消瘦，病鸡常排红色胡萝卜样粪便。若感染柔嫩艾美耳球虫，开始时粪便为咖啡色，以后变为完全的血便，如不及时采取措施，死亡率可达 50％以上。若多种球虫混合感染，粪便中带血液，并含有大量脱落的肠黏膜。

（三）病理变化

柔嫩艾美耳球虫致病力最强，主要侵害盲肠，两支盲肠显著肿大，可为正常的 3～5 倍，肠腔中充满凝固的或新鲜的暗红色血液。毒害艾美耳球虫损害小肠中 1/3 段，肠壁扩张、增厚，有严重的坏死，在裂殖体繁殖的部位，有明显的淡白色斑点，黏膜上有许多小出血点，肠管中有凝固的血液或有胡萝卜色胶冻状的内容物。巨型艾美耳球虫损害小肠中段，可使肠管扩张，肠壁增厚；内容物黏稠，呈淡灰色、淡褐色或淡红色。堆型艾美耳球虫寄生于十二指肠及小肠前段，被损害的肠段出现大量淡白色斑点。哈氏艾美耳球虫损害小肠前段，肠壁上出现大头针头大小的出血点，黏膜有严重的出血。若多种球虫混合感染，则肠管粗大，肠黏膜上有大量的出血点，肠管中有大量的带有脱落的肠上皮细胞的紫黑色血液。

（四）诊断要点

在病鸡生前用饱和盐水漂浮法或粪便涂片查到球虫卵囊，死后取肠黏膜触片或刮取肠黏膜涂片查到裂殖体、裂殖子或配子体，均可确诊为球虫感染。由于鸡的带虫现象极为普遍，因此是不是由球虫引起的发病和死亡，应根据流行特点、临床症状、病理剖检情况和病原检查结果进行综合判断。

（五）防控技术

1. 加强饲养管理　保持鸡舍干燥、通风和鸡场卫生，定期清除粪便，并堆肥发酵以杀灭卵囊。保持饲料、饮水清洁，笼具、料槽、水槽定期消毒。每千克日粮中添加 0.25～0.5 毫克硒可增强鸡对球虫的抵抗力。补充足够的维生素 K 和给予 3～7 倍推荐量的维生素 A，可加速鸡患球虫病后的康复。

2. 疫苗接种　应用鸡胚传代致弱的虫株或早熟选育的致弱虫株给鸡免疫接种，但这些疫苗只能保护鸡只不再感染疫苗中含有的球虫虫种。

3. 药物控制和治疗　在育雏和青年鸡阶段，多种常用的抗球虫药物均可以选用，但大部分的抗球虫药物球虫药物在产蛋期间为禁用药品。

抗球虫药使用方案有以下几种：①单一药物的连续使用，即在育雏期和生长期均使用同一种药物。②穿梭用药，在育雏和生长期使用不同的药物。③轮换用药，即根据季节或定期更换用药，即每隔3个月或半年或者在一个饲养周期结束后，改换一种抗球虫药或将药效已经开始下降的抗球虫药换下来，但要注意变换的抗球虫药不能属于同一类型的药物，以免产生交叉耐药性。

在球虫病治疗过程中，可以配合使用具有保肝功能的药物和维生素K、维生素C配合治疗，以降低因肠黏膜损伤所致的肠道各种有害毒素对肝脏所造成的负担，减少肠黏膜的出血，促使其修复，对于球虫病的治疗具有很好的辅助作用。

二十二、住白细胞原虫病

住白细胞原虫病，又称白冠病，是由疟原虫科的住白细胞原虫属的住白细胞原虫寄生于鸡的血细胞和一些内脏器官中引起的一种血孢子虫病。

（一）流行特点

住白细胞原虫分布于我国、广东、广西、海南、福建、江苏、陕西、河南、河北等地区。寄生于鸡体的住白细胞原虫主要有考氏住白细胞原虫和沙氏住白细胞原虫两种，前者的传播媒介是库蠓，后者的传播媒介是蚋。

考氏住白细胞原虫病的发生和流行与库蠓的活动有直接关系。当气温在20℃以上时，库蠓繁殖快，活力强，本病发生和流行也就日趋严重。热带、亚热带地区气温高，本病可常年发生。我国北方多发生于5～10月份，6～8月份为发病高峰期。本病多发于3～6周龄雏鸡，病情最重，死亡率可高达50％～80％；育成鸡也会严重发病，但死亡率不高，一般在10％～30％；成年鸡死亡率通常为5％～10％。来航蛋鸡等外来品种鸡对本病较本地黄鸡更为易感，发病率和死亡率较高。

（二）临床症状

感染严重的病雏常因内出血、咯血和呼吸困难而突然死亡，所以常见水槽和料槽中带有病雏咯出的红色鲜血。育成鸡和成鸡感染本病，死亡率不高。症状表现为白冠，腹泻，粪便呈白色或绿色水状，产蛋量下降。

（三）病理变化

病鸡全身皮下出血；肌肉出血，常见胸肌和腿肌有出血点或出血斑；内脏器官广泛出血，其中以肺、肾和肝最为常见。胸肌、腿肌、心肌以及肝、脾等实质器官常有针尖大至粟粒大的白色小结节，这些小结节与周围组织有明显的分界，它们是裂殖体的聚集点。感染的产蛋母鸡输卵管子宫部水肿。

沙氏住白细胞原虫引起鸡贫血、浓的口水和两腿麻痹。

（四）诊断要点

可根据临床症状、剖检病变及发病季节做出初步诊断。从病鸡的血液涂片或脏器（肝、脾、肺、肾等）涂片中，或从肌肉小白点的组织压片中发现配子体或裂殖体即可确诊。也可采用琼脂凝胶扩散试验来进行血清学检查。

（五）防控技术

根据当地以往本病发生的历史，在本病即将发生或流行初期，进行药物预防。①乙胺嘧啶，按 1 毫克/千克拌料有预防作用，但不能治愈。②磺胺二甲氧嘧啶，按 10 毫克/千克拌料有预防作用，但不能治愈。③应用驱虫剂杀灭鸡舍及周围环境中的媒介昆虫。

第三节　现代蛋鸡养殖安全用药方案

一、给药方法

在养鸡生产中，为了促进鸡群的生长、预防和治疗某些疾病，经常需要进行投药。鸡的投药方法很多，大体上可分为 3 类，即全群投药法、个体给药法和体表给药法。规模养殖场多采取全群投药法。

（一）全群投药法

1. 混料给药　即将药物均匀地拌入料中，让鸡采食时能同时吃进药物。该方法是养鸡中最常用的投药方式之一，该法简便易行，节省人力，减少应激，效果可靠。主要适用于预防性用药，尤其适应于几天、几周，甚至几个月的长期性投药。如果混料的药物比较多，尤其对一些不溶于水而且适口性差的药物，如微量元素、多种维生素、鱼肝油等，采用此法投药更为恰当。

2. 饮水给药　即将药物溶于少量饮水中，让鸡在短时间内饮完，也可以把药物稀释到一定浓度，让鸡自由饮用。该方法适用于短期投药和紧急治疗投药，尤其适用于已患病、采食量明显减少而饮水状况较好的鸡群。投喂的药物必须是水溶性的，如葡萄糖、高锰酸钾、卡那霉素、北里霉素、磺胺二甲嘧啶、亚硒酸钠等。

3. 气雾给药 是指让鸡只通过呼吸道吸入或作用于黏膜上皮的一种给药方法。适用于该法的药物应对鸡呼吸道无刺激性，且能溶解于其分泌物中，否则不能吸收。

（二）个体给药法

1. 口服法 此方法一般只用于个别治疗，适合于较小的鸡群或比较珍贵的禽类。虽然口服法费时费力，但剂量准确，疗效有保证。对于某些弱雏，经口注入矿物质、维生素及葡萄糖混合剂，常可提高成活率和生长速度。投药时把片剂或胶囊经口投入食管的上端，或用带有软塑料管的注射器把药物经口注入鸡的嗉囊内。

2. 体内注射法 包括静脉、肌内和嗉囊注射法3种。常用肌内注射法，肌内注射的优点是吸收速度快、完全，适用于逐只治疗，尤其是紧急治疗时，效果更好。对于肠道难吸收的药物，如庆大霉素、红霉素等，在治疗非肠道感染时，可用肌内注射法给药。

3. 体表给药法 多用于杀灭体外寄生虫，常用喷雾、药浴、喷洒等方法。此法用药应注意用量，有些药物用量大会出现中毒，最好事先准备好解毒药，如使用有机磷杀虫剂时应准备阿托品、解磷定等解毒药。

二、投药注意事项

依据鸡群投药的方式不同，其投药注意事项各异，主要有以下几点。

（一）混料给药应注意的问题

1. 准确掌握混料浓度 进行混料给药时应按照拌料给药浓度，准确、认真计算所用药物的剂量。若按鸡只体重给药，应严格计算总体重，再按照要求把药物拌进料内。药物的用量要准确称量，切不可估计大概，以免造成药量过小起不到作用，或过大引起中毒等不良反应。

2. 确保用药混合均匀 为了使所有鸡都能吃到大致相等的药物，必须把药物和饲料混合均匀。先把药物和少量饲料进行预混，然后将其加入到大批饲料中，继续混合均匀。加入饲料中的药量越小，越是要注意先用少量饲料混匀。直接将药加入大批饲料中是很难混匀的。对于容易引起药物中毒或副作用大的药物（磺胺类药物）更须注意。切忌把全部药量一次加入到所需饲料中简单混合，否则会造成部分鸡只药物中毒和部分鸡吃不到药，达不到防治目的。

3. 用药后密切注意有无不良反应　有些药物混入饲料后，可与饲料中的某些成分发生颉颃反应，这时应密切注意不良作用。如饲料中长期混合磺胺类药物，就易引起 B 族维生素和维生素 K 的缺乏，这时应适当补充些维生素。另外，还要注意中毒等反应。

（二）饮水给药应注意的问题

第一，所用药物应易溶于水，且在水中性质较稳定。

第二，注意水质对药物的影响，水的 pH 值以呈中性为好。

第三，掌握饮水给药时间的长短。在水中不易破坏的药物，可让鸡全天自由饮用药液；在水中易破坏的药物，应在一定时间内饮完，以保证药效，为此可在用药前停水 1～2 小时，使之产生饮欲。配制的药液量应合适，太多会造成药物浪费，太少则造成部分鸡只饮不到，影响疗效。药液的多少应根据鸡群的饮水量确定，饮水量又与鸡的日龄、饲养方法、饲料种类、季节、气候等因素紧密相关。

第四，准确计算鸡群所需的药物剂量，避免过低无疗效、过高中毒的情况发生。

（三）经口投药应注意的问题

流体药物如果直接灌服时，或软塑料管插入食管过浅时，可能引起鸡窒息死亡。

（四）体内注射应注意的问题

注射部位在胸部时，一般注射不可直刺，要由前向后呈 45°角斜刺 1～2 厘米，不可刺入过深。腿部注射时，要避开大的血管和坐骨神经，不要在大腿内侧注射。

（五）体表给药应注意的问题

体表给药应注意用量，有些药物用量过大会出现中毒，最好事先准备好解毒药，如使用有机磷杀虫剂时应准备解磷定、阿托品等解毒药。

三、选药和服药注意事项

蛋鸡生产中使用药物预防和治疗鸡病非常重要，合理选择药物和正确服药需注意下列事项。

（一）注意鸡对药物的敏感性

鸡对某些药物具较强的敏感性，用药时须慎重。鸡对常用药中磺胺类药物和链霉素较敏感。如以 0.5％浓度的磺胺类药物混饲雏鸡 8 天，会引起脾脏出血、坏死和肿胀；成年鸡则食欲降低，产蛋率下降。链霉素剂量每千克体重超过 500 毫克，鸡会产生呼吸衰竭和肢体瘫痪而死亡。

（二）根据病情选用药物

多数药物长期应用均会产生抗药性，应不同药物交叉使用，可大大提高用药效果。最好根据药敏试验结果对致病菌进行治疗，效果更佳。

（三）剂量及给药方法

正确掌握药物剂量、用药疗程和给药方法，以达到最佳治疗的效果。

（四）注意合理地合并用药

有些药物的配伍使用，会大大提高治疗效果，但有些药物配伍会发生颉颃作用，降低药效甚至引起中毒。

（五）注意药物对生产性能的影响

如影响产蛋率、肉、蛋的品质等，因此不同的药物要求在家禽宰前的停药期不同。

（六）注意药物的质量

不用假药、劣药、过期药。

（七）其　他

用药期间和停药期内的鸡蛋不能用于食品蛋。

四、如何选择和使用抗生素

抗生素在防治传染病及感染性疾病中起重要作用。使用抗生素能达到预防和治疗疾病的目的，但用药不当或滥用抗生素，不但会影响治疗的效果，而且可导致病原的耐药性和危及食品安全与人类健康。合理使用抗生素药物，可发挥药物最大效力，取得最佳疗效。现将临床治疗中对抗生素的使用介绍如下。

（一）合理选择抗生素药物

第一，根据发病情况、剖检病变、实验室诊断，弄清致病微生物的种类，并通过药敏试验选择敏感的抗生素。同时，还要考虑毒副作用对鸡体的损伤，尽可能在敏感药物中选择毒副作用小的抗生素使用。

第二，每种抗生素都有一定的适用范围，因此要根据药敏试验抑菌环的大小选择敏感的抗生素。抑菌环以 S、I、R 为分界点，一般不考虑药物种类及被检菌相同与否，以抑菌环直径＞15 毫米为敏感（S），10～15 毫米为中度敏感（I），＜10 毫米为耐药（R）。

（二）合理选择给药途径

鸡群给药途径很多，最常用的有注射给药、饮水给药和拌料给药 3 种。

1. 方法选择　严重感染时，多采用注射给药法；一般感染或消化道感染时，以饮水或拌料内服为宜；对严重消化道感染，则采用注射给药法配合饮水法或拌料法同时进行。

2. 不同给药途径的特点　注射给药法，具有操作简便、剂量准确、药效发挥迅速、稳定的特点；饮水和拌料给药适合大群投药法，对于溶解性强的、易溶于水的药物，采用饮水给药，但禁止在流动水中投药，避免药液浓度不均匀，影响疗效或发生中毒；难溶于水或不溶于水，且疗效较好的抗生素，可拌料给药。

（三）合理掌握投药量和用药疗程

1. 恰当使用抗生素剂量　药量太小起不到治疗作用；太大造成浪费，并可能引起机体不良反应。因此，使用剂量要以说明书的规定为标准。实践证明，对急性传染病和严重感染时可适当加大剂量。

2. 抗生素的使用疗程要因家禽体质、病情轻重而定　一般情况下连续用药 3～5 天，直到症状消失后再用 2～3 天，以巩固疗效。

3. 使用毒性大的药物　注意用药量及疗程的控制，防止中毒现象的发生。

（四）避免滥用抗生素

防止耐药性的发生。抗生素在使用一段时间后，会产生耐药性，为避免耐药现象的发生，可通过药敏试验来选择抗生素种类，一种抗生素用过一段时间以后更换另一种抗生素。

（五）有效发挥抗生素联合抗菌功效

在鸡病防治中，为有效地发挥抗生素的药效，常将 2 种或 2 种以上的药物配合使用，来提高药效。但在药物使用时，尽量避免配伍禁忌，以充分发挥抗生素联合抗菌功效。

（六）抗生素的使用与提高鸡群自身免疫力、增强体质有机结合起来

禽病防治过程中，通过给鸡群接种菌苗，来提高鸡群自身免疫力，防止疾病的发生。实践证明，同批次、同品种、同日龄鸡发生疾病时，健康状况良好的鸡舍，康复快，用药疗程短；反之，康复慢，用药疗程长。

（七）抗生素的使用与改善饲养管理和卫生消毒工作结合起来

鸡群发病用抗生素治疗只是控制疾病的一个方面，还需要在治疗的同时加强饲养管理、卫生消毒，才能避免病情在鸡群的反复发生。

（八）明确抗生素治疗的局限性

树立"养重于治"的观念。目前，引发鸡致病的因素很多，而抗生素只能治疗一些由寄生虫和细菌引起的疾病，对于其他由病毒引起的疾病则需要预防。因此，我们要树立"以防为主，防重于治，养重于防"的思想意识。

五、常用保健药

蛋鸡常用的保健药物按作用不同可分为以下几种类型。

（一）雏鸡开口用药

雏鸡开口用药为第一次用药。雏鸡进舍后应尽快饮上 2%～5% 葡萄糖水，以减少早期死亡。葡萄糖水不需长时间饮用，一般每 2～3 小时饮 1 次即可。饮完后应适当补充电解多维，投喂抗菌药物预防大肠杆菌病和支原体感染，但禁止使用毒性较强的抗菌药物如磺胺类药等，有条件的还可补充适量的氨基酸。

（二）抗应激用药

临床上许多疾病都有应激因素参与，如断喙、接种疫苗、转群、扩群、更换饲料、停电、天气突变等。若不及时采取有效的预防措施，疾病就会向严重方向发展。抗应激用药就是在疾病的诱因产生之前开始用药，以提高机体的抗

病能力。抗应激药一般可使用维生素 C、维生素 E、电解多维。

（三）营养性用药

营养物质和药物没有绝对的界限，当蛋鸡缺乏营养时就需要补充营养物质，此时的营养物质就是营养药。鸡新陈代谢很快，不同的生长时期表现出不同的营养缺乏症，如维生素 A、维生素 B、维生素 D、维生素 E 缺乏症等。补充营养药要遵循及时、适量的原则，过量地补充营养药会造成营养浪费和鸡的中毒。

（四）保肝护肾药

在防治疾病过程中频繁和大剂量用药势必增加蛋鸡肝解毒、肾排毒负担，同时细菌性疾病的治疗过程中，肠道和体内细菌的死亡所形成的内毒素风暴都会大大加重肝脏的解毒负担，超负荷的工作量最终将导致鸡的肝功能和肾功能降低，甚至急性肝功和肾功的衰竭。因此，在防控疫病的过程中，除了改善饲养管理外，根据所感染疫病对鸡肝、肾实际损伤情况进行辅助治疗或在日常饲养管理中不定期地使用保肝药物进行预防性保健，对于保障鸡群的健康和加速病情的康复具有促进作用。

六、普通免疫程序

蛋种鸡参考免疫程序见表 6-2，商品蛋鸡参考免疫程序见表 6-3。

表 6-2　蛋种鸡参考免疫程序

接种日龄	疫苗种类	接种方法
1 日龄	马立克氏病疫苗	颈部皮下注射
6 日龄	新城疫克隆 30	滴鼻或点眼
7 日龄	新城疫 - 肾型传染性支管炎二联苗	滴鼻或饮水
12 日龄	新城疫 IV 系 新城疫油苗	滴鼻或点眼 肌内注射半个剂量
18 日龄	传染性法氏囊病冻干苗（弱毒）	饮水或滴口
25 日龄	鸡痘疫苗 流感苗（H5N1 亚型）	翅下刺种 肌内注射
30 日龄	传染性法氏囊病冻干苗（中等毒）	饮水
37 日龄	新城疫 - 传染性支气管炎 H$_{52}$ 二联苗	滴鼻或饮水
45 日龄	传染性喉气管炎疫苗（发病区）	点眼或滴肛

续表 6-2

接种日龄	疫苗种类	接种方法
60 日龄	新城疫Ⅰ系	肌内注射
70 日龄	鸡痘疫苗 禽流感疫苗（H5N1 亚型）	翅下刺种 肌内注射
80 日龄	传染性喉气管炎疫苗（发病区）	点眼或滴肛
95 日龄	传染性脑脊髓炎疫苗	饮水
110 日龄	新城疫-传染性支气管炎-产蛋下降综合征三联油苗	肌内注射
120 日龄	流感苗（H5＋H9 亚型）	肌内注射
140 日龄	传染性法氏囊病灭活苗	肌内注射
250 日龄	传染性脑脊髓炎灭活疫苗	肌内注射
300 日龄	传染性法氏囊病灭活苗	肌内注射

表 6-3　商品蛋鸡参考免疫程序

接种日龄	疫苗种类	接种方法
1 日龄	马立克氏病疫苗	颈部皮下注射
6 日龄	新城疫克隆 30	滴鼻或点眼
7 日龄	新城疫 - 肾型传染性支气管炎二联苗	滴鼻或饮水
12 日龄	新城疫Ⅳ系 新城疫油苗	滴鼻或点眼 肌内注射半个剂量
18 日龄	传染性法氏囊病冻干苗（弱毒）	饮水或滴口
25 日龄	鸡痘疫苗 流感苗（H5N1 亚型）	翅下刺种 肌内注射
30 日龄	传染性法氏囊病冻干苗（中等毒）	饮水
37 日龄	新城疫 - 传染性支气管炎 H_{52} 二联苗	滴鼻或饮水
45 日龄	传染性喉气管炎疫苗（发病区）	点眼或滴肛
60 日龄	新城疫Ⅰ系	肌内注射
70 日龄	鸡痘疫苗 禽流感疫苗（H5N1 亚型）	翅下刺种 肌内注射
90 日龄	传染性喉气管炎疫苗（发病区）	点眼或滴肛
110 日龄	新城疫-传染性支气管炎-产蛋下降综合征三联油苗	肌内注射
120 日龄	禽流感灭活苗（H5N1 亚型）	肌内注射
130 日龄	禽流感灭活苗（H9 亚型）	肌内注射
160 日龄	新城疫灭活苗/克隆 30	注射/饮水

第七章

鸡蛋加工

阅读提示：

    鸡蛋是一种营养丰富又易被人体消化吸收的食品，它与肉品、乳品、蔬菜一样是人们日常生活中的重要营养食品之一。鸡蛋可提供均衡的蛋白质、脂类、糖类、矿物质和维生素，易被人体吸收利用，也是值得深加工的食品、医药等的重要原料。本章主要介绍了鸡蛋结构与主要营养成分、主要功能成分、常用蛋制品的加工工艺及蛋制品深加工技术。

第一节 鸡蛋的结构和成分

一、鸡蛋构造

正常鸡蛋呈一头大一头小的椭圆形。由表及里，鸡蛋由蛋壳、蛋清、蛋黄和气室 4 部分组成。其中，蛋壳又分为胶质层、蛋壳和蛋壳膜 3 种结构成分；蛋清又分为外层稀蛋白、中层浓蛋白、内层稀蛋白、内层浓蛋白和系带 5 种结构成分；蛋黄又分为蛋黄膜、蛋黄内容物和胚胎（受精蛋呈现为一个白点，非受精蛋不明显）3 种结构成分；气室内有空气，鸡蛋保存时间越长，气室越大。

（一）蛋壳及胶质层

蛋壳是一种多孔结构物质，具有一定的透明度，其重量约占总蛋重的 11%。其中，水分 1.6%，蛋白质 3.3%，矿物质 95.1%。蛋壳厚度一般为 0.2～0.4 毫米，小头略厚于大头。蛋壳的抗压强度是长轴大于短轴，所以在运输时最好是大头朝上竖直摆放鸡蛋，这样可以尽量减少鸡蛋在运输过程中的破损。蛋壳厚度受鸡种、气温、营养水平、日龄、健康状况等多种复杂因素的影响。

蛋壳上约有 7 500 个直径为 4～40 微米不等的气孔。蛋壳这种多孔结构使空气可自由出入，对胚胎发育中的气体交换极其重要，但同时也给微生物进入提供了通道。蛋壳外表有一层胶质薄膜，刚产下的鸡蛋用它封闭蛋壳上的气孔，对阻止细菌侵入和蛋内水分蒸发有一定作用。随着鸡蛋存放时间延长或孵化，这层胶质膜逐渐脱落，气孔敞开。因此，留作种蛋使用的鸡蛋应及时消毒和尽早入孵。

（二）蛋壳膜

分内壳膜和外壳膜两层。内壳膜包围蛋白，厚度约 0.015 毫米；外壳膜在蛋壳内表面，厚度约 0.05 毫米。蛋壳膜呈现角蛋白形成的网状结构，具有很强的韧性和良好的透气性，内、外蛋壳膜上有许多气孔，同时还具有一定防止微生物入侵的作用。

（三）气 室

鸡蛋在输卵管内时并无气室，由于外界温度低于鸡体内温度，因此导致鸡蛋产出后，内部的蛋白发生收缩，大头端内壳膜下陷，在内外壳膜中间形成一个直径为1～1.5厘米的气室。新鲜鸡蛋的气室小，随着存放时间和孵化时间的延长，蛋内水分蒸发，气室逐渐扩大。因此，人们常根据气室的大小判断鸡蛋的新鲜程度。

（四）蛋白及蛋黄系带

蛋白是带黏性的半流动透明胶体，呈碱性，约占总蛋重的56%。蛋白分为浓蛋白和稀蛋白。从蛋黄向外，依次为卵黄系带、内稀蛋白、内浓蛋白和外稀蛋白等4层。蛋白中含有胚胎发育所需的氨基酸和矿物质（钾、钠、钙、镁、氯等），以及维生素 B_2、维生素 C 和烟酸等水溶性维生素。还有胚胎发育不可缺少的蛋白酶、淀粉酶、氧化酶、溶菌酶等。

蛋黄系带是两条扭转的蛋白带状物，它与鸡蛋的长轴平行，一端粘住蛋黄膜，另一端位于蛋白中。其作用是使蛋黄悬浮在蛋白中，并保持一定的稳定性，使蛋黄上的胚盘不至于黏附到蛋壳上，造成胚胎发育畸形或中途死亡。随着鸡蛋存放时间的延长，蛋白变稀，蛋黄系带与蛋黄脱离，并逐渐溶解而消失。此外，若在运输过程中受到剧烈震动，也会引起系带断裂。在种蛋保存和运输中应尽量避免出现上述情况，否则会降低种蛋的孵化率。

（五）蛋黄与胚盘（胚珠）

蛋黄是一团黏稠的不透明的黄色半流体物质，约占总蛋重的33%。蛋黄外面包裹一层极薄而富有弹性的蛋黄膜，使蛋黄呈球形。蛋黄内集中了几乎鸡蛋的全部脂肪和53%的蛋白质，所含有的卵磷脂、脑磷脂和神经磷脂，对胚胎的神经发育具有重要作用。蛋黄中含有多种维生素，还含有胚胎发育所需的糖类和磷酸、氧化钙、氯化钾以及多种微量元素。由于昼夜摄入和吸收叶黄素的量有所不同，因此蛋黄内可以看到颜色深浅不同，以同心圆形式交替出现的蛋黄层。

胚盘是位于蛋黄中央的一个里亮外暗的圆点（非受精蛋没有明暗之分，称胚珠），直径3～4毫米。胚盘密度较小，有系带固定，无论鸡蛋如何摆放，其始终位于卵黄的上方。这是生物的适应性，可使胚盘优先获得母体的热量，以利胚胎发育。

（六）蛋形指数与哈氏单位

鸡蛋的品质有多种评价指标，比如常用的有蛋重、蛋密度、蛋黄颜色、蛋壳颜色、蛋壳强度、血斑与肉斑、蛋形指数和哈氏单位。其中，除蛋形指数和哈氏单位外，其他指标都比较直观，也容易理解其所表示的鸡蛋品质。

1. 蛋形指数 蛋形指数指的是鸡蛋短轴与长轴的百分比（短轴÷长轴×100%），也可用长轴与短轴的比值表示（长轴÷短轴）。蛋形指数一般在70%～78%或1.42～1.28。目测形状良好的鸡蛋，其蛋形指数为72%～76%或1.39～1.32。

2. 哈氏单位 哈氏单位是一个综合评价蛋清品质的指标，可以人工检测，并通过公式计算获得，也可通过查表获得，现在已经有专门的检测仪器进行测定。哈氏单位的测定方法：将玻璃板校正到水平位置，将新鲜鸡蛋打开倒在玻璃板上，距离蛋黄1厘米并避开系带，选择浓蛋白最宽部位的两个点测定高度，并求其平均值，数值精确到0.1毫米。哈氏单位可用公式计算获得或通过哈氏单位速查表获得。

①计算公式。

$$哈氏单位＝100lg（H－1.7W^{0.37}＋7.57）$$

其中：H为浓蛋白高度，毫米；

W为鸡蛋重量，克。

②哈氏单位速查表。见表7-1。

表 7-1　鸡蛋哈氏单位速查表（简表）

浓蛋白高度（毫米）	鸡蛋重量（克）										
	50	52	54	56	58	60	62	64	66	68	70
4.0	64	63	61	60	59	58	57	56	55	54	53
4.5	69	68	67	66	65	64	63	62	61	61	60
5.0	73	72	71	70	69	69	68	67	66	65	64
5.5	77	76	75	74	74	73	72	71	71	70	69
6.0	80	80	79	78	77	77	76	75	75	74	73
6.5	83	82	82	81	81	80	80	79	79	78	77
7.0	86	86	85	85	84	83	83	82	82	81	80
7.5	89	89	88	88	87	87	86	85	85	84	84
8.0	92	91	91	90	90	89	89	88	88	87	87
8.5	95	94	94	93	93	92	92	91	91	90	90
9.0	97	97	96	96	95	95	94	94	93	93	92
10.0	100	100	100	100	100	99	99	98	98	97	96

二、鸡蛋成分

（一）蛋清成分

蛋清是一种半透明的流动胶体物质，其中固形物含量 $12\%\sim18\%$，呈碱性。蛋清中的蛋白质含量占鸡蛋总蛋白含量的 $11\%\sim13\%$，共有 40 多种蛋白质，主要是卵白蛋白、卵黏蛋白、卵类黏蛋白和卵球蛋白 4 种。

蛋清中含有少量的糖类，分为两种状态存在。一种是与蛋白质结合存在，另一种呈游离状态存在，后者 98% 是葡萄糖。

蛋清中矿物质的含量很少，而种类很多。主要有氧化钾、氧化钠和氯，其次为磷酸。

蛋清中含有蛋白质分解酶、淀粉酶、磷酸酶和溶菌酶。溶菌酶在一定条件和时间内有杀菌作用。温度在 $37℃\sim40℃$ 及 pH 值为 7.2 时活力最强。初生鲜鸡蛋的含菌量比较低的原因与蛋清中的溶菌酶有关。

蛋清中含有多种维生素，每 100 克中含有维生素 B_2 240～260 毫克，维生素 C 0.21 毫克，烟酸 5.2 毫克；还含有少量的核黄素，这是干燥后蛋清呈浅黄色的原因。

（二）蛋黄成分

蛋黄中的固形物含量为 $45\%\sim50\%$，其化学成分比蛋清的复杂，主要是蛋白质和脂肪，脂肪含量比蛋白质高出 1 倍。

蛋黄中所含蛋白质大部分是含磷蛋白质，以磷脂形式与蛋白质相结合，构成脂蛋白，主要包括低密度脂蛋白、卵黄球蛋白、卵黄高磷蛋白和高密度脂蛋白。卵黄球蛋白是单纯蛋白质，即球蛋白，占卵黄总蛋白质的 21%。卵黄磷蛋白是磷蛋白质，占卵黄蛋白的 $70\%\sim80\%$。卵黄蛋白在 $60℃\sim70℃$ 时即发生凝固。

全蛋中的所有脂肪都存在于蛋黄中，蛋黄中脂肪含量为 $30\%\sim33\%$，其中 66% 左右为真脂肪，其余的是磷脂和固醇。

蛋黄内含有色素，属于脂溶性类胡萝卜素，包括叶黄素、黄体素、玉米黄质和胡萝卜素。色素在蛋鸡体内不能合成，只能从饲料中获取。另外，蛋黄中还含有丰富的维生素和矿物质元素。

（三）蛋清蛋黄的鲜度判断

一般情况下，蛋黄比蛋清更容易发生腐败、变质，二者的 pH 值随着鸡蛋新鲜程度的下降而发生相反的变化。新鲜鸡蛋黄的 pH 值为 6.2～6.6，当新鲜度下降时，向酸性方向发展。新鲜蛋清的 pH 值为 7.5～8，随新鲜度的下降向碱性方向发展。当 pH 值达到 9.7 时，蛋清已经腐败。

第二节　洁蛋加工

一、洁蛋工艺流程

洁蛋是指禽蛋产出后，经过表面清洁、消毒、烘水、检验、分级、涂膜及包装等一系列工艺处理后的蛋产品，其工艺流程见图 7-1。洁蛋仍然属于鲜蛋类，是禽蛋的初加工技术。洁蛋具有以下特点：①品质安全可靠；②卫生、洁净、具有较长的有效保质期；③消费者能够通过喷码信息了解到每个洁蛋的生产时间、商标、分级情况等相关产品信息。

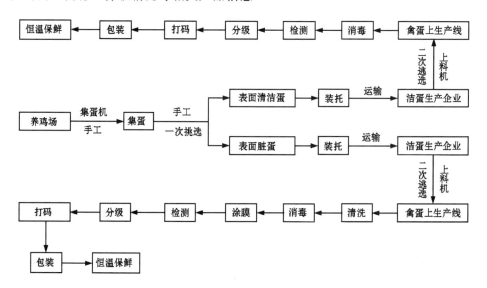

图 7-1　洁蛋生产工艺流程图

目前，许多发达国家规定禽蛋必须经过处理成洁蛋，才能上市销售。在北美、欧洲和日本，禽蛋的清洗消毒率已经达到了 100%。美国、加拿大以及一些欧洲国家早在 20 世纪 60 年代，就开始进行鲜蛋的清洗、消毒、分级、包装。例如在美国，所有养鸡场生产的鸡蛋，必须送到洗蛋工厂进行清洗、消毒处理，然后按一定的重量将鸡蛋分为特级、大、中、小 4 个等级，并经过检测，符合卫生质量标准的才准许进入市场。洗蛋厂分两类：一类是大型洗蛋厂，自动化程度较高，采用流水作业线；另一类是小型洗蛋厂，适合于家庭养鸡场。欧洲一些国家，在鸡蛋前期处理过程中，一部分直接在蛋鸡场使用农场包装机将鸡蛋装于蛋盘内包装，供应市场。一部分鸡蛋，由蛋鸡场送至专门的清洗、消毒、分级包装中心做加工处理，然后销往各地超级市场。我国作为世界上最大的禽蛋生产国，食用鲜蛋的前期处理相对北美、欧洲和日本较落后。

二、洁蛋方法

从鸡舍收集的鲜蛋，经过传送带送至鲜蛋处理车间，在传送的过程中进行第一次检验（专门的禽蛋加工厂有所不同），将异常蛋、血斑蛋、肉斑蛋、异物蛋、过大蛋、过小蛋、沾粪太脏蛋以及破损蛋、裂纹蛋等剔出。

采用洗蛋机，配合一定的洗涤消毒液进行洗蛋作业。清水清洗祛除蛋壳表面的污物，所用清水必须符合生活饮用水卫生标准，水温以 35℃～40℃为宜。消毒剂大多采用含有效氯 100～200 毫克/升的消毒水或其他等效消毒剂，杀灭沙门氏菌、大肠杆菌等致病菌。

鸡蛋的蛋壳常有粪、泥或其他污物附着，而其污染程度与鸡的饲养方式有关。一般而言，平养方式较笼养方式容易污染，而且污染程度也较大。为消除蛋壳上之污染物，一般使用干擦与洗净两种方法。

干擦法：使用干粗布或刷子来擦拭蛋壳表面之污物，可用人工将蛋个别擦拭；也可用机械擦拭，即以自动旋转刷迅速擦刷蛋壳表面以除去污物。干擦法目前已被洗净法所取代。

洗净法：使用洗蛋机洗刷蛋壳上的污物。目前国内业者使用的洗蛋机有美式和日式两种。洗蛋机洗净鸡蛋步骤为：①以真空吸蛋器将蛋吸起放置于检蛋台上；②照蛋检蛋；③喷下洗剂（液）后再以柔软旋转刷子擦刷洗净；④打蜡；⑤干燥；⑥分级（依重量分别）；⑦包装。

洗净用水需符合卫生标准，并注意水温及水质。洗净水温度低于蛋温时，会因蛋气孔之毛细管现象或蛋内部之冷却收缩所引起之吸力，而使微生物经水渗透入蛋内，而洗净水之温度过高时则可能使蛋因热膨胀而破裂。因此，洗净水之温度以较蛋温高 10℃为宜（一般约为 40℃）。

三、洁蛋设备

目前，国外蛋品加工业比较发达，有关的机械设备种类齐全，可以根据使用者的目的进行不同的机械组合，达到经济高效。一般饲养规模小于 10 000 只的小型蛋禽场，使用处理量 1 500～2 000 枚/小时的小型洗蛋机和包装机。饲养规模在 10 000 只以上的大型蛋禽场，建立食用鲜蛋处理中心，根据其规模选择相应的机械设备。以处理量而言，一般为 1 500～120 000 枚/小时。世界上最大的处理设备是美国 Diamond 公司制造的设备，每小时可达 144 000 枚。美国、日本、法国、意大利、澳大利亚、加拿大、德国等国的鲜蛋自动处理程度和技术水平很高。主要的鸡蛋处理机械制造厂有荷兰 MOBA 公司、美国 Diamond 公司、日本 NABEL 与 KYOWA 公司等。其中，MOBA 公司是全球著名的农业机械公司，总部在荷兰，在美国、英国等国设有分部，并在我国上海设有代理处。该公司的产品基本代表国际禽蛋（鲜壳蛋）加工处理技术的最高水平，普遍应用微机、传感器配合气动和机械系统，能够完成禽蛋清洗、干燥、表面涂油、重量分级、裂缝检验、内部斑检验、自动分级（包括次蛋优选）和自动包装工作。产品规格多，系列化，应用遍布世界各地，适应性强，适用范围广。其主要特点是：①传动系统可使包装的所有禽蛋的端部指向同一方向；②具有检测系统，只要操作两个按键，就可以探测蛋的裂纹、血迹和蛋壳上的污物，并按照设定的要求将其分成几个不同的部分；③系统可对探测到的具有裂纹的禽蛋进行优选处理；④传输装置将禽蛋平稳地从滚筒上传输到分级装置上；⑤可对包装完备的蛋箱进行检查；⑥电磁裂缝控制可以探测出比头发丝还细的裂纹，以保证禽蛋加工质量；⑦在一层包装设备蛋栈中，蛋被预选设定的程序按质量划分成四类或五类，并再度被分级。

我国蛋品加工业起步较迟，蛋品加工机械相应简单，尤其是鲜蛋处理系统、自动验蛋系统和蛋制品加工设备系统，基本没有形成规模。目前，蛋品科学工作者和禽蛋加工企业已经认识到加强蛋品工业设备研究的重要性，并加强了这方面的研究。比如福州闽台农产品设备有限公司 2005 年生产的 MT-100 型全自动蛋品清洗分级机，是在参考国外发达国家和中国台湾地区蛋品设备的基础上，根据大陆清洁蛋加工业者的实际情况而生产的。该设备具有的性能主要是：①光透拣蛋。挑选出不新鲜蛋和杂质蛋。②喷淋消毒。对鲜蛋喷消毒液以杀灭沙门氏菌、大肠杆菌等病菌。③清洗烘干。除去蛋品表面的杂质和水分。④喷膜。在清洁蛋表面后喷白油等。⑤喷码装置。在处理过的清洁蛋表面喷上生产日期及批号。⑥电子分级。根据重量大小将清洁蛋分成七级并可统计各级数量。该设备结构简单，造价低，较适合我国清洁蛋加工业者使用。

第三节　皮蛋、咸蛋加工

皮蛋、咸蛋统称腌制蛋，也称再制蛋，是我国传统蛋制品的重要形式，是指鲜蛋经过盐、碱等辅料腌制而成的不改变蛋的形状的制品。

一、皮蛋加工

（一）皮蛋加工的基本原理

虽然皮蛋的加工方法与配方很多，但所用的原料是基本相同的，大多是采用纯碱、生石灰、草木灰、黄泥、茶叶、食盐、氧化铅、水等物质。这些物质按比例混匀后，将鸡蛋（或鸭蛋）放入其中，在一定的温度和时间内，使蛋内的蛋白和蛋黄发生一系列的变化而成为皮蛋。皮蛋成熟的变化过程，可以归纳成以下几个方面或阶段。

1. 皮蛋的凝固　在皮蛋（蛋清和蛋黄）凝固过程中，尤其是蛋清的凝固过程中，首先经过了蛋清稀化，然后蛋清逐渐变浓稠而凝固的过程，即为化清和凝固两个阶段。接着进入转色阶段和皮蛋的成熟阶段。在前两个阶段中，起主要作用的物质是氢氧化钠。氢氧化钠可由生石灰和水作用生成熟石灰，熟石灰再进一步与纯碱作用生成氢氧化钠。也可由草木灰加水生产氢氧化钠。它们的化学反应过程如下：

$$生石灰＋水→熟石灰＋热量$$
$$熟石灰＋纯碱→氢氧化钠＋碳酸钙$$
$$草木灰＋水→氢氧化钠＋氢氧化钾$$

氢氧化钠是一种强碱性物质，在混合料液中，它能通过蛋壳渗入蛋内，料液中的氧化铅又能促使碱液更快地渗入蛋内，使蛋内的蛋白质开始变性，发生液化。随着碱液的浓度逐步渗入，由蛋白渗向蛋黄，从而使蛋白中碱的浓度逐渐降低，变性蛋白分子继续凝聚，因有水的存在，成为凝胶状，并有弹性。同时，食盐中的钠离子，石灰中的钙离子，植物灰中的钾离子，茶叶中的单宁物质等，都会促使蛋内蛋白质的凝固和沉淀，使蛋黄凝固和收缩，从而发生皮蛋内容物的离壳现象。所以，加工质量比较好的皮蛋（松花蛋），一旦外壳敲裂以后，皮蛋很容易剥落下来。蛋白和蛋黄的凝固速度和时间，与温度的高低有关。

温度高，碱性物质作用快；反之，则慢。所以，加工皮蛋需要一定的温度和时间。而适宜的碱量则是关键，如果混合料液中加入的碱量过多，作用时间过长，会使蛋白质和胶原物质受到破坏，从而使已凝固的蛋白变为液体，这种变化，称为"伤碱"。因此，在皮蛋加工中，要严格掌握碱的使用量，并根据温度掌握好时间。皮蛋加工过程可分为 5 个阶段，即化清阶段、凝固阶段、转色阶段、成熟阶段和贮存阶段。

化清阶段：这是皮蛋加工发生变化的第一阶段。在这一阶段，蛋白从黏稠变成稀的透明水样溶液，蛋黄有轻度凝固（鸭蛋、鸡蛋凝固约 0.5 毫米，鹌鹑蛋还薄些），蛋白质的变性达到完全。其中，含碱量为 4.4～5.7 毫克/克（以 NaOH 计）。这时的蛋清发生了物理和化学两方面的变化，其物理变化表现为蛋白质分子变为分子团胶束状态（无聚集发生）。化学变化是卵蛋白在碱性条件及水的参与下发生了强碱变性作用。而微观变化是蛋白质分子从中性分子变成带负电荷的复杂阴离子。维持蛋白质分子特殊构象的次级键，如氢键、盐键、范德华力，偶极作用、配位键及二硫键等受到破坏，使之不能维持原来的特殊构象，坚实的刚性蛋白质分子变为结构松散的柔性分子，从卷曲状态变为伸直状态，达到了完全变性，原来的束缚水变成了自由水。但这时蛋白质分子的一、二级结构尚未受到破坏，化清的蛋白还没有失去热凝固性。

凝固阶段：在这一阶段，蛋的蛋白从稀的透明水样溶液凝固成具有弹性的透明胶体，蛋黄凝固厚度为 1～3 毫米。蛋白胶体呈无色或微黄色（视加工温度而定），平均含碱量为 6.4 毫克/克（6.1～6.8 毫克/克）。实践证明，这个阶段蛋白含碱量最高。这时发生的理化变化是完全变性的蛋白质分子在氢氧化钠的继续作用下，二级结构开始受到破坏，氢键断开，亲水基团增加，使得蛋白质分子的亲水能力增加。蛋白质分子之间相互作用形成新的聚集体。Catharine 对卵清蛋白质变性后的研究，发现卵清蛋白经酸、碱、热变性后，形成 5～20 个变性蛋白质分子组成的分子聚集体。由于这些聚集体形成了新的空间结构，使得吸附水的能力逐渐增大，溶液中的自由水又变成了束缚水，溶液黏度随之逐渐增大，达到最大黏度时开始凝固，直到完全凝固成弹性极强的胶体为止。

转色阶段：此阶段的蛋白呈深黄色透明胶体状，蛋黄凝固 5～10 毫米（指鸭蛋、鸡蛋）或 5～7 毫米（鹌鹑蛋），转色层分别为 2 毫米或 0.5 毫米。蛋白含碱度降低到 3.0～5.3 毫克/克。如果含碱量超过这个允许值范围，就会出现凝固蛋白再次变为深红色水溶液的情况，使之成为次品。这时的物理化学变化是蛋白、蛋黄均开始产生颜色，蛋白胶体的弹性开始下降。这是因为蛋白质分子在氢氧化钠和水的作用下发生降解，一级结构受到破坏，使单个分子的分子量下降，放出非蛋白质性物质，同时发生了美拉德反应。这些反应的结果是蛋白胶体的颜色由浅变深。

成熟阶段：蛋白全部转变为褐色的半透明凝胶体，仍具有一定的弹性，并出现大量排列成松枝状的晶体簇；蛋黄凝固层变为墨绿色或多种色层，中心呈溏心状。全蛋已具备了松花蛋的特殊风味，可以作为产品出售。此时蛋内含碱量为 3.5 毫克/克。这一阶段的物理、化学变化同转色阶段。实验证明，这阶段产生的松花是由纤维状氢氧化镁水合晶体形成的晶体簇。蛋黄的墨绿色主要是蛋白质分子同 S^{2-} 反应的产物。模拟实验表明，生色基团可能是由 S^{2-} 和蛋氨酸形成的。

贮存阶段：这个阶段为产品的货架期。此时蛋的化学反应仍在不断地进行，其含碱量不断下降，游离脂肪酸和氨基酸含量不断增加。为了保持产品的质量稳定，应将成品在相对低温条件下贮存，还要防止环境中菌类的侵入。

铅在凝固过程中的调控作用及其替代品：采用传统工艺加工松花皮蛋时，一般在泡制料液中加入 0.2%～0.4% 氧化铅，这样即使松花皮蛋成熟之后，仍可在料液中长时间地泡着，而不出现已凝固蛋白再"液化"的现象，保持着松花蛋的全部特征。如果采用除去氧化铅的传统料液泡制松花蛋，在蛋白蛋黄凝固后，将有 50% 的蛋不能进入转色成熟期，而是出现蛋白再次"液化"，蛋黄成为实心球的现象，使之成为废品。即使采用提前出缸的方法处理，也存在着产品成品率低、工艺难以掌握、贮存期短等问题。对比上述两种实验现象，发现松花蛋加工工艺的关键在于怎样由凝固阶段顺利地进入转色成熟阶段，即如何控制这个阶段的蛋内含碱量适应于转色成熟的需要，而这一点正是铅的关键作用。松花蛋转色成熟时所需条件是：在 20℃～25℃ 下，保持蛋内含碱量（<5.3 毫克/克）和含水量（>65%）相对恒定、相对绝氧，并能使蛋内产生的硫化氢、氨气和二氧化碳等适量地排出蛋外。得出这一结论的实验基础是，将鲜蛋在只有氢氧化钠和氯化钠的水溶液中浸泡到蛋白、蛋黄凝固好后，取出并清洗蛋壳，涂以化学膜，在 18℃ 下放 20 天，即转变为合格的溏心松花蛋。这个实验也证明了松花蛋加工的关键是如何控制料液中的碱在转色成熟阶段向蛋内渗透的量。显然工艺中的铅具有这一控制作用，它巧妙地调节了蛋内的含碱量，使之适应于工艺过程的需要。

下面的实验解释了铅的这种巧妙的控制作用。利用纯氢氧化钠和普通氯化钠，配制好浓度适宜的水溶液，然后分成二等份，一份加适量的氧化铅，另一份不加，同时泡蛋进行观察。在第四天时，无铅的蛋壳和蛋膜上出现了较规则的"圆孔"，"圆孔"处明显地比其他部位薄，其"圆孔"数量为 10～18 个/25 毫米^2。现在把首次发现的这种"圆孔"现象暂称为"腐蚀孔"现象。而有铅的蛋壳和蛋膜上都有小黑斑，斑点处比其他部位透光性差，较厚，斑点为 10～15

个/25毫米²。当泡到第12天时，有铅的壳和膜上的黑斑增加到15～25个/25毫米²。无铅的壳和膜上的腐蚀孔数量增加到20～30个/25毫米²，孔径增加到300微米，几乎"穿透"了蛋白膜。这时把无铅料液中的蛋取出一部分放入含铅料液中浸泡24小时后，发现原来腐蚀孔的部位全部变成不透光的黑斑。这就是从鲜蛋的匀质蛋膜变成了腐蚀孔，腐蚀孔又变为黑斑。当继续浸泡到第25天时，无铅者蛋白再次液化近1/2，而有铅和无铅再经铅处理的蛋均无蛋白再次液化现象，之后泡成合格产品。而无铅中的大部分蛋的蛋白全变为红色液体，蛋黄为黄色实心球，变为废品。这是因为蛋内含碱量过高，超过了蛋转色成熟时所需的碱量所致。经对蛋壳和蛋膜上的黑斑进行定性分析，证明是硫化铅（PbS）沉淀。

上述实验结果表明，铅巧妙地控制蛋内的含碱量的作用方式，是以在壳和膜上形成难溶化合物硫化铅的形式来堵塞壳和膜上的气孔与网孔，并"修补"它们在加工过程中出现的腐蚀孔，从而达到限制碱量向蛋内过量渗透的目的。无铅的情况则恰恰相反，蛋进入转色成熟期后，已不再需要碱，但由于腐蚀孔现象的出现，导致过量的碱更通畅地进入蛋内。这与工艺要求背道而驰，使得浸泡的蛋变为废品。这就是松花蛋加工工艺的关键，也是铅在松花蛋加工工艺中所起的关键性作用。研究结果表明，壳和膜在加工过程中形成腐蚀孔经历了如下过程：当把鲜蛋泡入含4%～5%氢氧化钠和2.5%～4%氯化钠的水溶液（料液）中后，壳外膜全部溶解，失去作用。溶液中的OH^-、Na^-、Cl^-等离子通过蛋壳的气孔（气孔密度129±1个/厘米²）、蛋壳膜和蛋白膜的网孔渗入蛋内（蛋壳膜的网孔比蛋白膜大得多）。这些离子在经过壳和膜时，对其结构和组成成分都有一定的破坏（分解）作用。碱（氢氧化钠）对黏蛋白、纤维蛋白和各种矿物质等产生强烈的破坏（分解）作用和溶解作用，同时氯化钠和水也对矿物质和纤维蛋白产生溶解和溶胀作用。其结果使得蛋白质次级结构受到破坏，二硫键断裂，进而有小"碎片"从纤维蛋白上断裂下来，部分矿物质溶解进入蛋内或进入料液，这就使得这个部位明显地薄，看上去像一个透光的洞，称之为"腐蚀孔"现象。这种现象在化清1/2以后才明显可辨，这时主要出现在蛋壳和蛋壳膜外层上，其数量为10～18个/25毫米²。在凝固阶段以后，腐蚀孔也在蛋壳膜内层和蛋白膜上形成，在光线透视下，几乎达到"穿透"蛋白膜的程度，孔径达到150～300微米，数量增加到25～30个/25毫米²。可见孔径和数量均随时间的延长而增加。这些腐蚀孔的数量在蛋的不同部位有所不同，基本上同气孔的密度一致，即腐蚀孔的位置对应于蛋壳的气孔。

在显微镜下观察腐蚀孔的变化情况，发现它们并未形成畅通无阻的真正的孔洞，只是这些部位比其他部位薄得多。在浸泡过程中，虽整个蛋的壳和膜都受到了碱和盐等的破坏和溶解作用，但在不同层次不同部位受到的作用程度也不一样。实际上，当某一部位首先被打开缺口后（如二硫键断裂、碳酸钙溶解等），则在这个部位上就会出现连锁反应，被破坏的程度大大加强，从而形成"腐蚀孔"。蛋壳和蛋膜上出现这种腐蚀孔现象，是其特殊结构和特殊化学成分在强碱浓盐的料液中表现出的必然结果。因为蛋壳是由碳酸钙和碳酸镁等矿物质微粒在黏蛋白的黏合下堆积而成的，其内层为三棱形结构，外层为层状结构，所以当黏蛋白受到破坏时就有无机微粒从壳上掉下来。而构成蛋膜的纤维蛋白并不是真正的角蛋白，只是含硫量较高。另外，蛋膜上还含有大量矿物质，它们在水和稀盐溶液中都有一定的溶解度。铅在蛋壳和蛋膜上生成硫化铅沉淀并积累成黑斑经历了下列过程：

首先氧化铅在氢氧化钠溶液中部分溶解，溶解量在 400 毫克/升左右。反应式为：

$$PbO + 2NaOH \longrightarrow Na_2PbO_2 + H_2O$$

当 $PbO_2{}^{2-}$ 同 OH^- 等离子通过壳和膜进入蛋内时，大部分被吸附或沉积在壳和膜上。沉积过程可由下式表示：

$$Pb^{2+} + CO_3{}^{2-} \longrightarrow PbCO_3 \downarrow \quad （在壳上）$$
$$Pb^{2+} + 2R_1COO^- \longrightarrow Pb(RCOO)^2 \downarrow \quad （在膜上）$$
$$Pb^{2+} + 2R_1S^- \longrightarrow Pb(R_1S)_2 \downarrow \quad （在膜上）$$

式中 R、R_1 分别代表不同的化学基团。

当蛋内产生大量硫化氢后，由于受离子渗透的可逆作用和蛋内较高气压的作用，硫化氢就以 S^{2-} 的形式向蛋外渗透，在经过壳和膜时就同 Pb^{2+} 形成更稳定的硫化铅沉淀，即：

$$Pb^{2+} + S^{2-} \longrightarrow PbS \downarrow \quad （P^{ksp}=27.9）$$

这也就是铅在松花蛋加工中的机制。它在松花蛋加工中确实起着关键作用，即铅的沉淀物堵塞了蛋壳的气孔、蛋膜的网孔及腐蚀孔，起到了阻止碱向蛋内渗透的作用，同时还可阻止细菌侵入蛋内，保持蛋品不褪色。

铅在松花蛋加工中确实起着关键作用，但是铅对人体有害。取代铅的物质应具备下列条件：①对人体无害；②应像铅那样能同 S^{2-} 生成稳定的化合物，并不溶于氢氧化钠溶液；③应像铅一样在 1 摩（M）氢氧化钠溶液中溶解的量（300 毫克/升以上）能满足加工的需要；④应像铅一样使用方便、经济。根据上述研究结果表明，只能选择一些金属离子的化合物来代替氧化铅。但又必须着重考虑食品毒理学问题，现在考虑的金属离子有 Cu^{2+}、Zn^{2+}、Fe^{3+} 或 Fe^{2+}。

目前常用铜、锌替代铅。

2. 皮蛋的呈色

（1）蛋白呈现褐色或茶色　蛋白变成褐色或茶色是由于蛋内微生物和酶发酵作用的结果。蛋白的变色过程，首先是鲜蛋在浸泡前，侵入蛋内的少量微生物和蛋内蛋白酶、胰蛋白酶、解脂酶及淀粉酶等发生作用，使蛋白质发生一系列变化；其次是蛋白中的糖类变化，它以两种形态出现，一部分糖类与蛋白质结合，直接包含在蛋白质分子里；另一部分糖类在蛋白里并不与蛋白质结合，而是处于游离的状态。前者的组成情况是：在卵白蛋白中有 2.7%（甘露糖），伴白蛋白中有 2.8%（甘露糖与半乳糖），卵黏蛋白中有 1.49%（甘露糖与半乳糖），卵类黏蛋白中有 9.2%（甘露糖与半乳糖）；后者主要是葡萄糖占整个蛋白的 0.41%。此外，还有部分游离的甘露糖和半乳糖。它们的羰基和氨基酸的氨基化合物及其混合物与碱性物质相遇，发生作用时，就会发生褐色化学反应，即美拉德反应，生成褐色或茶色物质，使蛋白呈现褐色或茶色。

（2）蛋黄呈现草绿或墨绿色　蛋黄中的卵黄磷蛋白和卵黄球蛋白，都是含硫较高的蛋白质。它们在强碱的作用下，加水分解会产生胱氨酸和半胱氨酸，提供了活性的硫氢基（－SH）和二硫基（－SS－）。这些活性基与蛋黄中的色素和蛋内所含的金属离子铅、铁相结合，使蛋黄变成草绿色或墨绿色，有的变成黑褐色。蛋黄中含有的色素物质，在碱性情况下，受硫化氢的作用，会变成绿色；在酸性情况下，当硫化氢气体挥发后，就会褪色。溏心皮蛋出缸后，如果未及时包上料泥，或将皮蛋剥开，暴露空气中时间较长，则暴露部位或整个蛋会变成"黄蛋"。这就说明，蛋黄色素是引起色变的内在因素。此外，红茶末中的色素也有着色作用，而且蛋黄本身的颜色就存在着深浅不一的状况。因此，在皮蛋色变过程中，常见的蛋黄色泽有墨绿色、草绿色、茶色、暗绿色、橙红色等，再加上外层蛋白的红褐色或黑褐色，便形成五彩缤纷的彩蛋。

3. 皮蛋松花的形成

（1）金属盐类结晶说　经过一段时间成熟的皮蛋，食用时剥开皮蛋的壳，在蛋白和蛋黄的表层有朵朵松枝针状的结晶花纹和彩环，称为"松花"。有人说，它是由于用柏树枝灰加工作用的结果。为证实这一说法，人们选用了其他树枝灰加工成皮蛋，剥开蛋壳以后，蛋白表面仍有松花朵朵。皮蛋中松枝花纹和彩环的产生，是鸭蛋在混合料液的作用下所起的变化。如蛋清在碱性物质的作用下逐渐凝固，变成半透明的红褐色；鸭蛋中所含的蛋白质，在加工过程中，有一部分转变为氨基酸，碱性物质与一部分游离的氨基酸相遇，生成金属盐类，这种金属盐以一定的形状附着于已凝固的蛋清表面，形成如松柏枝状的花纹。但是，这一学说只是人们的想象和推测，缺乏科学的理论根据。

（2）氢氧化镁水合晶体学说　皮蛋松花的形成，是皮蛋加工行业长期未曾解开的一个谜。对松花晶体进行分离检测，结果发现，松花晶体经干燥后变为不透明的白色晶体（失去了结晶水），并在玻璃杯上有一定的附着力。松花晶体不溶于水、乙醇、丙醇和氯仿及氢氧化钠、氢氧化钾溶液，松花晶体溶于 2 当量的盐酸、硫酸、硝酸和醋酸及草酸铵溶液。对晶体滴加 2 当量的盐酸时，粉末迅速溶解，但无明显气泡产生。将此混合物蒸干得到的固体可溶于水。在酒精灯上灼烧获得的干燥晶体，无明显变化发生，仍为白色晶体。采用光谱半定量分析结果表明，晶体中主要含镁（镁＞10%），其他金属的含量均属于杂质范围，不含磷和硼。采用 EDTA 络合滴定法对镁进行定量分析，测定结果为 39.14%，X 衍射分析结果也证明，松花晶体是氢氧化镁［$Mg(OH)_2$］。

4. 皮蛋风味的形成　皮蛋风味的形成是由于禽蛋中的蛋白质，在混合料液成分作用下，受到蛋内蛋白分解酶的作用，分解产生氨基酸，氨基酸经氧化产生酮酸，酮酸具有辛辣味。蛋白质分解产生的氨基酸中含有数量较多的谷氨酸，谷氨酸同食盐相作用生成谷氨酸钠，谷氨酸钠是味精的主要成分，具有味精的鲜味。蛋黄中的蛋白质分解产生少量的氨和硫化氢，有一种淡淡的臭味，再加上食盐深入蛋内产生咸味。茶叶成分也可赋予皮蛋香味。因此，各种气味、滋味成分的综合，使皮蛋具有一种鲜香、咸辣、清凉爽口的独特风味。

皮蛋之所以具有特殊的风味，主要是由于蛋在加工过程中发生了一系列生物化学变化，产生了多种复杂的风味成分。皮蛋风味成分主要在蛋变色和成熟两阶段形成。根据气相色谱质谱联用技术对皮蛋中挥发性风味成分的研究表明，皮蛋在成熟之后新产生了 40 种挥发性风味物质，加上禽蛋原有的 19 种挥发性风味成分，共有这类化合物 59 种。在碱性条件下，部分蛋白质水解成多种带有风味活性的氨基酸。部分氨基酸再经氧化脱氨基而产生氨气和酮酸，含硫氨基酸还可继续变化和分解产生硫化氢。微量的氨气和硫化氢可使皮蛋别具风味；少量的酮酸具有特殊的辛辣风味。除此之外，食盐的咸味、茶叶的香味等也是构成皮蛋特有风味的重要因素。

（二）皮蛋加工辅料及其选择

鲜蛋能变成皮蛋，是由各种材料的相互配合所起作用的结果。材料质量的优劣，直接影响到皮蛋质量和商品价值。因此，在材料选用时，要按皮蛋加工要求的标准进行选择，以确保加工出的皮蛋符合卫生要求，有利于人体健康。常用的加工材料有以下几种：

1. 纯碱　纯碱，学名无水碳酸钠（Na_2CO_3），俗称食碱、大苏打、碱粉、口碱等。其性质为白色粉末，含有碳酸钠约99%，能溶解于水，但不溶于酒精，常含食盐、芒硝、碳酸钙、碳酸镁等杂质。纯碱暴露在空气中，易吸收空气中的湿气而重量增大，并结成块状；同时，易与空气中的碳酸气体化合生成碳酸氢钠（小苏打），性质发生变化。纯碱是加工皮蛋的主要材料之一。其作用使蛋内的蛋白和蛋黄发生胶性的凝固。为保证皮蛋的加工质量，选用纯碱时，要选购质纯色白的粉末状纯碱，含碳酸钠要在96%以上，不能用吸潮后变色发黄的"老碱"。各地经常使用的纯碱有天津生产的工字牌、红五星牌；青岛生产的生产牌、自力牌；四川的自贡碱等。选购时，一次不要买得过多，以免变质。使用后多余的纯碱，存放时要密封防潮。购回后或配料前，最好要测定纯碱的碳酸钠含量是否合乎质量要求。这是因为碳酸钠在空气中易与碳酸气相结合，形成碳酸氢钠，其效率降低。

2. 生石灰　生石灰，学名氧化钙，俗称石灰、煅石灰、广灰、块灰、角灰、管灰等。其性质为块状白色、体轻，在水中能产生强烈的气泡，生成氢氧化钙（熟石灰）。生石灰的质量要求是在选购生石灰时，要选体轻、块大、无杂质，加水后能产生强烈气泡，并迅速由大块变成小块，直至成为白色粉末的生石灰。这种石灰的成分中，含有效氧化钙的数量不得低于75%。对掺有红色、蓝色杂质和含有硅、镁、铁、铝等氧化物的生石灰不得使用。购买生石灰的数量，要做到用多少买多少，不宜多购。这是因为生石灰容易吸潮变质，对一时用不完的生石灰，要密封贮藏在干燥的地方。加工皮蛋时使用生石灰的数量要适宜。这样，才能使石灰与碳酸钠作用所产生的氢氧化钠达到所要求的浓度。如果使用石灰过多，不仅浪费，还会妨碍皮蛋起缸，增加破损，甚至使皮蛋产生苦味，有的蛋壳上还会残留有石灰斑点；如果使用石灰过少，将会影响皮蛋中内容物的凝固。为此，生石灰的用量，以满足与碳酸钠作用时所生成的氢氧化钠的浓度达到4%～5%为宜。

3. 食盐　食盐，学名氯化钠（NaCl）。其性质为白色结晶体，具有咸味，在空气中易吸收水分而潮解。当前市场上出售的食盐，有粗盐、细盐和精盐三种。生产皮蛋用的盐，在质量上要求含杂质要少，氯化钠含量要在96%以上，通常以海盐或再制盐为好。在加工皮蛋的混合料液中，一般要加入3%～4%的食盐。如果食盐加入过多，会降低蛋白的凝固，反而使蛋黄变硬；如果食盐加入过少，不能起到改变皮蛋风味的作用。

4. 茶叶　皮蛋加工使用茶叶的目的，一是增加皮蛋的色素，二是提高皮蛋的风味，三是茶叶中的单宁能促使蛋白凝固。加工皮蛋一般都选用红茶末，因红茶中含单宁8%～25%、茶素（咖啡碱）1%～5%，还含有茶精、茶色素、果胶、精油、糖、茶叶碱、可可碱等成分。这些成分能增加皮蛋的色泽，提高风味，促进蛋白凝固。而这些成分在绿茶中的含量比较少，故多使用红茶。严禁使用受潮或发生霉变的茶叶。

5. 草木灰　植物灰中含有各种不同的矿物质和芳香物质，这些物质能增进皮蛋的品质和提高其风味。灰中含量较多的物质有碳酸钠和碳酸钾。据化学分析，油桐子壳灰中的含碱量在10%左右，它与石灰水作用，同样可以产生氢氧化钠和氢氧化钙，使鲜蛋加快转化成皮蛋。此外，柏树枝柴灰中含有特殊的气味和芳香物质，用这种灰加工成的皮蛋，别具风味。无论何种植物灰，都要求质地纯净、粉粒大小均匀，不含有泥沙和其他杂质，也不得有异味。使用前，要将灰过筛除去杂质，方可倒入料液中混合，并搅拌均匀。植物灰的使用数量，要按植物树枝的种类决定。这是因为不同的树枝或籽壳烧成的灰，它们的含碱量是有区别的。

6. 水　加工皮蛋的各种材料，按一定的比例用量称取后，需要加水调成糊状才能发生化学反应。为保证皮蛋的质量和卫生，使用的水质要符合国家卫生标准。通常要求用沸水调制。一是能杀死水中的致病菌；二是能使混合物料更快地分解和溶合，从而生成新的具有较强效力的料液，以加快对鲜蛋的化学作用，加快皮蛋的成熟。

7. 氧化铅　氧化铅（PbO），又称黄丹粉、金生粉，呈黄色、浅黄红色金属粉末或小块状，是有毒的化合物，不溶于水，溶于硝酸、乙酸及碱金属氧化物的热溶液中。氧化铅对皮蛋的作用机制有很多种说法，如能促进料液向蛋内渗透，能引起蛋白质变性，腌制后期堵塞蛋壳变面的气孔，控制碱液的渗入等。

铅是重金属，长期食入会对人体造成慢性中毒，应严格控制，必须限量使用，我国皮蛋卫生标准（GB 5128—1985）规定，皮蛋中铅的含量不能超过3毫克/千克，因此尽可能不用或少用氧化铅。近年来许多企业认为控制或采用其他物质，如铜盐、锌盐等代替氧化铅。这些物质必须具备：在碱性条件下能够溶解，能与疏基等活性基团生成难溶的化合物，并能吸附、沉积在蛋壳和蛋壳膜上，堵住气孔，对人体无毒无害才能在生产中推广应用。

（三）皮蛋加工场地要求及设备

目前，我国多数皮蛋加工企业的规模都较小，设备简陋，生产能力低，效率低下，产品质量也不很稳定。随着科学技术的发展和人民生活水平的不断提高，在生产中采用更加科学的加工手段和加工技术，进一步提高产品的质量，提高劳动生产率，这已成为传统蛋制品现代化生产的必由之路。

1. 加工场地技术要求

（1）鲜蛋检验及贮存场地　为了确保原料蛋的质量，鲜蛋检验及贮存场所应满足以下要求：厂房宽敞，地面平整，场地清洁、阴凉、干燥；既要避免阳光直射，又要通风透气；场地温度控制在 10℃～15℃，空气相对湿度保持在 80%～85%。

（2）辅料贮存场地　加工皮蛋使用的辅助材料种类多、数量大，必须根据各种辅料的特点，用专门的容器贮存。各种辅料不能随意堆放，也不要混放，要避免日晒雨淋，以防辅料的性质发生变化甚至失去作用。

（3）配料间及料液贮存间　配料间是配制料液时各种辅料发生化学反应的场所，常常有大量热量和水蒸气产生，因此，配料间要求高大宽敞，墙内壁要有较高的水泥墙裙。料液贮存间是暂时存放料液的地方，为了最大限度保证料液在存放期间不发生水分蒸发和浓度变化，防止外界的污染，并尽量减少空气中二氧化碳与料液的化学反应，未使用完的料液应装入容器中密封保存。

（4）加工车间　皮蛋加工车间是皮蛋生产最主要的场所，也是浸泡皮蛋成熟的地方，在生产中，控制适宜的车间温度是皮蛋加工成败的关键。当料液浓度不变时，车间温度决定着皮蛋的成熟速度及浸泡时间。在生产中，一般控制加工车间的温度为 20℃～25℃，其中以室温 22℃为最佳。为了满足皮蛋加工中适当的环境温度和相对稳定的浸泡条件，有条件的地方还可利用地下室（或防空洞）作为泡制松花蛋的场地，这样不仅可以取得良好的浸泡效果，而且企业在不增加经营成本的前提下可常年进行生产。

2. 皮蛋加工设备

（1）传统加工设备　目前，国内小型蛋品加工厂在加工皮蛋时，多数仍采用传统的手工操作，虽然这种方法的生产量少、效率低，但它对设备的要求不高、投资少，适合于个体户进行作坊式的加工。这类工具主要包括陶瓷缸、各类盛装容器（桶、盆、瓢、勺）、洗蛋捞蛋用具（竹制蛋篓或塑料蛋箱、漏瓢）、压蛋网盖、包涂泥料的工具及保护用具（乳胶手套、橡皮围腰、长筒胶靴）等。

（2）现代加工设备　随着科学技术的发展和人们生活水平的不断提高，在生产中采用更加科学的加工手段和加工技术，进一步提高产品的质量，提高劳动生产率，这已成为传统蛋制品现代化生产的必由之路。现在，我国在皮蛋生产方面的机械化生产取得了很好的进展，逐步向机械化、自动化方向发展。

①拌料机　拌料机又称打料机，它的结构简单，使用较方便，主要由电动装置、离心搅拌机和可动支架三部分组成。在皮蛋生产中，使用这种机器代替手工搅拌料液，其效果好，效率高。

②吸料机　吸料机即料液泵，由料浆泵、料管和支架构成。吸料机能吸取黏稠度较大的松花蛋料液，它适合于清料法生产中无渣料液的转缸、过滤及灌料等工序。

③打浆机　这种机器由动力装置、搅拌器、料筒及固定支架组成。打浆机已为许多皮蛋加工厂所采用，其主要用途是生产包裹皮蛋的浓稠料泥。

④包料机　包料机一般由料池、灰箱、糠箱、筛分装置、传送装置及成品盘等组件构成。使用这种机器每小时可包涂皮蛋1万枚以上，不但可大大提高工作效率，而且可避免手工操作时碱、盐等对皮肤的损伤。近些年来，由于传统皮蛋生产中外裹泥糠的保存方法虽然保存时间长，但不符合检疫、方便、卫生等要求，皮蛋生产中的包料已经发展称为涂膜方法，出现了不同功能、型号的皮蛋涂膜机。

二、咸蛋加工

咸蛋主要用食盐腌制而成。食盐有一定的防腐能力，可以抑制微生物的生长，使蛋内容物的分解和变化速度延缓，所以咸蛋的保存期比较长。但食盐只能起到暂时的抑菌作用，减缓蛋的变质速度，当食盐的防腐力被破坏或不能继续发生作用时，咸蛋就会腐败变质。所以，从咸蛋加工到成品销售，必须为食盐的防腐作用创造条件；否则不管何种成品或半成品，仍会在薄弱的环节中变坏。

食盐溶解在水中可以发生扩散作用，对周围的溶质具有渗透作用。食盐之所以具有防腐能力，主要是产生渗透压的缘故。咸蛋的腌制过程，就是食盐通过蛋壳及蛋壳膜向蛋内进行渗透和扩散的过程。在腌制过程中，食盐溶液产生很大的渗透压，使细菌细胞体的水分渗出，导致细菌细胞发生质壁分离，于是细菌不能再进行生命活动，甚至死亡。由于腌制时食盐渗入蛋内，使蛋内的水分脱出，降低了蛋内水分含量，抑制了细菌的生命活动；同时，食盐可以降低蛋内蛋白酶的活性和细菌产生蛋白酶的能力，从而延缓了蛋的腐败变质速度。

腌制咸蛋时，食盐的作用主要表现在以下几个方面：①脱水作用；②降低微生物生存环境的水分活性；③对微生物有生理毒害作用；④抑制酶的活力；⑤同蛋内蛋白质结合产生风味物质；⑥促使蛋黄油渗出。

第四节　蛋粉及液蛋加工

一、蛋粉加工

干蛋粉的加工可分为全蛋粉、蛋黄粉和蛋白粉，主要是利用高温在短时间内使蛋液中大部分水分脱去，制成含水量为 4.5％左右的粉状制品。目前，常用的脱水方法有离心式喷雾干燥法和喷射式喷雾干燥法两种，我国以喷射式喷雾干燥法为主生产蛋粉。蛋粉生产工艺流程见图 7-2。

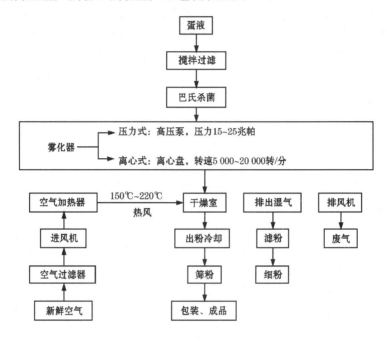

图 7-2 蛋粉生产工艺流程图

二、液蛋加工

蛋液是一种主要的去壳蛋制品，是鲜蛋经打蛋处理后得到的蛋液。因此，在发达国家的食品工业及家庭中受到广泛欢迎，这为蛋产品的开发利用提供了便捷途径。

我国的液蛋加工业由于受历史的影响，基础比较薄弱。20 世纪 80 年代，北京、上海等地引进了一些先进蛋品加工设备，液蛋加工业有了一定发展。有的企业为使蛋液运输方便或延长保存时间，在蛋液中加糖或加盐后再浓缩成加糖或盐的浓缩蛋液。

液态蛋主要有 3 类：液全蛋、液蛋白和液蛋黄。一般经过预处理，经打蛋后分为全蛋液、蛋黄液和蛋白液，然后再加工成冷藏、杀菌、加糖或加盐的液态蛋制品。蛋液生产工艺流程见图 7-3。

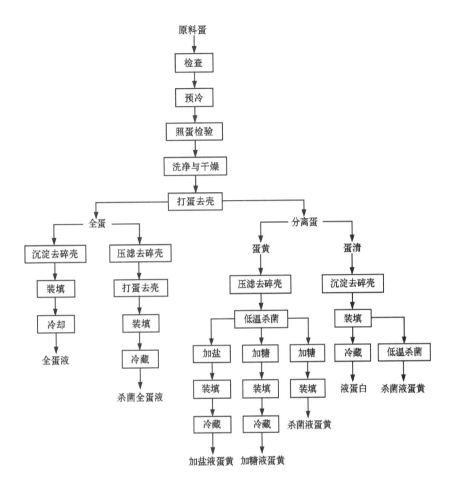

图 7-3 液蛋生产工艺流程图

第五节 鸡蛋中功能性成分的分离与提取

鸡蛋中富含溶菌酶、卵磷脂、蛋黄油等具有生理功能的活性成分，这些功能物质可作为医药、化妆品、食品等行业的原料、主剂、添加剂或者功能因子，或者为保健品开发提供重要的物质基础。但目前我国蛋品深加工技术还比较落后，活性成分的产量与品质并不能满足供求关系。因此，重视蛋中高附加值天然活性物质高效提取与产品开发的关键技术，推进产业化进程是蛋品行业重要的发展方向。

一、溶　菌　酶

溶菌酶（Lysozyme）是一种专门作用于微生物细胞壁的水解酶，又称细胞壁溶解酶，分子量约为 14 000 道尔顿（Da），是一种化学性质非常稳定的蛋白质。蛋清中的溶菌酶占其蛋白质总量的 3.5％左右，是生产溶菌酶的主要来源。溶菌酶作为一种非特异性免疫因素，具有抗菌、抗病毒、抗肿瘤等作用，被广泛应用于医疗、食品防腐及生物工程等方面。

（一）蛋清中溶菌酶的提取方法

生产溶菌酶常用的原料是鸡蛋清，主要方法有直接结晶法、阳离子交换法和超滤法等。随着各种新的生物分离技术的出现，用于溶菌酶分离纯化的方法越来越多，特别是现在采用的染料亲和色谱、亲和膜色谱、反胶团萃取、双水相萃取、亲和沉淀等方法。

1. 结晶法　结晶法是提取溶菌酶的一种传统方法，又称等电点盐析法。在蛋清中加入一定量的氯化物、碘化物或碳酸盐等盐类，并调节 pH 值至 9.5～10，降低温度，溶菌酶会以结晶形式慢慢析出，而大多数蛋白质仍存留于溶液中；再将结晶体过滤后溶于酸性水溶液中，许多杂质蛋白沉淀析出，而溶菌酶则存留溶液之中；过滤后将滤液 pH 值调节至溶菌酶的等电点，静置结晶，便得到溶菌酶晶体，可利用重结晶的方法将此结晶体反复精制，直至达到所需要的纯度。此方法的缺点是：①蛋清中含盐量高。②蛋清的功能特性受到破坏。③溶菌酶产量低。④原材料和其他材料的损耗相对的较大。⑤生产周期长。

2. 离子交换法　离子交换法是利用离子交换剂与溶液中的离子之间所发生的交换反应来进行分离的，分离效果较好，广泛应用于微量组分的富集。鸡蛋清中的溶菌酶是一种碱性蛋白质，最适宜的酸度为 pH 值 6.5，因此可选择弱酸型阳离子交换树脂进行分离，然后用氯化钠或硫酸铁溶液洗脱，达到分离目的。此方法具有快速、简单、经济，并能实现大规模自动化连续生产的特点。目前，国内外已用于溶菌酶分离纯化的离子交换剂主要有 724、732 弱酸型阳离子交换树脂，D903、D201 大孔离子交换树脂，CM-纤维素，磷酸纤维素，DEAE-纤维素，羟甲基琼脂糖，大孔隙苯乙烯强碱型阴离子交换吸附树脂，CM-Sephadex 阳离子交换树脂，Duolite C-464 树脂等。图 7-4 为离子交换法使用的设备。

3. 超滤法　超滤法利用膜两侧的压力差，使水分、盐类及糖类等小分子透过膜，而溶菌酶等大分子蛋白质留在膜内不能透过，从而达到纯化效果。它的

图7-4　离子交换设备

优点是无相变、操作简单、操作费用低、产品不易失活。溶菌酶的分子量为14 300道尔顿，而蛋清中其他蛋白质的分子量则在30 000道尔顿以上，因此可选择适当的分离膜，以超滤法滤出溶菌酶。而残留的大量蛋清则可直接应用于食品加工。运用超滤技术可以很好地通过调节而获得高产量和高纯度的产品，如果在无菌条件下操作，可以直接生产无菌的溶菌酶溶液，直接用于临床治疗。图7-5为大型超滤设备。

图7-5　大型超滤设备

（二）从蛋清中提取溶菌酶的工艺流程

目前，工业上常常结合多种方法生产溶菌酶，以提高产品提取率、活力和纯度。下面介绍的工艺联合应用了多种方法。

1. 工艺流程

洗蛋、打蛋取蛋清→过滤→树脂吸附→低温静置→上柱洗脱→超滤浓缩→冷冻干燥→成品

2. 操作要点

（1）吸附　在室温条件将处理过的鸡蛋清慢速搅拌，并加入活化处理后的树脂，使树脂全部悬浮在蛋清中，静置吸附一段时间后过滤，将树脂与蛋清液分开，用少量水洗涤树脂，并将洗涤液与处理后蛋清合并，调节蛋清溶液 pH 值为中性。

（2）洗脱　将分离后的树脂，加入 2 倍树脂体积的水搅拌洗涤，漂去上层泡沫，滤去水，反复洗涤几次。将水洗后的树脂装柱。用 0.1～0.2 毫摩/升氢氧化钠溶液洗脱，除去杂蛋白，达到用 20％ 三氯醋酸检查洗出液时不出现浑浊为止。然后用氢氧化钠溶液洗脱，收集洗脱液。

（3）超滤浓缩　洗脱液采用超滤技术进行分离浓缩，使用截留量为 10 000道尔顿的超滤膜，控制氮气压力进行超滤脱盐及浓缩，浓缩到原始体积的 1/8左右。

（4）冷冻干燥　经过前处理的溶菌酶液，需要进行冻结后再升华干燥。冻结温度必须低于酶液的相点温度。需要速冻，冻结速度越快，酶制品中结晶越小，对其结构破坏越小。冷冻温度低，干酶制品较疏松且白度好。图 7-6 为大型冻干设备。

图 7-6　大型冻干设备

（三）溶菌酶的应用

1. 溶菌酶在食品工业中的应用

（1）食品防腐剂 用溶菌酶溶液处理新鲜蔬菜、水果、鱼肉等可以防腐；用溶菌酶与食盐水溶液处理蚝、虾及其他海洋食品，在冷藏条件下贮藏，可起到保鲜作用；鱼、糕点、酒类、新鲜水产品等也可用溶菌酶来处理。

（2）用作婴幼儿食品 溶菌酶是婴儿生长发育必不可少的抗菌蛋白，溶菌酶对杀死肠道腐败球菌有特殊作用。溶菌酶能够增强 γ-球蛋白等的免疫功能，提高婴儿的抗感染能力，特别是对早产婴儿有防止体重减轻、预防消化器官疾病、增进体重等功效。

2. 溶菌酶在其他领域中的应用

（1）医药卫生 溶菌酶能参与人体的多糖代谢，因此能加速黏膜组织的修复，并具有抗感染、抗细菌、抗病毒的作用。溶菌酶的多种药理作用在于它能与血液中引起炎症的某些细菌或病毒结合，抑制或削弱它们的作用；它能分解黏厚蛋白，降低脓液或痰液的黏度使之变稀而排出；它能与血液中的抗凝因子结合，具有止血作用；还能提高抗生素和其他药物的医疗效果。所以，可制成消炎药与抗生素配合治疗多种黏膜炎症，消除坏死黏膜，促进组织再生，同时起到止血和生血的作用。

（2）生物工程 由于溶菌酶具有破坏细胞壁结构的作用，用溶菌酶溶解菌体或细胞壁可获得细胞内容物（如原生质体等），用于细胞融合或原生质体转化以达到育种或生产蛋白质的目的。因此，溶菌酶是基因工程、细胞工程中细胞融合操作中必不可少的工具酶。

二、卵白蛋白与卵转铁蛋白

卵白蛋白是鸡蛋清中的主要蛋白，其含量约占蛋清蛋白质的 54％。卵白蛋白影响蛋清蛋白质中的许多功能特性，如对胰蛋白酶有强烈抑制作用，能部分抑制枯草杆菌蛋白酶活性。另外，其水解产物具有较强的抗氧化活性。

卵转铁蛋白，是一种更易溶的非结晶性白蛋白，含量约占鸡蛋清的 12％，具有许多特殊生理活性，如抗菌及免疫功能。最常见的功能是运转铁离子，它能够将细胞外的铁离子运输到红细胞中，供合成血红蛋白，有效防止贫血。

（一）蛋清中卵白蛋白、卵转铁蛋白连续提取工艺流程

卵白蛋白的提取主要为盐析分离法，卵转铁蛋白的提取主要为离子交换层

析法，在工业生产上，两种蛋白质可实现连续化提取。

1. 工艺流程

洗蛋、打蛋取蛋清→微滤、超滤→卵白蛋白盐析沉淀→上清液→离子交换层析→卵转铁蛋白

2. 操作要点

①微滤、超滤。前处理后的蛋清液用10倍水稀释，以消除高黏度对蛋白质分离提取造成的影响。调节 pH 值为9，充分低速搅拌，低温静置6小时后，用0.45微米的混合纤维素酯微孔滤膜微滤。将所得微滤液用切向流超滤系统进行超滤（截留量5 000道尔顿），超滤浓缩3倍，操作输入压力30磅/平方英寸（2.1千克/厘米^2），输出压力10磅/平方英寸（0.7千克/厘米^2），室温进料。超滤液用于卵白蛋白的盐析沉淀。

②卵白蛋白盐析沉淀。取超滤浓缩液，加入饱和硫酸铵进行盐析。检测上清液中蛋白质含量，计算蛋白质回收率。

③离子交换层析。盐析后的上清液采用 CM-Sephadex 离子交换填料，以0.01摩/升、pH 值8.5的 Tris-HCl 缓冲液平衡、上样、流洗除去部分杂蛋白，再用含0.10摩/升的缓冲液洗脱，获得卵转铁蛋白。

（二）卵白蛋白和卵转铁蛋白的应用

卵白蛋白因其良好的凝胶性而作为食品配料被广泛应用于食品行业。卵白蛋白经过酶解、分离、精制等过程而获得的相对分子量低于1 000道尔顿的肽类混合物，添加葡萄糖酸锌及一些其他辅料后可调制成营养丰富、增强机体免疫力且适合成人口味的卵白蛋白营养口服液。

卵转铁蛋白主要的应用集中在医药卫生方面。卵转铁蛋白将铁离子从吸收和储存的地方运输到红细胞供合成血红蛋白利用，然后与铁离子分离，或是输送到机体的其他需要铁的部位，从而促进机体对铁的吸收，有效防止贫血；卵转铁蛋白能与游离的铁离子形成稳定的 Fe^{3+} 络合物，起到清除游离铁离子、抑制自由基产生的细胞毒性，因此具有缓解类风湿关节炎和抗衰老的作用；利用转铁蛋白作为化疗药物的载体，通过戊二醛使阿霉素和转铁蛋白形成偶联物，初步临床试验表明了这种偶联物在治疗白血病中的应用价值。

三、蛋 黄 油

蛋黄中含有丰富的蛋黄油，蛋黄油中主要成分有甘油三酯、少量的游离脂肪酸、色素等。蛋黄甘油三酯是人类重要的营养物质，在人体代谢氧化时能产

生大量的热量。由于蛋黄油的脂肪酸组成与人乳相似，因此被用作婴儿配方食品中的基础油。它还可作为危重病人高营养全静脉脂肪乳剂的辅剂，对病人康复和维持生命发挥着重要作用。此外，蛋黄油也可作为乳化剂，用于制造肥皂；医药上可用于治溃疡及风湿等；部分产品也可供油画工业使用。

（一）蛋黄油的提取方法

目前，国际上制备蛋黄油的方法主要包括有机溶剂萃取法、沉淀法、超临界法、柱层析法、薄层色谱法、膜分离法等，而最广泛使用和最具实际生产应用性的是有机溶剂萃取法、超临界二氧化碳萃取法和酶水解法。

1. 有机溶剂萃取法　有机溶剂萃取法是根据蛋黄中脂质（包括胆固醇在内）与其他组分在有机溶剂中溶解度的不同而进行分离的一种方法。关键是溶剂的选择，通常采用的溶剂有正己烷、异丙醇、丙酮、石油醚、甲醇等。例如采用正己烷-异丙醇，一般提取率为75%左右，产品质量较高，但是混合溶剂相对单一溶剂而言，残留可能会更多。采用乙醇或丙酮制备，一般提取率为60%左右，其中磷脂质含量较前者高，但副产品蛋黄蛋白质变性程度较大。

（1）乙醇法提取蛋黄油的工艺流程

蛋黄前处理→乙醇多次萃取→过滤→收集滤液→减压蒸馏→蛋黄油

（2）操作要点

①蛋黄前处理　蛋黄加入其重量2～3倍的水，调整pH值为4～6，充分混合成蛋黄水溶液后静置30分钟。

②乙醇多次萃取　加入95%酒精使蛋黄水溶液的酒精浓度为50%（w/v），离心取沉淀，加入4～6倍沉淀重量的95%酒精，重复萃取2～3次。

③收集滤液　收集每一次萃取离心后的上清液，加入浓度至少为0.5%（w/v）的β-环状糊精，用于除去蛋黄油中的胆固醇，45℃～65℃振荡至少0.5小时，离心取上清液经减压浓缩去除酒精即为蛋黄油。

2. 超临界二氧化碳萃取法　超临界二氧化碳萃取技术是在低温高压条件下进行蛋黄油的提取过程，避免了蛋黄油的氧化，最大限度地保持了蛋黄油的天然物理活性及营养功能特性，符合目前社会对天然营养保健功能食品的需求。其原理是：在一定压力和温度下，二氧化碳变成超临界流体后作为溶剂将油从原料中浸出，然后改变压力和温度使二氧化碳变为气态，从而使蛋黄油滞留下来，达到萃取的目的。该方法可从蛋黄粉原料中有效分离出不含磷脂的蛋黄油、蛋黄磷脂和蛋黄蛋白，其产品质量好，但对蛋黄粉原料质量和萃取装置耐压度要求很高，产品成本较高。

（1）超临界二氧化碳萃取工艺流程　见图7-7。

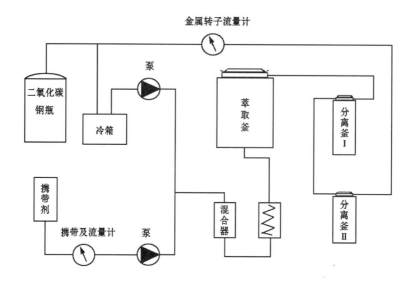

图 7-7　超临界二氧化碳萃取设备流程图

（2）操作要点

①原料进料量对蛋黄油萃取率的影响　进料量对蛋黄油的提取率的影响较大，而对蛋黄油的纯度影响较小。在超临界萃取过程中，进料量过少，没有充分利用萃取空间，还可造成高压二氧化碳在萃取釜内出现漩涡，不利于萃取；而当进料量过多时，物料压得过于结实，则阻碍了二氧化碳的通过，也会影响萃取结果。

②二氧化碳流量对蛋黄油萃取率的影响　二氧化碳流量的变化对蛋黄油的萃取有很大的影响，当二氧化碳流量增加时，它流经原料层的速度增加，从而增大萃取过程的传质推动力，使传质速率加快。一般超临界流体流量愈大，则萃取速率越快，所需萃取时间愈短，萃取愈充分，萃取效率愈高。

3. 酶法　酶法是近年提取油脂的一种新方法，其原理是通过酶的作用降解植物细胞壁或脂类复合体，从而促使油脂释放。蛋黄中的蛋白质大部分与脂结合并与水混合后形成脂蛋白乳状液，与植物油脂存在形式有一定的相似性。因此，理论上可采用酶法降解蛋黄中的脂蛋白复合体，从而达到分离提取油脂的目的。

酶法提取蛋黄油的工艺流程：取蛋黄粉、配成悬浊液，调 pH 值及温度，加入蛋白酶水解，灭酶（90℃，30 分钟）等步骤，再经过离心分离（4 000 转/分，15 分钟），得到上层液体为蛋黄油，下层为脂蛋白乳状液、水解蛋白液及蛋白质沉淀，一般提取率为 60% 左右。

（二）蛋黄油的应用

医学实践证明，蛋黄油有滋润皮肤、促进伤口愈合的功能，可用于治疗烫伤、皮肤溃疡久不愈合、皮肤疾病、痔疮、多发性毛囊炎、五官疾病、小儿消化不良、传染性肝炎、慢性中耳炎、溃破型淋巴结核等症。另外，蛋黄油中含有大量的不饱和脂肪酸，尤其是亚油酸、亚麻酸、花生四烯酸等人体内不能合成的不可缺少的脂肪酸。蛋黄油可作为婴儿母乳化配方食品中的基础油，对人体有很高的营养价值，可制成保健品，还可作为危重病人高营养全静脉脂肪乳剂的辅剂。

四、卵磷脂

卵磷脂是一种广泛分布在动植物中的含磷脂类生理活性物质，生物化学名称为磷脂酰胆碱。通常情况下呈淡黄色透明或半透明的蜡状或黏稠状态。卵磷脂具有乳化、增溶、润湿、抗氧化、发泡与蛋白结合以及防止淀粉老化等多种理化功能。此外，卵磷脂也是生物膜的构成成分，是神经递质——乙酰胆碱的主要来源，可以修复线粒体，参与机体代谢。同时，卵磷脂还可促使胆固醇和蛋白质分子之间的结合，抑制动脉粥样硬化的发生和改善动脉壁的组织结构。纯度高达98％以上的高纯度卵磷脂更是载药脂质体或脂微球的首选乳化剂，是制药行业不可或缺的药用辅料。

（一）蛋黄卵磷脂的提取方法

1. 有机溶剂法提取蛋黄卵磷脂　这种方法是先去除蛋白质后，分离卵磷脂和中性脂肪。也可以先去除蛋黄油，再分离卵磷脂和蛋白质。此方法的缺点在于卵磷脂和水是一同回收的，因此需要脱水和干燥，但是考虑到卵磷脂在高温下不稳定，所以只能用冷冻干燥法进行干燥，致使产品的成本加高。

（1）有机溶剂法提取蛋黄卵磷脂工艺流程

蛋黄→酶解→加乙醇搅拌→离心提取（反复3次）→合并上清液→蒸发回收→冷冻干燥→粗卵磷脂

（2）操作要点

①有机溶剂的选择　分离时，所选用的有机溶剂一般为石油醚、乙醚、氯仿、甲醇、乙醇、丙酮等。

②有机溶剂萃取　称量一定量的均质后的蛋黄，加入一定量的乙醇，搅拌30分钟后静置一定时间，加入乙醇用量1/3的乙醚，继续搅拌15分钟，静置

相同时间后过滤，滤渣进行二次萃取，搅拌静置相同时间，二次过滤。

③注意事项　有机溶剂萃取时，对萃取效果产生影响的因素有很多，如有机溶剂的种类、用量浓度、萃取的温度、时间、溶液的 pH 值、萃取的次数等。抽提卵磷脂时使用极性、非极性混合溶剂比使用单一溶剂效果好，不宜温度过高，因为卵磷脂在高温条件下，不饱和脂肪酸容易氧化失去生理活性。

2. 层析法提取蛋黄卵磷脂　层析法是一种高灵敏度、高效的分离提取技术，在分离纯化卵磷脂方面得到应用。在层析柱内装有层析剂，它是起到分离作用的固定相或分离介质，由基质和表面活性官能团组成。基质是化学惰性物质，不会与目的产物和杂质结合，常被采用的是吸附柱层析和离子交换柱层析。活性官能团会有选择地与目的产物或杂质产生或强或弱的结合性，当移动相中的溶质通过固定相时，各溶质成分由于与活性基团的吸附力和解吸力的不同，它们在柱内的移动速度会产生差异，进而将目的产物分离出来。

（1）层析法提取蛋黄卵磷脂工艺流程

蛋黄→乙醇提取→滤液→乙醇－己烷混合液萃取上清液→硅胶柱分离→收集→卵磷脂纯品

（2）用吸附柱层析制备高纯度卵磷脂的实例

①取 73 千克蛋黄，用 9 升乙醇萃取 2 次，接着用乙醇-己烷混合液萃取 3 次（体积比分别为 3∶4、2∶4 和 3∶7），分离己烷上清液，通过硅胶柱，用乙醇-己烷-水（体积比为 60∶130∶120）洗脱，可获含量高于 97％的卵磷脂产品。

②采用 15 厘米×40 厘米的色谱柱，以硅胶为吸附剂，用梯度差为 V（CH_3OH）∶V（$CHCl_3$）＝（1∶2）～（2∶1）的甲醇或氯仿混合液（pH 值为 3～4）进行凹型梯度洗脱，可以对卵磷脂进行分离，洗脱剂仅为柱体积的 5～6 倍，洗脱时间仅为 6 小时左右。

3. 金属离子沉淀法提纯蛋黄卵磷脂　卵磷脂可与金属离子发生配合反应，形成配合物，生成沉淀。利用此性质可以把卵磷脂从有机溶剂中分离出来，由此除去蛋白质、脂肪等杂质，再用适当溶剂分离出矿物质和磷脂杂质（主要是脑磷脂、鞘磷脂），这样可以大大提高卵磷脂的纯度。氯化钙、氯化锌均可与卵磷脂发生配合反应形成复盐，但氯化钙提取卵磷脂较低，所以氯化锌是较理想的沉淀剂。

（1）金属离子沉淀法提纯蛋黄卵磷脂工艺流程

蛋黄→粗卵磷脂→溶解→离心→沉淀→溶解→干燥→卵磷脂

（2）用氯化锌-乙醇纯化卵磷脂的具体方法　将 100 克粗卵磷脂溶于 1 升 95％的乙醇中，再加入 45 克氯化锌，生成淡黄色卵磷脂－氯化锌复合盐沉淀，离心分离此沉淀物，在氮气保护下，用 25 毫升丙酮与沉淀物混合，搅拌 1 小时，可得到含量高达 99.5％的卵磷脂。

（二）卵磷脂的应用

1. 卵磷脂在食品中的应用

（1）乳化剂　卵磷脂是我国最早批准作为食品乳化剂的两个品种之一，其消费量仅次于甘油脂肪酸酯，位居第二位。卵磷脂自身的结构决定了其强的乳化性，卵磷脂存在于食品的乳状液中，通常与其他乳化剂和稳定剂相结合而起到乳化作用。卵磷脂作为表面活性剂可取代乳脂肪球表面的蛋白质，广泛应用于许多乳品、再制乳制品和仿制乳制品的生产中。

（2）新型保健食品　卵磷脂因其诸多保健功能而成为倍受人们关注的新型保健食品之一。联合国粮农组织（FRO）和世界卫生组织（WHO）专家委员会报告规定对卵磷脂的摄取量不做限量要求。蛋黄卵磷脂与大豆卵磷脂相比，具有含量高、易吸收的特点，有很好的生理活性。蛋黄磷脂制品在市场上主要以磷脂含量（60％～95％）和卵磷脂纯度（40％～95％）划分为不同产品，如蛋黄磷脂（卵磷脂含量为 40％～50％）、精制蛋黄磷脂（卵磷脂含量为 70％～80％）等，价格随含量提高而增加。目前，国外磷脂商品已形成系列化、专用化和高档化，剂型有磷脂片、磷脂冲剂、磷脂口服液、磷脂软胶囊等，口感较好，吸收快，食用方便。

2. 卵磷脂在化妆品中的应用
蛋黄卵磷脂能刺激头发的生长，对治疗脂溢性脱发有一定疗效。经提纯或改性的卵磷脂比天然卵磷脂在酸碱介质中更稳定，在水中分散性好，更适用于化妆品。可消除青春痘、雀斑并滋润皮肤，常使用于润肤膏霜和油中。

卵磷脂有助于肝脏和肾脏排泄体内的毒素，减少脸上的斑点和青春痘的产生。在保证每天为皮肤提供充分的水分和氧气的同时，服用一定量的卵磷脂，能使皮肤变得光滑柔润。高纯度的氢化磷脂应用于化妆品中可起到良好的抗皱、保湿作用。蛋黄卵磷脂以及维生素 A、维生素 D、维生素 E 等，可作唇膏类化妆品的油脂原料。

五、蛋清蛋白质水解物

近年来，由于功能食品的空前发展，肽吸收理论的证实，研究蛋白质水解物中低肽分子对人体功能的调节作用已成为新的热点问题。蛋清蛋白质的氨基酸组成与人的氨基酸组成很接近，是食物中最理想的优质蛋白质，利用酶水解蛋清蛋白质，生成多肽的混合物，改善蛋清蛋白质的功能性质，通过控制其水解度，可提高蛋白的吸收率，拓宽它的应用范围。蛋清蛋白质水解物可作为功能食品基料，应用于医药和食品工业。

（一）蛋清蛋白质水解物制备的工艺流程

目前，对于蛋清寡肽混合物的制备主要采用酶水解蛋清蛋白。图7-8为酶法蛋清蛋白质水解示意图。

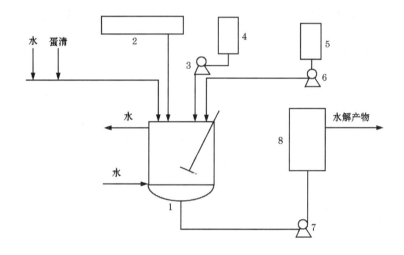

图 7-8　蛋清蛋白质水解示意图
1. 水解反应器　2. pH值温度控制装置　3. 泵　4. 碱液灌
5. 酸液灌　6. 泵　7. 泵　8. 离心机

1. 工艺流程

原料鸡蛋→洗蛋、消毒→打分蛋→搅匀→稀释至底物浓度→酶水解→水解液→精制→喷雾干燥

2. 操作要点

（1）预处理　产蛋及运输过程中环境的污染，蛋壳上含有大量的微生物，是造成微生物污染的来源，为防止蛋壳上微生物进入蛋液内，通常在打蛋前将蛋壳洗净并杀菌。洗涤过的蛋壳上还含有很多细菌，因此应立即消毒以减少蛋壳上的细菌。将洗涤后的鲜蛋采用紫外线照射杀菌5分钟，经消毒后的蛋用温水清洗，然后迅速晾干，以减少微生物污染。

（2）水解　以加热变性后的一定浓度的蛋清为底物，再调节所需水解温度、水解液 pH 值，加入一定量的酶进行水解。水解过程中不断搅拌，并维持一定

pH 值。

（3）精制 水解过程中由于肽键的断裂，一些巯基化合物释放出来，使水解物具有异味，影响产品品质。异味的浓淡程度与温度相关，温度越高，异味越大，当温度高于 50℃时，异味明显。当温度低于 20℃时，异味不明显。去除异味有许多方法，如使用活性炭选择性分离、苹果酸等有机酸及果胶、麦芽糊精的包埋等。

（4）喷雾 蛋清肽喷雾干燥时，入口温度较高，这主要与它酶解后主要产物寡肽和氨基酸有关。喷雾干燥过程与进风温度关系较大，进风温度越高，干燥效果越好，若温度过高，会加重美拉德反应，使产品颜色变黄，同时蛋清肽粉中糖类成分受高热后黏性增高，使其黏壁性增加，影响产出率。因此，选择适宜的入口温度，可有效控制成品水分含量，降低美拉德反应发生的程度。

（二）蛋清蛋白质水解物的应用

1. 在食品行业中的应用 蛋白质水解物作为优质的氮源，在营养保健方面对人类具有非常强的吸引力。由于蛋白质水解物已经过酶消化，其主要成分为小肽，故与蛋白质相比，更易消化吸收。而且由于水解物分子量较低，其致敏性与蛋白质比较明显下降，当肽分子量小于 2 000 道尔顿时，过敏性基本消失。蛋白质水解物的易消化吸收、低致敏性能，使其在保健食品中获得广泛应用，如可用来补充各种原因引起的营养不良患者所需的营养，也可作为运动员食品，来补充消耗的体力。在美国，蛋白质水解物类产品早已应用于运动员膳食，并取得了良好效果。

2. 在医药行业中的应用 一些代谢性胃肠道功能紊乱患者，如克隆氏病、短肠综合征、肠瘘等病人，因其消化吸收功能受损，对蛋白质的消化吸收功能降低引起负氮平衡，传统的解决方法为静脉输液（如脂肪乳、氨基酸注射液、白蛋白注射液等），这种方式操作麻烦、易感染、费用高。以蛋白质水解物为基料的胃肠道营养用药在这一领域显出绝对的优势，蛋白质作为必需营养成分，以其水解物形式摄入体内，能被更有效地吸收、利用，既避免了静脉输液的麻烦，又避免了口服氨基酸引起的高渗腹泻，且费用相对较低，更易为广大患者和家属接受。

六、蛋壳的综合利用

鸡蛋在生活中的需求不断增加，但是大量鸡蛋壳被当作废品丢弃，不仅浪费资源而且污染环境。在医药上，从蛋壳膜提取角蛋白，制备组织生物复合膜，可应用于创伤面处理,减少发炎症状的出现;在轻工业和化妆品行业可生产蛋壳粉化妆品,制造去角质及抗皱护肤霜;在农业上,可将蛋壳加工成盆景肥料;在工业上,蛋壳膜对金属有良好的吸附性,可用其回收贵重金属。

(一) 蛋壳与蛋壳膜分离技术

1. 化学分离法 化学分离法即选择不同的壳膜分离剂浸泡蛋壳,使蛋壳和蛋壳膜中角蛋白发生反应后,降低结合力,在搅拌的作用下实现壳膜分离。壳膜分离的过程中可以加入盐酸、醋酸、乳酸、柠檬酸、氢氧化钠和碳酸氢钠化学试剂作为壳膜分离剂。如将清洗干净并干燥的鸡蛋壳置于一定浓度的氢氧化钠溶液中,在浸泡期间内不时搅拌,促使碱液充分深入蛋壳与蛋膜之间的结合部分,加速蛋壳膜的脱离。化学法虽然可以使蛋壳与蛋壳膜较好地分离,但是耗时较长、回收率较低、分离成本增加。

2. 物理分离法 物理分离法只是通过物理的方法使蛋壳与蛋壳膜发生分离。将蛋壳经洗涤后,在滚筒干燥器中干燥后,粗碎机粗碎,部分蛋壳膜即脱离,通过振动筛后得到一部分蛋壳膜,然后将剩余部分细碎的蛋壳膜通过阀门放出,用鼓风的方式使壳膜分开。物理分离法虽然分离效率高,但是设备较为昂贵,蛋壳膜残留率较高,容易出现粉尘污染。

(二) 蛋壳有机酸钙

蛋壳中的钙主要是以无机酸钙的形式存在的,因此在动物体内不易消化吸收,也不能直接用于生产食品。为提高对蛋壳中钙的吸收率,通常要将无机钙转化为有机钙,才能很好地被吸收与利用。

1. 蛋壳有机酸钙的制备技术 目前,以蛋壳为原料转化制取有机酸钙的方法主要有:微生物转换法、高温煅烧法和直接中和法。

(1) **微生物转化法** 微生物转化法是利用微生物的生物发酵作用产生的乳酸与蛋壳粉混合,经过一系列的生化反应获得的有机酸钙溶液,再浓缩提纯,干燥后即获得成品。

(2) **高温煅烧法** 高温煅烧法是将经过处理的蛋壳首先经过高温煅烧(800℃~1100℃)后得到蛋壳灰分(氧化钙),然后将蛋壳粉加入蒸馏水配制成石灰乳,再缓慢加入有机酸并不断搅拌,将反应后的溶液进行过滤,后将滤液浓缩提纯,干燥后即获得成品。

(3) **直接中和法** 直接中和法是将灭菌烘干的蛋壳粉碎,加入少量稀酸进行壳膜分离,收集蛋壳膜后,对反应物进行抽滤,即可得到一定浓度的有机酸钙母液,经过浓缩、结晶过程后,即得到有机酸钙晶体。

2. 有机酸钙制备的工艺流程 较高温煅烧法和微生物转化法，直接中和法有其独特的优势，使其更适于工业转化蛋壳无机酸钙为有机酸钙。由于高温煅烧法在煅烧蛋壳耗能较高，且煅烧时会产生大量的废气，工业不宜采用此种方法。直接中和法能够有效保护蛋壳的生物活性，相对更节能环保，可降低生产成本。现以乳酸钙、柠檬酸钙的加工为例，其工艺流程如下：

蛋壳→乙酸中和反应→粗过滤→加碱除杂→升温抽滤→恒温干燥→加柠檬酸中和→沸水纯化→恒温干燥→柠檬酸钙粉末

3. 操作要点

（1）与乙酸中和反应 将蛋壳与乙酸在85℃条件下反应，不断观察反应体系，若仍然有气泡产生，反应没有完全，需要继续反应，直至反应液没有气泡产生，反应时间约10小时。

（2）加碱除杂 乙酸钙粗液，过筛去除未反应完全的蛋壳粉。再将反应液温度升至95℃，向乳酸钙母液里缓慢加入熟石灰到pH值至10为止，直至大量絮状沉淀出现。

（3）抽滤浓缩 乙酸钙的水溶液黏性很大，所以保持乙酸钙的温度，趁热抽滤，这样能保证抽滤的顺利进行。抽滤后的固体，80℃条件下烘干，即为乙酸钙成品。

（4）柠檬酸中和 按照柠檬酸与乙酸钙的分子量3∶2的量加入参与反应，反应温度50℃，反应时间2小时。

（5）沸水除杂 于不超过80℃的恒温干燥箱中干燥，得柠檬酸钙粗品。主要杂质为柠檬酸，采用沸水纯化柠檬酸的方法，保持温度100℃，此时柠檬酸溶于沸水，而柠檬酸钙随着温度升至100℃时几乎不溶，趁热过滤，可得到纯度较高的柠檬酸钙。

4. 柠檬酸钙在食品中的应用 柠檬酸钙广泛用于浓缩乳、稀奶油、奶粉、果冻、果酱、罐头等食品中，是一种安全无毒的优质有机钙品和用途广泛的食品添加剂。

（三）超微细蛋壳粉加工技术

蛋壳的矿物质成分主要是碳酸钙，将其制备成超微粉体有助于消化吸收。超细粉制备方法主要有化学法和机械粉碎法两种。化学法制备的粉体不但纯度高，粒度细，颗粒规格分布范围窄，化学均匀性好，而且还可以控制粉体的颗粒形貌，但化学法制备成本高，能源利用率低，所以尚未大规模的应用于工业生产。目前，物理法制备微粉被最广泛的应用，物理法制备微粉就是采用机械力对物料进行加工，使物料成为超细粉末，成本低、适用范围广、颗粒无团聚是此法最突出的优点；但也有粒度粗、纯度低、化学均一性差等缺点。国内所使用的主要是机械粉碎法，采用的机械设备主要是球磨机、振动机和气流粉碎机（图7-9）。

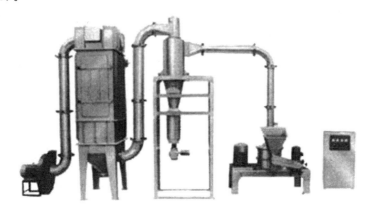

图7-9　气流粉碎设备

1. 超微细蛋壳粉制备的工艺流程

蛋壳→洗涤→壳膜分离→烘干→粗粉碎→超微细粉碎→成品→分装

2. 操作要点

（1）蛋壳烘干　蛋壳烘干可用两种方法，一为加热烘干法，二为自然晒干法。

①加热烘干法　蛋壳烘干是在烘干房里进行的。烘干房为一密闭室，内设加热设备，房顶设有1～2个出气孔。蛋壳放在烘干房里的木架上，将室内加温到一定的温度（80℃～100℃），蛋壳水分被加热蒸发，而使蛋壳烘干；烘干房温度上升达100℃左右，持续2小时以上，蛋壳水分蒸发，蛋壳便成干燥状态。

②自然晒干法　如果没有烘干房，也可采用日光晒干法。即将蛋壳平铺在稍有倾斜度的水泥地面上，借太阳热蒸发蛋壳水分。为使蛋壳水分容易蒸发，蛋壳不宜铺得太厚。摊开后不宜翻动，使蛋壳里的水分自然流出，其表面的水分借阳光热蒸发后，再进行翻堆，这样蛋壳水分容易蒸发。

（2）制粉　须视粉碎物料的物性与所要求的粉碎比而定，尤其是被粉碎的物料机械性质具有很大的决定作用，而其中物料的硬度和破裂性更居首要地位。对于蛋壳这种具有一定韧性和脆性的物料，电动磨粉法较好。

①磨粉　主要是使用电动磨粉器把干燥的蛋壳磨碎。采用的球磨机进行超微细粉碎，其工作原理就是在转盘上装有4个球磨罐，当转盘转动时，球磨罐在绕转盘轴公转的同时又绕自身轴反向做行星式自转运动，罐中磨球和材料在

高速运动中相互碰撞、摩擦，达到粉碎、研磨、混合与分散物料的目的。进行操作时，将干燥蛋壳不断地由上层磨孔送入钢磨内，启动电机，钢磨转速400～800转/分，蛋壳经过磨碎，便成细粉末状。磨出的蛋壳粉由输粉带送入贮粉室。

②过筛　磨碎或击碎成粉状的蛋壳粉粗细不均匀，因此必须过筛。一般用筛粉器进行过筛；蛋壳粉经过筛后，筛下的便是粗细均匀的蛋壳粉，留在筛上较粗的蛋壳粉可再送至磨粉器或击碎器里加工。

（3）包装　制成的蛋壳粉应进行包装。包装材料可用双层牛皮纸袋或塑料包装袋，每袋可分为10千克、5千克等几种规格。装足分量的成品密封袋口、加印商标，贮存于干燥的仓库里，待运出厂。

2. 超微细蛋壳粉在食品中的应用　在中式面条、日本切面中加入面粉用量0.5％～1％的食用蛋壳粉，面的强度得到了强化，并且面团筋道、机械适应性提高；在香肠等畜肉制品及鱼糕等鱼肉加工品中加入食用蛋壳粉后，黏着性及弹性得到提高。出现这种效果的原因在于钙的添加，加热前的肌浆球蛋白分子呈高级次结构变化，加入钙后，由于加热促进了分子间的凝聚作用，显示出形成了强凝胶性能；蛋壳粉可用于油炸食品中，有抑制油炸用油氧化的作用；在油炸食品面衣中加入可以使产品松脆感增加。在油中加入蛋壳粉，还可抑制油炸食品的变焦的过程；蛋壳粉在制造葡萄酒时，用于降低果汁中的过高酸度。除上述外，在食品中食用蛋壳粉对掩盖气味、罩光、防止结块和凝固等效果均得到确认，并得以利用。

第八章
鸡粪处理与利用

阅读提示：

　　本章从蛋鸡粪便收集与运输、堆肥、沼气 3 个方面介绍鸡粪的处理与利用，并结合蛋鸡粪有机肥厂、鸡粪生产沼气、密集养殖区粪便处理及 3 个案例加以说明。具体介绍了国内蛋鸡粪便主要的及 3 种清粪方式及相应的运输措施；介绍了堆肥过程及其影响因素，以及 4 种不同堆肥工艺的比较；扼要介绍了粪便制取沼气的原理、过程和影响因素。

第一节　蛋鸡粪便收集与运输

正常情况下，每只成年蛋鸡每天排泄鲜粪便100～120克，在这一范围内排泄多少主要受采食量的影响，采食越多排泄越多。若在夏季，由于饮水量增加，排泄鲜粪便的数量可能会超出这一范围。若粗略估计每只鸡的排泄量，可以通过采食量进行，一般每天采食饲料的数量就是鸡群排泄粪便的数量。每天都应对鸡粪进行清理，以尽量保持鸡舍的环境卫生。

一、清粪方式

随着技术的发展和人工成本的提高，我国蛋鸡粪便的收集正逐步向机械化发展。目前，我国常见的清粪方式有人工清粪、刮粪板清粪和传送带清粪3种方式。

（一）人工清粪

人工清粪分为盘笼式、掏炉灰式、阶梯笼架式等清粪方式，常见的为两层或三层阶梯式人工清粪。

阶梯式人工清粪由人工用刮板从鸡笼下方将粪便刮出，再袋装或直接铲到人力粪车上，推送至粪场。鸡舍建设时，为了避免鸡粪或渗出液污染走道，通常鸡笼下方会有很浅的纵向地沟，地沟底部低于舍内地面10～30厘米，而地沟多建为弧形，与地坪平缓相接，以便于人工刮粪。由于该清粪方式对人力依赖大，通常蛋鸡舍内粪便3～7天才会进行1次收集。

人工清粪方式无须电力，前期投资少，但劳动量大，生产效率低，因此这种清粪方式只适用于家庭或小规模养殖。

（二）刮粪板清粪

利用刮粪板收集鸡舍内粪便是我国较早引入的机械清粪方式，清粪设备包括自走式和牵引式，蛋鸡养殖中常见的为后者。

刮粪板清粪系统主要由牵引机、刮粪装置、牵引绳、转角轮、限位清洁器、清洁器、张紧器等组成，根据不同鸡舍形式可组装成单列式、双列式和三列式。常见的双列式清粪机，电机运转带动减速机工作，通过链轮转动牵引刮粪板运行，刮板每分钟行走 4～8 米，当一列的刮粪板前进清粪时，另一列的刮粪板回程，到达末端后再反方向行走，一个来回可完成两列的清粪，粪便被刮粪板清入鸡舍一端墙外的贮粪池。由于鸡粪尿酸等腐蚀性较大，牵引绳可使用优质硬尼龙绳，或钢丝绳外包塑料层或绳子。

鸡舍建设时，刮粪板清粪系统舍内的笼具结构与人工清粪相类似，不同的是其下方为约 30 厘米深的供刮粪板行走的地沟。为保证刮粪机正常运行，要求地沟平直，沟底表面越平滑越好，因此对土建要求严格。地沟的宽度在保证鸡粪能落入沟内的前提下越窄越好，通常情况下，整组三层笼的沟宽为 1.7 米左右，地沟要有一定的坡度，深的一边 30～35 厘米，为出粪和固定主机的地方，浅的一边 16～18 厘米即可，这样便于刮粪时鸡粪和渗出液刮出。应注意，刮粪机不可长期处于高负荷工作状态下，一般舍内每天要进行 2～3 次的清粪，舍外贮粪池的粪便一般集满后再清理收集。

刮粪板清粪系统机械操作简便，工作安全可靠，运行和维护成本低，但牵引绳容易被粪尿腐蚀，且清除舍内后积粪池内的鸡粪仍需人工处理，不适用于大规模养殖。

（三）传送带清粪

传送带清粪分为阶梯式和层叠式传送带清粪，而采用层叠式传送带清粪的鸡舍一般为全自动化养殖清粪系统，鸡笼最高可叠至 8 层。

传送带式清粪设备包括纵向和横向装置，主要由电机减速装置，链传动，主、被动辊，传送带等组成。纵向传送带安装在鸡笼下方（层叠式鸡舍传送带安装在每层鸡笼下方），鸡排泄的粪便落到传送带上，并在其上累积，当机器启动时，由电机、减速器通过链条带动主动辊运转，被动辊与主动辊的挤压下产生摩擦力，从而带动承粪带沿鸡舍纵向移动，将鸡粪输送到鸡舍一端（一般为风机端），被端部设置的刮粪板刮落至横向传送带，并提升至舍外粪车等积粪装置，从而完成清粪作业。

技术参数上，一般电机的驱动功率为 1～1.5 千瓦，传送带应具有高强度、韧度、不吸水、不变形等特点，宽度 0.6～1 米，使用长度一般小于 100 米，清粪时纵向传送带每分钟行走 8～10 米，横向传送带每分钟约行走 14 米。

鸡舍建设时，阶梯式传送带清粪系统与阶梯式刮粪板清粪系统相似，但舍内不需要建地沟，鸡笼支架高度相对刮粪板鸡舍高，以供安装传送带。为使横向传送带水平位置低于纵向传送带，方便鸡粪刮落输送至舍外，鸡舍内端部建设横向地沟，用以安装横向传送带。

传送带清粪技术更多见于全自动化养殖，其适用于大中型养鸡场。全自动化养殖清粪鸡舍采用层叠式饲养模式，层叠数4～8层，具有饲养密度大、自动化程度高、劳动效率高、生产水平高、土地利用率高特点。通常国际上1栋鸡舍饲养蛋鸡10万只左右，多的达30万只左右，1人管理蛋鸡20万～30万只，自动喂料、饮水、清粪、捡蛋，集中管理、自动控制、节约能耗、提高劳动生产率。

传送带清粪系统结构独特，鸡群的鸡粪散落在清粪带上，在纵向流动空气的作用下，可带走鸡粪部分水分，从而降低含水率。在粪便清理时，由于清粪带平整光滑，被清出舍外的鸡粪为颗粒状，较好地保持了鸡粪的完整性，可减少微生物定植、繁殖、发酵作用，减少养分损失。

操作时应注意的事项：①要先开启横向传送机，再开启纵向传送机；②由于清粪带的延伸性好，在使用过程中，清粪带经常会松，以至于引起打滑及走偏现象，所以要经常检查并调整清粪带；③定期更换减速机的润滑油，每3个月更换1次；④定期检查轴承，并向内部加注润滑脂；⑤定期检查电器控制系统的灵敏度，清除内部的灰尘，以防止造成短路；⑥根据电机的功率，鸡舍每天进行1～2次粪便收集，以防超负荷造成不必要的损失。

二、清粪技术与设备

生产上蛋鸡粪从产生到无害化处理过程可以分为3个阶段：一是蛋鸡粪在舍内的清理收集；二是蛋鸡粪清出鸡舍后的贮存和蛋鸡场到有机肥厂之间的运输；三是蛋鸡粪在有机肥厂的堆肥处理。

（一）人工清粪方式

人工清粪多用于小规模养殖场，根据鸡舍环境变化和劳动力限制，一般清粪频率为3～5天1次。为了便于蛋鸡粪的转移，工人通常在鸡舍内清粪后将蛋鸡粪装入尼龙袋内，然后将袋装鸡粪运出养殖场，进行后续处理。所使用的运输工具通常为敞开式卡车。运输工具没有特殊性，一般使用带斗的运输车即可。

袋装运输方式避免了蛋鸡粪在运输过程中的撒落，但是蛋鸡粪在袋中滞留，在缺氧环境下易发生厌氧发酵，产生气体和水，容易发生涨袋，且蛋鸡粪自身性质发生改变，含水率升高，会增加后续处理的难度。

（二）刮板清粪方式

刮板清粪模式下，在鸡舍的风机端有一临时贮粪池。池子规格：长度与鸡舍宽度相同，深度约1米，宽度约0.5米，用于蛋鸡粪刮出鸡舍后的临时贮存。生产上刮板清粪频率为1～2次/天，每次清粪后由刮板将鸡粪刮入贮粪池暂时贮存，待贮粪池快存满时将粪便运走。该模式下可以有两种运输方式：一是将贮粪池中的蛋鸡粪人工装入尼龙袋中，类似人工清粪，然后用敞开式卡车运输。二是由于蛋鸡粪在贮粪池中的停留过程发生厌氧发酵，含水率升高，蛋鸡粪呈泥浆状，人工清理困难，可以采用泵抽法将粪浆抽入运输车，此法对运输车要求较高。这种情况运输车一般带有密闭罐体，封闭性好，可避免运输过程中蛋鸡粪的撒落和有害气体的逸出，防止对环境的危害和干扰居民正常生活。

（三）传送带清粪方式

传送带清粪模式一般用于中大规模的养殖场，舍内采用阶梯式笼养，底层装有传送带自动集粪，机械化程度较高。传送带清粪的鸡舍根据蛋鸡日龄及传送带运行效果不同，清粪频率为1～3次/天。蛋鸡粪在鸡舍内产生后直接由传送带传输至舍外，在舍外连接传送带有一提升机。清粪时运输车行驶至提升机下，接收传送出鸡舍的蛋鸡粪，避免了蛋鸡粪在舍外的暂时贮存，对产生的蛋鸡粪直接处理，减少了环境污染。该模式下蛋鸡粪的运输多为散装运输，直接接收的鸡粪无须打包，可使用敞开式运输车或灌装式粪污运输车运输。一些养殖场在运输中采用秸秆覆盖的方式来减少散装运输过程中气体的逸出。

叠层笼养模式与阶梯式传送带清粪模式不同，该模式下每层鸡笼下方均有一条传送带。清粪时传送带将每层蛋鸡产生的鸡粪运送至鸡舍一端，落入提升传送带，在舍外提升至一定高度，直接传送至运输车，同阶梯式传送带清粪一样，采用散装运输，运输工具通常为敞开式运输车或灌装式粪污运输车。

三、不同清粪方式下粪便中的含水率

采用刮粪板清粪方式的蛋鸡养殖场，饲养员为减少刮粪板的阻力，增加索引钢索的使用寿命，获得更好的清粪效果，往往清粪时在粪道中加水（含水率＞80%），这样就人为增加了蛋鸡粪的含水率。但采用人工清粪方式，相似日龄的蛋鸡粪含水率为74.82%，显著低于刮粪板清粪方式的鸡粪含水率（表8-1）。

表8-1 不同清粪方式下鸡粪含水率 （%）

清粪方式	蛋鸡日龄（天）			平 均
	120～180天	245～320天	397～420天	
刮粪板	83.83	80.78	80.26	81.62
刮粪板	81.27	83.60	81.48	82.12
人 工	74.83	74.47	75.16	74.82

［案例 8-1］　蛋鸡密集养殖区粪便处理

蛋鸡养殖业向规模化、集约化发展的同时，农村养殖小区作为新型组织生产方式得到迅速发展。农村养殖小区可以实现蛋鸡养殖生产的适度规模化经营，有利于提高饲养技术、管理水平、饲料利用率和经济效益，在生产方式上实现了由庭院养殖向规模小区的改变，是蛋鸡养殖业生产的重大变革，也是传统畜牧业走向现代化畜牧业的必然方向和发展趋势。然而这种密集养殖方式也造成鸡粪排放量急剧增加，而且排放点相对集中，由此而引起的环境问题也引起人们的广泛关注。湖北省京山县钱场镇作为湖北省的蛋鸡养殖大镇，在蛋鸡粪处理与利用方面效果突出，积累了很多经验，值得参考和借鉴。

一、湖北省京山县钱场镇蛋鸡养殖概况

湖北省京山县钱场镇是蛋鸡养殖大镇，全镇辖 25 个村，农业户 6 997 户，农业人口 26 767 人。目前，存栏蛋鸡 400 万只左右，有 850 个养殖场（户），日产鲜蛋 190 余吨，年创产值 4.2 亿元。农民靠养鸡年纯收入 6 800 万元，占农民人均纯收入的 1/3。

二、蛋鸡粪处理利用主要措施

目前，该蛋鸡养殖区域内主要采用两种清粪方式。其中德风牧业养殖 15 万只蛋鸡，采用叠层笼养设备，传送带清粪；其余养殖鸡场（户）全部为阶梯式笼养，清粪方式为刮板式机械清粪。

钱场镇每年产生大约 15 万吨蛋鸡粪，鸡粪的收集和运输主要由商贩和有机肥公司每天或定期上门装运，他们按每只鸡每年 1 元钱与蛋鸡养殖户签订单，签下订单才能购买到鸡粪。

收集的鸡粪主要有以下 4 种处理和利用方式：

第一，引进湖北地利奥、鄂丰化工、宝兴生物科技、福芝源 4 家公司落户钱场镇，以鸡粪为原料生产生物有机肥，每年可消化鸡粪近 10 万吨，消化了全镇鸡粪总量的 60% 左右。这些生物有机肥公司主要采用条垛式堆肥发酵技术，有机肥主要销往城市周边，用于蔬菜种植、苗木花卉、绿化等。

第二，在蛋鸡养殖小区建设沼气池 500 多口，可利用 10% 的鸡粪，而且还为附近 500 多农户提供了清洁能源。

第三，开展"鸡—鱼"、"鸡—果"配套养殖，实施农牧结合，发展循环经济，全镇围绕蛋鸡养殖配套了鱼塘 7 500 亩，配套果园 1 230 亩，综合利用了近 20% 的鸡粪。

第四，组建了 15 支鸡粪罐装运输队，把鸡粪远销到天门、汉川、应城等周边县市，运输队可外销鲜鸡粪 10%。

（案例提供者　廖新俤）

第二节　堆肥技术

一、堆肥简介

蛋鸡粪便的堆肥处理，是根据粪便和辅料的特性以及堆肥要求的碳氮比和水分含量，对粪便和辅料按一定比例混合，在利用微生物迅速把粪便转化分解的同时，能起到杀灭病菌和除臭、降低水分含量、减少体积并提高养分的作用。

传统的堆肥技术采用厌氧的野外堆积法，不但占地面积大、堆制时间长，而且无害化程度低，已经不再适应现代集约化农业生产的需求。现代化好氧堆肥工艺具有机械化程度高、处理量大、堆肥速度快、无害化程度高等优点。好氧堆肥工艺流程分为前处理、一次发酵、二次发酵以及后处理。好氧堆肥的基本反应可以表示为：

$$有机废物 + 氧气 \longrightarrow 稳定的有机残余物 + 二氧化碳 + 水 + 热$$

（一）前处理

前处理的主要任务是调节物料含水率、pH 值、材料通气情况和碳氮比等，同时去除那些不适合堆肥的物质，如铁丝、小石块等，否则会影响堆肥过程中的搅拌和通气。堆肥过程含水率要求为 50%～65%，pH 值为 5～9，以保证好氧堆肥能够顺利进行。在通气量为 0.3 米³/分时，起始堆料的水分含量为 55%～65%，鸡粪堆料的碳氮比在 15～30。

（二）一次发酵

由于堆肥原料中存在大量微生物，所以原料投入后很快就进入发酵阶段，一般由温度开始上升到温度开始下降的阶段称为一次发酵阶段，为 2～3 周，这个阶段通常在特定的发酵场所或发酵装置内进行。比如在水泥地面堆放，或放在地沟中。微生物利用脂肪、蛋白质、碳水化合物等易降解有机物进行繁殖，产生二氧化碳和水，并使这些物质转化成腐殖质和有机酸等比较稳定的产物。

在基本条件得到满足时，0℃以上的环境温度均可顺利堆肥，当堆体温度保持在55℃以上并维持至少2天时，可将病原菌全部杀灭。

（三）二次发酵

经一次发酵后，仍有许多难降解的有机物，如纤维素、木质素等，需进一步的分解和稳定。所以，需进行二次发酵，也就是熟化，使一次发酵中尚未完全分解的难降解有机物进一步分解，转化成相对稳定的有机物。此过程反应速度缓慢，一般为1～3个月，且耗氧速率较低。

（四）后处理

后处理主要是将发酵产物进行粉碎和制粒，以便于产品的贮存、运输和利用。

二、堆肥效果的影响因素

堆肥过程中，蛋鸡粪便可在适宜的碳氮比、水分和通风等条件下，通过细菌、真菌、放线菌等微生物分解，利用有机物质，产生高温杀死病原菌及杂草种子，并使有机物质矿化和腐殖化，实现粪便的无害化和农肥化处理。影响堆肥进程的因素很多，主要包括环境温度、堆肥原料、含水率、初始碳氮比、调理剂、堆体大小、供氧量和微生物制剂等。

（一）碳氮比

堆肥过程中，碳素是堆肥微生物的基本能量来源，也是微生物细胞构成的基本材料。堆肥微生物在分解含碳有机物的同时，利用部分氮素来构建自身细胞体，氮还是构成细胞中蛋白质、核酸、氨基酸、酶、辅酶的重要成分。

一般情况下，微生物每消耗25克有机碳，需要吸收1克氮素，微生物分解有机物较适宜的碳氮比为25左右。

（二）水分

堆肥过程中保持适宜的水分含量，是堆肥制作成功的首要条件。一般而言，推荐的含水率为55%～65%。要保证足够的生物稳定性，仅保持合适的含水率还不够，还要兼顾孔隙率，如果孔隙率减少，会导致氧气传输量下降，微生物活性也会降低。

（三）容重

水分调节可以改善通气性，同时也可以调节容重。相同含水率时，容重越小，堆肥化过程中的温度上升越快。

三、堆肥工艺类型

（一）条垛式堆肥

条垛式堆肥（图 8-1），是将原料混合物堆成长条形的条垛，在人工或机械定时翻堆的条件下完成物料的好氧分解，条垛的断面可以是三角形或梯形。条垛系统的堆体规模一般为底宽 2～6 米，高 1～3 米，长度不限。如果堆体太小，则保温性差，易受气候影响；若堆体太大，易在堆体中心发生厌氧发酵，产生强烈臭味，影响周围环境。条垛式堆肥的优点是设备简单，投资成本

图 8-1　条垛式堆肥

较低，堆肥产品腐熟度高、稳定性好；缺点是占地面积大，腐熟周期长，需1～3 个月，并受气候影响较大。

（二）静态通气堆肥

静态通气堆肥（图 8-2），是在条垛式堆肥的基础上加入了通气系统，一般不使用翻堆设备，主要是将原料堆放在小木块、碎稻草等通气性能较好的物质做成的基垫上，基垫包裹着通气管，通气管与风机相连，整个系统铺设在水泥地面上，以免漏液对土壤造成污染。与条垛式堆肥的不同之处在于堆肥过程中不是通过物料的翻堆，而是通过风机的强制通风向堆体供氧。这种强行通风使

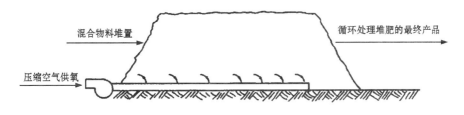

图 8-2　静态通气堆肥

堆肥周期极大缩短，一般为2～3周，并且系统不进行物料翻堆，使温度上升快，产品稳定性好，能更有效地杀灭病原微生物和控制臭味，处理效果好，处理量大。机械通风与人工翻堆，在促进粪便堆肥腐熟进程上没有显著差别，但单纯的机械通风其最后物料的均匀度不如人工翻堆。

通风的控制可采用时间控制法或温度控制法。时间控制法是通过人为设定间隔通风时间，实现控制通风的目的。这个方法的缺点是不能使堆体保持最佳的温度，不利于堆肥过程的控制。温度控制法是根据堆肥物料中的温度变化，确定最佳温度后，以此为阀值，设定通风机的开启或关闭。这个方法能使物料保持适宜的温度，因而产品质量较好。这个方法的不足之处是需要配套温度监测的精密仪器，堆肥的成本较高。

（三）槽式堆肥

槽式堆肥（图8-3），相当于条垛式堆肥和静态通气堆肥的结合体，将可控通风与定期翻堆相结合，主要由发酵槽、翻堆设备和通气装置3部分组成。堆肥过程发生在长而窄的发酵槽内，翻堆机放在由墙体支撑的轨道上，原料放在发酵槽的一端，随着翻堆机在轨道上的移动，原料被搅拌混合，并向发酵槽的另一端移

图8-3　槽式堆肥

动，当原料基本腐熟时，刚好被移出发酵槽外。系统的容量由槽的数量和容积决定，而槽的长度和预定的翻堆速度决定了堆肥周期。槽式堆肥与条垛式堆肥相比，能节省占地50％，更能有效防止二次污染，但堆肥效果以条垛式堆肥为佳。以温度为例，露天条垛升温至50℃的时间比槽式堆肥提前3天左右，因此需要改进槽式堆肥通气方式，以提高堆肥效率。槽式堆肥的最大优点是堆肥周期短，一般为2～3周，而且堆肥产品质量均匀并节省劳动力，所以在国内的堆肥工艺中，以槽式堆肥的应用最为广泛。

（四）反应器堆肥

反应器堆肥是将原料由容器内向外、由下向上堆放，容器壁可以是简单的墙壁，也可以是一个堆肥仓或贮藏建筑物。一般可将反应器堆肥系统分为纵式反应器和横式反应器。反应器堆肥的优点是不受气候条件的影响，能够对废气

进行统一的收集处理，防止二次污染，而且占地面积小，受空间限制少，能得到质量较高的堆肥产品；缺点是因堆肥周期短，使产品存在潜在的不稳定性，而且要有高额的投资，包括堆肥设备的投资、运行费用及维护费用等。

1. 纵式反应器 塔式堆肥反应器是纵式反应器的典型模型（图 8-4）。塔式堆肥反应器由多层平面构成，进料口在反应器的上部，原料先进入第一层，然后一层层被向下推移。通过旋转使物料均匀，最后物料进入最底层，从出料口运走，整个堆肥过程中进料和出料是连续的。通气管道位于反应器的下部，外连鼓风机，在反应器的上部设有一个废气出口，产生的臭气可以统一收集处理，从而减少二次污染。

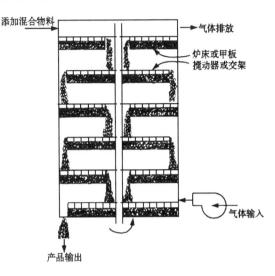

图 8-4　塔式堆肥反应器工艺

2. 横式反应器 滚筒式堆肥反应器是横式反应器的典型模型（图 8-5）。这是一个使用水平滚筒来混合、通风以及排出产品的堆肥系统。与纵式反应器类似，空气流动方向与物料流动方向相反。滚筒架在大的支座上，并且通过一个机械传动装置来翻动，在滚筒中，堆肥过程很快开始，易降解物质很快被好氧降解。但是物料必须进一步被降解，通常采用条垛堆肥或静态通风堆肥来完成二次发酵。

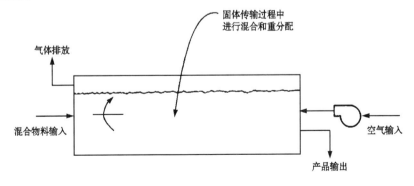

图 8-5　滚筒式堆肥反应器工艺

四、不同堆肥工艺的比较分析

德国、美国和日本等发达国家生态循环农业模式比较完备，在蛋鸡粪便等农业废弃物堆肥生产方面投入大、发展快，堆肥的生产工艺和翻堆设备已经比较成熟，堆肥翻堆设备向着专业化、大型化和智能化的方向发展。受国情所限，我国堆肥技术还比较落后。不同堆肥工艺的经济投入差异显著。表 8-2 为不同堆肥工艺类型情况的对比。

表 8-2　不同堆肥工艺类型对比

项　目	条垛式堆肥	静态通气堆肥	槽式堆肥	反应器堆肥
投资成本	小	较　小	较　大	大
用　工	多	较　少	较　少	少
占地面积	大	较　大	较　小	小
堆肥周期	长（1～3个月）	较短（2～3周）	较短（2～3周）	短（1～2周）
产品质量	较　好	较　好	好	较　差
气候影响	大	较　大	较　小	小
臭味控制	差	较　差	较　差	好

［案例 8-2］　孝感综合试验站有机肥加工

一、孝感综合试验站的蛋鸡养殖模式和粪便资源化利用

国家蛋鸡产业技术体系孝感综合试验站依托单位湖北神丹健康食品有限公司，位于武汉东湖新技术开发区高新大道 888 号。

该公司应用了以刮粪板为主的清粪机作为清粪的工具，取代了人工。并与华南农业大学动物科学学院和中国农业科学院农业经济研究所强强联合，克服传统堆肥（碳氮比 20～30∶1）受辅料来源与成本的制约，以及养殖场消毒剂的潜在影响，开展蛋鸡粪低碳氮比堆肥综合技术，从辅料组合（配比）、复合微生物菌剂、消毒剂选用 3 个方面着手，集成蛋鸡粪低碳氮比堆肥技术，建立湖北蛋鸡粪低碳氮比堆肥模式，以降低堆肥生产成本、减少养分损失和臭气排放，提高产品的稳定性和安全性，并构建了神丹有机肥厂，形成蛋鸡粪有机肥产业链，见图 8-6。

神丹有机肥厂所加工的蛋鸡粪便来源于神丹自有蛋鸡养殖场，保证了蛋鸡

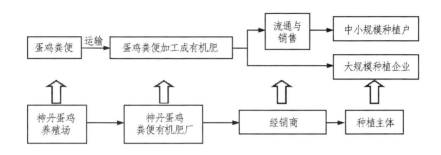

图 8-6 神丹有机肥厂蛋鸡粪产业链

粪便的质量。有机肥厂加工出的蛋鸡粪有机肥通过流通渠道销售给种植户，具体可分为两种渠道：一是神丹有机肥厂把蛋鸡粪有机肥通过经销商销售给中小规模种植户；二是神丹有机肥厂把蛋鸡粪有机肥直接销售给大规模种植企业。神丹蛋鸡粪有机肥厂与经销商或大规模种植企业之间大都是口头约定，合作稳定程度较高，相互之间已经建立了信任关系。

二、有机肥厂效益评价

1. 经济效益

以 2012 年神丹有机肥厂的经济效益进行评价。经济效益从 3 个方面进行分析：一是蛋鸡粪有机肥生产环节的经济效益；二是流通和销售环节的经济效益；三是使用环节的经济效益。

（1）蛋鸡粪有机肥生产环节经济效益　对于蛋鸡粪有机肥生产环节的经济效益分析，主要从两个方面进行分析：一是蛋鸡粪有机肥经济效益分析；二是未加工与加工后产品经济效益的对比。

①蛋鸡粪有机肥经济效益分析。

A. 花卉利用有机肥

花卉利用有机肥总成本：由于原料（鲜鸡粪）和辅料投入存在季节性的差异，使得总成本也存在季节差异，春季和夏季每生产 1 吨有机肥需要投入5 634.5元/吨，而秋季和冬季则需要投入 5 621 元/吨（表 8-3）。

表 8-3　花卉利用有机肥加工的成本分析

成本结构	季　节	春　季	夏　季	秋　季	冬　季
原料（鲜鸡粪）	投入量（吨）	1.5	1.5	1.2	1.2
	投入费用（元/吨）	180	180	144	144

续表 8-3

成本结构	季 节	春 季	夏 季	秋 季	冬 季
辅料	统糠投入量（吨）	0.1	0.1	0.15	0.15
	统糠投入费用（元/吨）	45	45	67.5	67.5
	玉米芯投入量（吨）	0.1	0.1	0.1	0.1
	玉米芯投入费用（元/吨）	28	28	28	28
微生物制剂	芽孢杆菌投入量（克）	25	25	25	25
	芽孢杆菌投入费用（元/吨）	30	30	30	30
	酿酒酵母投入量（克）	20	20	20	20
	酿酒酵母投入费用（元/吨）	20	20	20	20
	真菌投入量（克）	15	15	15	15
	真菌投入费用（元/吨）	7.5	7.5	7.5	7.5
	放线菌投入量（克）	10	10	10	10
	放线菌投入费用（元/吨）	8	8	8	8
人工	投入费用（元/吨）	450	450	450	450
其他	投入费用（元/吨）	4866	4866	4866	4866
总成本	（元/吨）	5634.5	5634.5	5621	5621

　　花卉利用有机肥收益：销售价格一直稳定在 12 000 元/吨，但由于生产成本和生产量、销售量存在季节性的差异，使得其收益也存在季节性差异。春季和冬季花卉有机肥总收益为 180 000 元，夏季和秋季花卉有机肥总收益为 120 000 元。与成本核算后，花卉有机肥春季、夏季、秋季和冬季分别可获净收益 95 482.5 元、63 655 元、63 790 元和 95 685 元，即神丹有机肥厂每年生产和销售花卉用有机肥可获利 31 8612.5 元（表 8-4）。

表 8-4　花卉利用有机肥的收益分析

项 目	单 位	春 季	夏 季	秋 季	冬 季
出售价格	元/吨	12000	12000	12000	12000
每季生产量	吨	15	10	10	15
每季销售量	吨	15	10	10	15
每季总收益	元	180000	120000	120000	180000
每季净收益	元	95482.5	63655	63790	95685

B. 其他作物利用有机肥

其他作物利用有机肥总成本：春季和夏季生产其他作物用的有机肥需要投入 669.5 元/吨，而秋季和冬季则需要投入 656 元/吨（表 8-5）。

其他作物利用有机肥收益：销售价格为 850 元/吨，每季可生产和销售 2 400 吨有机肥（表 8-6），经过测算，其他作物用有机肥每季总收益为 2 040 000 元。与成本核算后，其他作物用有机肥春季、夏季、秋季和冬季分别可获净收益 433 200 元、433 200 元、465 600 元和 465 600 元，即神丹有机肥厂每年生产和销售其他作物用有机肥可获利 1 797 600 元（表 8-6）。

表 8-5　其他作物利用有机肥加工的成本分析

成本结构	季　节	春　季	夏　季	秋　季	冬　季
原料（鲜鸡粪）	投入量（吨）	1.5	1.5	1.2	1.2
	投入费用（元/吨）	180	180	144	144
辅料	统糠投入量（吨）	0.1	0.1	0.15	0.15
	统糠投入费用（元/吨）	45	45	67.5	67.5
	玉米芯投入量（吨）	0.1	0.1	0.1	0.1
	玉米芯投入费用（元/吨）	28	28	28	28
微生物制剂	芽孢杆菌投入量（克）	25	25	25	25
	芽孢杆菌投入费用（元/吨）	30	30	30	30
	酿酒酵母投入量（克）	20	20	20	20
	酿酒酵母投入费用（元/吨）	20	20	20	20
	真菌投入量（克）	15	15	15	15
	真菌投入费用（元/吨）	7.5	7.5	7.5	7.5
	放线菌投入量（克）	10	10	10	10
	放线菌投入费用（元/吨）	8	8	8	8
人工	投入费用（元/吨）	90	90	90	90
其他	投入费用（元/吨）	261	261	261	261
总成本	（元/吨）	669.5	669.5	656	656

表 8-6   其他作物利用有机肥的收益分析

项　目	单　位	春　季	夏　季	秋　季	冬　季
出售价格	元/吨	850	850	850	850
每季生产量	吨	2400	2400	2400	2400
每季销售量	吨	2400	2400	2400	2400
每季总收益	元	2040000	2040000	2040000	2040000
每季净收益	元	433200	433200	465600	465600

C. 投资回收。神丹有机肥厂的投资分为初始投资和运行费用（表 8-7）。具体来看，初始投资为 1 155.32 万元，其中，主厂房 685.42 万元，仓库与辅助用房 206.50 万元，机器设备 239.72 万元，车辆 23.69 万元；2012 年的运行费用达到了 664.38 万元，其中，燃料动力费用为 5.84 万元，制造费用为 109.70 万元，辅助材料费用为 81.30 万元，原料费用为 156.33 万元，微生物制剂费用为 63.21 万元，包装物费用为 79.70 万元，人员工资为 88.65 万元，管理销售费用为 79.65 万元。根据初始投资和运行费用测算，神丹有机肥厂投资的实际回收期为 5.46 年。

表 8-7   神丹有机肥厂 2012 年经济效益情况表

项　目	金额（元）	备　注
初始投资	11553249.40	固定资产投资，主厂房 6854192.54 元，仓库与辅助用房 2064968.66 元，机器 2397163.20 元，车辆 236925.00 元
运行费用：		
燃料动力费用	58400.00	
制造费用	1097000.00	
辅助材料费用	813012.50	
原料费用	1563300.00	原料为神丹集团蛋鸡养殖场所产蛋鸡粪便鸡粪
微生物制剂	632075.00	
包装物	797000.00	
人员工资	886500.00	
管理销售费用	796500.00	管理费用 241500 元，销售费用 555000 元
费用合计	6643787.50	
肥料售卖收入	8760000.00	

②未加工与加工后产品经济效益对比。如表 8-8 所示，若神丹有机肥厂生物发酵的蛋鸡粪没有被加工，那么根据目前神丹有机肥厂有机肥产量和生产工艺，需鲜鸡粪 13 027.50 吨，按照 120 元/吨鲜鸡粪价格来测算，仅出售鲜鸡粪就可以获利 1 563 300 元，但这种处理方式会对环境产生非常严重的污染。

根据对神丹有机肥厂蛋鸡粪有机肥经济效益的分析来看，目前神丹有机肥厂每年可生产以蛋鸡粪为原料的有机肥 9 650 吨，可获利 2 116 212.50 元。与鲜鸡粪出售对比来看，有机肥的处理方式可以多获利 552 912.50 元。也就是说，加工蛋鸡粪后所获得的利润要比未加工的高。

表 8-8　未加工与加工后产品经济效益情况

是否加工	产　品	产量（吨/年）	净收益（元/年）
未加工	鲜鸡粪	13027.50	1563300.00
加工	有机肥	9650.00	2116212.50

（2）蛋鸡粪有机肥流通和销售环节经济效益　神丹有机肥厂生产的蛋鸡粪有机肥主要通过两种渠道出售，分别是经销商和大规模种植企业。其中，经销商的远近以销售半径为 100 千米为界定标准。神丹有机肥厂不负责运输，而且规定经销商出售蛋鸡粪有机肥的价格为 1 275 元/吨左右。

①有机肥厂→经销商（距离远的）→中小规模种植户。有机肥厂出售给经销商的蛋鸡粪有机肥的价格是 850 元/吨，这一渠道占到有机肥厂销售量的 25%。经销商所承担的运费为 130 元/吨，经销商可获利 295 元/吨。

②有机肥厂→经销商（距离近的）→中小规模种植户。有机肥厂出售给经销商的蛋鸡粪有机肥的价格是 850 元/吨，这一渠道占到有机肥厂销售量的 15%。经销商所承担的运费为 100 元/吨，经销商可获利 325 元/吨。

③有机肥厂→大规模种植企业。有机肥厂出售给大规模种植企业的蛋鸡粪有机肥的价格是 850 元/吨，这一渠道占到有机肥厂销售量的 60%。大规模种植企业所承担的运费约为 115 元/吨，大规模种植企业所使用的蛋鸡粪有机肥的成本为 965 元/吨，若从经销商购买蛋鸡粪有机肥，则可以节省 310 元/吨的投入成本（图 8-7）。

（3）蛋鸡粪有机肥使用环节经济效益　对蛋鸡粪有机肥使用环节经济效益的分析，本案例选取了神丹蛋鸡粪有机肥使用量最大的蔬菜（白菜）和粮食（水稻）作为被分析的对象。

①白菜。从白菜的生产来看，使用有机肥的白菜种植过程中病虫害少了，节省了农药的投入，说明有机肥的施用可以有效降低病虫害的发生。使用有机

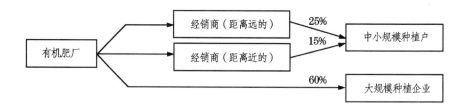

图 8-7 神丹有机肥厂蛋鸡粪有机肥流通图

肥后白菜的产量提高了 10%，在总成本差距较小以及出售价格一样的情况下，使用有机肥的白菜收益要高 373.5 元/亩。

此外，使用有机肥后白菜的品质更好，尤其是长势好、叶片厚实、口感也改善了。而且使用有机肥可以有效改良土壤，替代了化肥的使用，由于肥效时间长，可以节省下一季作物的肥料投入量和成本（表 8-9）。

表 8-9 使用有机肥后白菜种植经济效益

经济效益指标	白 菜	
	使用有机肥	仅用化肥
生产投入：		
施肥量	有机肥：200 千克/亩	化肥：60 千克/亩
肥料费用	255 元/亩	252 元/亩
施肥人工费用	25 元/亩（0.08 工日/亩）	5 元/亩（0.03 工日/亩）
农药费用	15 元/亩	20 元/亩
机械费用	60 元/亩	60 元/亩
种子费用	15 元/亩	15 元/吨
其他费用	40 元/亩	40 元/亩
每亩成本	410 元/亩	392 元/亩
每亩产量	4785 千克/亩	4350 千克/亩
每亩总收益	4306.5 元/亩	3915 元/亩
每亩净收益	3896.5 元/亩	3523 元/亩
白菜长势及品质	①长势好、叶片厚 ②口感好	
土壤质量	有机肥可以改良土壤、肥效时间长	

②水稻。从水稻的生产来看，使用有机肥的水稻种植过程中节省农药的投入，说明有机肥的施用可以有效降低病虫害的发生。使用有机肥后的水稻产量提高约 3.53％；从总收益来看，使用有机肥的水稻要比仅使用化肥的收益要高 33.90 元/亩。

此外，使用有机肥后水稻的品质更好，尤其表现在以下 4 个方面：一是水稻植株长得更强壮一些；二是结实率更高、抗倒伏能力强、长势好；三是品相更好看、口感更好；四是食用安全性更高。而且使用有机肥可以有效改良土壤，替代了化肥的使用，虽然本季由于有机肥投入费用较高，导致净收益比仅使用化肥的水稻要低，但由于肥效时间长，可以节省下一季作物的肥料投入量和成本（表 8-10）。

表 8-10　使用有机肥后水稻种植经济效益

经济效益指标	水　稻	
	使用有机肥	仅用化肥
生产投入：		
施肥量	有机肥：325 千克/亩 化肥：2 千克/亩	化肥：47.5 千克/亩
肥料费用	318 元/亩	114 元/亩
施肥人工费用	25 元/亩（0.08 工日/亩）	5 元/亩（0.03 工日/亩）
农药费用	25 元/亩	30 元/亩
机械费用	120 元/亩	120 元/亩
种子费用	90 元/亩	90 元/吨
其他费用	30 元/亩	30 元/亩
每亩成本	608 元/亩	389 元/亩
每亩产量	440 千克/亩	425 千克/亩
每亩总收益	994.4 元/亩	960.5 元/亩
每亩净收益	386.4 元/亩	571.5 元/亩
水稻长势及品质	①品相更好看、口感更好 ②食用安全性更高 ③水稻植株长得更强壮一些 ④结实率更高、抗倒伏能力强	
土壤质量	有机肥可以改良土壤、肥效时间长，化肥施用少了，虫也少了	

2. 生态与社会效益

蛋鸡粪有机肥的生产不仅仅会产生较好的经济效益，而且在社会效益上表现得尤为明显。

（1）生态效益　蛋鸡粪经过加工后，有效降低了氨气的挥发。正是由于产品品质和发酵指标有了改善，使得周边环境也得到了改善。

（2）社会效益　有机肥加工技术的集成及应用具有较强的辐射带动作用，产生了良好的社会效益（表8-11）。

表8-11　应用蛋鸡粪加工技术前后的社会效益对比

项　目	未加工	应用技术加工后
就业方面	24人	24人
收入方面（企业）	156.33万元/年	211.62万元/年
收入方面（工人）	1800元/月	2500元/月
带动辅料行业	未带动	带动
带动微生物制剂行业	未带动	带动
带动种植业	未带动	带动
资源使用情况	合理	节约
示范推广前景（好、中、差）	中	好
食品安全（好、中、差）	中	好
满足社会需求程度（好、中、差）	中	好
与地区经济社会发展的适应性（好、中、差）	中	好

从带动就业和提高收入来看，在就业上一直保持24人，但企业和工人收入都有了很大的提高，企业收入方面提高了35.37%，工人收入方面提高了38.89%，带动收入的效应十分显著。

从带动行业发展来看，应用以上三大技术之后，由于生产量的提升，带动了辅料行业、微生物制剂行业以及种植业。

从可持续发展和示范推广来看，应用以上三大技术之后，节约了资源，尤其是节约了辅料和原料的使用，同时也在使用环节节约了化肥等资源，符合可持续发展的目标和要求，推广前景比较好。

此外，有机肥的生产和使用对于保障食品安全起到了非常重要的作用，同时也满足了社会，尤其是种植业的需求，也符合地区经济社会发展的总体目标。

三、孝感综合试验站有机肥厂的成功经验

1. 采用先进的饲养模式

孝感综合试验站采用蛋鸡"153"标准化养殖模式，即1栋蛋鸡舍，饲养蛋鸡5000只以上，实行湿帘风机、喂料机、清粪机3机配套。这个模式提高了鸡舍规模、减少了鸡舍数量，有利于管理；而且"3机"配套的发展理念适应了标准化养殖的要求，可以较好地控制鸡舍环境，提高鸡群的健康水平和生产效率，减轻了劳动投入。神丹有机肥厂所采用的蛋鸡粪便来源于"153"标准化养殖模式下神丹自有蛋鸡养殖场，保证了蛋鸡粪便的质量，有利于有机肥产品的质量控制。

2. 利用先进的科技成果

蛋鸡粪自身的碳氮比很低，仅为7.6～9.1，与合适的堆肥碳氮比（20～30）差距较大，利用堆肥处理蛋鸡粪时，必须添加碳源性调理剂，如稻草、稻壳、木屑、甘蔗渣和菌渣等。但是，由于上述碳源性调理剂容重小，单位重量下体积大，因此如果将蛋鸡粪堆肥调至最适宜的碳氮比时，所添加的碳源性调理剂体积远大于蛋鸡粪，不仅在堆肥开始时不易混合均匀，而且会使蛋鸡粪堆肥变为稻草等调理剂堆肥，这样本末倒置，达不到处理蛋鸡粪的目的；此外，还会增加蛋鸡粪堆肥处理成本。因此，孝感综合试验站与华南农业大学动物科学系廖新俤教授合作，在相对较低碳氮比条件下进行的蛋鸡粪堆肥，从辅料、复合微生物制剂、消毒剂使用方面入手，获得低碳氮比蛋鸡粪堆肥综合技术，以降低堆肥生产成本，减少养分损失和臭气排放，提高产品的稳定性和安全性，可摆脱蛋鸡粪生产有机肥长期受辅料等因素制约的现实，直接用于指导蛋鸡粪堆肥生产实践。先进技术的使用，奠定了孝感综合试验站有机肥厂成功的基础。

3. 进行全面的市场调研与效益评估

孝感综合试验站与中国农科院农业经济研究所秦富教授、中国农业大学马骥教授合作，进行全面的有机肥市场调研，并对湖北省境内低碳氮比堆肥可行性研究与经济效益进行评估。经济效益主要从蛋鸡粪有机肥生产环节的经济效益、流通和销售环节的经济效益以及使用环节的经济效益3个方面进行评估。同时，由于蛋鸡粪有机肥的生产不仅仅会产生较好的经济效益，而且在社会效益上表现明显。所以，从生态效益和社会效益两方面分别对社会效益进行分析。效益评估还包括有机肥厂的初始投资和运行费用评估、不同形状肥料销售评估等。全面的市场调研与效益的评估为孝感综合试验站有机肥厂的成功指明了方向。

4. 获得国家蛋鸡产业技术体系的支持

孝感综合试验站有机肥厂的成功与国家蛋鸡产业技术体系的支持息息相关。多数养殖户认为蛋鸡粪是其在蛋鸡发展过程中的一个困难或负担，也就不会有太多资金的投入。但也有许多养殖户可能对蛋鸡粪的开发利用的意识比较强烈，可是这几年的鸡蛋价格波动比较大，尤其是2013年4月份的禽流感事件对蛋鸡产业的影响很大，使得蛋鸡养殖场的资金流转困难，也就没有多余的资金投入到蛋鸡粪的无害化利用中。即使有能力处理蛋鸡粪，某些有机肥厂也会因为蛋鸡粪产品的经济效益问题，将蛋鸡粪的无害化处理就此搁置。比如圣迪乐铜陵分公司外包的有机肥厂，出售1吨的蛋鸡粪就要亏损82.51元。因此，国家蛋鸡产业技术体系从政策上、经济上的支持，为孝感综合试验站有机肥厂的建设、运行解决了后顾之忧。

5. 把握市场销售渠道

有机肥料生产出来之后的销售，是有机肥厂成功的关键。针对这个问题，湖北神丹健康食品有限公司针对不同农场、农户的需求，生产不同颗粒形状、不同营养配比的有机肥料，构建销售渠道，并签订长期的有机肥料供销合同，为有机肥产品的稳定发展与有机肥厂的成功奠定了基础。

（案例提供者　廖新俤）

第三节　沼　气

一、沼气发酵原理

参与沼气发酵的细菌可分为两大类：一类是非甲烷菌，它们的作用是将复杂的有机物，如碳水化合物、纤维素、蛋白质、脂肪等，分解成简单的有机物和二氧化碳等；另一类是产甲烷菌群，它们的作用是把简单的有机物及二氧化碳氧化还原成甲烷。沼气的产生需要经过液化、产酸、产甲烷3个阶段，见图8-8。

（一）液化阶段

由于各种固体有机物不能直接进入微生物体内被微生物利用，因此必须在好氧和厌氧微生物分泌的水解酶（纤维素酶、蛋白酶和脂肪酶）的作用下，将

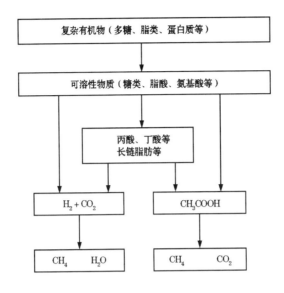

图 8-8　沼气发酵过程

多糖水解成单糖或双糖，将蛋白质转化成肽和氨基酸，将脂肪转化成甘油和脂肪酸，这些分子质量较小的可溶性物质就可以进入微生物细胞内被进一步分解利用。

（二）产酸阶段

在沼气发酵过程中，由 5 种菌群构成一条食物链，分别是发酵性细菌、产氢产乙酸菌、耗氢产乙酸菌、食氢产甲烷菌和食乙酸产甲烷菌，其中前 3 种菌群的活动可使有机物形成各种有机酸。

1. 发酵性细菌　发酵性细菌将液化水解产生的单糖分解，产生乙酸、丙酸、丁酸等。蛋白质被发酵性细菌分解为氨基酸，又可被细菌合成细胞物质而加以利用，多余时被进一步分解生产脂肪酸、氨和硫化氢等，脂类物质则最终被分解为乙酸。

2. 产氢产乙酸菌　发酵性细菌将复杂有机物分解发酵所产生的有机酸和醇类，除甲酸、乙酸和甲醇外，均不能被甲烷菌所利用，必须由产氢产乙酸菌将其分解转化为乙酸、氢和二氧化碳。

3. 耗氢产乙酸菌　耗氢产乙酸菌也称同型乙酸菌，这是一类既能自养生活又能异养生活的混合营养型细菌，它们既能利用氢和二氧化碳生成乙酸，也能代谢糖类产生乙酸。

通过上述 3 种微生物群的活动，利用第一阶段产生的各种可溶性物质，氧化分解成乙酸、二氧化碳和分子氢等，这一阶段主要产物是挥发性酸，如乙酸、丙酸和丁酸等，其中，乙酸所占比例最大，约为 80%。

（三）产甲烷阶段

此阶段由严格厌氧的产甲烷菌群完成，将第二阶段分解出来的乙酸等简单有机物分解成甲烷和二氧化碳，其中二氧化碳在氢的作用下还原成甲烷。产甲烷菌群与非产甲烷菌群间通过联合来保证甲烷的形成。

二、影响沼气发酵的主要因素

（一）温　度

一般化学反应的速度常随温度的升高而加快，每当温度升高 $10℃$，化学反应的速度可增加 $1\sim3$ 倍。沼气发酵可分为 3 个温度范围：$42℃\sim75℃$ 称为高温发酵，$20℃\sim42℃$ 称为中温发酵，$0℃\sim20℃$ 称为低温发酵或常温发酵。尽管产气量随着温度的升高而升高，但要维持消化器的高温运行能耗较大，从净能产量来看不一定是最高的，所以应该考虑产能和消耗热能的多少来选择最佳温度。

在同一温度类型下，温度发生波动会给发酵带来一定影响。在恒温发酵时，于 1 小时内温度上下波动不宜超过 $±3℃$。短时间内温度升降 $5℃$，沼气产量明显下降，波动的幅度过大时，甚至会停止产气。

（二）pH 值

沼气发酵的最适 pH 值为 $6.8\sim7.4$，超出这个范围会对产气有不同程度的抑制作用；pH 值在 5.5 以下，产甲烷菌的活动则完全受到抑制。

影响 pH 值变化的因素主要有两个：一是发酵原料即蛋鸡粪便的 pH 值；二是在沼气池启动时投料浓度，若浓度过高，接种物中的产甲烷菌数量又不足，以及在消化器运行阶段突然升高负荷，都会因产酸与产甲烷的速度失调而引起挥发酸的积累，导致 pH 值下降，这往往是造成沼气池启动失败或运行失常的主要原因。

沼气池在启动或运行过程中，一旦发生酸化现象应立即停止进料，如 pH 值在 6 以下，可适当投入碳酸钙溶液或碳酸氢铵溶液加以中和，通过暂停进料，使产酸作用下降，产甲烷作用相对增强，使积累于发酵液内的有机酸逐渐分解，pH 值则逐渐恢复正常。为防止沼气发酵酸化作用的发生，应加强对消化器的检测，如果所产生气体中二氧化碳比例突然升高或发酵液中挥发酸含量突然上升，这都是 pH 值要下降的预兆，这时就应减少进料，降低消化器的负荷。

（三）碳氮比

沼气发酵过程是培养微生物的过程，发酵原料或所处理的废水应看作是培养基，因而必须考虑微生物生长所必需的碳、氮、磷以及其他微量元素等营养物质。

微生物生长时，用于组成细胞物质的碳氮比为 5：1，但在合成这些细胞物质时还需要消耗 20 份碳素作为能量来源，因此微生物生长的实际碳氮比为 25：1。但是，有人认为 13～16：1 最好，也有试验说明 6～30：1 的范围内仍然合适，一般认为在厌氧发酵的启动阶段碳氮比不应大于 30：1。如果原料的碳氮比值较低，微生物在生长过程中就会将多余的氮素分解为氨而浪费了；如果原料的碳氮比较高，氮素不足，将会影响微生物的生长。

在沼气发酵过程中，原料的碳氮比比值在不断变化，细菌不断将有机碳素转化为甲烷和二氧化碳，生成沼气放出，同时将一部分碳素和氮素合成细胞物质，多余的氮素则被分解以碳酸氢铵的形式溶于发酵液中。每经过这样一轮分解，碳氮比比值则下降 1 次，生成的细胞物质死亡后又可被用作原料。因此，消化器中发酵液的碳氮比总是要比原料低。

三、沼气发酵工艺流程

沼气发酵是从发酵原料到生产沼气的整个过程，包括原料的收集和预处理，接种物的选择和富集、沼气发酵装置的发酵启动和日常操作管理及其他相应的技术措施。不管沼气发酵采用哪种工艺，无论规模大小，一般都包括以下工艺流程：原料的收集、预处理、发酵池、出料的后处理、沼气的净化、贮存和输配等（图 8-9）。

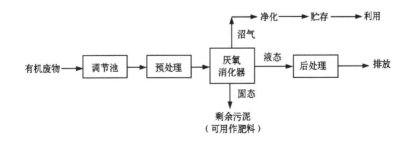

图 8-9　沼气发酵的基本工艺流程

[案例 8-3]　利用鸡粪生产沼气

发展沼气工程是蛋鸡粪能源化利用的重要措施。沼气是一种清洁的燃料，可以给居民提供廉价、优质的生活用能；在沼气的生产过程中，可以消除粪臭、杀灭有害微生物和切断寄生虫的生长周期，实现蛋鸡粪的无害化；沼液和沼渣中含有丰富的氮、磷、钾以及各种微量元素，还含有多种生物活性物质，是优质的有机肥料和土壤改良剂。目前，利用沼气工程处理鸡粪的案例较少，其中北京德青源农业科技股份有限公司投资运营的 2 兆瓦鸡粪沼气发电厂是比较成功的案例。

一、北京德青源农业科技股份有限公司概况

北京德青源农业科技股份有限公司成立于 2000 年 7 月，其北京生态园坐落于北京市延庆县张山营镇水峪新村北 500 米，距北京市中心约 100 千米，目前存栏海兰褐后备鸡 60 万只、产蛋鸡 200 万只，全部使用层叠高密度笼养模式，是我国最先使用层叠高密度笼养技术的规模化蛋鸡养殖公司。德青源日产鸡粪约 220 米^3，鸡粪主要利用完全厌氧混合反应器（Continuous Stirred Tank Reactor，CSTR），采用高浓度中温厌氧发酵技术进行沼气和有机肥生产利用。

二、鸡粪沼气工程

北京德青源农业科技股份有限公司利用鸡粪生产沼气工艺主要包括舍内清粪工艺、鸡粪运输方式、厌氧发酵前处理、一级厌氧发酵、二级厌氧发酵、沼气脱硫脱水、储气、沼气发电等流程。

图 8-10　叠层笼养鸡粪传送带

1. 鸡舍清粪技术

该公司蛋鸡养殖采用八叠层高密度笼养模式，每层笼下均装有传送带（图 8-10），传送带宽 110 厘米、长 90 米。传送带从前到后运行时间约 40 分钟，清粪时可以同时开启 4 层。

2. 鸡粪的运输

该公司 19 个蛋鸡舍和 13 个后备鸡舍污道侧均设有鸡粪传送

带（图 8-11，图 8-12），鸡粪可从鸡舍直接通过传送带输送到沼气发电厂水解池。

图 8-11　舍外鸡粪传送带

图 8-12　鸡粪运输系统

3. 沼气生产工艺

（1）鸡粪厌氧发酵前处理技术　厌氧发酵前处理技术主要包括匀浆、水解和除沙等工艺。该工艺在匀浆水解池内进行（图 8-13），匀浆水解池直径 16 米，深 5 米，有效容积 1 000 米^3。输送到匀浆水解池的鸡粪，需依据其量配比相应的污水，将其浓度稀释到 10%。匀浆水解池内设有除沙装置，鸡粪中沙含量约占 10%，通过除沙装置可以除去鸡粪中 90% 以上的沙。

图 8-13　鸡粪匀浆水解池

将除去沙粒并经稀释的鸡粪转移到进料池。进料池直径 10 米，深 5 米，有效容积 300 米^3。通过进料池进料一方面可保证物料的稳定性，另一方面可确保连续生产。

图 8-14　厌氧发酵罐

（2）一级厌氧发酵　一级厌氧发酵采用完全厌氧混合反应器工艺（Continuous Stirred Tank Reactor，CSTR）。该公司建有 4 座厌氧发酵罐（图 8-14），每座厌氧罐直径 15 米，高 18 米，容积 3 000 米^3，鸡粪水在厌氧发酵罐内的水电停留时间约为 30 天。

（3）二级厌氧发酵　二级厌氧发酵在二次厌氧发酵罐中进行。二次发酵罐直径 25 米，高 8.5 米，有效容积 4 000 米^3，顶部为膜顶结构，其气体容积 1 000 米^3。鸡粪二次发酵时间为 7 天，通过二次发酵可以使沼气的生产率提高 10%。

（4）沼气脱硫脱水工艺　在生物脱硫塔中实现沼气的脱硫脱水过程。脱硫塔分为两级（图 8-15），一级脱硫塔有 4 座，每个高 12 米，直径 2 米；二级脱硫塔 1 座，高 12 米，直径 4 米。脱硫塔内有含有大量无色硫杆菌，沼气通过脱硫塔时在无色硫杆菌作用下，氧化态的含硫污染物先经生物还原作用生成硫化物或硫化氢，然后再经生物氧化过程生成单质硫，通过两级生物脱硫工艺，沼气中的硫化氢可由 2 000 毫克/千克降至 100 毫克/千克以下。

图 8-15　一级沼气脱硫塔（左）和二级沼气脱硫塔（右）

（5）储气　通过脱硫脱水后的沼气被储存在双膜储气柜中。双膜储气柜呈球形（图 8-16），容积约 2 150 米^3。双膜储气柜内部储存沼气，内、外膜之间与外界大气相通，利用鼓风机鼓气，一方面使储气柜保持一定的形状，另一方面使沼气输出过程中具有稳定的气压。

4. 沼气利用工艺

目前，该公司主要通过两种途径实现沼气的利用：一是直接用作生活燃气，二是通过内燃机发电。

公司已在生态园区内的

图 8-16　双膜储气柜

员工家属区和附近的新村铺设沼气输送管道 1500 多米，通过沼气输送管道给员工和附近村庄居民提供生活燃气，同时生态园区内部分生产、生活以及冬季取暖也利用沼气。

图 8-17　发电机房

公司自身配套的沼气发电厂（图 8-17）已与华北电网联网，沼气通过内燃机组所发的电直接输入华北电网，年发电量约 1400 万千瓦·小时；发电机尾气经余热锅炉回收大部分热能后，导入有机肥车间用于沼渣烘干；回收的余热，经二次热交换转化为 90℃ 热水，用于发酵罐系统保温、温室大棚保暖及部分办公室的冬季供热。

5. 沼液沼渣利用工艺

公司把每年产生的 18 万吨沼液沼渣全部免费供给当地农户使用，这些沼液沼渣可为当地 12 万亩玉米、约 7670 亩苹果和葡萄提供有机肥。由于沼气发电厂区域比附近的农田高近百米，因此利用高度差将沼液自流到农田附近的沼液池供农户使用。公司还配有沼液运输车，用于沼液的远途运输。

沼渣经发电机组尾气余热烘干后，用于生产有机肥料（图 8-18，图 8-19）。

图 8-18　有机肥料生产　　　　　　　　图 8-19　有机肥料

三、沼气工程组织管理模式及效益

公司下设沼气发电厂和有机肥料厂两个部门。其中，沼气发电厂设厂长 1 人，工程师 2 人，其他员工 12 人；有机肥料厂设厂长 1 人，其他员工 6 名。

目前，公司年产沼气约 700 万米^3，发电 1 400 万千瓦·小时，如果电价按 0.5 元/度计，每年通过沼气发电收入约 700 万元；年生产有机肥料 6 000 吨，按 600 元/吨计，年收入约 360 万元；二者合计营业收入约 1 060 万元。而如果直接售卖鸡粪，按照 40 元/米^3 计，鸡粪年销售收入仅约 320 万元。

（案例提供者　廖新俤）

第九章

现代蛋鸡企业经营管理

阅读提示：

现代蛋鸡企业与传统养殖业存在显著差别，经营管理非常重要，管理的好坏直接影响企业的盈亏。在经营管理过程中需要考虑的因素很多，其中档案管理、饲料成本核算、人力资源管理、养殖效益分析和相关法律法规是重中之重。本章围绕上述内容，主要介绍了档案管理规程、人力资源管理的要点、养殖效益分析方法。受篇幅所限，主要的法律法规及禁止在饲料和动物饮水中使用的物质，只是列出其名称以供读者在深入查阅时作为参考。

第一节　档案管理

蛋鸡养殖档案是指在蛋鸡养殖行为全过程形成的具有完整记录作用的文字、数字、图片、音像资料、电子文档等档案资料。蛋鸡养殖档案包括经营资质档案、场区管理档案、蛋鸡管理档案、投入品管理档案、人员管理档案、养殖档案管理规程等。科学完整的档案是企业诚信的最有效证明，是建设鸡蛋品牌的有力保证，是处理各种复杂问题的科学依据。

一、养殖场经营资质档案

包括营业执照、税务登记证、土地使用证、租赁合同、畜禽防疫合格证、种畜禽生产经营许可证、备案资料和养殖代码、相关技术力量证明材料，以及企业财务、后勤管理等资料。

二、场区管理档案

场区管理档案包括多项内容，详见表9-1。

表 9-1　场区管理档案

档案目录	内　　容
场区所在地地理位置图	至少应标明3千米内的村庄、公路、河流、企业、旅游点、风景区、保护区、风向等内容
场（站）总体布局平面图	应标明总体面积、生产区、生活区、办公区、污道、净道、人流、物流等内容
鸡舍平面图	包括鸡舍内部和外观照片、设计图纸和竣工图
环境评价报告	包括鸡场区域自然环境、社会经济环境、大气、水、土壤的环境评价报告
污染物监测记录	包括监测项目、时间、地点、结果、检测员等信息
鸡粪处理记录	包括场所、方法、日期、操作员等信息
场区消毒记录	包括场所、方法、日期、消毒剂、剂量、消毒员等信息
灭蚊、蝇、鼠记录	包括场所、方法、日期、药物、剂量、操作员等信息
鸡场（站）设备	包括设备名称、型号、说明书、价格、购入时间、基本状态、维修保养等信息

三、蛋鸡管理档案

蛋鸡管理档案包括多项内容，详见表 9-2。

表 9-2　蛋鸡管理档案

品　种	包括蛋鸡品种（代、次）、来源、性别、日（月）龄、数量、畜禽身份标识和编号、繁殖记录、进出场日期等信息
隔离记录	包括蛋鸡品种（代、次）来源、品种、性别、日（月）龄、数量、隔离期、隔离地点、畜禽状态描述等信息
种鸡档案	包括品种（代、次）来源、生产性能记录档案、蛋鸡系谱档案、繁殖记录、进出场日期等信息
饲养管理规程	包括蛋鸡饲养管理全过程实施的标准、规范、规程、程序、制度等信息
生产记录	包括鸡舍号、时间、调入或调出、死淘、存栏数、产品产量、体重、饲料配方、耗料量等个体和（或）群体生产性能等信息
免疫记录	包括免疫时间、鸡舍号、存栏数量、疫苗名称、生产厂商、批号、免疫方法、免疫剂量、禁忌、配伍、免疫人员等信息
疫病抗体监测记录	包括监测目标、时间、防疫员、监测结果等内容
疾病治疗记录	包括时间、鸡舍号、日（月）龄、发病数、病因、诊疗人员、用药名称、用药方法、剂量、停药时间、诊疗结果、休药期等信息
病/死鸡处理记录	包括蛋鸡编号、日期、数量、发病原因、诊疗、死亡、无害化处理方法、操作员等信息
重大突发疫情预案	包括疫病种类、紧急处置方法等内容
出场记录	包括时间、数量、检疫/检验证明、目的及目的地、出场原因、负责人等交接信息
供方应提供的相关资质证明材料	包括品种（代、次）来源、检疫证明、车辆消毒证明、种鸡生产经营许可证复印件、营业执照复印件等资料

四、养殖投入品管理档案

投入品管理档案包括多项内容，详见表 9-3。

表 9-3　养殖投入品管理档案

仓库环境监测记录	包括光照情况、温度、相对湿度、清洁度、记录人等信息
投入品入库记录	包括品名、产地、批次、数量、入库时间、管理员等信息
投入品出库记录	包括品名、出库时间、出库数量、领用人、管理员等信息
投入品留样记录	包括样品名称、数量、样品状态描述、供应方厂名、地址及电话、留样时间、保存条件、保质期、管理员等信息
投入品供应商资质证明	包括供应商名单，并载明供应商姓名、电话、厂址、产品批准文号，并附产品检验报告和《饲料/疫苗/兽药生产经营许可证》复印件
库存台账档案	包括投入品种类、数量、保存条件、登记时间、记录人等内容

五、人员管理档案

人员管理档案包括多项内容，详见表 9-4。

表 9-4　人员管理档案

人员职责	组织结构图及其职责
资格证明	各技术岗位人员的职业资格证明
聘用与健康证明	人员聘用合同及健康证明
人员培训记录	包括培训时间、培训地点、培训项目、培训人员、考核情况等信息
人员流动记录	包括从事岗位、工作起止时间、个人基本情况等信息
外来人员/车辆记录	包括进入时间，事由，来访人和车基本信息（姓名、车牌号等），离开时间等信息

六、养殖档案管理

应建立档案及其养殖档案内部审核和官方评审制度。设立专门档案柜及专门档案管理人员，档案保存地点要具备通风、防盗、防火、防潮、防灾、防鼠、防虫等条件。同时，建立电子档案和纸质档案。养殖过程结束后纸质档案至少保存 5 年；电子档案应长期保存。建立档案借阅、保密制度。建立档案销毁制度。

第二节　饲料成本核算要点

养好蛋鸡，并从中获得显著的经济效益，必须把握好 5 个关键环节，即种、料、舍、药、管。当然，每个环节都涉及到成本核算，任何一个环节出问题都会影响最终的经济效益。饲料成本在养殖过程中占有较大比例，一般占 $70\% \sim 80\%$。

一、饲料等级

根据饲料技术的发展，可将现代饲料技术分为 3 个等级，即满足基本生产需要的饲料技术、满足蛋鸡健康需要的饲料技术和保护环境与可持续发展的饲料技术。3 个等级的技术不是并列关系，而是逐级升高的关系。在成本投入上也是逐级升高的过程。比如，当养殖者只是想满足蛋鸡的基本营养需要，不以延长产蛋期为目的，这时只采用第一级饲料技术即可，饲料成本最低。然而，在这种饲料条件下，蛋鸡的健康不能得到充分保障，可能由于各种应激导致鸡群容易发病，从而导致用药量加大，增加治疗成本。满足蛋鸡健康需要的饲料技术，主要是针对各种应激而开发的，一般是以饲料添加剂的形式出现，比如抗冷热应激、抗免疫应激和抗氧化应激的饲料添加剂等。虽然这些添加剂的使用会导致饲料成本的增加，但也会降低治疗的成本。满足保护环境和可持续发展需要的饲料技术是最高级技术。采用这类技术的企业主要是那些开发品牌鸡蛋和生产特色鸡蛋的企业，需要与新颖的经营理念相配套。

二、如何节约饲料

在保证生产的前提下，降低饲料消耗、减少饲料浪费是提高饲料转化率，减亏增盈的重要措施。

第一，喂料少给勤添，每次给料不超过料槽的 1/3，尽量让鸡把料槽内的饲料吃净后再加料，严防剩余饲料发霉变质。

第二，适时正确断喙，断喙比不断喙的鸡节省饲料 6% 左右，安排有经验的工人在蛋鸡 7～9 日龄时断喙。

第三，淘汰不良个体，平时注意观察鸡群，发现病鸡、弱鸡、低产鸡及时淘汰。这类鸡一般占鸡群总数的 3％～5％，每多养 1 天，每只鸡多耗料 100 克。有的养鸡户往往下不了淘汰的决心，结果浪费了饲料。饲养人员必须有一定养鸡经验才能准确无误地淘汰"白吃鸡"。冠、脸苍白，冠萎缩、腿黄的母鸡应挑出淘汰；健康的产蛋母鸡耻骨间距在 3 指以上，耻骨与胸骨间距在 3 指以上。当产蛋高峰过后，发现有的鸡耻骨距离不够 1.5 指，横档不到 2 指，过肥或过瘦的母鸡应及时淘汰；腹部膨大，腹腔内积水或积留较多液体，行走不便的母鸡应及时淘汰。

第四，科学保管饲料，要注意将饲料置于阴凉、干燥通风、防雨防晒、防虫蛀的地方，不要长期贮存，特别是在炎热夏季，更要防止饲料发霉变质。

第五，减少鼠害浪费，一只老鼠一年可盗食饲料 9 千克左右，而且污染饲料、毁坏鸡舍的设备及用具、咬伤雏鸡及偷食鸡蛋等，给养鸡场（户）造成很大的损失，因此消灭老鼠是节约饲料降低成本的一个重要措施。

第六，用药要科学合理，在消毒和防疫用药上既不要吝啬，又不能滥用和任意加大数量。用药前最好做药敏试验，以对症用药。用药时剂量要足，选择最佳给药途径，用足疗程。

第七，进鸡前坚持清扫、洗刷、药液浸泡及熏蒸消毒。进鸡后坚持带鸡消毒。防疫灭病要有的放矢，切忌无病乱用药，增加养鸡成本和产生抗药性，一旦发病而影响用药效果。

第三节　人力资源管理要点

一、人员培训

企业经营的好坏，关键在于人才的培养和使用。企业领导既是决策者，自身也是被培养的人才之一。领导者要针对自身企业的目标，注重自我修养和完善，科学制定阶段性和长期性发展目标，努力使每位员工明确各自的工作方向，对未来的发展充满希望。作为老板既要给员工制定工作任务和发展计划，又要给予员工希望和发展空间。有了明确的目标，才能让员工明确自己努力的方向，有希望和成长发展的空间，才能留得住员工，才能激励员工不断努力，才能最大限度激发员工的潜能。

要注重养殖场管理人员（场长）的培养。作为场长，最重要的工作就是"承上启下"。所谓"承上启下"：一是场长要有能力正确处理各种复杂的人际关系，将企业制定的目标分解，并制定完成目标的工作规程和具体的实施细则，这就是"承上"的作用；二是场长更重要的工作是当好培训师，培训员工按工作规程和实施细则——落实；三是充当师傅角色，辅导员工技能、技巧，先示范，后指点，直到放手让员工独立操作；四是充当一面镜子，把自己作为标杆，让员工在比较中考察自己的做法是否正确。总而言之，场长的工作就是上传下达、承上启下，要处理好各种关系，对上不能越权，对下不能代劳。要求养殖场场长具备德才兼备的素质，并且有上进心。

饲养人员是企业的一线工作者。饲养人员的工作积极性决定了鸡生产性能的发挥。他们的工作态度和责任感决定着企业决策和管理效果的具体体现。一线人员的主要任务就是做事，要求员工必须具备服从的态度、高度的责任感。要严格遵守养殖场的各项规章制度，认真履行自己的岗位职责。要及时提出合理化建议，帮助场长修正和完善规章制度，充分发挥自己的聪明才智。对待一线饲养人员（或工作人员）要科学确定工作量，避免官僚主义。

要经营好一个养殖场，各个层面的人员都起着至关重要的作用，缺一不可。养殖场的老板、场长、员工，既要各尽其责，又要彼此沟通，才能够发挥团队的力量。有效的沟通对于养殖场的管理而言，是关系全局的重要一环。

二、管理机构和人员配置

企业的经营方针确定以后，必须建立一个执行体系负责实施经营方针、生产目标、财务计算，保障生产的正常运作。包括以下部门：①生产技术部。负责全场各车间的生产技术工作，还负责生产统计和饲养操作规程的制定，常把兽医与化验工作也划归此部。举凡生产技术方面的工作统由此部负责。在育种场设立育种部。②销售服务部。是现代养鸡业中最重要、人数最多的部门。种鸡场销售服务部的力量很强，都是专业技术人员，除了宣传推销本企业鸡种以外，还要为用户提供技术服务。③条件保障部。负责基本建设、设备更新维修、车辆运输管理、用品采购（主要是饲料采购）。④行政部。负责接待、后勤生活管理、党政、办公人事、保卫及监督等。⑤财务部。要搞好养鸡场的经营管理，首先要搞好对管理部门和管理人员的管理。对各部门人员要精简，实行满负荷工作量。对管理人员进行监督的最好办法是"合署办公"，一个大办公室，分成若干隔间，各部人员和经理可以抬头相望，每个人迟到早退，从事工作的情况互相心中有数。但是现实情况往往不同，养鸡场都比较重视办公大楼，甚至达数千平方米。这是公有制的产物。应该说明，管理大楼、管理人员的开支都要纳入成本，而且是属于固定成本部分。

三、岗位责任制

办好一个养鸡场，必须精心培育一支精干的管理人员队伍和一支优良的技术人员队伍。具体的做法是完善各个岗位经济目标责任制和生产技术指标责任制，实行多劳多得，把员工的付出和报酬直接挂钩。

（一）场长责任

场长应具有经营管理的指挥能力和决策能力，善于团结群众，廉洁奉公，责任心强，具有创新精神和奉献精神。应努力学习，不断提高业务能力和领导能力，努力完成全场生产任务并获取良好的经济效益的高低。此外，场长要制定场内生产指标、生产计划，组织人员学习，决策各项重大事情，制定场规、场章和管理人员的奖惩制度。对内、对外有签订合同、执行合同和落实合同的权利。场长还必须经常了解产品的市场需求、价格及销路变化，并与社会的有关服务系统和市场的供销系统建立联系。要有把握时机、运筹和决策能力，努力完成全场的计划利润指标。

（二）技术场长和技术员责任

两者分别是养殖场的技术指导者和执行者，协助场长的工作，深入生产实际，熟悉各生产技术和生产工艺，随时了解饲养员的工作情况，发现问题及时解决，督促检查各项生产记录，利用记录分析指导生产，建立技术档案，总结经验和教训，努力提高科学技术水平，引入先进科技，不断提高生产水平。

（三）兽医防疫人员责任

协助场长和技术员做好养殖场的疾病防治工作，并坚持"以预防为主"的原则。严格按免疫程序进行防疫注射，定期消毒，坚持环境净化，提出行之有效的防疫措施，并认真检查执行情况，发现问题及时解决。深入生产实际，及时掌握疫病流行情况，如发现疫情，当即采取防治措施。不断提高业务水平和科技水平，并与有关兽医单位和大学经常保持联系，争取有利的协助，保证生产安全，提高生产经济效益。

（四）饲养员责任

饲养员是生产的主力军，其工作好坏直接关系到生产水平的提高和经济效益的高低。饲养员要对本职工作认真负责，认真执行各项操作规程和场内规章制度。不断总结工作经验，遇到问题要取得技术场长的帮助。做好生产记录，做到数据真实可靠，努力完成场方的各项生产指标。

［案例 9-1］　青岛综合试验站人才培养经验简介

近几年来，青岛试验站依托自己的示范基地——青岛奥特种鸡场积极开展了体系各项新技术的集成、示范工作，同时培养了一批在蛋种鸡养殖管理技术、疫病防控技术、饲料营养等领域的年轻学子，为本企业及本区域蛋鸡产业健康提供了人才支撑。而优秀人才的培养和保留，得益于人性化的用人制度和培养模式。

第一，注重集中系统培训，提高专业理论素养。针对蛋种鸡饲养管理要点，把整个蛋种鸡管理细分为 16 个环节，分别为育雏、育成、产蛋期饲养管理、营养调控、生物安全综合防控、不同疫苗防疫、沙门氏菌检测、疫病化验室诊断、种蛋挑选和保存、种蛋入孵、孵化控制、孵化设备使用、照蛋、出雏、疫苗的保存注射、健雏挑选。对新职工每周针对 1～2 个环节进行 2～3 次集中培训，培训结束后保证每个人都能笔试合格。

第二，实施轮岗实际操作培训。为了提高年轻人学技术的积极性，将工资细分为 6 部分：基本工资、技能工资、绩效工资、加班工资、工龄工资和奖金。其中，技能工资就包含了上述细化的 16 项，如果一个员工动手操作能力经现场考试达到了规定要求，每项每月就可以增加 80 元人民币的技能工资待遇；如果 16 项全部通过，每月将增加 1 280 元的技能工资待遇，且长期保留，即使只从事其中一项工作。绩效工资主要是考核饲养人员的产蛋率、鸡群的死淘率、耗料量等；授精人员的种蛋受精率及孵化人员的健雏率等，切实做到能干者、干好者多得。如果一个好学肯干的技校毕业生一年的时间可以全部达标，这样既可以增加经济收入，又学到了技能，同时还为企业培养了多面手，最大限度减少了种鸡企业技术人员短缺问题。

第三，技术人员去留问题。对人才培养采用敞开式培养模式，去留可自由选择。试验站想方设法留住人才，但也不反对年轻人走出去。留在企业，为企业做贡献，走出去，可以宣传企业。

（案例提供者　任景乐）

第四节　蛋鸡企业经济管理

一、蛋鸡场的可利用资源分析

蛋鸡企业应有利润计划，而任何计划都会受到可利用资源的限制，因此，要计划利润必须先明确可利用的资源，依照经济学的原理进行科学管理。蛋鸡场的经济管理就是利用蛋鸡场的可利用资源，包括现有资源和可能得到的资源，进行高效益地生产鸡蛋。在蛋鸡场里，可获得的各种资源均可看作是创造收益的生产要素，这些资源主要包括土地、劳动力（包括一线操作人员和所有管理人员）、资本、管理技巧、生产方案。

（一）土地资源的合理利用

土地资源具有两个基本功能，一是生产空间的载体，二是物理、化学和生物学等自然属性的储存所。有效利用土地资源的关键是如何科学地增加单位面积上所饲养的蛋鸡数量，也就是说，不能盲目增加数量，应同时考虑蛋鸡的生物学特点及土地的自然属性。

从 20 世纪初到现在，蛋鸡养殖技术发生了巨大变化，特别是自动控制技术和现代舍内环境控制技术的应用，使现代鸡舍容纳蛋鸡的数量显著增加。20 世纪初，那时的蛋鸡养殖都是地面散养，每平方米土地所承载的蛋鸡只有 1 只；到了 30～40 年代，西方经济发达国家开发出了蛋鸡笼养技术，使得每平方米土地上的蛋鸡数增加到 20～30 只；50～60 年代，集约化蛋鸡饲养业开始形成，并不断发展，特别是叠层笼养技术的出现，使每平方米土地上可饲养蛋鸡 80～100 只。这种情况下，应用现代技术大大提高了土地的使用效率。

考虑土地的自然属性，主要是指如何科学处理鸡粪和冲刷鸡舍时所产生的废水。鸡粪和废水处理需要一定的资金投入，但是如果措施得当，可将鸡粪和废水变成可获得的资源，从而增加经济收入。目前，我国大部分蛋鸡养殖场都没安排这一项经济投入，因此导致养殖场对周边环境和土壤的污染十分严重。

（二）人力资源的合理利用

人力资源是一种特殊资源，它具有流动性、再生性和主观能动性的特点。人力资源再生需要物质基础的满足，对企业的发展目标怀有浓厚的兴趣是充分发挥人力资源的主观能动性、提高工作效率的基础。具体内容可见本章第三节。

（三）资　本

资本是生产所必需的，也是不可替代的资源。资本的投入方向不同，核算方法也不同。投入固定资产的资本一般称其为贬值资本，即资本投入后获得的资产在使用过程中发生了贬值。为补偿贬值而计划提取的折旧费就是一种为了替代折旧物品而建立的贮存。投入非贬值资产的资本称为非贬值资本，非贬值资本一般没有确定的使用年限，常以机会成本记账。

在蛋鸡养殖场的投入中，鸡舍及附属建筑、设施设备等的投入资本是贬值资本，需要以折旧的方式保证该部分资产的保值和增值。投入土地的资本分为两种，一种是一次性支付的土地征用（使用权转让）金，属于非贬值资本，但有固定的期限，期满后要续费；另一种是土地租金，一般是年付或阶段支付，财务处理上通常按流动资金处理，计入当年生产成本。

二、生产成本分析

（一）生产成本的概念

生产成本是指在生产过程中，耗用各类资源价值的总和。一般生产成本分为支付成本、非支付成本、固定成本和可变成本。

1. 支付成本　支付成本是指所有用现金支付的生产成本。在蛋鸡生产过程中，主要支付成本包括：

（1）购买雏鸡或育成鸡　蛋鸡养殖一般分为两个阶段：一是育成鸡饲养阶段，这一阶段实际上又包括育雏和育成两个阶段；二是产蛋阶段。这两个阶段的天数之和一般是 500 天。养殖企业根据各自的技术能力和鸡舍条件的不同，有的从育雏开始，有的从饲养产蛋鸡开始。起点不同，在这一点的支付成本也不同。

（2）购买饲料原料或成品饲料　购买饲料原料或成品饲料是蛋鸡养殖企业的一项主要投入，究竟是从购买饲料原料开始，还是直接购买成品饲料，这一问题没有定论。

（3）支付劳动报酬　劳动报酬应包括所有与生产鸡蛋相关人员的劳动报酬，其中包括管理人员、饲养员和生产辅助人员。

（4）支付维修费用　维修费用指的是生活区、生产区和管理区所有维修费用的总和。

（5）支付其他费用　其他费用也可以认为是不可预算费用，这类支出一般是在作宣传和奖励时所支付的费用，比如购买一些礼品或奖品等。

2. 非支付成本　非支付成本指的是生产过程中不需要以现金形式支付的成本。包括固定资产折旧费、自有资源的机会成本和利息损失成本。

（1）折旧费用　折旧费用主要指的是固定资产折旧费用。对于如何计算折旧费用国家已有相关规定，必须按照相关规定执行。对于蛋鸡养殖企业来讲，因为没有国家税收要求，所以在计算折旧费用时应该因地制宜和实事求是。

一般情况下，固定资产的预计使用寿命是计算折旧费的主要约束条件。企业在计算固定资产的预计使用寿命时，应考虑以下因素：一是固定资产的预计生产能力或实物产量；二是固定资产的有形损耗，比如设备使用磨损、房屋建筑物的自然腐蚀等；三是固定资产的无形损耗，比如因引进新技术而使现有的资产技术水平相对陈旧、市场需求变化使产品过时等；四是有关固定资产使用的法律发生改变或者类似的限制发生改变时，导致现有固定资产被迫淘汰。

（2）机会成本　机会成本指的是自有资源成本。这种成本在我国尤其突出，比如家庭养殖场使用的自有土地、养殖生产中投入的家庭劳动力以及其他非直接购入的资源等。这些成本虽然不容易界定，但仍要记入每年的生产成本中。

（3）利息损失成本　利息损失成本指的是因固定资产投资、库存资产和其他现金投资所造成的利息损失。

3. 固定成本　固定成本是指在一个养殖阶段过程中保持相同价值的成本，通常包括土地、建筑、设备、存栏鸡等所形成的成本。

4. 可变成本　可变成本是指在一个养殖阶段过程中处于变化状态的成本，主要包括：饲养过程中耗用的饲料成本、人员工资、水费、电费、供暖费及其他耗材费用。

三、生产成本预算

在进行实际成本预算前，首先列出技术起算点（表9-5）和财务起算点（表9-6），据此计算每只入舍蛋鸡的支付性和非支付性费用。然后将这些数据列入生产成本预算模式中（表9-7），通过综合计算，得出每千克鸡蛋的生产成本。如果鸡蛋是按枚销售的，比如12枚一个包装或6枚一个包装，还要计算出每枚鸡蛋的包装成本。生产成本清楚后，再根据各类成本的所占比例，计算出鸡蛋的成本价格（表9-8）。

表 9-5　鸡蛋成本预算起算点技术项目

序　号	项　目	数量/指标
1	购入种蛋或雏鸡或育成鸡的数量 （育雏育成阶段）	
2	育雏育成率（%）	
3	每平方米建筑饲养育成鸡的数量	
4	育成期时间（饲养时间＋空舍时间）	
5	入舍鸡平均耗料量 （产蛋阶段）	
6	每平方米饲养蛋鸡数量	
7	产蛋期时间（饲养时间＋空舍时间）	
8	全期产合格蛋量（千克）	
9	产蛋期死淘率（%）	
10	产蛋期平均日耗料量（克/只·天）	
11	淘汰蛋鸡平均体重（千克）	

表 9-6　鸡蛋成本预算起算点财务项目

序　号	项　目	费　用
1	每平方米建筑投资（含附属建筑）	
2	每平方米设施投资（含附属设备或设施）	
3	种蛋或雏鸡或育成鸡价格	
4	饲料单价（元/千克）	
5	兽药、疫苗及检测费用	
6	运输费用、装卸费用	
7	水、电、暖费用	
8	人员工资（直接生产者、辅助生产者、管理者）	
9	通讯费（电话、手机、邮件）	
10	杂费（办公费、业务招待费、差旅费、礼品费等）	
11	其他（维修费用）	

表 9-7 生产成本预算模式

序 号	项 目	金额（元）	分类 1	分类 2
1	购买种蛋或雏鸡或青年鸡	0.00	支付成本	可变成本
2	购买饲料、兽药、疫苗	0.00	支付成本	可变成本
3	需支付的资金利息或资金占用费	0.00	支付成本	可变成本
4	人员工资	0.00	支付成本	可变成本
5	运费和装卸费	0.00	支付成本	可变成本
6	包装材料费	0.00	支付成本	可变成本
7	维修费	0.00	支付成本	可变成本或固定成本
8	租用土地成本（年付租金）	0.00	支付成本	固定成本
9	其他支付成本（管理费用等）	0.00	支付成本	可变成本
小计 A		0.00		
10	建筑/设备折旧	0.00	计算成本	固定成本
11	征用土地成本或自有土地机会成本	0.00	计算成本	固定成本
12	自有资金投入的机会成本	0.00	计算成本	固定成本
小计 B		0.00		

表 9-8 鸡蛋成本价格计算表

项 目	费用（元）	计算方法	备 注
一、支付成本			
产蛋鸡费用		费用＝育成期总费用÷临近开产蛋鸡数量	每只鸡费用
饲料费用		费用＝总量×单价÷0.99	饲料损耗 1%
水/电/暖		费用＝各项计算消耗×单价	
人员工资			
运输费用			
包装费用			
设备维修费用			
房舍维修费用			
杂费			
小计			

续表 9-8

项　目	费用（元）	计算方法	备　注
二、非支付费用			
房舍折旧			5%
设备折旧			10%
利息或资金占用费			5%
资金机会成本			5%
土地机会成本			当时租金价格
小计			

第五节　相关法规和标准

一、相关法规和标准目录

与蛋鸡养殖相关的法规和标准目录，见表 9-9。

表 9-9　与蛋鸡养殖相关的法规和标准目录

名　称	发布机构	编　号
鲜蛋卫生标准	中华人民共和国卫生部	GB 2748—2003
绿色食品蛋与蛋制品	中华人民共和国农业部农产品质量安全监管局	NY/T 754—2011
无公害食品　畜禽饲养兽药使用准则	中华人民共和国农业部	NY 5030—2006
无公害食品　畜禽饲料和饲料添加剂使用准则	中华人民共和国农业部	NY 5032—2006
无公害食品　鲜禽蛋	中华人民共和国农业部	NY 5039—2005
无公害食品　蛋鸡饲养兽医防疫准则	中华人民共和国农业部	NY 5041—2001
无公害食品　家禽养殖生产管理规范	中华人民共和国农业部	NY/T 5038—2006
饲料添加剂品种目录（2013）	中华人民共和国农业部	中华人民共和国农业部公告第 2045 号

续表 9-9

名　称	发布机构	编　号
饲料原料目录	中华人民共和国农业部	中华人民共和国农业部公告第 1773 号
饲料药物添加剂使用规范	中华人民共和国农业部	中华人民共和国农业部公告第 168 号
《饲料生产企业许可条件》和《混合型饲料添加剂生产企业许可条件》	中华人民共和国农业部	中华人民共和国农业部公告第 1849 号
动物源性饲料产品安全卫生管理办法	中华人民共和国农业部	中华人民共和国共和国农业部令第 40 号
禁止在饲料和动物饮水中使用的物质	中华人民共和国农业部	中华人民共和国农业部公告第 1519 号
禁止在饲料和动物饮用水中使用的药物品种目录	中华人民共和国农业部	中华人民共和国农业部公告第 176 号
饲料和饲料添加剂管理条例	中华人民共和国农业部	中华人民共和国国务院令第 609 号
饲料和饲料添加剂生产许可管理办法	中华人民共和国农业部	中华人民共和国农业部令2012 年第 3 号
饲料生产企业审查办法	中华人民共和国农业部	中华人民共和国农业部令第 73 号
饲料添加剂安全使用规范	中华人民共和国农业部	中华人民共和国农业部公告第 1224 号
饲料添加剂和添加剂预混合饲料产品批准文号管理办法	中华人民共和国农业部	中华人民共和国农业部令2012 年第 5 号
饲料质量安全管理规范	中华人民共和国农业部	中华人民共和国农业部令2014 年第 1 号
新饲料和新饲料添加剂管理办法	中华人民共和国农业部	中华人民共和国农业部令2012 年第 4 号

二、禁止在动物饲料和饮用水中使用的药物品种目录

禁止在动物饲料和饮用水中使用的药物，见表9-10。

表 9-10　禁止在动物饲料和饮用水中使用的药物

药物类别	药物名称	主要功能
肾上腺素受体激动剂	盐酸克仑特罗	β₂-肾上腺素受体激动药
	沙丁胺醇	β₂-肾上腺素受体激动药
	硫酸沙丁胺醇	β₂-肾上腺素受体激动药
	莱克多巴胺	一种 β-兴奋剂，美国食品和药物管理局（FDA）已批准，中国未批准
	盐酸多巴胺	多巴胺受体激动药
	西巴特罗	美国氰胺公司开发的产品，一种 β-兴奋剂，FDA 未批准
	硫酸特布他林	β₂-肾上腺素受体激动药
	苯乙醇胺 A	β-肾上腺素受体激动剂
	班布特罗	β-肾上腺素受体激动剂
	盐酸齐帕特罗	β-肾上腺素受体激动剂
	盐酸氯丙那林	β-肾上腺素受体激动剂
	马布特罗	β-肾上腺素受体激动剂
	西布特罗	β-肾上腺素受体激动剂
	溴布特罗	β-肾上腺素受体激动剂
	酒石酸阿福特罗	长效型 β-肾上腺素受体激动剂
	富马酸福莫特罗	长效型 β-肾上腺素受体激动剂
	盐酸可乐定	抗高血压药
	盐酸赛庚啶	抗组胺药
蛋白同化激素	碘化酪蛋白	为甲状腺素的前驱物质，具有类似甲状腺素的生理作用
	苯丙酸诺龙及苯丙酸诺龙注射液	

续表 9-10

药物类别	药物名称	主要功能
精神药品	氯丙嗪（盐酸）	抗精神病药、镇静药，用于强化麻醉以及使动物安静等
	盐酸异丙嗪	抗组胺药，用于变态反应性疾病，如荨麻疹、血清病等
	安定（地西泮）	镇静药、抗惊厥药
	苯巴比妥	巴比妥类药，缓解脑炎、破伤风、士的宁中毒所致的惊厥
	苯巴比妥钠	巴比妥类药，缓解脑炎、破伤风、士的宁中毒所致的惊厥
	巴比妥	中枢抑制和增强解热镇痛
	异戊巴比妥	催眠药、抗惊厥药
	异戊巴比妥钠	巴比妥类药，用于小动物的镇静、抗惊厥和麻醉
	利血平	抗高血压药
	艾司唑仑	
	甲丙氨酯	
	咪达唑仑	
	硝西泮	
	奥沙西泮	
	匹莫林	
	三唑仑	
	唑吡旦	
	其他国家管制的精神药品	

续表 9-10

药物类别	药物名称	主要功能
性激素	己烯雌酚	雌激素类药
	雌二醇	雌激素类药
	戊酸雌二醇	雌激素类药
	苯甲酸雌二醇	雌激素类药，用于发情不明显动物的催情及胎衣滞留、死胎的排除
	氯烯雌醚	
	炔诺醇	
	炔诺醚	
	醋酸氯地孕酮	
	左炔诺孕酮	
	炔诺酮	
	绒毛膜促性腺激素（绒促性素）	激素类药，用于性功能障碍、习惯性流产及卵巢囊肿等
	促卵泡生长激素（尿促性素主要含卵泡刺激 FSHT 和黄体生成素 LH）	促性腺激素类药
各种抗生素滤渣	抗生素滤渣	该类物质是抗生素类产品生产过程中产生的工业三废，因含有微量抗生素成分，在饲料和饲养过程中使用后对动物有一定的促生长作用。但对养殖业的危害很大，一是容易引起耐药性，二是由于未做安全性试验，存在各种安全隐患

参考文献

[1] 杨宁. 现代养鸡生产 [M]. 北京：中国农业大学出版社，1994.

[2] 杨山，等. 现代养鸡 [M]. 北京：中国农业出版社，2002.

[3] 高玉鹏，等. 无公害蛋鸡安全生产手册（第一版）[M]. 北京：中国农业出版社，2008.

[4] 佟建明. 蛋鸡无公害综合饲养技术 [M]. 北京：中国农业出版社，2003.

[5] 黄仁录，等. 蛋鸡标准化规模养殖图册 [M]. 北京：中国农业出版社，2011.

[6] 李保明，施正香. 设施农业工程工艺及建筑设计（第一版）[M]. 北京：中国农业出版社，2005.

[7] 王进圣. 鸡舍环境控制与生物安全 [J]. 北方牧业，2013（14）：14-15.

[8] 黄仁录，陈辉，臧素敏，等. 河北省蛋鸡舍建筑类型及配套设施调查 [J]. 中国家禽，2010（5）：1-7.

[9] 李俊营，詹凯，刘伟，等. 我国蛋鸡舍建筑现状与标准化研究 [J]. 中国家禽，2012（21）：1-5.

[10] 杨宁. 家禽生产学（第二版）[M]. 北京：中国农业出版社，2010.

[11] 陈宽维. 仿土蛋鸡的选育与开发 [J]. 中国禽业导刊，2007，24（9）：26.

[12] 国家畜禽遗传资源委员会. 中国畜禽遗传资源志——家禽志 [M]. 北京：中国农业出版社，2011.

[13] 景栋林，张绮琼. 鸡性连锁矮小基因的作用机制及其应用 [J]. 畜牧与兽医，2004，36（8）：41-43.

[14] 康相涛. 我国土种蛋鸡育种及生产中亟待解决的几个问题 [J]. 2009，31（10）：1-3.

[15] 李恒，李腾飞，王红英，李保明. 我国蛋种鸡本交笼养模式应用现状与研究方向 [J]. 中国家禽，2013，35（4）：3-6.

[16] 马发顺. 蛋鸡育种及良种繁育体系 [J]. 中国动物保健，2011，3：7-11.

[17] 马建岗. 伴性遗传及其在家禽育种上的应用 [J]. 甘肃畜牧兽医，

1989，1：29-30.

[18]《全国蛋鸡遗传改良计划（2012-2020）》（农办牧［2012］47 号）.

[19] 孙茂红，范佳英. 蛋鸡养殖新概念［M］. 北京：中国农业大学出版社，2011.

[20] 徐桂云，侯卓成，宁中华，杨宁，杨长锁. 不同蛋鸡品种蛋品质分析比较研究［J］. 河北畜牧兽医，2003，19（8）：19，35.

[21] 王克华，邹剑敏，杨宁，丁余荣，窦套存，苏一军，曲亮，卜柱，汤青萍，童海兵. 苏禽绿壳蛋鸡的选育研究［J］. 中国家禽，2014，36（3）：43-45.

[22] 张学余，黄凡美，苏一军，赵东伟. 我国部分地方鸡种羽性伴性遗传观察［J］. 西北农业大学学报，1999，27（4）：54-57.

[23] 张学余，黄凡美，赵东伟，卜柱. 我国部分地方鸡种肤色伴性遗传初步观察［J］. 遗传学报，2000，27（10）：866-869.

[24] 佟建明. 饲料配方手册［M］. 中国农业大学出版社，2001.

[25] 董正昂，毛华明，王刚. 饲料配方设计的季节性与地域性［J］. 养殖技术顾问，2008，6：136-137.

[26] 瞿明仁，晏向华，黎观红，等. 肉鸡蛋氨酸营养研究进展［J］. 饲料研究，1999，12：12-14.

[27] 黎观红，瞿明仁. 家禽氨基酸需要量的研究进展［J］. 饲料工业，2001，22（2）：7-9.

[28] 李晓丽，吕林，解竞静，等. 锰在鸡肠道中吸收的特点，影响因素及分子机制［J］. 动物营养学报，2013，25（3）：486-493.

[29] 李有业. 维生素 A，E 和 C 对鸡体抵抗力的效应［J］. 中国家禽，2003，25（22）：50-50.

[30] 李振，李萍. 蛋白质营养与家禽免疫［J］. 中国饲料，2002（18）：22-24.

[31] 刘世荣，刘雁征，李云开. 笼养蛋鸡健康养殖技术研究的现状与发展趋势［J］. 中国农学通报，24（1）：23-28.

[32] 罗发洪. 蛋氨酸及其羟基类似物的吸收和代谢［J］. 中国饲料，2007（2）：27-29.

[33] 庞建建. 日粮维生素 A 水平对不同品种（系）鸡免疫应激的影响［J］. 中国农业科学院，2010.

[34] 王宏祥，王昕，张建斌，等. 不同硒源对蛋鸡组织硒含量，GPX 活性及肝脏 GPX-4 mRNA 表达的影响［J］. 中国饲料，2013（11）：26-28.

[35] 吴东，夏伦志，陈丽园，等. 富硒日粮对鸡蛋品质及硒沉积的影响［J］.

饲料工业，2013（1）：23-25.

[36] 张雪君. 锰在家禽营养中的研究进展 [J]. 中国饲料，2013（1）：27-30.

[37] 章世元，俞路，王雅倩，周联高，王志跃，杨海明，严桂琴，薛永峰，徐建超，闫韩韩. 热应激蛋鸡适宜钙磷水平研究 [J]. 饲料与畜牧，2008，8：14-17.

[38] 冯定远. 饲料中的抗营养因子 [J]. 广东饲料，2000，9（5）：23-25.

[39] 宋青龙，秦贵信. 饲料中的抗营养因子及其消除方法 [J]. 国外畜牧学：猪与禽，2003，23（3）：9-12.

[40] 金晶，徐志宏，魏振. 菜籽粕中抗营养因子及其去除方法的研究进展 [J]. 中国油脂，2009，34（7）：18-21.

[41] 张爱婷，朱巧明，顾林英，等. 膨化棉籽粕对蛋鸡生产性能、蛋品质及血清生化指标的影响 [J]. 动物营养学报，2012，24（6）：1143-1149.

[42] 于平，顾建荣，顾振宇，等. 去除大豆抗营养因子的研究 [J]. 营养学报，2001，23（4）：383-385.

[43] 李晓丽，何万领，董淑丽，等. 重金属对饲料污染的分析及防治措施 [J]. 饲料安全，2006，27（17）：48-51.

[44] 朱莎，张爱婷，代腊，等. 饲料中重金属铅污染对蛋鸡生产性能、蛋品质以及抗氧化性能的影响. 动物营养学报，2012，24（3）：534-542.

[45] 蒋媛婧，袁超，宋华慧，等. 饲料砷污染对蛋鸡生产性能、蛋品质及抗氧化性能的影响. 动物营养学报，2013，25（11）：2720-2726.

[46] 孙涛，代腊，唐飞江，等. 饲料中镉对产蛋鸡生产性能、抗氧化功能及其体内残留的影响. 畜牧兽医学报，2012，43（2）：232-241.

[47] 唐飞江，邹晓庭，孙涛，等. 汞对蛋鸡产蛋性能、蛋品质及血清抗氧化指标的影响. 动物营养学报，2011，23（9）：1600-1607.

[48] 于炎湖. 饲料安全性问题（3）畜禽日粮中添加高铜、高锌导致的问题及其解决办法 [J]. 养殖与饲料，2003（1）：5-6.

[49] 杨玉，黄应祥，张栓林. 日粮能量水平对蛋鸡生产性能的影响 [J]. 中国农学通报，2008（2）：31-36.

[50] 江应红，马美湖，梅劲华，王树才. 洁蛋处理对鸡蛋新鲜度的影响 [J]. 华中农业大学学报，2010，29（5）：654-657.

[51] 王益，黄文. 壳聚糖对鸡蛋涂膜保鲜的研究 [J]. 食品科学，1999，20（10）：68-70.

[52] 刘会珍，吴薇，高振江. 保鲜剂性质对鸡蛋保鲜效果的影响 [J]. 中国

农业大学学报，2005，10（5）：89-92.

[53] 付星，马美湖，蔡朝霞. 不同涂膜剂对鸡蛋涂膜保鲜效果的比较研究[J]. 食品科学，2010，31（2）：260-263.

[54] 胡筱波，任奕林，陈红. 不同干燥条件对鸡蛋涂膜保鲜效果的影响[J]. 保鲜与加工，2007，23（3）：112-115.

[55] 杜丹萌，王凤诺，王世平. 鸡蛋新鲜度随储藏条件变化规律的研究进展[J]. 食品与科技，2014，39（05）：26-33.

[56] Y. M. Saif 主编. 苏敬良，高福，等主译. 禽病学（十二版）[M]. 北京：中国农业出版社，2012.

[57] 蒋建新. 细菌内毒素基础与临床[M]. 北京：人民军医出版社，2004.

[58] 王宏卫，赵德明，赵继勋. 集约化机场生物安全体系的建立[J]. 中国家禽，2007. 29（1）：1-6.

[59] 袁正东. 大型养殖场生物安全体系的建立与保障[J]. 中国家禽，2012. 34（18）：1-4.

[60] 黄小洁，程水生，左继荣，等. SPF 鸡胚及其发展现状[J]. 中国兽药杂志，2009. 43（12）：50-52.

[61] 何海蓉，王正春，等. 从兽用生物制品企业角度看我国 SPF 鸡质量控制现状[J]. 中国比较医学杂志，2011. 21（10. 11）：99-103.

[62] 江连洲，王辰，李杨，王中江. 我国营养与功能食品开发研究现状[J]. 中国食物与营养. 2010（01）：26-29.

[63] 迟玉杰，高兴华，孔保华. 鸡蛋清中溶菌酶的提取工艺研究[J]. 食品工业科技，2002（3）：44-46.

[64] 李德海，迟玉杰. 溶菌酶的简易测定[J]. 中国乳品工业，2002（5）：74-75.

[65] 陈慧英，吴晓英，林影. 溶菌酶分离纯化方法的研究新进展[J]. 广东药学院学报，2003，19（4）：356-358.

[66] 迟玉杰. 蛋制品加工技术[M]. 北京：中国轻工业出版社，2008.

[67] 肖怀秋，林亲录，李玉珍. 溶菌酶及其在食品工业中的应用[J]. 中国食物与营养，2005（2）：32-34.

[68] 傅冰，俞汇颖，魏云林，等. 鸡蛋清中 3 种蛋白质的连续化提取工艺初步研究[J]. 广东农业科学 2013，1：92-95.

[69] 袁小军，马美湖. 禽蛋中卵转铁蛋白的研究进展[J]. 家禽科学. 2009. 5. 40-44.

[70] 谭利伟，麻丽坤，赵进，等．蛋黄卵磷脂的应用研究进展［J］．中国家禽，2005，27（21）：35-36．

[71] 王辉，许学勤，陈洁．酶法提取蛋黄油的工艺［J］．食品与生物技术，2003（1）：102-104．

[72] 唐传核，彭志英．鸡蛋蛋黄活性成分的生理功能及开发［J］．广州食品工业科技，2000（2）：53-55．

[73] 李勇．鸡蛋蛋黄的功能及其制品［J］．中国食品添加剂，2002（2）：89-95．

[74] 林淑英，迟玉杰．卵磷脂储存加速的研究［J］．食品科学，2004（5）：135-137．

[75] 纵伟，余明．蛋黄免疫球蛋白在食品上的应用［J］．山西食品工业，2000，3（36）：37-41．

[76] 赵彬侠，许晓慧，等．柱层析法分离纯化蛋黄卵磷脂［J］．西北大学学报（自然科学版），2003，2（4）：171-173．

[77] 邹亚萍，马坤．卵磷脂在制药行业中的应用研究［J］．江西化工，2003（4）：128-129．

[78] 李清春，张景强．卵磷脂的特性及在食品中的应用［J］．保鲜与加工，2001：（1）：23-25．

[79] 何秋星．天然表面活性剂卵磷脂在化妆品中的应用［J］．韶关大学报，1995：16（2）：133-139．

[80] 迟玉杰，田波．蛋清寡肽制备技术的研究［J］．食品科学，2004（11）：177-179．

[81] 郭本恒．活性肽类的加工制备技术［J］．杭州：食品科技，1997．

[82] 李彦坡，马美湖．蛋壳及蛋壳膜的研究和利用［J］．粮食与食品加工．2008，15（5）：122-125．

[83] 李涛，马美湖，蔡朝霞．蛋壳中碳酸钙转化为有机酸钙的研究［J］．四川食品与发酵，2008，44（5）：8-12．

[84] 郑海鹏，董全．蛋壳制取有机活性钙的研究进展［J］．中国食品添加剂，2008，3：87-92．

[85] 左思敏，张宇，朱玲娇．蛋壳制有机酸钙规模化生产的展望［D］．第十一届中国蛋品科技大会论文集．312-317．

[86] 迟玉杰．鸡蛋深加工系列产品综合开发技术概况［J］．中国家禽，2004．26（23）：6-9．

[87] 迟玉杰．加快禽蛋中高附加值天然产物高效提取与产品开发［J］．食

品科学，2002，(8)：303-306.

　　[88] 夏宁，迟玉杰，孙波. 蛋壳粉的功能与利用 [J]. 中国家禽，2007，29 (4)：12-15.

　　[89] 吴江. 蛋壳粉在食品工业中的应用 [J]. 中国食品添加剂，1998，(1)：67-68.

　　[90] 黄仁录，等. 河北省蛋鸡舍建筑类型及配套设施调查 [J]. 中国家禽，2010 (5)：1-7.

　　[91] 刘学彬. 我国家禽养殖机械化现状及其技术发展趋势 [J]. 中国家禽，1988 (3)：5-6.

　　[92] 杨家平. 9FZQ-1800 牵引式清粪机的研究 [J]. 粮油加工与食品机械，1982 (7)：35-39.

　　[93] 辛宏伟. 美国蛋鸡饲养系统及发展趋势 [J]. 中国家禽，2010 (20)：32-33.

　　[94] 周学成，王达强. 我国养鸡生产机械化技术的发展概况与展望[J].广东农机，2000 (4)：16-18.

　　[95] 黄炎坤，田同江，毛申林. 蛋鸡舍清粪方式的应用效果对比 [J]. 山东家禽，2003，10：22-24.

　　[96] 姜维文. 浅谈鸡场清粪机械的利用 [J]. 养禽与禽病防治，2005，8：33.

　　[97] 周海柱，娄玉杰. 不同蛋鸡生产模式的养殖环境及调控 [J]. 黑龙江畜牧兽医，2010，03：74-75.

　　[98] 白帆，王晓昌. 粪便中温好氧堆肥过程有机物的降解研究 [J]. 环境污染与防治，2011，33 (9)：15-18.

　　[99] 白威涛，李革，陆一平. 畜禽粪便堆肥用翻抛机的研究现状与展望 [J]. 农机化研究，2012 (2)：237-241.

　　[100] 陈俊红，刘合光，秦富，等. 蛋鸡粪循环利用模式评价与政策建议 [J]. 农业环境与发展. 2011 (2)：30-39.

　　[101] 李季，彭生平. 堆肥工程实用手册（第二版）[M]. 北京：化学工业出版社，2011.

　　[102] 李健，张峥嵘，黄少斌，等. 固体废物堆肥化研究进展 [J]. 广东化工，2008，35 (1)：93-96.

　　[103] 李璐琳，吴银宝，程龙梅，等. 夏季蛋鸡粪含水率过高原因分析及应对措施 [J]. 中国家禽，2013，35 (11)：41-44.

　　[104] 廖新俤，吴银宝，李有建. 我国蛋鸡粪处理主要工艺分析 [J]. 中国

家禽，2010，32（21）：32-34.

[105] 林聪，周孟津，张榕林，等.养殖场沼气工程使用技术［M］.北京：化学工业出版社，2010.

[106] 倪慎军.沼气生态农业理论与技术应用［M］.郑州：中原农民出版社，2007.

[107] 王岩.养殖业固体废弃物快速堆肥化处理［M］.北京：化学工业出版社，2005.

[108] 王艳，胡博，廖新俤.饮水量对蛋鸡粪便含水率的影响［J］.中国家禽，2010，32（23）：12-14.

[109] 蔡建成，等.堆肥工程与堆肥工厂［M］.北京：机械工业出版社，1990.

[110] 李国学，张福锁.固体废物堆肥化与有机复混肥生产［M］.北京：化学工业出版社，2000.

[111] 廖新俤，陈玉林.家畜生态学［M］.北京：中国农业出版社，2009.

[112] 李艳霞，王敏健，王菊思.有机固体废弃物堆肥的腐熟度参数及指标［J］.环境科学，1999，20（2）：98-103.

[113] 马文漪，杨柳燕.环境微生物学工程［M］.南京：南京大学出版社，1998.

[114] 张福锁，龚元石，李晓林.土壤与植物营养研究新动态（第三卷）［M］.北京：中国农业出版社，1995.

[115]《中华人民共和国档案法》.

[116]《中华人民共和国农产品质量安全法》.

[117]《中华人民共和国食品安全法》.

[118]《中华人民共和国畜牧法》.

[119]《中华人民共和国动物防疫法》.

[120]《畜禽标识和养殖档案管理办法》.

[121] 中华人民共和国农业部第67号令《畜禽标识和养殖档案管理办法》.

[122] NY/T 1569《畜禽养殖场质量管理体系建设通则》.

[123] NY/T 682《畜禽场厂区设计技术规范》.

[124] NY/T 5295《无公害食品 产地环境评价准则》.

[125] NY/T 1168《畜禽粪便无害化处理技术规范》.

[126] NY/T 1167《畜禽场环境质量及卫生控制规范》.

[127] NY/T 5339《无公害食品 畜禽饲养兽医防疫准则》.

[128] GB 16548《病害动物和病害动物产品生物安全处理规程》.

［129］GB 16549《畜禽产地检疫规范》.

［130］NY 5030《无公害食品 畜禽饲养兽药使用准则》.

［131］NY 5032《无公害食品 畜禽饲料和饲料添加剂使用准则》.

［132］佟建明. 蛋鸡无公害综合饲养技术［M］. 北京：中国农业出版社，2003.

［133］Directive E. council directive 1999/74/EC of 19 July 1999 laying down minimum standards for the protection of laying hens. Official Journal of the European Communities (L 203)，1999：53-57.

［134］Coskun B, Inal F, Celik I, et al. Effects of dietary levels of vitamin A on the egg yield and immune responses of laying hens. Poultry science，1998，77 (4)：542-546.

［135］Di Renzo F, Bacchetta R, Giavini E, et al. Comparison of the effects of bulk-and nano-Vitamin A in postimplantation rat embryos cultured in vitro. Reproductive Toxicology，2012，34 (2)：151.

［136］Driver J P, Atencio A, Pesti G M, et al. The effect of maternal dietary vitamin D3 supplementation on performance and tibial dyschondroplasia of broiler chicks. Poultry science，2006，85 (1)：39-47.

［137］Frost T J, Roland D A, Untawale G G. Influence of vitamin D3，1α-Hydroxyvitamin D3，and 1, 25-Dihydroxyvitamin D3 on eggshell quality, tibia strength, and various production parameters in commercial laying hens. Poultry science，1990，69 (11)：2008-2016.

［138］GERALD FC, Jr. The vitamins. 4th ed. London：Academic Press，2012：139-180.

［139］Han M, Lin Z, Zhang Y. The Alteration of Copper Homeostasis in Inflammation Induced by Lipopolysaccharides. Biological Trace Element Research，2013：1-7.

［140］Huang S, Chen J C, Hsu C W, et al. Effects of nano calcium carbonate and nano calcium citrate on toxicity in ICR mice and on bone mineral density in an ovariectomized mice model. Nanotechnology，2009，20 (37)：375102.

［141］Kidd M T. Nutritional modulation of immune function in broilers. Poultry science，2004，83 (4)：650-657.

［142］Balnave, D, and Muheereza S K. 1997. Improving egg shell quality at high temperatures with dietary sodium bicarbonate. Poult. Sci.，76：

558-593.

[143] M. Frikha，H. M. Safaa et al. Influence of energy concentration and feed form of the diet on growth performance and digestive traits of brown egg-laying pullets from 1 to 120 days of age. Animal Feed Science and Technology，2009，153：292-392.

[144] K Keshavarz，S Nakajima. The effect of dietary manipulations of energy，protein，and fat during the growing and laying periods on early egg weight and egg components. Poultry science，1993.

[145] PENZ A M，JENSEN L E O S. Influence of protein concentration，amino acid supplementation，and daily time of access to high-or low-protein diets on egg weight and components in laying hens [J]. Poultry science，1991，70 (12)：2460-2466.

[146] Whitehead, C. C., Bowman, AS. and Griffin, H. D., 1991. The effects of dietary fat and bird age on the weights of eggs and egg components in the laying hen. Br. Poult. Sci., 32：565-574.

[147] S Leeson.，Summers J D. Factors influencing early egg size [J]. Poultry Science，1983，62 (7)：1155-1159.

[148] Sakanaka S, Tachibana Y, Ishihara N, et al. Antioxidant activity of egg-yolk protein hydrolysates in a linoleic acid oxidation system [J]. Food Chemistry，2004，86 (1)：99-103.

[149] Jensen, L. S., Allred, J. B., Fry, R. E. and McGinnis, J., 1958. Evidence for an unidentified factor necessary for maximum egg weight in chickens. J. Nutr., 65：219-223.

[150] Shutze, J. V., Jensen, L. S. and McGinnis, J., 1958. Effect of different dietary lipids on egg size. Poult. Sci. 37：1242.

[151] Treat, C. M., Reid, B. L., Davies, R. E. and Couch, J. R., 1960. Effect of animal fat and mixtures of animal and vegetable fats containing various amounts of free fatty acids on performance of cage layers. Poult. Sci., 39：155s-1555.

[152] Shannon, D. W. F. and Whitehead, C. C., 1974. Lack of response in egg weight or output to increasing levels of linoleic acid in practical layer's diets. J. Sci. Food Agric., 25：553-561.

[153] Whitehead, CC., 1981. The response of egg weight to the inclusion of different amounts of vegetable oil and linoleic acid in the diet of laying hens.

Br. Poult. Sci., 22: 525-532.

[154] March B E, MacMILLAN C. Linoleic acid as a mediator of egg size [J]. Poultry Science, 1990, 69 (4): 634-639.

[155] S. Grobas, J. Mendez, C. Deblas. Laying Hen Productivity as Affected by Energy, Supplemental Fat, and Linoleic Acid Concentration of the Diet [J]. Poultry Science, 1999, 78 : 1542-1551.

[156] W. Suksombat, S. Samitayotin, P. Lounglawan. Effects of Conjugated Linoleic Acid Supplementation in Layer Diet on FattyAcid Compositions of Egg Yolk and Layer Performances [J]. Poultry Science, 2006, 85: 1603-1609.

[157] Sakanaka S, Tachibana Y, Ishihara N, et al. Antioxidant activity of egg-yolk protein hydrolysates in a linoleic acid oxidation system [J]. Food Chemistry, 2004, 86 (1): 99-103.

[158] Schmike, R. T., Rhoads, R. E., Palacios, R. and Sullivan, D., 1973. Ovalbumin mRNA, complementary DNA and hormone regulation in chick oviduct. Protein Synthesis in Reproductive Tissue, 6th Karolinska Symposiumon Research Methods in Reproductive Biology, Geneva, pp. 357-379.

[159] Colin C Whitehead. Plasma oestrogen and the regulation of egg weight in laying hens by dietary fats [J]. Animal feed science and technology, 1995, 53 (2): 91-98.

[160] Jensen L. S. and Shutze, J. V., 1963. Essential fatty acid deficency in the laying hen. Poult. Sci., 42: 1014-1019.

[161] S. S. Sohail, M. M. Bryant, D. A. Roland. Influence of Dietary Fat on Economic Returns of Commercial Leghorns [J]. J. Appl. Poult. Res, 2003, 12 : 356-361.

[162] SUMMERS J D, Leeson S. Laying hen performance as influenced by protein intake to sixteen weeks of age and body weight at point of lay [J]. Poultry science, 1994, 73 (4): 495-501.

[163] Joseph N S, Rob inson F E, Korver D R. Effect of dietary protein intake during the pullet-to-breeder transition period on early egg weight and roduction in broiler breeders [J]. Poultry Science, 2000, 79: 1790-1796.

[164] LopezG, Leeson S. Response of broilerbreeders to low protein diets1. adult breeder performance [J]. Poultry Sci, 1995, 67 (4): 685-695.

[165] S. Gomez, M. Angeles. Effect of threonine and methionine levels in

the diet of laying hens in the second cycle of production [J]. J. Appl. Poult. Res, 2009, 18 : 452-457.

[166] R. H. HARMS, L. HINTON, G. B. RUSSELL. Energy : Methionrianteio and Formulatifneged for Commercilaalyer [J]. J. Appl. Poult. Res, 1999, 8 : 272-279.

[167] W. Waldrou, H. M. Hellwig. Methionin and total Sulfur Amino Acid Requirements Influenced by Stage of Production [J]. J. Appl. Poultry Res, 1995, 4: 283-292.

[168] D. J. SHAFER, J. B. CAREY, J. F. PROCHASKA, et., al. Dietary Methionine Intake Effects on Egg Component Yield, Composition, Functionality, and Texture Profile Analysis [J]. Poultry Science, 1998, 77: 1056-1062.

[169] D. J. Shafer, J. B. Carey, J. F. Prochaska. Effect of Dietary Methionine Intake on Egg Component Yield and Composition [J]. Poult. Sci, September, 1996, vol. 75 no. 9 1080-1085.

[170] Z. Liu, A. Bateman, M. M. Bryant, et., al.. Performance Comparisons Between DL-Methionine and DL-MethionineHydroxy Analogue in Layers on an Unequal Molar Basis [J]. J. Appl. Poult. Res, 2005, 14: 569-575.

[171] K. Keshavarz, R. E. Austic. An Investigation Concerning the Possibility of Replacing Supplemental Methionine with Choline in Practical Laying Rations [J]. poult. sci. january, 1985, vol. 64 no. 1 114-118.

[172] C. Novak, H. Yakout, S. Scheideler. 2004. The Combined Effects of Dietary Lysine and Total Sulfur Amino Acid Level on Egg Production Parameters and Egg Components in Dekalb Delta Laying Hens [J]. Poultry Science, 83: 977-984, 2004.

[173] J. F. Prochaska, J. B. Carey, D. J. Shafer. The Effect of LLysine Intake on Egg Component Yield and Composition in Laying Hens [J]. Poult. Sci, October, 1996, vol. 75 no. 10 1268-1277.

[174] Scheideler, C. Novak, J. L. Sell., et al. Hisex White Leghorn lysine requirement for potimum body weight and egg production during early lay [J]. Poult. Sci, 1996, 75 (suppl. 1): 86. (Abstr).

[175] C. Martinez-amerzcua, J. L. Larra-vega. Dietary L-Threonine Responses in Laying Hens [J]. J. Appl. Poultry Res, 1999, 8 : 236-241.

[176] T. Ishibashi, Y. Ogawa, T. Itoh., et al. Threonine Requirements of

Laying Hens [J]. Poultry Science, 1998, 77 : 998-1002.

[177] D. E. Faria, R. H. Harms, G. B. Rusell. Threonine Requirement of Commercial Laying Hens Fed a Corn-Soybean Meal Diet [J]. Poultry Science, 2002, 77 : 998-1002.

[178] Jensen L S, Calderon V M, Mendonca C X. Response to tryptophan of laying hens fed practical diets varying in protein concentration [J]. Poult Sci, 1990, 69: 1955-1965.

[179] Meunier-Salaun M C, Monnier M, Colleaux Y, et al. Impact of dietary tryptophan and behavioral type on behavior, plasma cortisol and brain metabolites of young pigs [J]. J Anim Sci, 1991, 69: 3689-3698.

[180] KNIGHT D W, BOWREY M, COOKE D. Preservation of internal egg quality using silicone fluids [J]. Br Poult Sci, 1972, 13 (6): 587-593.

[181] MEYER R, SPENCER J V. The effect of various coatings on shell strength and eggquality [J]. Poult Sci, 1973, 52: 703-711.

[182] XIE L, HETTIARACHCHY N S, JU Z Y, et al. Edible film coating to minimize eggshell breakage and reduce post-wash bacterial contamination measured by dye penetration in eggs [J]. J Food Sci, 2002, 67 (1): 0-4.

[183] HERALD T J, GNANASAMBANDAM R, McGUIRE B H, et al. Degradable wheat gluten films: preparation, properties and applications [J]. J Food Sci, 1995, 60 (5): 1147-1156.

[184] RHIM J W, WELLER C L, GENNADIOS A. Effects of soy protein coating on shell strength and quality of shell eggs [J]. Food Sci Biotechnol, 2004, 13 (45): 5-9.

[185] OBANU Z A, MPIERI A A. Efficiency of dietary vegetable oils in preserving the quality of shell eggs under ambient tropical conditions [J]. Sci Food Agric, 1984, 35 (131): 1-7.

[186] Giansanti F, Rossi P, Massucci M T, et al. Antiviral activity ofovotransferrin discloses an evolutionary strategy for the defensiveactivities of lactoferrin [J]. Biochem Cell Biol, 2002, 80 (1): 125-130.

[187] Emanuele, Boselli, Maria, Fiorenza Caboni. Supercritical carbon dioxide extraction of phospholipidsfrom dried egg yolk without organic modifier [J]. Journal of Supercritical Fluids. 2000 (19): 45-50.

[188] Schreiner M. Optimization of solvent extraction and direct trans-

methylation methods for the analysis of egg yolk lipids [J]. International journal of food properties, 2006, 9 (3): 573-581.

[189] Chi Yujie. Enzymatic Hydrolysis Condition for Egg White Proteins [J]. Journal of Harbin Institute of Technology, 2003, 10 (2): 225-228.

[190] Chi Yujie, Tian Bo, Sun Bo, Guo Mingruo. Enzymatic Hydrolysis Conditions for Egg White ProteinsBull [J]. Facul. Niigata Uniu, 2006, 58 (2): 143-146.

[191] Bahman E., James F. P., John E, et al. Nutrient, carbon, and mass loss during composting of beef feedlot manure. J. Environ. Qual., 1997, 26: 189-193.

[192] Iannotti D. A, Grebus M. E. Oxygen respirometry to assess stability and maturity of composted municipal solid waste. J. Environ. Qual., 1994, 23: 1177-1183.

[193] Inbar, Chen Y. Y., Harada Y. Carbon-13 CPMAS NMR and FITR spectoscopic analysis of organic matter transformations during composting of solid waste from wineries. Soil science, 1991, 152: 272-282.

[194] Lo K. V., Lau A. K., Liao P. H. Composting of separated solid swine wastes. Journal of agriculture Engineering research, 1993, (54): 307-317.

[195] Mellon M, Benbrook C., Benbrook K. L., et al. 2001. Estimates of Anti-microbial Abuse in Livestock : Union of Concerned Scientists Publications, Washington DC, 7-9.

[196] Piotrowski E. G., Valetine K. M. Solid-state, C-13, cross-polarization," magic-angle" spinning, NMR spectroscopy studies of sewage sludge. Soil sci., 1994, 137: 194-203

[197] Sartaj M., Femandes L., K. Patni N. Performance of forced, passive, and natural aeration methods for composting manure slurries. Trans. of the ASAE, 1995, 40 (2): 457-463.

[198] L. T. Mupondi, P. N. S. Mnkeni, M. O. Brutsch. The effects of goat manure, sewage sludge and effective microorganism on the composting of pink bark [J]. Compost Science & Utilization, 2006, 14 (3): 201-210.

[199] M. Ros, C. García, T. Hernández. A full-scale study of treatment of pig slurry by composting: kinetic changes in chemical and microbial properties [J]. Waste management, 2006, 26 (10): 1108-1118.

［200］Nengwu Zhu，Changyan Deng，Yuanzhu Xiong，et al. Performance characteristics of three aeration systems in the swine manure composting ［J］. Bioresource Technology，2004，（95）：319-326.